Gordon M. Barrow

Physikalische Chemie II

Gordon M. Barrow
Bearbeitung: G. W. Herzog

Physikalische Chemie

Teil II: Gase, Flüssigkeiten,
Festkörper und Mischphasen

Lehrbuch für
Chemiker, Verfahrenstechniker
Physiker ab 3. Semester

Mit 156 Abbildungen und 47 Tabellen

6., berichtigte Auflage

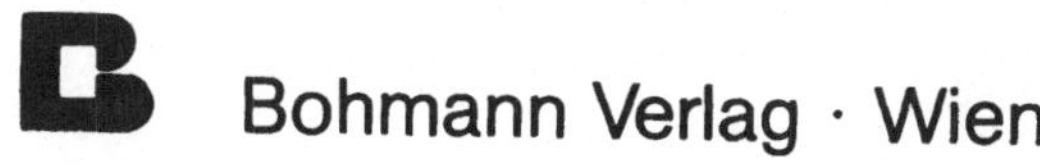 Bohmann Verlag · Wien

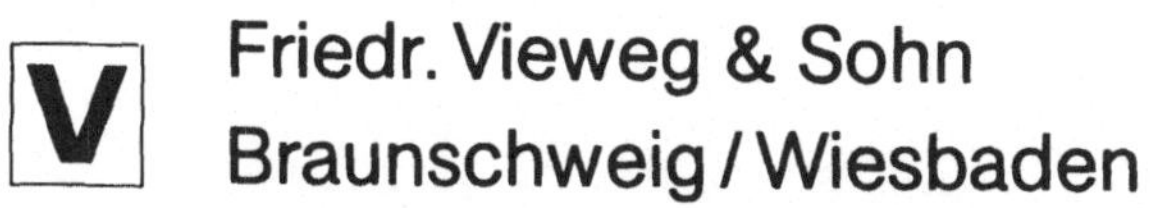 Friedr. Vieweg & Sohn
Braunschweig / Wiesbaden

CIP-Kurztitelaufnahme der Deutschen Bibliothek

Barrow, Gordon W.:
Physikalische Chemie: Lehrbuch für Chemiker,
Verfahrenstechniker, Physiker ab 3. Sem. /
Gordon M. Barrow. Bearb.: G. W. Herzog. –
Wien: Bohmann; Braunschweig; Wiesbaden:
Vieweg
   (Uni-Text)
   Einheitssacht.: Physical chemistry ⟨dt.⟩
   Verl. Bohmann teilw. mit d. Erscheinungsorten
   Heidelberg, Wien. – Verl. Vieweg teilw. nur
   mit Erscheinungsort Braunschweig

NE: Herzog, Gerhard W. [Bearb.]

Teil 2. Gase, Flüssigkeiten, Festkörper und Misch-
phasen. – 6., berichtigte Aufl. – 1985.
   ISBN 978-3-528-53531-5   ISBN 978-3-663-07719-0 (eBook)
   DOI 10.1007/978-3-663-07719-0

Titel der amerikanischen Originalausgabe:
Physical Chemistry
Copyright © 1961, 1966, 1973, 1980 by McGraw-Hill, Inc., New York
Deutsche Ausgabe nach der amerikanischen Originalausgabe 1980

1. Auflage 1970
2., berichtigte Auflage 1972
   1. Nachdruck 1974
3., neubearbeitete Auflage 1977
   1. Nachdruck 1980 (4. Auflage)
5., neubearbeitete Auflage 1983
6., berichtigte Auflage 1985

Satz: Friedr. Vieweg & Sohn, Braunschweig

Umschlaggestaltung: Peter Kohlhase, Lübeck

ISBN 978-3-528-53531-5

Gewidmet dem Gedenken an Prof. Dr. H. T. Spath †

Vorwort zur 5. Auflage

Der Band II beinhaltet die statistische und thermodynamische Beschreibung gasförmiger, flüssiger und fester Materie. In diesem Sinne werden zuerst am Beispiel des idealen Gases statistische und thermodynamische Grundlagen erläutert. Ausgehend von den quantenmechanischen bzw. spektroskopischen Erkenntnissen über den Atom- und Molekülaufbau (in Band I) wird einleitend das Konzept der Quantenstatistiken vorgestellt und an Hand der Maxwell-Boltzmannstatistik der Übergang zur Thermodynamik vollzogen. Ziel dieser Einführung ist die molekulare statistische Interpretation thermodynamischer Eigenschaften von makroskopischen Systemen. Thermodynamische Funktionen werden in dem Maße eingeführt, als sie zur nachfolgenden Beschreibung von realen Gasen, Festkörpern und Flüssigkeiten benötigt werden. Dazu kommen noch die Grundzüge der Mischphasenthermodynamik zur Behandlung mehrkomponentiger und mehrphasiger chemischer Systeme, kolligativer Eigenschaften sowie Elektrolyt- und Makromoleküllösungen. Angeregt durch die 4. amerikanische Originalauflage wurden die Kapitel über reale Gase und Flüssigkeiten gegenüber der früheren deutschen Fassung etwas vertieft, jedoch alle Themen, die chemische Reaktionen betreffen, herausgenommen und im Band III zusammengefaßt. Für wertvolle Diskussionen während und nach der Durchsicht des Manuskriptes bedanke ich mich bei Herrn Dipl. Ing. Leitner und Frau Dipl. Ing. Hollerer (TU Graz).

Graz, im Mai 1982 *Gerhard W. Herzog*

In der 6., berichtigten Auflage sind Fehler korrigiert und geringfügige Änderungen angebracht worden.

Inhaltsverzeichnis

Verzeichnis der Symbole

a	v. d. Waalsparameter, Aktivität	j	Stromdichte
A	Flächen- bzw. Querschnittsymbol, Fourierkoeffizient	k (k)	Kraftkonstante, Boltzmannkonstante, Quantenzahl der Elektronenanregung
A	elektromagnetischer Feldvektor	**k**	Wellenzahlvektor
a, b, c	Koeffizientensymbole, Gitterkonstanten bzw. atomare Behälterabmessungen, Teilchenfunktionen	K	Gleichgewichtskonstante, Zahl der Komponenten, Verteilungskonstante
		K_e	ebullioskopische Konstante
a, b, c	Gittervektoren	K_k	kryoskopische Konstante
a*, b*, c*	reziproke Gittervektoren	l	Rotationsquantenzahl, makroskopischer Abstand
b	v. d. Waalsparameter		
B	Beweglichkeit, zweiter Virialkoeffizient	l, L	relative Enthalpien
c	molare Konzentration bzw. Normalität, Wellenausbreitungsgeschwindigkeit	m	Molekülmasse, Molalität
		M	Masse eines N-Teilchensystems
C	spezifische Wärme bzw. Wärmekapazität	M	Molmasse
d	Massendichte, Abstand atomarer Größe, totales Differential- bzw. Variationssymbol	n	Molzahl, Translationsquantenzahl
		N	Molekülzahl
d	Gitterebenenabstandsvektor	N_A	Avogadrosche bzw. Loschmidtsche Zahl
D	Diffusionskoeffizient, Dissoziations- bzw. Bindungsenergie	N/V	Moleküldichte
		p	Druck
e	Elementarladung	P	Zahl der Phasen
E	Gesamtenergie eines N-Teilchensystems	**P**	Permutationsoperator
E	molare Gesamtenergie	q	Wärme, elektrische Ladung
E_0	Nullpunktenergie	Q	Molekülzustandssumme
E_a	Mindest- bzw. Aktivierungsenergie	r, R	Radius
E_f	Fehlerbildungsenergie	**r**	Radiusvektor
E	elektrische Feldstärke	r_0	Gleichgewichtsabstand
f	Funktionssymbol, Atomstreufaktor, Verteilung, Fugazität	R	Gaskonstante
		s	Sedimentationskoeffizient
F	freie Energie, Zahl der Freiheiten	S	Entropie
F	Kraft	S^o_{298}	Standardentropie
F	Strukturfaktor	S_0	Nullpunktentropie
F	Faradaykonstante	t	Zeit, Überführungszahl
g	Entartungsfaktor bzw. Zustandsdichte, Paarverteilung	T	kinetische Energie, Temperatur
		u	Molekülgeschwindigkeit
G	freie Enthalpie	U	innere Energie, elektrische Spannung
G	molare freie Enthalpie	U	molare innere Energie
h	partielle molare Enthalpie, Plancksches Wirkungsquantum	v	partielles molares Volumen, Schwingungsquantenzahl
H	Enthalpie	**v**	Bahngeschwindigkeit
H	molare Enthalpie	V	potentielle Energie, Volumen
H	Hamiltonoperator	V	Molvolumen
H'	Störoperator	w	mechanische Arbeit
h, k, l	Millersche Indizes	W	Wahrscheinlichkeit
i	elektrischer Strom, Einheitsvektor,	x	Molenbruch
I	Trägheitsmoment, Ionenstärke, Ionisierungsenergie	x, y, z	kartesische Koordinaten
		z	Realfaktor
I, i	Lichtintensität	Z	Systemzustandssumme, Ladungszahl
i, j, k, l, r	Laufzahlen	α	Polarisierbarkeit, Lagrangescher Multiplikator, Ausdehnungskoeffizient, Dissoziationsgrad

α, β	Spinfunktionen	$\bar{\nu}$	Wellenzahl
β	Lagrangescher Multiplikator	π	osmotischer Druck
γ	Aktivitäts- und Fugazitätskoeffizient, Molwärmeverhältnis	Π	Produktoperator
δ	Wegdifferenz, nicht exaktes Differentialsymbol	ρ	Elektronen- und Energiedichte, Born-Mayer-Parameter, spezifischer elektrischer Widerstand
Δ	Differenzsymbol, Laplaceoperator	σ	Moleküldurchmesser, spezifische elektrische Leitfähigkeit, Oberflächenspannung
ϵ	Molekülenergie bzw. Moleküleigenwert, Dielektrizitätskonstante		
ϵ_0	Dielektrizitätskonstante des Vakuums	$\boldsymbol{\sigma}$	reziproker Gitterabstandsvektor
ϵ_F	Fermienergie	τ	Relaxationszeit
η	Viskosität	$\varphi, \chi, \phi, \Psi$	Wellenfunktionen
θ	Streuwinkel	φ	elektrisches Potential
κ	Kompressibilität	ϕ	Phase
λ	Wellenlänge, Äquivalentleitfähigkeit	r, ϑ, φ	Kugelkoordinaten
μ	chemisches Potential	ω	Winkelgeschwindigkeit, Kreisfrequenz
$\boldsymbol{\mu}$	Momentvektor	∂	partielles Differentialsymbol
ν	Frequenz	∇	Nablaoperator
ν_0	Eigenfrequenz	Σ	Summenoperator

Zur Symbolik

Nichtmolare Größen sind steil und molare kursiv gedruckt. Vektoren und Operatoren sind steil-fett und elektromagnetische Feldgrößen uni-fett gedruckt. Mittelwerte sind mit einem Querbalken versehen. Der Index $^\circ$ am Größensymbol rechts oben bedeutet, daß sich die Größe auf einen willkürlich definierten Standardzustand bezieht.

Zum Einheitensystem

Es werden generell SI-Einheiten verwendet, ausgenommen die SI-fremde Druckeinheit atm bzw. Torr wegen atm-normierter Tabellenwerte.

Kapitel 10
Statistische Beschreibung der Materie

Der Band I dieses Lehrbuches beschäftigte sich mit dem Aufbau „isolierter" Atome und Moleküle. Unter Zuhilfenahme der Quantenmechanik wurden ihre Energiezustände und Eigenfunktionen (Orbitale) theoretisch berechnet. Ein Vergleich der daraus folgenden Übergänge mit den spektroskopischen Daten bestätigte die Quantenmechanik atomarer Teilchen. Da Atome und Moleküle bei Energiezufuhr nicht nur elektronische Übergänge, sondern auch Translations-, Rotations- und Schwingungsübergänge ausführen, wurden auch die Energieschemata für diese Bewegungsformen abgeleitet. Alles in allem: Ein „isoliertes" atomares Teilchen befindet sich vor und nach einem Übergang in einem ganz genau definierten Zustand hinsichtlich der Energie dieser Bewegungsformen.

Jedoch nicht alle Atome oder Moleküle eines chemischen Systems (Gas, Flüssigkeit oder Festkörper) nehmen denselben Zustand ein. Bei konstanter Gesamtenergie entsteht eine gewisse Verteilung der besetzten Energiezustände. Diese erfolgt nicht regellos, sondern nach statistischen Gesetzen, und zwar nach den Verteilungsgesetzen der Fermi-Dirac- (abgekürzt FD) oder der Bose-Einstein- (abgekürzt BE) bzw. der Maxwell-Boltzmann- (abgekürzt MB)-Statistik. Die MB-Statistik ist als Grenzfall der beiden erstgenannten Statistiken für die Chemie von ganz besonderer Bedeutung. Die Existenz der FD- und BE-Statistik ist eine Folge des Antisymmetrieprinzips. Wie wir aus der Behandlung der Mehrelektronenatome bereits wissen, lassen sich auf Grund der Erfahrung Fermionen nur durch antisymmetrische und Bosonen nur durch symmetrische Gesamtwellenfunktionen beschreiben. Daraus folgt für ein Mehrelektronensystem, daß jede Wellenfunktion (Orbital mit Spinanteil) nur von einem einzigen Elektron (Fermion) besetzt werden kann. Im Gegensatz dazu können sich beliebig viele, unter Umständen auch alle Bosonen in einer einzigen Wellenfunktion aufhalten. Dadurch ergibt sich der gravierende Unterschied in den FD- und BE-Verteilungsgesetzen.

Es muß aber etwas mildernd gesagt werden, daß die FD- und die BE-Statistik in der Chemie nur selten benötigt werden, z.B. zur Beschreibung von Metallelektronen, von Gasen bei tiefen Temperaturen und von Photonen. Bei höheren Temperaturen, wenn sich die einzelnen Teilchen eines Systems auf immer mehr Energiezustände verteilen und dann sehr viel mehr besetzbare Zustände als Teilchen vorhanden sind, brauchen wir zwischen Fermionen und Bosonen nicht mehr zu unterscheiden und die beiden Quantenstatistiken gehen in die MB-Statistik über. Das ist diejenige Statistik, mit der wir uns hauptsächlich beschäftigten werden, und die wir zur Beschreibung der meisten gasförmigen, flüssigen und festen Systeme heranziehen können. „Isolierte" Atome und Moleküle kommen ja in Wirklichkeit nicht vor und durch nichtspektroskopische Methoden erfassen wir nie einzelne Moleküle, sondern immer eine Gesamtheit. Wir messen also stets mittlere Eigenschaften eines Mehrteilchensystems, z.B. die mittlere Energie eines Gases. Das Messen mittlerer makroskopischer Eigenschaften sowie ihre Verknüpfung untereinander ist Aufgabe der Thermodynamik. Aufgabe der Statistik ist hingegen die theoretische Berechnung solcher Eigenschaften mit Hilfe von Termschemata einzelner Moleküle, gleichgültig, ob diese aus quantenmechanischen Berechnungen oder aus spektroskopischen Untersuchungen stammen.

Statistik und Thermodynamik stehen zueinander in einem ähnlichen Verhältnis wie Quantenmechanik und Spektroskopie: Quantenmechanik und Statistik bilden das theoretische Gerippe, während Spektroskopie und Thermodynamik die experimentelle Basis zur Verfügung stellen. Oder anders gesehen: Thermodynamische Eigenschaften von makroskopischen Systemen können auf statistische Weise molekular interpretiert werden. Die Statistik stellt damit eine Brücke zwischen atomistischen und makroskopischen Vorstellungen her.

Statistik und Thermodynamik verkörpern (in diesem Band) das methodische Rüstzeug zur Beschreibung gasförmiger, flüssiger und fester Materie. In diesem Sinne werden zuerst statistische und thermodynamische Grundlagen vermittelt, dann am Beispiel des idealen Gases erläutert, und schließlich auf die realen Aggregatzustände der Materie angewandt.

10.1 Das Antisymmetrieprinzip

Da das *Antisymmetrieprinzip* (Vertauschungssymmetrie) das Kriterium für die Unterscheidung zwischen Fermionen und Bosonen darstellt, sollen hier seine wichtigsten Aussagen aus Abschnitt 3.5 wiederholt werden. Beginnen wir mit einem System aus zwei Elektronen mit den Ortskoordinaten $x_1 y_1 z_1$ und $x_2 y_2 z_2$, für die abgekürzt 1 und 2 geschrieben wird. Das erste Elektron besetze das Orbital φ und habe den Energieeigenwert $\epsilon(1)$, das andere besetze das Orbital χ und habe den Eigenwert $\epsilon(2)$. Das Systemorbital oder die Gesamteigenfunktion des Systems ist dann durch das Produkt der beiden Orbitale und die Gesamtenergie durch die Summe der Einzelenergien gegeben:

$$\phi(1, 2) = \varphi(1)\,\chi(2), \tag{1}$$

$$E(1, 2) = \epsilon(1) + \epsilon(2). \tag{2}$$

Vertauscht man die beiden Elektronen (sie sind ja ununterscheidbar), so bleibt zwar die Gesamtenergie erhalten, aber es entsteht formal eine neue Gesamteigenfunktion des Systems:

$$\phi(2, 1) = \varphi(2)\,\chi(1), \tag{3}$$

$$E(2, 1) = \epsilon(2) + \epsilon(1). \tag{4}$$

Nach der Theorie der Differentialgleichungen sind nun nicht nur Gl. (1) und Gl. (3), sondern auch alle anderen Linearkombinationen der Art

$$\phi = A\,\phi(1, 2) + B\,\phi(2, 1) \tag{5}$$

gleichzeitig Lösungen der Schrödingergleichung. Vertauscht man in Gl. (5) die beiden Elektronen (genaugenommen die Elektronenkoordinaten), so darf sich am Quadrat von ϕ nichts ändern. Es muß egal sein, von welchen Koordinaten man zur Berechnung der Aufenthaltswahrscheinlichkeit ϕ^2 ausgeht. Dies bedeutet mathematisch, daß $A = \pm B$

sein muß. Aus Normierungsgründen sind aber von allen möglichen ϕ's mit $A = \pm B$ nur zwei Kombinationen physikalisch plausibel. Denn Normierung bedeutet

$$\int_V \phi^2 \, dV = \int_{V_1} \int_{V_2} [A \phi(1, 2) + B \phi(2, 1)]^2 \, dV_1 \, dV_2 = 1, \tag{6}$$

und da alle in der Quantenmechanik vorkommenden Orbitale zugleich orthogonal sind,

$$\int_{V_1} \int_{V_2} \phi(1, 2) \, \phi(2, 1) \, dV_1 \, dV_2 = 0, \tag{7}$$

ergibt sich als weitere Auswahl:

$$A = \pm B = \pm \frac{1}{\sqrt{2}}. \tag{8}$$

Damit lauten die zwei möglichen, sinnvollen *Systemorbitale*:

$$\phi_{\text{symm}} = \frac{1}{\sqrt{2}} [\varphi(1) \chi(2) + \varphi(2) \chi(1)], \tag{9}$$

$$\phi_{\text{anti}} = \frac{1}{\sqrt{2}} [\varphi(1) \chi(2) - \varphi(2) \chi(1)]. \tag{10}$$

Die erste Kombination wird symmetrisches Systemorbital genannt, weil sie bei einer Elektronenvertauschung (1 gegen 2) gleich bleibt; die zweite antisymmetrisch, weil sie dabei ihr Vorzeichen wechselt.

Berücksichtigt man durch einen weiteren Produktansatz noch die zwei möglichen Spinorientierungen (durch die zwei Spinfunktionen α und β), so bekommt man insgesamt für das Zweielektronensystem vier symmetrische und vier antisymmetrische *Systemfunktionen*. Die antisymmetrischen lauten:

$$\frac{1}{\sqrt{2}} [\varphi(1) \chi(2) + \varphi(2) \chi(1)] \; \frac{1}{\sqrt{2}} \Big[\alpha(1) \beta(2) - \alpha(2) \beta(1) \Big], \tag{11}$$

$$\frac{1}{\sqrt{2}} [\varphi(1) \chi(2) - \varphi(2) \chi(1)] \left\{ \begin{array}{l} \alpha(1) \alpha(2) \\ \beta(1) \beta(2) \\ \dfrac{1}{\sqrt{2}} [\alpha(1) \beta(2) + \alpha(2) \beta(1)] \end{array} \right\}. \tag{12}$$

Auf Grund der spektroskopischen Erfahrung lassen sich nun *Fermionen* (= atomare Teilchen mit halbzahligem Spin wie Elektronen) nur durch antisymmetrische und *Bosonen* (= atomare Teilchen mit ganzzahligem Spin wie He-Atome oder wie Photonen mit dem Spin Null) nur durch symmetrische Systemfunktionen beschreiben. Diese Erfahrungstatsache wird Antisymmetrieprinzip genannt, weil es unter den gegebenen Funktionen die richtigen auswählt. Befinden sich nämlich beide Elektronen im selben Orbital ($\varphi = \chi$), so beschreibt nur Gl. (11) das Spin- und Bahnverhalten richtig (mit $\varphi = \chi$ verschwindet

Gl. (12) von selbst). Im Fall $\varphi \neq \chi$ ist hingegen Gl. (11) oder (12) „richtig". Die Auswir-
kungen dieses Antisymmetrieprinzips, es ist die strenge quantenmechanische Fassung des
Pauliprinzips, auf das PSE sind bereits bekannt. Die Folgen hinsichtlich der statistischen
Beschreibung der Materie bleiben zu diskutieren. Besetzen zwei Elektronen dasselbe
Orbital (φ oder χ), dann müssen sie eine unterschiedliche Spinorientierung aufweisen.
Anders formuliert: Eine *Teilchenfunktion* $\varphi\alpha$ bzw. $\chi\alpha$ darf nur von einem einzigen
Elektron besetzt werden. Diese Einschränkung fällt bei Bosonen weg: Eine symmetrische
Systemfunktion gibt es auch dann, wenn alle Bosonen ein einziges Orbital besetzen.

Gehen wir nun zu einem N-Teilchensystem über und versuchen wir eine allgemeine
Formulierung zu finden. Zu diesem Zweck nennen wir die Teilchenfunktionen (Produkt
aus Orbital und Spinfunktion) a, b, c, ... z; sie sind jetzt Funktionen von drei Ortskoordinaten und einer Spinkoordinate, wofür zur Abkürzung wieder 1, 2, 3, ... N geschrieben
wird. Für die Systemfunktion von zwei Bosonen bzw. Fermionen gilt dann analog zu
Gl. (9) und (10):

$$\Psi_{symm} = \frac{1}{\sqrt{2}}\,[a\,(1)\,b\,(2) + a\,(2)\,b\,(1)], \tag{13}$$

$$\Psi_{anti} = \frac{1}{\sqrt{2}}\,[a\,(1)\,b\,(2) - a\,(2)\,b\,(1)]. \tag{14}$$

Sie stellt jeweils eine Summe von Produkten dar, in denen je zwei Elektronen vertauscht
wurden. Verallgemeinern wir diese Formulierung auf N Teilchen, so können wir für die
Systemfunktionen schreiben (Anhang IX):

$$\Psi_{symm} = \sum_{v=1}^{N!} P_v\,[a\,(1)\,b\,(2) \dots (N)], \tag{15}$$

$$\Psi_{anti} = \sum_{v=1}^{N!} (-1)^v P_v\,[a\,(1)\,b\,(2) \dots (N)]. \tag{16}$$

Sie setzen sich aus einer N!-fachen Summe von Produkten der Teilchenfunktionen zusammen, wobei der Operator P im v-ten Produkt eine Vertauschung von jeweils zwei Teilchen
vornimmt. Im Ausdruck (16) kann keine Teilchenfunktion mehr als ein Fermion aufneh-
men ohne Null zu werden. Es ist aber egal, welches Fermion gerade ein bestimmtes Orbital
besetzt, weil Fermionen ununterscheidbar sind. Es gibt also sehr viele gleichwertige, antisymmetrische Systemfunktionen bei einer bestimmten Gesamtenergie und die Bestimmung
der Zahl aller dieser Funktionen ist unsere erste Aufgabe innerhalb der Statistik. Sie ist
gleichbedeutend mit der Feststellung der Zahl aller Realisierungsmöglichkeiten einer
bestimmten Energieverteilung. Unsere zweite Aufgabe wird darin bestehen, aus all diesen
Realisierungsmöglichkeiten die wahrscheinlichste herauszusuchen.

10.2 Die FD- und die BE-Statistik

Besteht z. B. ein Gas, das keine zwischenmolekularen Wechselwirkungen besitzt,
aus insgesamt N Teilchen (Fermionen oder Bosonen), wovon N_0 den Energiewert ϵ_0,

N_1 Teilchen den Energiewert ϵ_1, allgemein N_i Teilchen den Energiewert ϵ_i haben, dann beträgt die *mittlere Teilchenenergie* (arithmetischer Mittelwert):

$$\bar{\epsilon} = \frac{\sum\limits_{i=0}^{n} \epsilon_i N_i}{\sum\limits_{i=0}^{n} N_i} . \tag{17}$$

Wird der Bruchteil der Teilchen mit dem Energieeigenwert ϵ_i durch

$$f_i \equiv \frac{N_i}{N} = \frac{N_i}{\sum\limits_{i=0}^{n} N_i} \tag{18}$$

definiert, läßt sich Gl. (17) auch so anschreiben:

$$\bar{\epsilon} = \frac{\sum\limits_{i=0}^{n} f_i \epsilon_i}{\sum\limits_{i=0}^{n} f_i} = \sum\limits_{i=0}^{n} f_i \epsilon_i . \tag{19}$$

Mit dem Begriff *Verteilung* (f_i) lautet dann die *gesamte Energie des Gases*

$$\bar{E} \equiv N\bar{\epsilon} = N \sum\limits_{i=0}^{n} f_i \epsilon_i \tag{20}$$

oder eine andere beliebige makroskopische extensive Eigenschaft $\bar{X}$:

$$\bar{X} = N \sum\limits_{i=0}^{n} f_i X_i . \tag{21}$$

Die Aufgabe der Statistik besteht nun in der Herleitung eines expliziten Ausdruckes (Funktion) für die Verteilung f_i an Hand eines vorgegebenen gequantelten Energieschemas der Gasmoleküle. Es wird sich herausstellen, daß f_i nicht irgendeine x-beliebige Verteilung ist, sondern eine sein muß, die die größte Realisierungswahrscheinlichkeit besitzt. Zu ihrer Herleitung werden deshalb Kombinatorikregeln verwendet. Ausgangspunkt ist ein allgemeines, nicht näher definiertes Termschema, auf das zunächst Fermionen (*Fermigas*), dann Bosonen (*Bosegas*) verteilt werden. Durch Aufhebung des Antisymmetrieprinzips wird danach der Übergang zur MB-Verteilung durchgeführt. Das ist das Programm dieses Abschnittes.

Wir gehen von dem in Bild 10.1 gezeichneten Termschema aus und wollen es mit Fermionen besetzen. Da jedes der N Teilchen ein solches Schema besitzt, dürfen wir alle Teilchen in ein einziges Schema eintragen, wenn wir eine Verteilung beschreiben wollen. Das i-te Energieniveau soll g_i-fach entartet sein (Zahl der Teilchenfunktionen bzw. Orbitale a, b, c, ... ist g_i). Es werden nun N Fermionen so auf das Energieschema verteilt, daß beim

Verteilen alle Orbitale dieselbe *a-priori-Wahrscheinlichkeit* aufweisen. D. h. die Besetzung eines Orbitals ist gleich wahrscheinlich wie die aller anderen. Das ist genauso, als wenn wir die Teilchen durch Kugeln und das ganze Energieschema durch einen großen Behälter mit unterschiedlich großen Fächern (Fächergröße proportional der Entartung g_i) ersetzen und dann gleichzeitig alle Kugeln über dem Behälter fallen lassen. Wir würden dann die Kugeln mit einer zufälligen Verteilung in den Fächern wiederfinden. Eine solche zufällige Verteilung soll Bild 10.1 mit N_0 in ϵ_0, N_1 in ϵ_1, usw. darstellen. Wiederholen wir den Fallversuch einige Male, so wird jedesmal eine andere Verteilung resultieren. Je öfter wir aber wiederholen, umso größer wird die Chance, daß wir eine schon bekannte Verteilung noch einmal oder sogar mehrmals bekommen. Uns interessiert nun die wahrscheinlichste Verteilung (f_i), also die, die am häufigsten wiederkommt. Denn eine solche wird sich bei einem molekularen System von selbst einstellen, wenn dieses mit einer gewissen Gesamtenergie sich selbst überlassen wird.

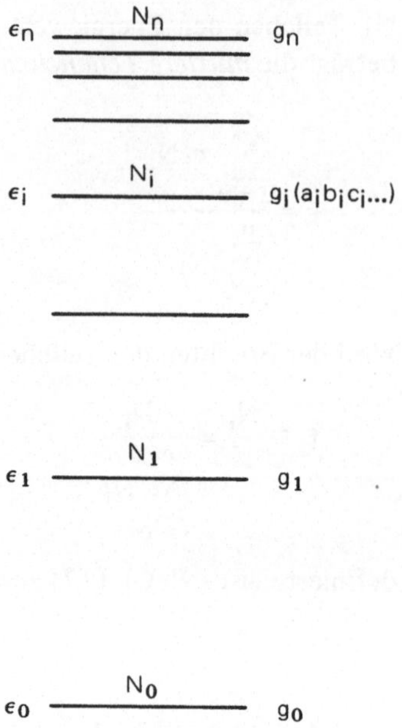

Bild 10.1 Termschema eines Teilchens zur Herleitung der Verteilungsgesetze; das Energieniveau ϵ_i ist g_i-fach entartet und mit N_i Teilchen besetzt; die Besetzung N_0 in ϵ_0, N_1 in ϵ_1, usw. repräsentiert eine zufällige Verteilung

Mathematisch gesehen haben wir zuerst nach den Regeln der Kombinatorik alle möglichen Anordnungen (oder Ψ_{anti}'s) einer zufälligen Verteilung abzuzählen und haben dann durch Extremwertbildung die am häufigsten auftretende herauszusuchen. Um dieses Problem besser verstehen zu können, ein kleines Demonstrationsbeispiel: Das System bestehe aus 2 Fermionen (Elektronen), die auf die 4 Orbitale bzw. Teilchenfunktionen a, b, c und d verteilt werden sollen. Da jede Teilchenfunktion nur von einem Fermion besetzt werden darf, gibt es nur 6 Anordnungen oder Realisierungsmöglichkeiten der Verteilung (= 2 Fermionen in einem vierfach entarteten Energiezustand): ab, ac, ad, bc, bd und cd. Es gibt zugleich 6 antisymmetrische Systemorbitale:

$$a\,(1)\,b\,(2) - b\,(1)\,a\,(2),$$
$$b\,(1)\,c\,(2) - b\,(2)\,c\,(1),$$

usw. $\hspace{8cm}$ (22)

Die Zahl der Realisierungsmöglichkeiten (Anordnungen) einer zufälligen Verteilung entspricht damit der Zahl ihrer Ψ_{anti}'s.

Ganz allgemein haben wir die Zahl der *Kombinationen* zu suchen, die man mit g_i Elementen (Orbitalen bzw. Teilchenfunktionen) zur N_i-ten Klasse (Teilchen im Energieniveau ϵ_i) *ohne Wiederholung* bilden kann. Sie beträgt:

$$W_i\,(\text{ohne}) = \binom{g_i}{N_i} = \frac{g_i\,(g_i - 1)\,(g_i - 2)\ldots(g_i - N_i + 1)}{1.\,2.\,3.\,\ldots\,N_i}$$

$$= \frac{g_i!}{N_i!\,(g_i - N_i)!}\,.$$

$\hspace{13cm}$ (23)

Es existieren also W_i FD-Anordnungen oder Ψ_{anti}'s, die man mit einem g_i-fach entarteten Energiezustand bei N_i Teilchen bilden kann. Sind gleichzeitig (sowohl-als-auch-Wahrscheinlichkeit) N_0 Teilchen in ϵ_0, N_1 in ϵ_1, usw., dann sind es insgesamt

$$\text{FD } W = W_0\, W_1\, W_2\, \ldots\, W_i\, \ldots\, W_n$$

$$= \prod_{i=0}^{n} W_i$$

$$= \prod_i \frac{g_i!}{N_i!\,(g_i - N_i)!} \tag{24}$$

Anordnungsmöglichkeiten. In Tabelle 10.1 sind zur Veranschaulichung die Einzelwahrscheinlichkeiten W_i bei Verteilung verschieden vieler Teilchen N_i auf g_i-fach entartete Niveaus angegeben.

Tabelle 10.1:

Zahl der Anordnungen bzw. Einzelwahrscheinlichkeiten W_i bei verschiedenen Entartungen und Teilchenzahlen (Fermionen)

g_i	N_i	W_i
2	0	1
	1	2
	2	1
3	0	1
	1	3
	2	3
	3	1
4	0	1
	1	4
	2	6
	3	4
	4	1

Ein weiteres Demonstrationsbeispiel: Sollen auf ein Termschema mit zwei Energieniveaus, die 2- und 3-fach entartet sind, zwei Fermionen verteilt werden, dann gibt es für die 3 existierenden Verteilungen nur die in Bild 10.2 dargestellten Anordnungsmöglichkeiten. Wir erkennen, daß die Verteilung mit je einem Teilchen in den beiden Niveaus am öftesten, nämlich sechsmal realisierbar und daher am wahrscheinlichsten ist. Dagegen treten die Verteilungen mit je einem Teilchen auf einem der Niveaus nur einmal bzw. dreimal auf und sind unwahrscheinlicher.

Beim letzten Demonstrationsbeispiel konnten wir durch explizites Aufschreiben der Anordnungen bzw. mit Hilfe von Gl. (24) die wahrscheinlichste Verteilung herausfinden. Das ist diejenige, die am öftesten realisierbar ist und den größten W-Wert besitzt. Um dies mathematisch exakt zu formulieren, müssen wir mit dem Ausdruck (24) eine Extremwertbildung durchführen, also das maximale W bezüglich der N_i-Variation suchen. Der mathematischen Einfachheit halber suchen wir aber nicht das Extremum von W, sondern von lnW, wofür sich mit der *Stirlingschen Formel* (Anhang XV) eine bequeme Umformung der Fakultäten anbietet:

$$\ln N! = N \ln N - N. \tag{25}$$

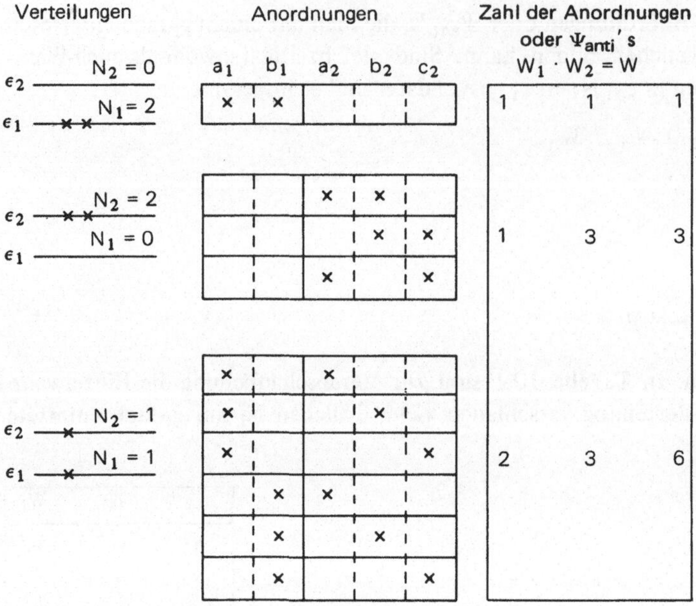

Bild 10.2 Anordnungen und Verteilungen von zwei Fermionen auf ein Termschema mit einem 2- und einem 3-fach entarteten Energieniveau

Wird Gl. (24) logarithmiert und mit Gl. (25) umgeformt, so erhält man:

$$\ln W = \ln \prod_i \frac{g_i!}{N_i!\,(g_i - N_i)!}$$

$$= \sum_i \ln \frac{g_i!}{N_i!\,(g_i - N_i)!}$$

$$= \sum_i \ln(g_i!) - \ln(N_i!) - \ln((g_i - N_i)!)$$

$$= \sum_i (g_i \ln g_i - g_i) - (N_i \ln N_i - N_i) - [(g_i - N_i)\ln(g_i - N_i) - (g_i - N_i)]$$

$$= \sum_i g_i \ln g_i - \sum_i N_i \ln N_i - \sum_i (g_i - N_i)\ln(g_i - N_i). \tag{26}$$

Die weitere Extremwertbildung von Gl. (26) muß jedoch mit den Nebenbedingungen

$$\sum_i N_i = N \quad \text{und} \quad \sum_i N_i\, \epsilon_i = E \tag{27}$$

durchgeführt werden, da sich bei der Variation weder die Teilchenzahl noch die Gesamtenergie ändern dürfen. Eine derartige Änderung würde nämlich eine chemische Reaktion bedeuten und eine solche muß ausgeschlossen sein.

Im Anhang XVI wird erläutert, wie solche Nebenbedingungen bei Extremwertbildungen von Funktionen mehrerer Variablen (N_0 bis N_n) berücksichtigt werden. Es handelt sich dabei um die *Methode der Lagrangeschen Multiplikatoren*. Hierzu werden zwei konstante Multiplikatoren α und β eingeführt und das Extremum der neuen Funktion

$$\ln W - \alpha \left(N - \sum_i N_i \right) - \beta \left(E - \sum_i N_i \epsilon_i \right) \tag{28}$$

bezüglich der Variation von N_i, α und β gesucht. Die Variation bezüglich der N_i liefert n Gleichungen der Art

$$\frac{\partial \ln W}{\partial N_i} - \alpha - \beta \epsilon_i = 0. \tag{29}$$

Ersetzen wir darin $\ln W$ durch Gl. (26), so bekommen wir durch Differenzieren:

$$-(\ln N_i + 1) - \left[(g_i - N_i) \frac{(-1)}{(g_i - N_i)} + (-1) \ln (g_i - N_i) \right] - \alpha - \beta \epsilon_i = 0. \tag{30}$$

Durch Vereinfachen folgt

$$\ln \left(\frac{g_i - N_i}{N_i} \right) - \alpha - \beta \epsilon_i = 0 \tag{31}$$

bzw.

$$\ln \left(\frac{g_i}{N_i} - 1 \right) = \alpha + \beta \epsilon_i \tag{32}$$

und schließlich

$$\text{FD} \quad N_i = \frac{g_i}{e^{\alpha + \beta \epsilon_i} + 1}. \tag{33}$$

Bis auf die noch unbestimmten Multiplikatoren (Konstanten) α und β ist damit das FD-*Verteilungsgesetz* gefunden. Gl. (33) bestimmt, wieviele Teilchen sich im i-ten Energieniveau befinden dürfen, wenn das Termschema, die Teilchenzahl und die Gesamtenergie vorgegeben sind. Bevor wir aber näher auf die Parameter α und β eingehen, sollen eine analoge Herleitung für das BE-Verteilungsgesetz und der Übergang zum MB-Verteilungsgesetz skizziert werden.

Zunächst wieder ein einfaches Zahlenbeispiel: Es sollen zwei Bosonen auf die vier (entarteten) Orbitale a, b, c und d verteilt werden. Da jetzt alle Teilchen in einem Orbital Platz haben, ergeben sich insgesamt 10 Anordnungsmöglichkeiten für die einzige Verteilung: aa, ab, ac, ad, bb, bc, bd, cc, cd und dd. Allgemein gilt für die Zahl aller *Kombinationen* mit g_i Elementen (Orbitale) zur N_i-ten Klasse (Teilchen) *mit Wiederholung*:

$$W_i\,(\text{mit}) = \binom{g_i + N_i - 1}{N_i} = \frac{(g_i + N_i - 1) \dots (g_i + N_i - 1 - N_i + 1)}{1.2.3. \dots N_i}$$

$$= \frac{(N_i + g_i - 1)!}{N_i!\,(g_i - 1)!}. \tag{34}$$

Für die Zahl aller Kombinationen (komplettes Termschema) folgt daher durch Produktbildung:

$$\text{BE } W = \prod_i \binom{g_i + N_i - 1}{N_i} = \prod_i \frac{(N_i + g_i - 1)!}{N_i! \, (g_i - 1)!} \ . \tag{35}$$

Das Auffinden der wahrscheinlichsten BE-*Verteilung* verläuft nach demselben Schema wie vorher und liefert:

$$\text{BE } N_i = \frac{g_i}{e^{\alpha + \beta \epsilon_i} - 1} \ . \tag{36}$$

Besonders bemerkenswert und wichtig ist die Tatsache, daß sich die FD- und BE-Verteilungsgesetze nur im Vorzeichen des Terms 1 im Nenner unterscheiden. Wird nämlich unter den äußeren Bedingungen der Term 1 klein gegen den vorstehenden Exponentialterm, dann entsteht bei seiner Vernachlässigung direkt das MB-*Verteilungsgesetz*:

$$\text{MB } N_i = \frac{g_i}{e^{\alpha + \beta \epsilon_i}} . \tag{37}$$

Das ist der Fall, wenn sehr viel mehr Zustände bzw. Orbitale als Teilchen vorhanden sind ($g_i \gg N_i$), so daß wir nicht mehr zwischen Fermionen und Bosonen unterscheiden müssen. Man kann nämlich Gl. (33) bzw. (36) wie folgt umformen:

$$\frac{N_i}{g_i} = \frac{1}{e^{\alpha + \beta \epsilon_i} \pm 1},$$

$$\frac{g_i}{N_i} = e^{\alpha + \beta \epsilon_i} \pm 1. \tag{38}$$

Wenn $g_i \gg N_i$ muß $e^{\alpha + \beta \epsilon_i} \gg 1$ sein und es folgt Gl. (37).

Das MB-Gesetz (37) hätten wir auch durch eine Verteilung von *spinindifferenten* und *unterscheidbaren* Teilchen auf ein Energieschema erhalten. Die Zahl aller Anordnungsmöglichkeiten spinindifferenter Teilchen erhalten wir durch den Grenzübergang $N_i \to 1$ und $g_i \to \infty$ (gleichbedeutend mit $g_i \gg N_i$) aus Gl. (24) oder (35) (bzw. Gl. (23) oder (34)):

$$\text{MB (ununterscheidbar) } W = \prod_i \frac{g_i^{N_i!}}{N_i!} . \tag{39}$$

Sind die Teilchen zusätzlich voneinander unterscheidbar, so erhöht sich die Zahl der Anordnungsmöglichkeiten um den Permutationsfaktor N!:

$$\text{MB (unterscheidbar) } W = N! \prod_i \frac{g_i^{N_i!}}{N_i!} . \tag{40}$$

Variation und Extremwertbildung von $\ln W$ führen in beiden Fällen auf Gl. (37). Von Bedeutung ist die Differenzierung zwischen unterscheidbaren und nichtunterscheidbaren MB-Teilchen bei der Berechnung der Entropie (Abschnitt 10.7).

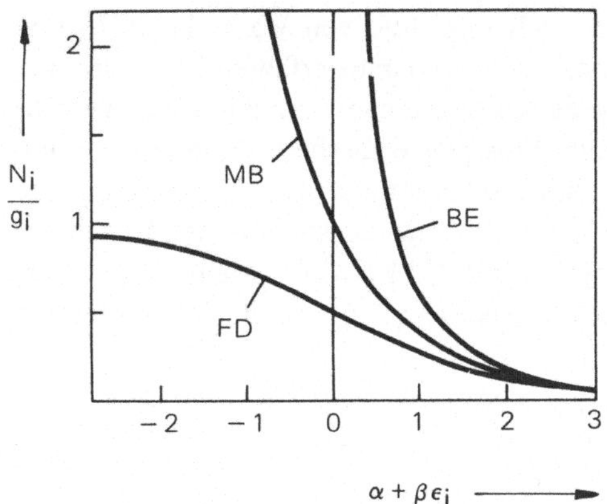

Bild 10.3
Graphische Darstellung der Verteilungsgesetze zur Veranschaulichung des Überganges von der FD- bzw. BE-Statistik zur MB-Statistik; zur Vereinfachung wurde die diskrete Besetzungsdichte N_i/g_i gegen die diskrete Energie $\alpha + \beta \epsilon_i$ kontinuierlich gezeichnet

Den Übergang von der FD- bzw. BE- zur MB-Statistik kann man sehr schön in Bild 10.3 erkennen. Dort wurde jeweils das Verhältnis N_i/g_i, das ist die Zahl aller Teilchen pro Orbital eines Energieniveaus ϵ_i, gegen $\alpha + \beta \epsilon_i$ aufgetragen. Bei kleinen *Besetzungsdichten* ($N_i/g_i \ll 1$) spielt das Antisymmetrieprinzip keine Rolle mehr und das MB-Gesetz kann auf Mehrteilchensysteme angewendet werden. Ohne die Multiplikatoren α und β zu spezifizieren, was in den Abschnitten 10.3 und 10.9 geschehen wird, läßt sich bereits folgendes festhalten und aussagen: Die FD-Verteilung „treibt" die Teilchen (z. B. Metallelektronen) in die höchsten Energiezustände ($N_i/g_i \leqslant 1$) und die BE-Verteilung die Teilchen (z. B. He-Atome bei tiefsten Temperaturen) in die niedrigsten ($N_i/g_i > 1$). Wir werden später konkreter auf einige Anwendungen eingehen und uns in diesem Kapitel hauptsächlich mit der MB-Statistik beschäftigen, d. h. diese auf die verschiedenen Bewegungsformen von Gasmolekülen bei gewöhnlichen Temperaturen anwenden.

10.3 Die MB-Verteilung und der Multiplikator β

Bildet man mit $N_i = g_i e^{-(\alpha + \beta \epsilon_i)}$ und $N_j = g_j e^{-(\alpha + \beta \epsilon_j)}$ das Verhältnis der MB-Besetzung zweier Energieniveaus ϵ_i und ϵ_j, so kann man sich des Multiplikators α entledigen:

$$\frac{N_i}{N_j} = \frac{g_i}{g_j} e^{-\beta(\epsilon_i - \epsilon_j)}. \tag{41}$$

Ebenso wird man α los, wenn man N_i auf die gesamte Teilchenzahl $N = \sum_i N_i = \sum_i g_i e^{-(\alpha + \beta \epsilon_i)}$ bezieht:

$$\frac{N_i}{N} = \frac{g_i e^{-\beta \epsilon_i}}{\sum_i g_i e^{-\beta \epsilon_i}}. \tag{42}$$

Die Division durch N bedeutet nichts anderes als eine *Normierung auf die Teilchenzahl*, so daß dann die MB-Verteilung $f_i = N_i/N$ normiert ist. Obwohl wir auf diese Weise den Multiplikator α eliminieren können, kommt auch ihm eine physikalische Bedeutung zu. Doch mehr darüber in Abschnitt 10.9.

Über die Natur des Multiplikators β läßt sich mit Hilfe von Wahrscheinlichkeits-
überlegungen allein nichts aussagen. Das einzige, was man daraus erfahren kann, ist seine
Dimension: Er muß die Dimension einer reziproken Energie haben, weil der Exponent in
Gl. (42) (genauso wie α) dimensionslos sein muß. Eine physikalische Interpretation von β
gelingt z.B. durch einen Vergleich mit dem experimentell bestätigten Gleichverteilungssatz.
Wie wir in diesem Abschnitt sehen werden, bildet man dazu den statistischen Mittelwert
der Translationsenergie und vergleicht das Ergebnis mit 3/2 kT. Dabei stellt sich heraus,
daß β gleich 1/kT wird. Die dadurch vollständig bestimmte, normierte MB-Verteilung
lautet dann:

$$f_i = \frac{N_i}{N} = \frac{g_i\, e^{-\frac{\epsilon_i}{kT}}}{\sum\limits_i g_i\, e^{-\frac{\epsilon_i}{kT}}}\, . \tag{43}$$

Die auf diese Weise in die Statistik eingeführte Temperatur T ließe sich mit Gl. (43)
gänzlich neu definieren. Denn sie ist bei einem vorgegebenen Termschema durch das
Besetzungsverhältnis N_i/N eindeutig bestimmt. Kann man durch äußere Einwirkungen das
Besetzungsverhältnis zweier Zustände über 1 hinaus vergrößern, wären außerdem negative
Temperaturen auf der absoluten Temperaturskala „vernünftig" definiert.

Wir wollen für den genannten Vergleich das Modell eines eindimensionalen Gases
verwenden. Es entspricht dem Modell eines Teilchens in einem eindimensionalen Potentialtopf und für dieses wurde in Abschnitt 2.4 folgende Eigenwertbedingung der Translationsenergie abgeleitet:

$$\epsilon_n = \frac{n_x^2\, h^2}{8\, ma^2} \quad \text{mit } n_x = 1, 2, 3, \ldots (\infty)\, . \tag{44}$$

h ist das Plancksche Wirkungsquantum, m ist die Masse der Teilchen, a ist die Ausdehnung
des Potentialtopfes (und zugleich die Länge des eindimensionalen Gasbehälters) und n_x
ist die Translationsquantenzahl. Da die Energieniveaus nicht entartet sind, ist $g_n = 1$.
Identifizieren wir den Index i in der MB-Verteilung (42) mit n_x und schreiben wir dafür
abgekürzt n, dann lautet das Verteilungsgesetz:

$$f_n = \frac{N_n}{N} = \frac{e^{-\beta \epsilon_n}}{\sum\limits_n e^{-\beta \epsilon_n}}\, . \tag{45}$$

Verwenden wir zur Ermittlung der mittleren Translationsenergie Gl. (19), so bekommen
wir dafür den Ausdruck:

$$\bar{\epsilon} = \sum\limits_{n=1}^{\infty} f_n\, \epsilon_n = \frac{\sum\limits_{n=1}^{\infty} \epsilon_n\, e^{-\beta \epsilon_n}}{\sum\limits_{n=1}^{\infty} e^{-\beta \epsilon_n}}\, . \tag{46}$$

Erinnern wir uns daran, daß die Energieabstände bei Gasmolekülen sehr sehr klein gegen kT sind (klassisches Energiekontinuum, siehe Abschnitt 2.6), so dürfen wir die Summen in Gl. (46) durch Integrale ersetzen (Anhang III):

$$\bar{\epsilon} = \frac{\int\limits_{n=0}^{\infty} \epsilon(n)\, e^{-\beta\,\epsilon(n)}\,dn}{\int\limits_{n=0}^{\infty} e^{-\beta\,\epsilon(n)}\,dn}. \tag{47}$$

Mit der Eigenwertbedingung (44) ergibt sich dann:

$$\bar{\epsilon} = \frac{h^2}{8\,ma^2} \cdot \frac{\int\limits_{n=0}^{\infty} n^2\, e^{-\frac{n^2\,\beta h^2}{8\,ma^2}}\,dn}{\int\limits_{n=0}^{\infty} e^{-\frac{n^2\,\beta h^2}{8\,ma^2}}\,dn}. \tag{48}$$

Durch die Substitution

$$z = \sqrt{\frac{n^2\,\beta h^2}{8\,ma^2}} \quad \text{bzw.} \quad dn = \sqrt{\frac{8\,ma^2}{\beta h^2}}\,dz \tag{49}$$

kann Gl. (48) auf die Form gebracht werden:

$$\bar{\epsilon} = \frac{1}{\beta} \cdot \frac{\int\limits_{z=0}^{\infty} z^2\, e^{-z^2}\,dz}{\int\limits_{z=0}^{\infty} e^{-z^2}\,dz}. \tag{50}$$

Mit den Werten für die bestimmten Integrale im Zähler und Nenner von Gl. (50) (Anhang II) folgt für die mittlere Energie pro Molekül und Freiheitsgrad:

$$\bar{\epsilon} = \frac{1}{\beta}\,\frac{\frac{\sqrt{\pi}}{4}}{\frac{\sqrt{\pi}}{2}} = \frac{1}{2\beta}. \tag{51}$$

Für N Moleküle beträgt daher die mittlere Translationsenergie:

$$\bar{E} = N\,\bar{\epsilon} = N\,\frac{1}{2\beta}. \tag{52}$$

Gl. (52) stellt ein an sich merkwürdiges Resultat dar, denn die Energie $\bar{E}$ hängt nur von der Molekülzahl ab, solange man nicht dem Multiplikator β einen physikalischen Sinn gibt. Aber so ungewöhnlich es erscheint, gerade β spielt eine fundamentale Rolle dadurch, daß es die Besetzungsverhältnisse in einem makroskopischen System regelt. Man kann β mit $1/kT$ identifizieren, wenn man $\bar{E}$ mit der gaskinetisch berechneten, mittleren kinetischen Energie von $1/2 RT$ pro mol und Freiheitsgrad vergleicht (Abschnitt 1.5):

$$N_A \frac{1}{2\beta} = N_A \frac{1}{2} kT, \tag{53}$$

$$\beta = \frac{1}{kT}. \tag{54}$$

Die Temperatur T, nun durch den Multiplikator β in die Statistik eingeführt, ist mit der früher definierten Temperatur identisch und der statistische Ausdruck für die MB-Verteilung f_i dadurch vollständig bestimmt.

Wegen der exponentiellen Form der MB-Verteilung wird das Besetzungsverhältnis N_i/N klein, wenn ϵ_i groß gegen kT ist. Andererseits wird es groß, wenn ϵ_i klein gegen kT ist. Der Term kT spielt damit die Rolle des Züngleins an der Waage, wenn es um die Besetzung von Energiezuständen geht. An Hand von Gl. (41) läßt sich jetzt etwa die Frage nach der Besetzung von Elektronenzuständen in Atomen wie folgt beantworten: Da die Energiedifferenz zwischen dem Grundzustand und den angeregten Zuständen immer viel größer als kT bei Zimmertemperatur ist, kann bei dieser nur ein verschwindend kleiner Bruchteil thermisch angeregt sein. Anders bei hohen Temperaturen, wenn kT erheblich größer wird. Man denke z. B. an die Flammenphotometrie, ein analytisches Verfahren, bei dem die Atome in der heißen Flamme eines Brenners thermisch angeregt werden und dann charakteristische Atomlinien emittieren. Die Besetzung der Translationsniveaus von Gasmolekülen entspricht hingegen dem anderen Grenzfall, bei dem die Energieabstände sehr klein gegen kT sind. Aufeinanderfolgende Zustände weisen eine „praktisch" gleich große Besetzung auf. Folge: Die MB-Verteilung geht in eine kontinuierliche Energie- bzw. Geschwindigkeitsverteilung über (vgl. Abschnitt 10.6).

10.4 Das Konzept der Zustandssumme

Die statistische Berechnung der mittleren Energie von Gasmolekülen, die nur Translationen ausführen, könnte man durch den Gleichverteilungssatz

$$\bar{\epsilon} = \frac{3}{2} kT \quad \text{bzw.} \quad \bar{E} = \frac{3}{2} RT \tag{55}$$

bereits als gelöst betrachten. Mit anderen Worten, wir kennen bereits das Ergebnis der statistischen Mittelwertbildung, die wir mit dem dreidimensionalen Translationstermschema durchzuführen haben. Es ist dies aber so instruktiv, daß wir es trotzdem tun wollen. Man lernt dadurch auch das grundsätzliche Vorgehen bei der Berechnung von makroskopischen Eigenschaften kennen; aber auch, wie man bei Rotationen und Schwingungen vorzugehen hat. Wir skizzieren vorerst einen generellen Formalismus, dessen zentrale Größe der Begriff Zustandssumme ist, und werden dann mit diesem die mittlere oder innere Energie von idealen Gasen berechnen.

In Kapitel 2 wurde gezeigt, daß mehratomige Moleküle folgende vier Arten von Bewegungen ausführen: Translationen, Rotationen, Schwingungen und elektronische Übergänge. Alle diese Bewegungsformen liefern einen gewissen Beitrag zur mittleren Energie eines Moleküls bzw. zur mittleren Energie einer Gesamtheit von Molekülen. Für ideale Gase kann man diese Beiträge (unabhängig voneinander) exakt berechnen, während bei nicht idealen Gasen, Flüssigkeiten und Festkörpern wegen der zwischenmolekularen Wechselwirkungen bis auf wenige Ausnahmen weder eine exakte quantenmechanische noch statistische Berechnung möglich ist. Wenn also im folgenden von einem Vielteilchensystem die Rede sein wird, so ist damit in erster Linie ein ideales Gas gemeint.

Die MB-Statistik liefert für die Verteilung der Translationsenergie N_n/N den Ausdruck (46). Dieser Ausdruck ist zugleich die Wahrscheinlichkeit dafür, daß N_n von insgesamt N Molekülen eines Systems den Eigenwert ϵ_n besitzen. (n ist die Translationsquantenzahl.) Die Wahrscheinlichkeiten dafür, daß $N_{n,l}$ Moleküle gleichzeitig den Rotationseigenwert ϵ_l (Rotationsquantenzahl l) haben, ist dann durch das Produkt der Einzelverteilungen f_n und f_l gegeben (sowohl-als-auch-Wahrscheinlichkeit):

$$f_{n,l} = f_n f_l = \frac{g_n e^{-\frac{\epsilon_n}{kT}}}{\sum\limits_n g_n e^{-\frac{\epsilon_n}{kT}}} \; \frac{g_l e^{-\frac{\epsilon_l}{kT}}}{\sum\limits_l g_l e^{-\frac{\epsilon_l}{kT}}} \, . \tag{56}$$

Nimmt man außerdem die Verteilungen der Schwingung (Schwingungsquantenzahl v) und der Elektronenanregung (Quantenzahl k) hinzu, so ist die Wahrscheinlichkeit dafür, daß $N_{n,l,v,k}$ Moleküle gleichzeitig den Translationseigenwert ϵ_n, den Rotationseigenwert ϵ_l, den Schwingungseigenwert ϵ_v und den Elektroneneigenwert ϵ_k besitzen, festgelegt durch

$$f_{n,l,v,k} = f_n f_l f_v f_k \, . \tag{57}$$

Diese Festlegung setzt voraus, daß sich die einzelnen Bewegungen gegenseitig nicht beeinflussen und daß man ihre Energieeigenwerte additiv zu einem Gesamteigenwert ϵ_i des Moleküls zusammensetzen darf:

$$\epsilon_i \equiv \epsilon_{n,l,v,k} = \epsilon_n + \epsilon_l + \epsilon_v + \epsilon_k \, . \tag{58}$$

Damit lautet dann die Verteilung explizit

$$f_i \equiv f_{n,l,v,k} = \frac{g_i e^{-\frac{\epsilon_i}{kT}}}{\sum\limits_i g_i e^{-\frac{\epsilon_i}{kT}}}, \quad (g_i \equiv g_n g_l g_v g_k) \tag{59}$$

wobei i durch den Satz der vier Quantenzahlen n, l, v und k definiert ist und die verschiedensten Kombinationswerte aufweisen kann.

Nach der Definition des Mittelwertes (Gl. (19)) gilt für die mittlere Molekülenergie:

$$\bar{\epsilon} = \sum\limits_i \epsilon_i f_i = \frac{\sum\limits_i \epsilon_i g_i e^{-\frac{\epsilon_i}{kT}}}{\sum\limits_i g_i e^{-\frac{\epsilon_i}{kT}}} \, . \tag{60}$$

G. (60) kann in

$$\bar{\epsilon} = kT^2 \frac{\partial}{\partial T} \ln \sum_i g_i e^{-\frac{\epsilon_i}{kT}} \tag{61}$$

umgeformt werden. Damit ergibt sich für die Energie eines aus N Molekülen bestehenden Systems:

$$\bar{E} = N\bar{\epsilon} = kT^2 \frac{\partial}{\partial T} \ln \left\{ \sum_i g_i e^{-\frac{\epsilon_i}{kT}} \right\}^N . \tag{62}$$

Dieser Mittelwert ist mit der thermodynamisch definierten *inneren Energie* U eines idealen Gases identisch. Mit der abkürzenden Schreibweise

$$Q = \sum_i g_i e^{-\frac{\epsilon_i}{kT}} \tag{63}$$

bekommt man weiter:

$$\bar{E} = kT^2 \frac{\partial}{\partial T} \ln Q^N . \tag{64}$$

Die Summe Q heißt *Molekülzustandssumme*. Sie setzt sich aus den Zustandssummen der Translation $Q(n)$, der Rotation $Q(l)$, der Schwingung $Q(v)$ und der Elektronenanregung $Q(k)$ auf Grund der Gln. (57) bis (59) multiplikativ zusammen:

$$Q = Q(n)\, Q(l)\, Q(v)\, Q(k) \tag{65}$$

mit

$$Q(n) = \sum_n g_n e^{-\frac{\epsilon_n}{kT}}, \; Q(l) = \sum_l g_l e^{-\frac{\epsilon_l}{kT}}, \text{ usw.} \tag{66}$$

Die Summe Q^N wird allgemein als *Systemzustandssumme Z* bezeichnet:

$$Z = Q^N . \tag{67}$$

Mit diesem Begriff läßt sich Gl. (64) für die mittlere Energie noch einfacher anschreiben:

$$\bar{E} = kT^2 \frac{\partial}{\partial T} \ln Z. \tag{68}$$

Vergleichen wir diese Gleichung für die mittlere Gesamtenergie mit Gl. (61) für die mittlere Molekülenergie, so können wir aus dem analogen Aufbau folgendes schließen: Wir dürfen das Mehrteilchensystem wie ein Einteilchensystem betrachten, wenn wir statt des Molekülenergieschemas und der Molekülzustandssumme ein Systemenergieschema und die Systemzustandssumme nehmen, definiert durch die Eigenwerte $E_r = \sum_{\text{Teilchen}} \epsilon_i$:

$$\bar{E} = \frac{\sum\limits_r E_r e^{-\frac{E_r}{kT}}}{\sum\limits_r e^{-\frac{E_r}{kT}}} = \frac{\sum\limits_r E_r e^{-\frac{E_r}{kT}}}{Z} = kT^2 \frac{\partial}{\partial T} \ln Z. \tag{69}$$

Die neue Quantenzahl r bezieht sich jetzt auf einen Systemenergiezustand. Die dadurch definierte Verteilung $f = \text{const}\, e^{-E_r/kT}$ wurde bereits um 1900 von *Gibbs* entdeckt und verkörpert, losgelöst von allen atomistischen Vorstellungen, die Energieverteilung eines makroskopischen Körpers, der Teil eines noch größeren abgeschlossenen Systems ist (*Gibbssche* oder *kanonische* Verteilung).

Gl. (67) gilt allerdings nur für solche Systeme, deren Teilchen im Sinne der MB-Statistik unterscheidbar sind, so als wären sie durchgehend numeriert (z. B. lokalisierte Festkörperteilchen). Für nicht unterscheidbare MB-Teilchen (Gasmoleküle) gilt stattdessen

$$Z = \frac{Q^N}{N!}. \tag{70}$$

Zur Berechnung der mittleren Systemenergie ist es aber gleichgültig, ob man die eine oder die andere Formel nimmt, da N! bei der Bildung der partiellen Ableitung nach T herausfällt. Nicht gleichgültig ist es jedoch bei der Berechnung der Entropie (Abschnitt 10.9). Aus dem Gesagten geht bereits klar hervor, daß die Zustandssumme Q bzw. Z bei der statistischen Berechnung thermodynamischer Eigenschaften eine maßgebende zentrale Rolle spielt. Zu ihrer konkreten Berechnung müssen die Energieeigenwerte mit ihren Entartungen bekannt sein. Der nächste Abschnitt beschäftigt sich mit solchen Berechnungen.

10.5 Die Zustandssummen der Translation, der Rotation und der Schwingung und die mittlere Gesamtenergie eines Gases

Die *mittlere Translationsenergie* von $3/2\,kT$ bzw. $3/2\,RT$ läßt sich statistisch nach Gl. (68) berechnen, wenn man die Systemzustandssumme Z für ein N-Molekülgas kennt. Dazu genügt der Ansatz $Z = Q^N = Q(n)^N$. Es soll zunächst $Q(n)$ berechnet werden. Die Energieeigenwerte der Translation ϵ_n sind durch

$$\epsilon_n = \left(n_x^2 + n_y^2 + n_z^2\right)\frac{h^2}{8ma^2} \quad \text{mit } n_x, n_y, n_z = 1, 2, 3 \ldots (\infty) \tag{71}$$

für drei Freiheitsgrade gegeben. $Q(n)$ setzt sich deshalb aus drei Teilsummen, je eine für einen Freiheitsgrad, multiplikativ zusammen:

$$Q(n) = Q(n_x)\,Q(n_y)\,Q(n_z) = \sum_{n_x=1}^{\infty} e^{-\frac{\epsilon_{n_x}}{kT}} \sum_{n_y=1}^{\infty} e^{-\frac{\epsilon_{n_y}}{kT}} \sum_{n_z=1}^{\infty} e^{-\frac{\epsilon_{n_z}}{kT}}. \tag{72}$$

Diese Teilsummen darf man, wie schon einmal begründet, durch Einzelintegrale ersetzen:

$$Q(n) = \int_{n_x=0}^{\infty} e^{-\frac{\epsilon_{n_x}}{kT}} dn_x \int_{n_y=0}^{\infty} e^{-\frac{\epsilon_{n_y}}{kT}} dn_y \int_{n_z=0}^{\infty} e^{-\frac{\epsilon_{n_z}}{kT}} dn_z. \tag{73}$$

Substituiert man mit $z^2 = \dfrac{n_x^2 h^2}{8\,ma^2 kT}$ und $dn_x = \sqrt{\dfrac{8\,ma^2 kT}{h^2}}\, dz$, so erhält man:

$$\int_{n_x=0}^{\infty} e^{-\frac{\epsilon_{n_x}}{kT}} dn_x = \frac{a}{h}(8\,mkT)^{\frac{1}{2}} \int_{z=0}^{\infty} e^{-z^2} dz. \tag{74}$$

In gleicher Weise lassen sich die anderen Integrale substituieren. Mit

$$\int\limits_{z=0}^{\infty} e^{-z^2}\, dz = \frac{\sqrt{\pi}}{2} \tag{75}$$

folgt dann für Q (n):

$$Q(n) = \frac{a^3}{h^3}\,(2\pi mkT)^{\frac{3}{2}}. \tag{76}$$

Mit $a^3 = V$ (Volumen) läßt sich weiter schreiben

$$Q(n) = (2\pi mkT)^{\frac{3}{2}}\,\frac{V}{h^3} \tag{77}$$

und damit $\overline{E}$ berechnen:

$$\overline{E} = kT^2\,\frac{\partial \ln Q(n)^N}{\partial T} = kT^2\,\frac{\partial \ln}{\partial T}\left\{(2\pi mkT)^{\frac{3}{2}}\frac{V}{h^3}\right\}^N = kT^2\,\frac{3}{2}\,N\,\frac{\partial \ln T}{\partial T} = \frac{3}{2}NkT. \tag{78}$$

Besteht das System aus N_A Molekülen (1 mol), so folgt $\overline{E} = 3/2\,RT$. Dies ist das erwartete Ergebnis.

Die statistische Berechnung der *mittleren Rotationsenergie* eines linearen zwei- (oder mehr) atomigen Moleküls mit dem Trägheitsmoment I erfolgt wieder mit Hilfe von Gl. (67), so daß $Z = Q(l)^N$. Da die Rotationsenergieniveaus $2l+1$-fach entartet sind (Abschnitt 2.7), lautet die Zustandssumme:

$$Q(l) = \sum_{l=0}^{\infty} g_l e^{-\frac{\epsilon_l}{kT}} = \sum_{l=0}^{\infty} (2l+1)\,e^{-\frac{\epsilon_l}{kT}}. \tag{79}$$

Wenn die Abstände der Rotationsniveaus $\epsilon_l = l(l+1)\frac{\hbar^2}{2I}$ viel kleiner als kT sind, darf die Summe wieder durch ein Integral ersetzt werden:

$$Q(l) = \int\limits_{l=0}^{\infty} (2l+1)\,e^{-l(l+1)\frac{\hbar^2}{2IkT}}\,dl\,. \tag{80}$$

Schreibt man b für $\hbar^2/2\,IkT$ und substituiert man $z = l(l+1)$ bzw. $dz = (2l+1)\,dl$, geht Gl. (80) über in das bestimmte Integral

$$\int\limits_{z=0}^{\infty} e^{-bz}\,dz = \frac{1}{b}. \tag{81}$$

$Q(l)$ wird damit

$$Q(l) = \frac{2\,IkT}{\hbar^2}. \tag{82}$$

Dieses Ergebnis gilt allerdings nicht für symmetrische lineare Moleküle wie H_2, N_2, CO_2, usw., da wegen ihrer Symmetrie nicht alle Eigenwerte existieren, über die oben summiert bzw. integriert worden ist. Im Fall von H_2 und N_2 ist deshalb $Q(l)$ durch 2 zu dividieren, doch soll hier nicht im Detail auf solche Symmetriebeschränkungen eingegangen werden. Mit Gl. (82) erhält man schließlich aus Gl. (68) das Resultat $\bar{E} = R\,T$, wenn $N = N_A$ gesetzt wird, also den für zwei Freiheitsgrade erwarteten klassischen Ausdruck.

Im Gegensatz zu den bisher behandelten Fällen der Translation und Rotation darf die *mittlere Schwingungsenergie* nicht mehr klassisch berechnet werden, da die Energieänderungen bei Schwingungsübergängen von derselben Größenordnung oder größer als kT sind. Nach Abschnitt 2.8 lautet die Energieeigenwertbedingung eines harmonischen Oszillators mit der Eigenfrequenz ν_0:

$$\epsilon_v = h\nu_0 \left(v + \frac{1}{2}\right), \quad \text{mit } v = 0, 1, 2, \dots (\infty). \tag{83}$$

Unsere folgende Aufgabe besteht darin, die mittlere Schwingungsenergie von N harmonischen Oszillatoren nach der bereits vertrauten Methode über die Zustandssumme zu berechnen. Es gilt wieder $Z = Q(v)^N$ und $\bar{E} = kT^2 \frac{\partial}{\partial T} \ln Q(v)^N$. Mit $g_v = 1$ und der Abkürzung $x = h\nu_0/kT$ lautet unser Ausgangspunkt:

$$Q(v) = \sum_{v=0}^{\infty} e^{-x\left(v+\frac{1}{2}\right)} \left(= e^{-\frac{x}{2}} + \sum_{v=0}^{\infty} e^{-x\left(v+\frac{3}{2}\right)}\right). \tag{84}$$

Diese Summe muß aus den erwähnten Gründen explizit ermittelt werden, was mit Hilfe eines Tricks gelingt. Man multipliziert $Q(v)$ mit e^{-x} und erhält

$$Q(v)\,e^{-x} = \sum_{v=0}^{\infty} e^{-x\left(v+\frac{3}{2}\right)}. \tag{85}$$

Subtrahiert man dann Gl. (85) von Gl. (84), so folgt

$$Q(v)\,(1 - e^{-x}) = e^{-\frac{x}{2}} \tag{86}$$

bzw.

$$Q(v) = \frac{e^{-\frac{x}{2}}}{1 - e^{-x}}. \tag{87}$$

Setzt man diesen Ausdruck in Gl. (68) ein, so erhält man die mittlere Schwingungsenergie:

$$\bar{E} = -NkT^2 \frac{h\nu_0}{kT^2} \frac{\partial \ln}{\partial x} \left(\frac{e^{-\frac{x}{2}}}{1 - e^{-x}}\right)$$

$$= \frac{NxkT}{e^x - 1} + \frac{1}{2} NxkT. \tag{88}$$

Da $xkT/2$ identisch mit der Energie des Schwingungsgrundzustandes (*Nullpunktenergie*) ist, folgt schließlich mit $N = N_A$ und mit $E_0 = N_A h\nu_0/2$:

$$\bar{E} = \frac{xRT}{e^x - 1} + E_0. \tag{89}$$

Die Schwingungsenergie setzt sich somit aus einem temperatur*abhängigen (thermischen)* und einem temperatur*unabhängigen* Energieanteil zusammen. Der erste Anteil,

$$\overline{E} - E_0 = \frac{xRT}{e^x - 1}, \tag{90}$$

wurde für vier verschiedene Temperaturen in Bild 10.4 graphisch dargestellt. Um ihn für Zimmertemperatur abzuschätzen, nehmen wir für $h\nu_0$ den Wert $2 \cdot 10^{-20}$ J an. Für $x = h\nu_0/kT$ folgt dann der Wert 5 und für $\overline{E} - E_0$ 84 J mol^{-1}. Im Gegensatz dazu bekommt man nach dem Gleichverteilungssatz den Wert 2480 J mol^{-1}. Denn nach klassischer Auffassung besitzt ein harmonischer Oszillator nicht nur kinetische, sondern auch potentielle Energie (zwei Freiheitsgrade), so daß die mittlere Energie $2 \times 1/2 RT = 2 \times 1240$ J mol^{-1} beträgt. Diese Diskrepanz zwischen 2480 und 84 J mol^{-1} ist einzig und allein auf die großen Abstände der Energieniveaus zurückzuführen. Erst im Grenzfall sehr hoher Temperaturen geht die quantenstatistische Verteilung in eine klassische über. Wählt man nämlich in Gl. (90) x klein gegen 1 ($kT > h\nu_0$), und führt man im Nenner eine Reihenentwicklung mit Abbrechen nach dem zweiten Glied durch, so sieht man die Richtigkeit dieser Behauptung sofort ein.

Die numerische Berechnung der temperaturabhängigen Schwingungsenergie soll am Beispiel des SO_2 demonstriert werden. Spektroskopische Untersuchungen ergaben die in Bild 10.5 gezeichneten Energieschemata, die den drei Normalschwingungen zugeordnet wurden. Mit den angegebenen Energieabständen bekommt man für Zimmertemperatur aus Gl. (90) die

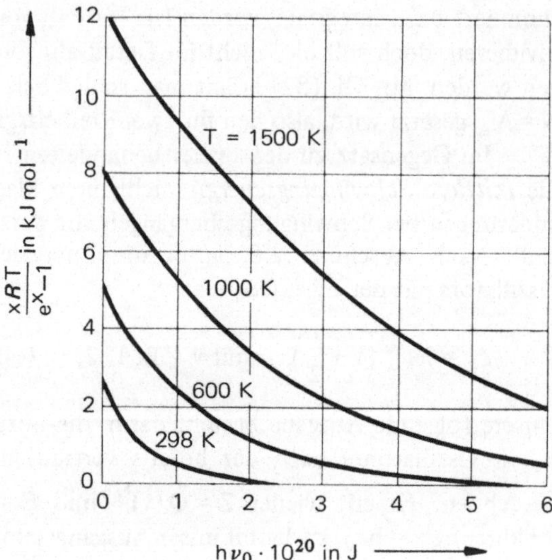

Bild 10.4 Der Beitrag einer Normalschwingung zur thermischen Energie $\overline{E} - E_0$ als Funktion des Energieabstandes $h\nu_0$ bei vier verschiedenen Temperaturen

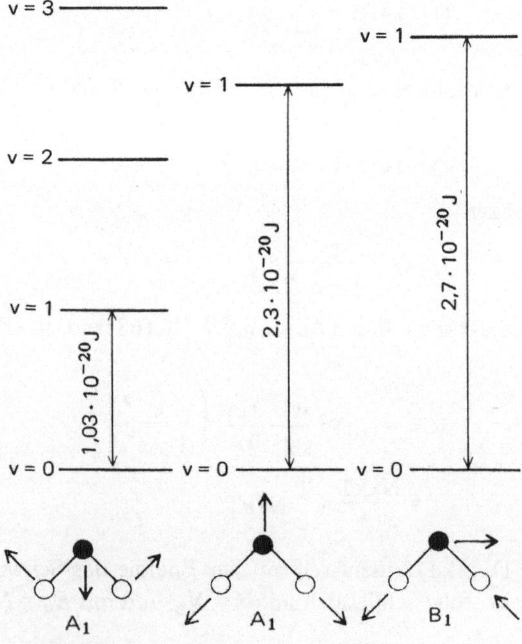

Bild 10.5 Die drei Normalschwingungen des SO_2-Moleküls und ihre Energieschemata

Werte 550, 51 und 22 J mol^{-1}. In Summa ergibt dies 623 J mol^{-1}. Für 1000 K beträgt das Ergebnis 11 500 J mol^{-1}. Verantwortlich für diesen viel größeren Wert ist die thermische Anregung höherer Schwingungszustände.

Bisher wurden die mittleren Energien der Translation, der Rotation und der Schwingung getrennt berechnet. Dies war nur möglich, weil sich die einzelnen Bewegungsarten gegenseitig kaum beeinflussen. Wir dürfen deshalb auch die einzelnen Energiebeiträge additiv zu einer *Gesamtenergie* des idealen Gases zusammenfassen:

$$\overline{E} = \overline{E}(\text{n}) + \overline{E}(l) + \overline{E}(\text{v}) + \overline{E}(\text{k}). \tag{91}$$

In Gl. (91) wurde korrekterweise die bisher vernachlässigte Elektronenanregungsenergie berücksichtigt. Aber wie aus Tabelle 10.2 hervorgeht, ist dies meist unnötig, weil Elektronenanregungen bei gewöhnlichen Temperaturen kaum vorkommen. Für nichtlineare Moleküle ergibt sich nach den Ausführungen dieses Abschnittes explizit

$$\overline{E} = \frac{3}{2}RT + \sum_{\substack{\text{Normal-}\\\text{schwingungen}}} \frac{xRT}{e^{x} - 1} + E_0 \tag{92}$$

und für lineare

$$\overline{E} = \frac{3}{2}RT + RT + \sum_{\substack{\text{Normal-}\\\text{schwingungen}}} \frac{xRT}{e^{x} - 1} + E_0 . \tag{93}$$

Man hätte dieses Ergebnis auch in einem erhalten können. Denn nach Gl. (65) besteht die Molekülzustandssumme Q aus dem Produkt der Einzelsummen (Q(n), Q(l), Q(v) und Q(k), so daß sich automatisch Gl. (93) ergibt.

Zusammenfassend läßt sich feststellen, daß man bei Kenntnis der Energieeigenwerte der Gasmoleküle ihr mittleres energetisches Verhalten (innere Energie) exakt angeben kann. Es ist dabei gleichgültig, ob jene quantenmechanisch berechnet oder experimentell gemessen werden. Die statistische Berechnung erfolgt dabei immer über die Molekül- bzw. Systemzustandssumme. Wir werden bald sehen, daß die Statistik nicht nur die innere Energie, sondern auch beliebige andere thermodynamische Eigenschaften zu berechnen gestattet. Obwohl der Thermodynamik eine ganz andere Art der Darstellung makroskopisch beobachtbarer Eigenschaften zugrunde liegt, stellt deren statistische Interpretation den eigentlichen Schlüssel zum physikalischen Verständnis dar.

Tabelle 10.2: Größenordnung der Termabstände (Abschnitte 2.6 bis 2.8) und der thermischen Energien ($\frac{3}{2}$ kT = 6,17 · 10^{-21} J bzw. $\frac{3}{2}$ RT = 3720 J mol^{-1} bei Zimmertemperatur)

| | Termabstand | | thermische Energie |
Bewegung	J	J mol^{-1}	($\overline{E} - E_0$)
Elektronenanregung	10^{-18}	600 000	0
Schwingung	10^{-20}	6 000	siehe Bild 10.4
Rotation	10^{-23}	6	$\frac{3}{2}RT$ bzw. RT
Translation	10^{-39}	6 · 10^{-16}	$\frac{3}{2}RT$

10.6 Statistische Begründung der MB-Geschwindigkeitsverteilung

In Abschnitt 10.3 wurde festgestellt, daß die MB-Verteilung für die Translation von Gasmolekülen in eine kontinuierliche Energieverteilung übergeht, weil die Energieabstände des Translationsschemas sehr klein sind. Die kontinuierliche Energieverteilung kann in eine Geschwindigkeitsverteilung umgeformt werden. Eine solche Verteilung wurde in Abschnitt 1.6 bei der kinetischen Herleitung des idealen Gasgesetzes postuliert, für diese selbst jedoch noch nicht benötigt. Notwendig wurde sie zur Begründung der mittleren quadratischen Geschwindigkeit als Maß für die tatsächliche Molekülgeschwindigkeit. Wie man auf statistischem Weg zur Geschwindigkeitsverteilung kommt, soll dieser Abschnitt zeigen.

Ausgangspunkt ist einmal mehr Gl. (43). Setzt man darin für ϵ_i die dreidimensionalen Translationseigenwerte ϵ_n sowie für die Zustandssumme $Q(n) = (a/h)^3 (2\pi mkT)^{3/2}$, so folgt:

$$f_n = \frac{g_n\, e^{-\frac{\epsilon_n}{kT}}}{\left(\frac{a}{h}\right)^3 (2\pi mkT)^{\frac{3}{2}}} \,. \tag{94}$$

Da die Energieniveaus dicht beieinander liegen, dürfen wir in Gl. (94) ϵ_n durch die kontinuierliche Energievariable E ersetzen, müssen aber gleichzeitig g_n durch eine Funktion $g(E)$ darstellen. Die Entartung g_n ist nämlich umso größer, je größer die Translationsquantenzahlen n_x, n_y, n_z bzw. die Eigenwerte selbst sind, so daß g direkt eine Funktion von E wird. Es gilt nun, die sogenannte *Zustandsdichte* $g(E)$ durch einen Übergang zu großen Quantenzahlen zu finden. Dazu betrachten wir am besten die dreidimensionale Darstellung des Zahlentripels n_x, n_y, n_z in Bild 10.6. Jeder darin eingezeichnete Punkt entspricht einem ganz bestimmten Zahlentripel. Alle Punkte mit derselben Entfernung vom Ursprung (gleiche Energie) liegen auf der Oberfläche einer Kugel, deren Radius die Länge

$$|n| = \sqrt{n_x^2 + n_y^2 + n_z^2} = \sqrt{\frac{8ma^2\,\epsilon_n}{h^2}} \tag{95}$$

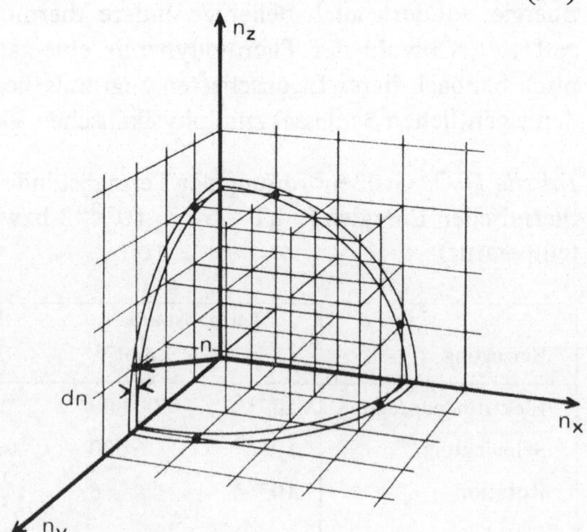

Bild 10.6

Graphische Darstellung des Quantenzahlentripels n_x, n_y, n_z für Teilchen in einem kubischen Potentialtopf

hat. Je größer der Radius $|n|$ ist, umso dichter liegen auf der Kugeloberfläche die Punkte und bedecken sie schließlich ganz. Die Zahl g_n (das ist die Zahl aller Eigenfunktionen zu einem Energiewert ϵ_n) ist dann direkt durch den achten Teil der Kugeloberfläche gegeben (es sind nur ganzzahlige n-Werte möglich). Fragen wir also nach der Zahl aller Punkte in einem Bereich zwischen n und n + dn bzw. zwischen E und E + dE, so ist diese durch ein Achtel des Kugelschalenvolumens $4\pi n^2$ dn gegeben:

$$g(E)\, dE = \frac{1}{8}\, 4\pi n^2\, dn. \tag{96}$$

Darin läßt sich dn durch dE substituieren, denn wegen Gl. (95) gilt ($\epsilon_n \rightarrow E$)

$$dn = \sqrt{\frac{8ma^2}{h^2}}\, \frac{1}{2\sqrt{E}}\, dE, \tag{97}$$

erhältlich durch Differenzieren von n nach ϵ_n bzw. E. Aus Gl. (96) wird daher

$$g(E) = \frac{1}{8}\, 4\pi\, \frac{8ma^2}{h^2}\, E\, \sqrt{\frac{8ma^2}{h^2}}\, \frac{1}{2\sqrt{E}}$$

$$= 2\pi \left(\frac{a}{h}\right)^3 (2m)^{\frac{3}{2}}\, \sqrt{E}. \tag{98}$$

Setzen wir diesen Ausdruck für die Zustandsdichte in Gl. (94) ein, so resultiert die *klassische MB-Verteilung der Translationsenergie*

$$f(E) = \frac{2}{\sqrt{\pi}} \left(\frac{1}{kT}\right)^{\frac{3}{2}} e^{-\frac{E}{kT}} \sqrt{E} \tag{99}$$

und wenn man noch E durch $mu^2/2$ ersetzt, die gesuchte *MB'sche Geschwindigkeitsverteilung:*

$$f(u) \equiv f(E)\, \frac{dE}{du} = f\left(\frac{mu^2}{2}\right) mu =$$

$$= 4\pi \left(\frac{m}{2\pi kT}\right)^{\frac{3}{2}} e^{-\frac{mu^2}{2kT}} u^2. \tag{100}$$

Diese wurde zur Veranschaulichung für N_2-Moleküle bei verschiedenen Temperaturen in Bild 10.7 graphisch dargestellt. Es fällt sofort auf, daß sich mit zunehmender Temperatur das Funktionsmaximum, also die *häufigste* Geschwindigkeit zu höheren Werten hin verlagert. Dieser Effekt hat z. B. für die Geschwindigkeit chemischer Reaktionen größte Bedeutung, denn durch Temperaturerhöhung tritt eine starke Zunahme höherenergetischer und damit reaktionsfähigerer Moleküle auf. Nicht zu verwechseln ist dabei die häufigste Geschwin-

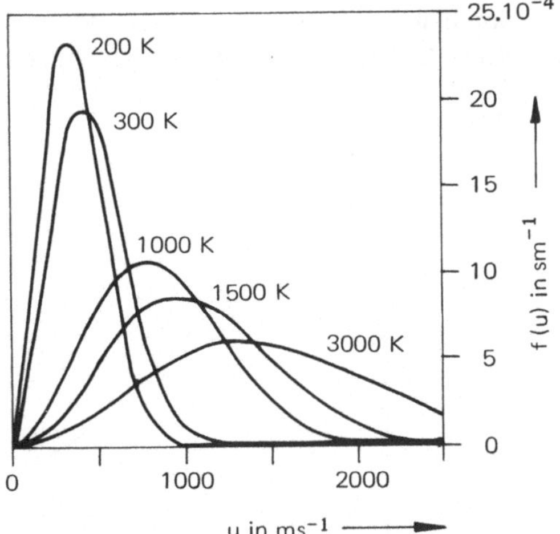

Bild 10.7 MB-Geschwindigkeitsverteilung von N_2-Molekülen bei einigen Temperaturen

digkeit, die man durch Differenzieren von Gl. (100) nach u und Nullsetzen erhält, mit der bereits bekannten mittleren quadratischen Geschwindigkeit $\sqrt{\overline{u^2}}$! Wie schon deren Bezeichnung verrät, wird sie durch eine Mittelwertbildung von u^2 mit Hilfe von f(u) erhalten:

$$\overline{u^2} = \int\limits_{u=0}^{\infty} u^2\, f(u)\, du = 4\pi \left(\frac{m}{2\pi kT}\right)^{\frac{3}{2}} \int\limits_{u=0}^{\infty} u^4\, e^{-\frac{mu^2}{2kT}}\, du$$

$$= 4\pi \left(\frac{m}{2\pi kT}\right)^{\frac{3}{2}} \left(\frac{2kT}{m}\right)^{\frac{5}{2}} \frac{3}{8}\sqrt{\pi} = \frac{3kT}{m} = \frac{3RT}{M}. \tag{101}$$

Es ist dies dasselbe Ergebnis, wie wir es gaskinetisch abgeleitet haben. Damit schließt sich auf elegante Weise der Kreis zur kinetischen Gastheorie: Sie gibt sich als Grenzfall der MB-Statistik zu erkennen.

Nicht zu verwechseln mit der MB'schen Energieverteilung (99) ist der sogenannte *Boltzmannsche e-Satz*. Dieser gibt nämlich den Bruchteil der Moleküle (N_a/N) eines Gases an, der eine gewisse Mindestenergie E_a oder größer E_a besitzt. Will man diesen Bruchteil bestimmen, so hat man die Verteilungsfunktion f(E) von $E = E_a$ bis $E = \infty$ zu integrieren (Bild 10.8). Die im Anhang XVII erklärte Integration liefert (Bild 10.9)

$$\frac{N_a}{N} = \int\limits_{E=E_a}^{\infty} f(E)\, dE = \sqrt{\frac{4E_a}{\pi kT}}\, e^{-\frac{E_a}{kT}} + 1 - \text{erf}\left(\sqrt{\frac{E_a}{kT}}\right). \tag{102}$$

Würde von der Energie $E = 0$ bis $E = \infty$ integriert werden, so ergäbe sich der Wert 1, denn f(E) ist ja teilchennormiert. Anders ausgedrückt: Alle Teilchen haben einen größeren Energiewert als Null. Für $E_a \gg kT$ folgt aus Gl. (102) näherungsweise:

$$\frac{N_a}{N} \cong \sqrt{\frac{4E_a}{\pi kT}}\, e^{-\frac{E_a}{kT}}. \tag{103}$$

Zu Bild 10.9: Der Bruchteil N_a/N mit einer Energie gleich oder größer als E_a ist primär durch den alles überwiegenden *Boltzmannschen e-Faktor* $e^{-E_a/kT}$ gegeben. Je größer daher E_a ist, umso kleiner ist der Bruchteil bei einer bestimmten Temperatur. Mit zuneh-

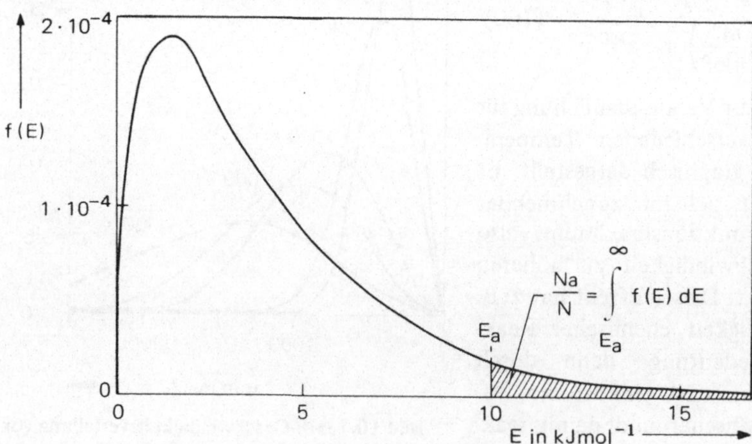

Bild 10.8 Die MB-Energieverteilung von Gasmolekülen bei 300 K

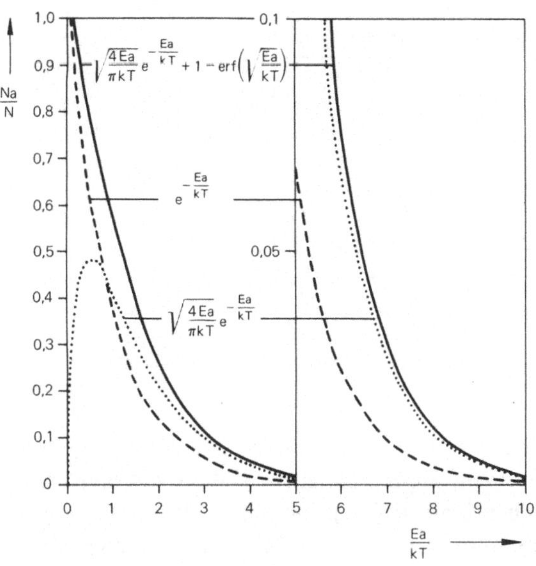

Bild 10.9

Bruchteil der Gasmoleküle $\dfrac{N_a}{N}$ als Funktion der Mindestenergie $\dfrac{E_a}{kT}$ (exakt und näherungsweise)

mender Temperatur wird für einen vorgegebenen E_a-Wert der Bruchteil natürlich größer. Bei vielen Problemen der Chemie, sei es in der chemischen Kinetik oder bei der Temperaturabhängigkeit von Transportprozessen (z. B. Diffusion), wo nach dem Bruchteil der Moleküle mit einer Mindest- oder *Aktivierungsenergie* gefragt wird, läßt er sich in der einen oder anderen Näherung anwenden.

10.7 Die Entropie

Eng verknüpft mit dem Begriff wahrscheinlichste Verteilung ist außer der Energie eine weitere thermodynamische Größe, die *Entropie*. Sie ist genauso wie die innere Energie eine Eigenschaft der Materie und erlangt zusammen mit dieser eine große Bedeutung bei der Beschreibung von thermodynamischen Gleichgewichten. Zunächst einige erläuternde Bemerkungen aus statistischer Sicht an Hand zweier anschaulicher Beispiele.

Wir betrachten eine Schachtel mit einer großen Anzahl gleichartiger Münzen. Zu Beginn seien alle Münzen in der Schachtel so geordnet, daß sie die Vorderseite herzeigen. Schütteln wir die Schachtel einmal ordentlich durch, so werden nachher einige Münzen bereits ihre Rückseite zeigen. Schütteln wir schließlich intensiv genug, werden ungefähr gleich viele Münzen die Vorder- und Rückseite aufweisen. Die Gesamtheit aller Münzen geht also durch das Schütteln von einer Verteilung mit geringerer Wahrscheinlichkeit (= *Nichtgleichgewicht*) in die wahrscheinlichste (= *Gleichgewicht*) über. Die Wahrscheinlichkeit bildet hier sozusagen ein Maß für die „Kraft", die das System vom Nichtgleichgewicht ins Gleichgewicht treibt. Vorausgesetzt wird implizit, daß das System von der Außenwelt energetisch abgeschlossen ist. Wir können deshalb mit Recht vermuten, daß die Entropie etwas mit der Wahrscheinlichkeit (wahrscheinlichste Verteilung) zu tun hat und ein Maß dafür sein muß, wie „innerlich" ungeordnet ein System oder Materie ist.

Zurück zum Demonstrationsbeispiel. Die Verteilungen und Anordnungen, die es für insgesamt vier Münzen gibt, sind in Bild 10.10 wiedergegeben. Diejenige Verteilung, bei der es jeweils zwei Vorder- und zwei Rückseiten gibt, ist die wahrscheinlichste. Denn sie

Verteilung	Anordnung	Zahl der Anordnungen
4 V, 0 R	VVVV	1
3 V, 1 R	VVVR, VVRV, VRVV, RVVV	4
2 V, 2 R	VVRR, VRVR, VRRV, RVVR, RVRV, RRVV	6
1 V, 3 R	RRRV, RRVR, RVRR, VRRR	4
0 V, 4 R	RRRR	1

Bild 10.10 Verteilungen und Anordnungen von vier Münzen; V = Vorderseite, R = Rückseite

besitzt sechs Anordnungsmöglichkeiten und ist damit wahrscheinlicher als eine, bei der nur eine Münze umgedreht ist. Da es in einem abgeschlossenen System wie hier keine treibenden Kräfte gibt, die von energetischen Unterschieden herrühren, kann eine solche nur darauf zurückzuführen sein, daß das System von einem Zustand geringerer Wahrscheinlichkeit *freiwillig* in einen solchen mit größerer übergeht.

Noch ein Beispiel, das nicht mehr von Münzen oder Kugeln, sondern von Molekülen handelt. Bei der isothermen Expansion eines idealen Gases bleibt die innere Energie konstant, da isotherme Expansion Ausdehnung (= Volumenvergrößerung) bei konstanter Temperatur bedeutet, und wegen des Gleichverteilungssatzes bei konstanter Temperatur auch die Energie konstant bleibt. Bei der Ausdehnung wird jedoch die Entropie größer. Wie ist dies zu verstehen? Betrachten wir dazu die in Bild 10.11 schematisch gezeichneten Translationstermschemata im komprimierten und expandierten Zustand eines idealen Gases (kleineres und größeres Gasvolumen V). Da bei einer Ausdehnung V = a³ größer wird, verkleinern sich wegen

$$\epsilon_n = n^2 \, \frac{h^2}{8\,ma^2} \qquad (104)$$

die Energieabstände. Obwohl dies eine Änderung der Besetzung bzw. Verteilung nach sich zieht, wirkt sich diese auf die Gesamtenergie nicht aus. Was geändert wird ist die Zustandsdichte. Pro Energiebereich dE gibt es im expandierten Zustand mehr Energieniveaus. Der expandierte Zustand muß deswegen eine größere Realisierungswahrscheinlichkeit und damit Entropie besitzen.

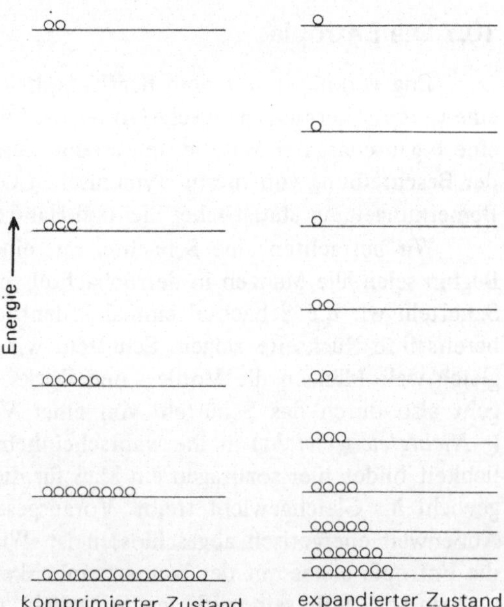

Bild 10.11 Schematische Darstellung der Besetzung von Translationsniveaus eines komprimierten und expandierten idealen Gases

Gesucht wird nun ein quantitativer Zusammenhang zwischen der Wahrscheinlichkeit W (vgl. Abschnitt 10.2) und der Entropie S als physikalische Größe. W selbst kommt als Maß für S nicht in Betracht. Warum nicht? Besteht nämlich ein System aus zwei voneinander unabhängigen Teilsystemen (Gas a und Gas b), so ist die Gesamtwahrscheinlichkeit W durch das Produkt der Einzelwahrscheinlichkeiten W_a und W_b gegeben:

$$W = W_a W_b. \tag{105}$$

Die Gesamtentropie muß sich aber aus den einzelnen Entropien S_a und S_b additiv zusammensetzen, wenn diese wie die innere Energie eine *extensive* Größe (je mehr Gas umso mehr Energie bzw. Entropie) sein soll:

$$S = S_a + S_b. \tag{106}$$

S kann also nicht direkt proportional W sein. Die einzige Funktion, die beiden Forderungen gerecht wird, ist der Logarithmus:

$$S \sim \ln W. \tag{107}$$

Proportionalitätskonstante ist die Boltzmannkonstante k, was aus einer Verknüpfung mit der MB-Verteilung folgt. Daraus folgt auch ein direkter Zusammenhang mit der inneren Energie U eines Systems.

In Abschnitt 10.2 wurde bei der Herleitung des FD-Verteilungsgesetzes folgender Ausdruck für die partielle Änderung von lnW mit N_i gefunden:

$$\frac{\partial \ln W}{\partial N_i} = \ln \left(\frac{g_i}{N_i} - 1 \right). \tag{108}$$

Der entsprechende MB-Ausdruck lautet

$$\frac{\partial \ln W}{\partial N_i} = \ln \frac{g_i}{N_i} \tag{109}$$

und geht aus Gl. (108) mit dem Kriterium $g_i/N_i \gg 1$ hervor. Da sich die gesamte Änderung von lnW mit den N_i additiv aus den partiellen Änderungen zusammensetzt, läßt sich schreiben:

$$d\ln W = \sum_i \frac{\partial \ln W}{\partial N_i} \, dN_i = \sum_i \ln \frac{g_i}{N_i} \, dN_i. \tag{110}$$

Mit dem MB-Verteilungsgesetz (37) in der Form

$$\ln \frac{g_i}{N_i} = \frac{\epsilon_i}{kT} + \alpha \tag{111}$$

erhält man dann für die Änderung der maximalen Wahrscheinlichkeit W_{max} mit den N_i:

$$d\ln W_{max} = \sum_i \frac{\epsilon_i}{kT} \, dN_i + \alpha \sum_i dN_i. \tag{112}$$

Weil sich bei einer Änderung der Verteilung bei konstantem Volumen die Molekülzahl N nicht ändert ($\sum_i dN_i = 0$), wohl aber die Gesamtenergie ($\overline{E} = N\overline{\epsilon} = U$), gilt zusätzlich

$$dU = \sum_i \epsilon_i dN_i. \tag{113}$$

Damit entsteht mit Gl. (113) folgender Zusammenhang zwischen der inneren Energie U und der maximalen Realisierungswahrscheinlichkeit W_{max}:

$$d\ln W_{max} = \frac{dU}{kT} \tag{114}$$

oder

$$dS = k\,d\ln W_{max} \tag{115}$$

bzw.

$$S = k\ln W_{max}. \tag{116}$$

Somit ist nicht nur die Proportionalitätskonstante k, sondern auch die Definition der Entropie

$$dS = \left(\frac{dU}{T}\right)_V \tag{117}$$

bei konstantem Volumen V festgelegt.

Die Entropie eines Mehrteilchensystems ist also eindeutig mit der maximalen Wahrscheinlichkeit W_{max} verknüpft. Um einen expliziten Ausdruck für die Entropie eines idealen Gases zu finden, müssen wir vorerst einen solchen für $\ln W_{max}$ suchen. Dazu muß einmal mehr die MB-Verteilung herhalten, denn sie ist ja die wahrscheinlichste Verteilung für Gasmoleküle. Aus der FD-Statistik in Abschnitt '10.2 läßt sich ein MB-Ausdruck für $\ln W_{max}$ herleiten. Wir verwenden dazu Gl. (26) in der Form

$$\ln W = \sum_i N_i \ln\left(\frac{g_i}{N_i} - 1\right) - g_i \ln\left(1 - \frac{N_i}{g_i}\right), \tag{118}$$

und machen wiederum den Übergang $g_i/N_i \gg 1$:

$$\text{MB} \quad \ln W = \sum_i N_i \ln\frac{g_i}{N_i} + N_i. \tag{119}$$

Für den zweiten Term auf der rechten Seite wurde die Entwicklung

$$\ln\left(1 - \frac{N_i}{g_i}\right) \cong -\frac{N_i}{g_i} \quad (\ln(1+x) \cong x \text{ für } x \ll 1) \tag{120}$$

für kleine N_i/g_i verwendet. Führen wir daher in Gl. (120) die MB-Verteilung in der Form

$$\frac{g_i}{N_i} = \frac{Q}{N}\,e^{\frac{\epsilon_i}{kT}} \tag{121}$$

als wahrscheinlichste Verteilung ein, so bekommen wir

$$\ln W_{max} = \sum_i N_i \left(1 + \frac{\epsilon_i}{kT} + \ln\frac{Q}{N}\right), \tag{122}$$

also für ein Gas aus N Molekülen:

$$S = k\ln W_{max} = \frac{U}{T} + kN\ln\frac{Q}{N} + kN. \tag{123}$$

Wir können Gl. (123), den Zusammenhang zwischen der thermodynamischen Größe S und der statistischen Größe Q, mit Hilfe der Systemzustandssumme Z allgemeiner formulieren. Denn in der Fassung (123) gilt er nur für Gasmoleküle, die nicht lokalisierbar und damit nicht unterscheidbar sind. Wir formen dazu Gl. (123) auf folgende Weise um:

$$S = \frac{U}{T} + kN \ln \frac{Q}{N} + kN$$

$$= \frac{U}{T} + k \ln Q^N + kN - kN \ln N$$

$$= \frac{U}{T} + k \ln Q^N - k \ln N!$$

$$= \frac{U}{T} + k \ln \frac{Q^N}{N!}$$

$$= \frac{U}{T} + k \ln Z . \tag{124}$$

In der letzten Phase der Umformung wurde $Z = Q^N/N!$ eingeführt. Für die unterscheidbaren Teilchen eines Festkörpers müßten wir stattdessen $Z = Q^N$ nehmen und bekämen dann für die Entropie den statistischen Ausdruck:

$$S = \frac{U}{T} + kN \ln Q . \tag{125}$$

Mit Hilfe des Entropieausdruckes für 1 mol Gas,

$$S = \frac{U}{T} + R \ln \frac{Q}{N_A} + R, \tag{126}$$

läßt sich beispielsweise die CO-Entropie wie folgt numerisch berechnen. CO besitzt als zweiatomiges, heteronukleares Molekül drei Translations-, zwei Rotations- und einen Schwingungsfreiheitsgrad (eine Erweiterung auf mehratomige Moleküle ist sinngemäß durchführbar). Da wir die expliziten Ausdrücke für die Zustandssummen der Translation, Rotation und Schwingung und die Energieausdrücke bereits aus Abschnitt 10.5 kennen, bietet die konkrete Berechnung keine Schwierigkeiten. Wegen $Q = Q(n)\,Q(l)\,Q(v)\,Q(k)$ und $U = \bar{E}(n) + \bar{E}(l) + \bar{E}(v) + \bar{E}(k)$ folgt aus Gl. (125):

$$S = S(n) + S(l) + S(v) + S(k). \tag{127}$$

Also: Die Entropie ist wie die innere Energie aus den Einzelbeiträgen additiv zusammensetzbar. Sie lauten:

$$S(n) = \frac{5}{2} R + R \ln \frac{(2\pi mkT)^{\frac{3}{2}}}{N_A h^3} V,$$

$$S(l) = R + R \ln \frac{8\pi^2 lkT}{h^2},$$

$$S(v) = \frac{xR}{e^x - 1} + R \ln \frac{e^{-\frac{x}{2}}}{1 - e^{-x}} + \frac{E_0}{T} . \tag{128}$$

Für $S(k)$ läßt sich wiederum kein allgemeiner Ausdruck angeben. Die Entropie von CO soll für Zimmertemperatur (298 K) und 1 atm berechnet werden. Hierzu folgende Daten:

$$m = 4{,}651 \cdot 10^{-26}\,\text{kg} \qquad N_A = 6{,}022 \cdot 10^{23}\,\text{mol}^{-1}$$
$$k = 1{,}381 \cdot 10^{-23}\,\text{JK}^{-1} \qquad I = 1{,}45 \cdot 10^{-46}\,\text{kgm}^2$$
$$T = 298\,\text{K} \qquad h\nu_0 = 4{,}31 \cdot 10^{-20}\,\text{J}$$
$$h = 6{,}626 \cdot 10^{-34}\,\text{Js} \qquad R = 8{,}314\,\text{JK}^{-1}$$
$$V = 0{,}0244\,\text{m}^3\text{mol}^{-1}$$

Mit diesen Daten bekommt man den Wert $S_{298} = 150{,}2 + 47{,}2 + 0{,}002 = 197{,}4\,\text{JK}^{-1}\,\text{mol}^{-1}$. Den größten Beitrag liefert die Translation, weil deren Energiezustände dichter als die der Rotation liegen. Demgegenüber ist der Schwingungsbeitrag vernachlässigbar klein: Die Schwingungen sind bei Zimmertemperatur noch nicht angeregt. Thermodynamische Messungen liefern den Wert $193{,}3\,\text{JK}^{-1}\,\text{mol}^{-1}$. Die Differenz von $4{,}7\,\text{JK}^{-1}\,\text{mol}^{-1}$ entspricht einer endlichen *Nullpunktentropie*, von der später noch die Rede sein wird.

10.8 Die Mischungsentropie

Mischt man zwei miteinander nicht reagierende ideale Gase, die sich unter gleichen äußeren Bedingungen (Druck, Temperatur) zuerst in getrennten Behältern befinden, etwa durch Öffnen eines Verbindungshahnes, so wird ein *irreversibler* Prozeß (Kapitel 11 und 25) initiiert: Moleküle des einen Gases diffundieren in den Behälter des anderen und umgekehrt. Dieser Prozeß geht solange vor sich, bis eine homogene Mischung beider Gase entstanden ist. Da er nicht umkehrbar ist, muß die damit verbundene Entropieänderung größer als Null sein. Diese Entropieänderung (*Mischungsentropie*) soll auf statistischem Weg berechnet werden.

Es wird zuerst die Entropie des gesamten, aber getrennten Systems (Ausgangszustand a) und dann die des gemischten Systems (Endzustand b) ermittelt. Die Differenz der Entropien des End- und des Ausgangszustandes ist die gesuchte Mischungsentropie. Die Entropie des Ausgangszustandes setzt sich additiv aus den Entropien der getrennten Gase zusammen:

$$S_a = S_1 + S_2. \tag{129}$$

Läßt man mehrere (n) verschiedene Gase ineinander diffundieren, so beträgt die Ausgangsentropie:

$$S_a = \sum_{i=1}^{n} S_i. \tag{130}$$

Für die Entropie eines idealen Gases läßt sich nach Gl. (124) schreiben:

$$S_i = \frac{U_i}{T} + kN_i \ln Q_i - kN_i (\ln N_i - 1). \tag{131}$$

Gl. (124) wurde gewählt, weil die Moleküle der einzelnen Gase nicht unterscheidbar sind. Wären sie es, so fiele der dritte Term weg. Mit Gl. (124) erhält man für die Ausgangsentropie:

$$S_a = \sum_{i=1}^{n} \frac{U_i}{T} + k \sum_{i=1}^{n} N_i \ln Q_i - k \sum_{i=1}^{n} N_i (\ln N_i - 1). \tag{132}$$

Zur Berechnung der Entropie des Endzustandes dient wieder Gl. (131). Da man es aber jetzt mit einem einzigen System (Gasmischung) zu tun hat, setzt sich die Entropie nicht additiv aus den Bestandteilen zusammen. Jeder Term von Gl. (131) soll der Reihe nach für die Gasmischung untersucht werden. Der erste Term betrifft die mittlere Energie U. Diese setzt sich bei idealen Gasen additiv aus den Beiträgen der einzelnen Komponenten zusammen, so daß auch für die Gasmischung gilt:

$$\frac{U}{T} = \sum_{i=1}^{n} \frac{U_i}{T}. \tag{133}$$

Der zweite Term von Gl. (131) betrifft die Zustandssummen Q_i und bezieht sich jetzt auf die Molekülzustandssumme der einzelnen Komponenten in der Mischung. Da die Q_i aber vom Volumen abhängen ($Q(n)$ ist volumenabhängig) und sich dieses beim Mischen im Verhältnis $V/V_i = N/N_i$ ändert, muß man statt der Q_i die reduzierten Summen $Q_i N/N_i$ nehmen. Der zweite Term beträgt daher:

$$k \sum_{i=1}^{n} N_i \ln Q_i \frac{N}{N_i}. \tag{134}$$

Der dritte Term betrifft nur die Molekülzahlen und bleibt gleich:

$$-k \sum_{i=1}^{n} N_i (\ln N_i - 1). \tag{135}$$

Die Entropie der Gasmischung beträgt daher insgesamt:

$$S_b = \sum_{i=1}^{n} \frac{U_i}{T} + k \sum_{i=1}^{n} N_i \ln Q_i \frac{N}{N_i} - k \sum_{i=1}^{n} N_i (\ln N_i - 1). \tag{136}$$

Für die Mischungsentropie ΔS_{Misch} ergibt sich dann durch Differenzbildung:

$$\Delta S_{Misch} = S_b - S_a = k \sum_{i=1}^{n} N_i \ln \frac{N}{N_i}$$

$$= -k \sum_{i=1}^{n} N x_i \ln x_i. \tag{137}$$

Für das Verhältnis N_i/N wurde der Molenbruch x_i eingeführt. Da Molenbrüche immer kleiner als 1 sind, ist nach Gl. (137) die Mischungsentropie immer *positiv* und nimmt zu. Sie charakterisiert die Irreversibilität des betrachteten Mischungsvorganges. Gl. (137) kann auch auf Mischungsvorgänge von ideal mischbaren Flüssigkeiten und ideal verdünnten Lösungen angewendet werden. Will man hingegen die Mischungsentropie von realen Gasen und konzentrierteren Lösungen berechnen, so sind die Voraussetzungen nicht mehr erfüllt. Darüber mehr bei der Besprechung von Flüssigkeiten und Lösungen.

Läßt man Gase mit verschiedenen Molekülen ineinander diffundieren, dann ist die Mischungsentropie positiv. Wenn hingegen Gase, die aus denselben Molekülen aufgebaut sind, ineinander diffundieren, so ist sie Null. Formal deshalb, weil der Molenbruch 1 wird.

Als verallgemeinerte Aussage können wir festhalten: Beim Übergang von einem geordneten Materiezustand (getrennte Gase) in einen ungeordneten (gemischte Gase) ist die Entropieänderung positiv, d. h. die Gesamtentropie nimmt zu, weil dieser die größere Realisierungswahrscheinlichkeit besitzt. Bleibt dabei die Gesamtenergie gleich, so kann die Entropieänderung als quantitatives Maß dafür benutzt werden, um die Übergangstendenz zu beschreiben. Diese hier durchgeführte Verallgemeinerung wird später auf thermodynamischem Wege bewiesen werden.

10.9 Das chemische Potential μ und der Multiplikator α

Mit Hilfe des Begriffes Entropie bzw. chemisches Potential kann der Lagrangesche Multiplikator α (Abschnitt 10.2) physikalisch interpretiert werden. Dies ist auch der Grund, warum wir erst jetzt auf ihn zu sprechen kommen. Was bei der MB-Verteilung gelingt, nämlich das Ausschalten des Multiplikators durch Normierung (Abschnitt 10.3), das gelingt bei den FD- und BE-Verteilungsgesetzen nicht. Denn bei diesen kürzt sich der Faktor e^{α} nicht:

$$f_i = \frac{N_i}{N} = \frac{g_i \left(e^{\left(\alpha + \frac{\epsilon_i}{kT}\right)} \pm 1\right)^{-1}}{\sum_i g_i \left(e^{\left(\alpha + \frac{\epsilon_i}{kT}\right)} \pm 1\right)^{-1}} \, . \tag{138}$$

Um zu einer schnellen Interpretation zu gelangen, gehen wir der Einfachheit halber von der MB-Verteilung

$$N_i = g_i \, e^{-\left(\alpha + \frac{\epsilon_i}{kT}\right)} \tag{139}$$

aus und summieren auf beiden Seiten über i. Die linke Seite liefert die Teilchenzahl N und die rechte $e^{-\alpha}Q$, also

$$N = e^{-\alpha}Q, \tag{140}$$

so daß

$$\alpha = \ln \frac{Q}{N}. \tag{141}$$

Die Beziehung (141) wird nun in Zusammenhang mit der Entropie (124) gebracht:

$$S = \frac{U}{T} + kN\ln \frac{Q}{N} + kN. \tag{142}$$

Man erkennt, daß der Ausdruck $k\ln \frac{Q}{N}$ identisch mit der Ableitung von S nach N bei konstanter Energie U und konstantem Volumen V ist. Denn

$$\left(\frac{\partial S}{\partial N}\right)_{U,V} = k\frac{\partial}{\partial N}[N\ln Q - N\ln N + N] = k\left[\ln Q - \left(\ln N + \frac{N}{N}\right) + 1\right] = k\ln \frac{Q}{N}. \tag{143}$$

Schreiben wir anstelle von $-T\left(\frac{\partial S}{\partial N}\right)_{U,V}$ den Buchstaben μ, so bekommen wir die Identität

$$\alpha = -\frac{\mu}{kT}. \tag{144}$$

μ wird *chemisches Potential* genannt und ist dimensionsmäßig eine Teilchenenergie.

Das chemische Potential wird gewöhnlich durch die partielle Ableitung der *freien Energie* $F = U - TS$ nach der Teilchenzahl N bei konstanter Temperatur und konstantem Volumen definiert. Verwenden wir anstatt Gl. (142) den allgemeineren Ausdruck

$$S = \frac{U}{T} + k\ln Z, \tag{145}$$

dann lautet die statistische Definition der freien Energie

$$F = -kT\ln Z \tag{146}$$

und die von μ

$$\mu = \left(\frac{\partial F}{\partial N}\right)_{T,\,V} = -\frac{\partial}{\partial N}(kT\ln Z). \tag{147}$$

F ist nach thermodynamischer Auffassung der Anteil der inneren oder gesamten Energie U eines Systems, der zur Arbeitsleistung diesem entzogen werden kann (Abschnitt 11.6). Der Anteil TS ist dagegen nicht nutzbar und wird als *gebundene Energie* bezeichnet. Mit Hilfe von F wird später das thermodynamische Gleichgewicht zwischen verschiedenen Systemen behandelt. μ dient vorwiegend zur Behandlung von realen Mischphasen (Abschnitt 11.6). In idealen Mischphasen (z.B. ideale Gasmischung) sind die chemischen Potentiale der Komponenten gleich der freien Energie je mol reiner Komponente, weil in solchen Phasen F nicht von der Zusammensetzung abhängt. Handelt es sich also wie in diesem Kapitel hauptsächlich um ideale Gase mit einer einzigen Komponente, dann ist das chemische Potential nichts anderes als die auf ein Teilchen bezogene freie Energie des Gases:

$$\mu = \frac{F}{N}. \tag{148}$$

Aus Abschnitt 10.4 und 10.6 wissen wir, daß E bzw. U und S temperaturabhängige Größen sind. Dasselbe gilt natürlich auch für F bzw. μ und damit für den Multiplikator α. Das haben wir zu beachten, wenn wir mit FD- und BE-Verteilungen arbeiten. Mit Hilfe der identifizierten Multiplikatoren lassen sich die FD- und BE-Verteilungsgesetze bzw. Besetzungsdichten wie folgt neu anschreiben,

$$\frac{N_i}{g_i} = \frac{1}{e^{\frac{\epsilon_i - \mu}{kT}} \pm 1}, \tag{149}$$

und Bild 10.3 neu beschriften.

Dies ist in Bild 10.12 geschehen. Wir bemerken, daß die BE-Verteilung asymptotisch gegen ∞ geht, wenn die Energie ϵ_i so klein wie die systemcharakteristische Energie μ wird. Das chemische Potential von Bosonen muß deshalb *unterhalb* aller Energiezustände liegen. Im Gegensatz dazu die FD-Verteilung: Für T gegen Null (gestrichelte

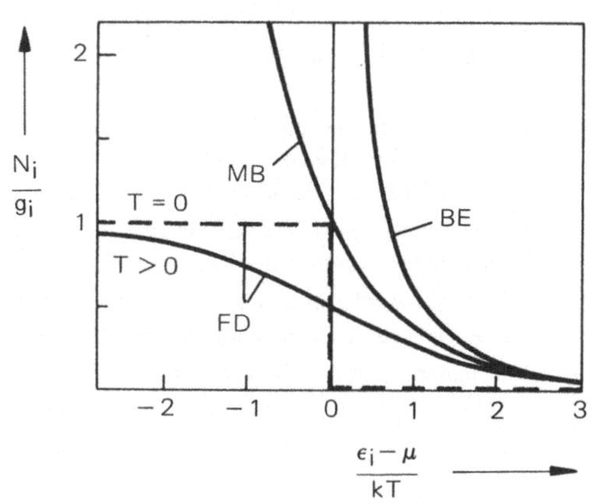

Bild 10.12 Besetzungsdichten

Kurve in Bild 10.12) stellt das chemische Potential eine obere Grenze (*Fermienergie*) dar. Alle Zustände bei $T = 0$ sind bis zu dieser oberen Grenze $\epsilon_i = \mu$ voll aufgefüllt ($N_i/g_i = 1$). Wird die Temperatur erhöht, gehen die Teilchen in Zustände mit $\epsilon_i > \mu$ (ausgezogene FD-Kurve). Dadurch entsteht eine schiefsymmetrische Verteilung. Bei genügend tiefen Temperaturen gehen alle Bosonen in den Grundzustand und werden dort so stark konzentriert, daß eine Art Kondensation eintritt. Diese ist jedoch keine gewöhnliche Kondensation, sondern eine quantenstatistische Besonderheit. Dadurch weist z. B. Helium superfluide Eigenschaften auf. Warum dieses Phänomen gerade bei Helium und sonst kaum beobachtet wird, hängt mit den van der Waalsschen Dipolkräften zusammen. Normalerweise verursachen diese schon bei höheren Temperaturen eine ganz gewöhnliche Kondensation im Sinne einer Phasenumwandlung, so daß der superfluide Zustand bei weiterer Temperaturerniedrigung gar nicht mehr eintritt. Ein Mittelding in Bild 10.12 stellt schließlich die MB-Kurve dar, die sich bei $\epsilon_i - \mu \gg kT$ den beiden anderen Kurven nähert.

Rechenbeispiele

1. Ein Energieschema besteht aus zwei Termen mit einem Abstand der Größe kT. Wie groß ist ihr Besetzungsverhältnis bei $T = 0$, 298 und 1000 K?

2. Bei welcher Temperatur beträgt der Besetzungsunterschied zweier Energieterme 1 %, wenn die Terme einen Energieunterschied von $1\ kJ\,mol^{-1}$ aufweisen?

3. Ein N_2-Molekül befindet sich in einem eindimensionalen Behälter mit variabler Länge x. Wie groß muß x mindestens sein, damit die Besetzung des 2. Zustandes weniger als 1 % des 1. Zustandes beträgt?

4. Für die Gasmoleküle in einem kubischen Behälter der Größe a^3 soll die Relation gelten: $h^2/8\,ma^2 = 0{,}1\ kT$. Berechnen Sie das Besetzungsverhältnis der Zustände mit $n_x = 1$, $n_y = 2$, $n_z = 3$ und $n_x = n_y = n_z = 1$.

5. Für N_2-Moleküle in einem kubischen 1 *l*-Behälter (25 °C) gilt $h^2/8\,ma^2\ kT = 2{,}87 \cdot 10^{-20}$. Wie groß ist die Translationsquantenzahl n, die der wahrscheinlichsten Molekülgeschwindigkeit entspricht?

6. Gasförmige Jodatome besitzen einen 4-fach entarteten Grundzustand und im Abstand von $15{,}11 \cdot 10^{-20}$ J einen 2-fach entarteten, elektronisch anregbaren Zustand (weitere anregbare Zustände liegen sehr viel höher). Wie groß ist die elektronische Zustandssumme bei $T = 0$, 298, 1000, 2000 K und $T = \infty$?

7. Berechnen Sie den Bruchteil der H-Atome, die sich bei Zimmertemperatur im ersten angeregten Zustand (n = 2) im Vergleich zum Grundzustand (n = 1) befinden. Bei welcher Temperatur beträgt der Besetzungsunterschied 50 %?

8. Kennzeichnen Sie durch vertikale Linien auf einer horizontalen Energieskala die Besetzungen der ersten fünf Elektronenzustände (Elektronen in einem eindimensionalen Behälter von 100 Å Länge bei 298 und 1000 K).

9. Berechnen Sie die Translationszustandssumme für He und Xe bei 1 atm und 25 °C. Wie groß ist in beiden Fällen die thermische Energie?

10. Ein Atom wird durch einen kubischen Potentialtopf der Größe 10^{-10} m angenähert. Wie groß ist die elektronische Zustandssumme Q (k) von solchen Atomen bei 25 °C?

11. Wie ändert sich die Translationszustandssumme von N_2-Molekülen in einem kubischen Behälter bei 25 °C, wenn durch eine Druckerhöhung das Volumen auf 1/100 verkleinert wird?

12. Wie groß ist die Translationszustandssumme von 1 mol Wasserdampf bei 1 atm und 25 bzw. 100 °C?

13. Sie wissen nur, daß CO_2 linear und SO_2 gewinkelt gebaut ist. Welches dieser beiden Molekülsorten besitzt das größere Summenprodukt Q (l) Q (v)?

14. Warum muß zur Berechnung der Translationszustandssumme eines Gases sein pVT-Zustand bekannt sein?

15. Moleküle mit einem kleinen Trägheitsmoment haben ein Rotationsenergieschema mit großen Abständen; der Ersatz von Summen durch Integrale bei der Berechnung von Zustandssummen ist dann nicht mehr erlaubt. Welchen Fehler begehen Sie, wenn Sie die Rotationszustandssumme von HCl bei 25 °C trotzdem durch Integration ermitteln?

16. Wie groß ist die thermische Energie von N_A starren, zweiatomigen Molekülen bei 298 und 1000 K?

17. Gegeben ist ein Termschema mit drei nichtentarteten Energieniveaus, deren Abstand voneinander $3 \cdot 10^{-21}$ J beträgt. Wie groß ist die thermische Energie von N_A Molekülen mit einem derartigen Termschema?

18. Berechnen und vergleichen Sie die Schwingungszustandssummen Q (v) von HCl ($h\nu_0 = 5{,}7 \cdot 10^{-20}$ J) und von Br_2 ($0{,}64 \cdot 10^{-20}$ J).

19. Berechnen Sie Q (v) für SO_2 bei 25 °C (Bild 10.5).

20. Wie groß ist die thermische Energie von SO_2 bei 25 °C?

21. Vergleichen Sie die Grenzwerte der mittleren Schwingungsenergie, die man aus Bild 10.4 abliest ($h \nu_0 \rightarrow 0$ und $T \rightarrow 0$), mit den Werten, die man klassisch erhält?

22. Zeichnen und diskutieren Sie die Massen- und Temperaturabhängigkeit der Translationsentropie eines idealen Gases.

23. Um wieviel ändert sich die Translationsentropie von 1 mol idealem Gas, wenn man seinen Druck verdoppelt?

24. Begründen Sie, warum der Translations- und Rotationsbeitrag idealer Gase zur thermischen Energie gleich und zur Entropie verschieden groß sind?

25. Berechnen Sie die Translationsentropie von 1 mol H_2 bei 25 °C (1 atm). Wie groß ist diese im Vergleich zur gesamten H_2-Entropie?

26. Zeichnen Sie für hetero- und homonukleare Moleküle die Rotationsentropie als Funktion des Trägheitsmomentes im Bereich 10^{-46} bis 10^{-44} kgm^2 (bei 298 und 1000 K). Diskutieren Sie die Unterschiede.

27. Zeichnen Sie den Entropiebeitrag eines Schwingungsfreiheitsgrades als Funktion von $x = h \nu_0/kT$ für 298 und 1000 K (Bereich bis $\bar{\nu}_0 = 4000$ cm^{-1}).

28. Berechnen Sie die Entropie von 1 mol Cl_2 bei 1 atm und 25 °C (Trägheitsmoment $1{,}15 \cdot 10^{-45}$ kgm^2, $h\nu_0 = 1{,}10 \cdot 10^{-20}$ J).

29. Berechnen Sie die Entropie von He bei 25 °C und 1 atm. Vergleichen Sie das Ergebnis mit dem thermodynamisch gefundenen Wert von 124,7 JK^{-1} mol^{-1}.

30. Berechnen Sie die Entropie von N_2O bei 25 °C und 1 atm. N_2O ist linear gebaut und besitzt ein Trägheitsmoment von $6{,}7 \cdot 10^{-46}$ kgm^2. Die zu den vier Normalschwingungen gehörenden Energieschemata haben Niveauabstände im Ausmaß von 1,17, 1,17, 2,56 und $4{,}45 \cdot 10^{-20}$ J. Vergleichen Sie den Entropiewert mit dem thermodynamisch bestimmten von 220,1 JK^{-1} mol^{-1} unter Berücksichtigung der Nullpunktentropie von R ln 2.

Kapitel 11
Die Thermodynamik

Die Thermodynamik ist eine phänomenologische, in sich geschlossene Theorie zur Beschreibung makroskopischer, d. h. durch kalorische Messungen direkt zugänglicher Eigenschaften der Materie. Sie kann vollkommen unabhängig von den bisher behandelten atomaren bzw. molekularen Vorstellungen aus drei empirischen Erfahrungssätzen, den sogenannten drei Hauptsätzen entwickelt werden. Ihre Gültigkeit hängt ausschließlich von diesen drei Hauptsätzen und daraus logisch ableitbaren Konsequenzen ab. Von irgendeiner Änderung unserer heutigen Auffassung über das molekulare Bild der Materie wird sie in keiner Weise berührt. Sie vermag daher auch nichts über den molekularen Aufbau der Materie auszusagen. Im Gegenteil, sie behielte ihre Gültigkeit auch dann, wenn die Materie nicht atomar aufgebaut wäre!

11.1 Zustandsfunktionen und Energieerhaltungssatz

Die Thermodynamik bedient sich zur Beschreibung der makroskopischen Eigenschaften und ihrer Zusammenhänge sogenannter *Zustandsfunktionen*. Diese Funktionen beschreiben makroskopische Zustände genauso wie Eigenfunktionen die Zustände eines atomaren Systems. Wie diese haben sie natürlich auch gewisse mathematische Eigenschaften, die wir kennenlernen müssen. Zustandsfunktionen sind Funktionen der *Zustandsvariablen* (z. B. Druck, Temperatur, chemische Zusammensetzung) und sind vom *Weg*, auf dem ein bestimmter Zustand realisiert wird, *unabhängig*. Sie bilden gemeinsam mit ihren *partiellen Ableitungen* nach den Variablen das theoretische Gebäude der Thermodynamik. Wenn ein Teil von ihnen auf Grund experimenteller Messungen bekannt ist, lassen sich daraus auch andere ermitteln.

Einige Zustandsfunktionen wie das Volumen (V), die innere Energie (U), die freie Energie (F) und die Entropie (S) haben wir bereits in der Statistik kennengelernt, doch nicht als solche identifiziert. Dies war statistisch nicht möglich und nicht notwendig. Aus Abschnitt 10.9 kennen wir auch schon eine partielle Ableitung, nämlich das chemische Potential (μ). Eine weitere wichtige partielle Größe ist die spezifische Wärme, definiert als die Ableitung der inneren Energie nach der Temperatur. Daraus folgt, daß man umgekehrt diese und andere Energien durch eine Integration aus der spezifischen Wärme bekommt. Wann ist nun eine makroskopisch beobachtbare Größe eine Zustandsfunktion und was bedeutet sie für die Chemie? Diese Frage soll im folgenden an Hand der inneren Energie untersucht und dann verallgemeinert beantwortet werden.

Doch zunächst: Was ist eigentlich innere Energie aus thermodynamischer Sicht? Wir ziehen zur Erklärung am besten den Energieerhaltungssatz heran: Er lautet: Die Summe aller Energieformen in einem abgeschlossenen System (= von der Umgebung isoliert) ist konstant. Drastischer ausgedrückt: Energie kann weder gewonnen noch vernichtet werden. Dieser allgemein bekannte Satz, dem heute angesichts von Energieversorgungsschwierigkeiten größte praktische Bedeutung zukommt, ist nichts anderes als der *1. Hauptsatz der Thermodynamik*. Er lautet mathematisch formuliert:

$$\sum_i E_i = \text{const} \equiv U \tag{1}$$

oder

$$\Delta U = \sum_i \Delta E_i = 0. \tag{2}$$

Laufen innerhalb des abgeschlossenen Systems irgendwelche physikalischen oder chemischen Vorgänge mit Energieänderungen ab (endliche Änderungen werden in der Thermodynamik generell mit dem Symbol Δ bezeichnet und bedeuten immer die Differenz Endzustand − Ausgangszustand), so dürfen sich zwar die einzelnen Energien E_i, nicht aber ihre Summe ändern.

Unter den Energien E_i darf man sich alle möglichen Energieformen vorstellen. Das können chemische Energie, latente Wärme, Arbeit, usw. sein. Eine andere Energieform ist z. B. die Masse. Sollte sich der Energieerhaltungssatz auch auf Kernreaktionen beziehen, müßte die Masse als Energieform zugelassen werden. Denn bei Kernreaktionen ändern sich die Massen der beteiligten Kerne und die Massendifferenzen treten als Energie in Erscheinung (*Einsteinsches Energieäquivalenzprinzip:* Energie = Masse $\times$ Lichtgeschwindigkeit^2). Bei chemischen Reaktionen brauchen wir die Masse als Energieform nicht zu berücksichtigen, weil dabei Kernmassenänderungen nicht vorkommen.

Nimmt hingegen das System aus der Umgebung Energie in Form von Arbeit oder Wärme auf (= von der Umgebung nicht isoliert), oder gibt es solche Energie an die Umgebung ab, dann ist ΔU endlich und die innere Energie U ändert ihren Wert gerade um den Betrag ΔU:

$$\Delta U = \sum_i \Delta E_i. \tag{3}$$

In Abschnitt 10.5 haben wir gesehen, daß die innere Energie eines idealen Gases nur von der Temperatur und nicht auch vom Volumen abhängt. Das ist physikalisch plausibel, denn zwischen den Teilchen eines idealen Gases gibt es schon per definitionem keine wie immer geartete Wechselwirkung. Anders in kondensierten Phasen. Dort ist die Energie immer auch eine Funktion des Volumens. Zwischenmolekulare Wechselwirkungen bewirken eine potentielle Energie, die umso größer ist, je kleiner der Molekülabstand wird (Kapitel 12). Bei einer Volumenänderung wird daher wegen des geänderten Molekülabstandes auch die potentielle und damit die innere Energie geändert. Der Normalfall ist also der, bei dem diese sowohl eine Funktion der Temperatur als auch des Volumens ist. (Das ideale Gas bildet in diesem Sinne eine Ausnahme):

$$U = f(T, V). \tag{4}$$

Bringt man durch eine Temperatur- und Volumenänderung ein reales System mit der inneren Energie U von einem Zustand a in den Zustand b, so ist es für die gesamte Änderung von U gleichgültig, ob man zuerst T bei konstantem V und dann V bei konstantem T oder beide gleichzeitig ändert:

$$\Delta U_{a,b} = U_b - U_a = f(T_b, V_b) - f(T_a, V_a). \tag{5}$$

T_a, V_a sind die Zustandsvariablen, die den Ausgangszustand U_a und T_b, V_b die Zustandsvariablen, die den Endzustand U_b festlegen. Die Funktion $U = f(T, V)$ stellt geometrisch eine gekrümmte Fläche dar (Bild 11.1). Für die Änderung $\Delta U_{a,b}$ folgt daher, wenn sie einmal bei konstantem V und einmal bei konstantem T durchgeführt wird:

$$\Delta U_{a,b} = \Delta U_{V=\text{const}} + \Delta U_{T=\text{const}}, \tag{6}$$

mit

$$\Delta U_{V=\text{const}} = f(T + \Delta T, V) - f(T, V) \tag{7}$$

und

$$\Delta U_{T=\text{const}} = f(T, V + \Delta V) - f(T, V). \tag{8}$$

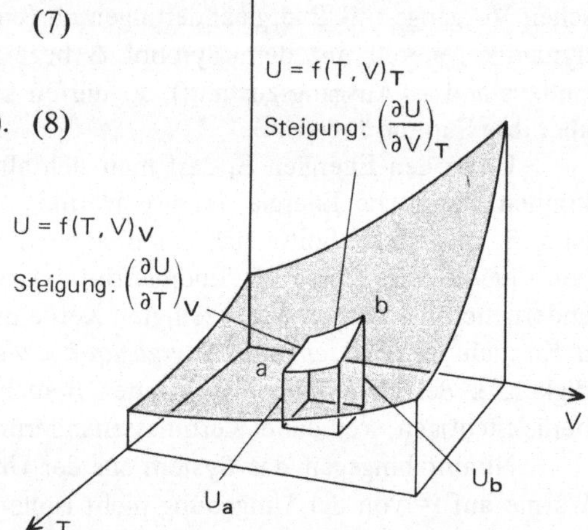

Bild 11.1

Graphische Darstellung der Zustandsfunktion U (innere Energie) als Funktion von T und V und ihrer partiellen Differentiale

Erweitert man die Gln. (7) und (8) mit $\Delta T/\Delta T$ und $\Delta V/\Delta V$ und geht man zu den Grenzwerten für $\Delta T \to 0$ und $\Delta V \to 0$ über, so bekommt man:

$$(\Delta U_{V=\text{const}})_{\Delta T \to 0} \equiv (dU)_V = \frac{f(T + \Delta T, V) - f(T, V)}{\Delta T} \Delta T = \left(\frac{\partial U}{\partial T}\right)_V dT \tag{9}$$

und

$$(\Delta U_{T=\text{const}})_{\Delta V \to 0} \equiv (dU)_T = \frac{f(T, V + \Delta V) - f(T, V)}{\Delta V} \Delta V = \left(\frac{\partial U}{\partial V}\right)_T dV. \tag{10}$$

Für die Gesamtänderung dU gilt dann

$$dU = \left(\frac{\partial U}{\partial T}\right)_V dT + \left(\frac{\partial U}{\partial V}\right)_T dV. \tag{11}$$

dU nennt man ein *vollständiges* oder *totales* (auch exaktes) *Differential*. Jede differentielle Änderung einer Zustandsfunktion ist somit ein totales Differential.

Ob eine Funktion wie $U = f(T, V)$ eine Zustandsfunktion ist, entscheidet die Mathematik u. a. mit Hilfe des sogenannten *Schwarzschen Satzes*:

$$\frac{\partial}{\partial T}\left(\frac{\partial U}{\partial V}\right)_T = \frac{\partial}{\partial V}\left(\frac{\partial U}{\partial T}\right)_V. \tag{12}$$

Nur wenn die Reihenfolge bei der Bildung der gemischten zweiten Ableitungen vertauscht werden kann, verkörpert dU ein totales Differential und ist vom Weg unabhängig integrierbar. Mathematisch .ausgedrückt durch das *Linienintegral* über einen geschlossenen Weg:

$$\oint dU = 0. \tag{13}$$

Mit den Beziehungen (11) und (12) beherrschen wir praktisch den ganzen mathematischen Formalismus der Thermodynamik. Er wird uns auf Schritt und Tritt begegnen, d. h. wir werden immer wieder auf diesen zurückgreifen, wenn gewisse Aussagen nicht schon von sich aus plausibel genug erscheinen. Wenden wir ihn z. B. auf ein ideales Gas an, so wissen wir, daß das zweite *partielle Differential* in Gl. (11) sicher Null ist:

$$\left(\frac{\partial U}{\partial V}\right)_T = 0. \tag{14}$$

Das erste Differential ist nichts anderes als die *spezifische Wärme* oder *Wärmekapazität* bzw. *Molwärme*, wenn man sie auf 1 mol Substanz bezieht:

$$C_V = \left(\frac{\partial U}{\partial T}\right)_V. \tag{15}$$

Sie ist durch die Ableitung bei konstantem Volumen definiert.

Wollen wir die innere Energie eines beliebigen Systems (chemischer Stoff), sei es gasförmig, flüssig oder fest, bei einer bestimmten Temperatur ermitteln, müssen wir die spezifische Wärme C_V (bzw. C_p, vgl. Abschnitt 11.3) als Funktion der Temperatur durch eine kalorische Messung bestimmen. Um dann aus ihr U zu erhalten, muß Gl. (15) von T = 0 bis zur interessierenden Temperatur T integriert werden:

$$U_T = \int_{T=0}^{T} C_V\, dT + U_0. \tag{16}$$

$C_V(T)$ ist gewöhnlich nicht explizit bekannt, so daß wir die Integration graphisch oder numerisch auszuführen haben. Explizite Ausdrücke gibt es höchstens für ideale Gase und Festkörper aus der Statistik (Abschnitt 11.4). Was wir aber durch die Integration (gleichgültig wie sie nun ausgeführt wird) nicht bekommen, ist die Integrationskonstante U_0, die sich als identisch mit der Nullpunktenergie $\overline{E}_0$ erweist. Kalorisch oder thermodynamisch messen wir nämlich immer nur Energiedifferenzen $(U_T - U_0)$. Diese Feststellung ist von grundsätzlicher Bedeutung und viel wichtiger als es im Moment erscheinen mag. Sie läßt sich auf folgende Weise verallgemeinern: Die Thermodynamik kennt und rechnet prinzipiell nur mit Energiedifferenzen und Differenzen anderer Zustandsfunktionen. Ein Nachteil, den die statistische Thermodynamik nicht besitzt. Diese kann thermodynamische Funktionen absolut berechnen, benötigt aber dazu die Termschemata. Die thermodynamische Behandlung von chemischen Stoffen und Reaktionen liefert mithin nur Differenzwerte von End- und Ausgangszuständen. Daher tritt in der Thermodynamik auch das Problem der Einführung zweckmäßiger Bezugszustände auf, was das sonst so klare Bild der Thermodynamik äußerlich etwas trübt.

Eine weitere bekannte Zustandsfunktion verkörpert das *Volumen eines Stoffes*, wenn man es als Funktion der Zustandsvariablen p, T und n ausdrückt (*Zustandsgleichung*):

$$V = V(p, T, n) \tag{17}$$

Das totale Differential des Volumens lautet daher:

$$dV = \left(\frac{\partial V}{\partial p}\right)_{T,n} dp + \left(\frac{\partial V}{\partial T}\right)_{p,n} dT + \left(\frac{\partial V}{\partial n}\right)_{p,T} dn. \tag{18}$$

Die tiefgestellten Indizes bedeuten, daß bei der Bildung der partiellen Ableitung nach einer Zustandsvariablen die übrigen Variablen konstant gehalten werden. Untersucht man nur Volumenänderungen bei konstanter Molzahl n, dann ist dn = 0 und

$$dV = \left(\frac{\partial V}{\partial p}\right)_T dp + \left(\frac{\partial V}{\partial T}\right)_p dT. \tag{19}$$

Wenn V wirklich eine Zustandsfunktion ist, muß der Schwarzsche Satz erfüllt sein:

$$\frac{\partial}{\partial T}\left(\frac{\partial V}{\partial p}\right)_T = \frac{\partial}{\partial p}\left(\frac{\partial V}{\partial T}\right)_p. \tag{20}$$

Bei idealen Gasen ist V als Funktion von p, T und n durch das ideale Gasgesetz gegeben:

$$V = \frac{nRT}{p}. \tag{21}$$

Bildet man mit ihm die gemischten zweiten Ableitungen, so bekommt man bei konstanter Molzahl n:

$$\frac{\partial}{\partial T}\left(\frac{\partial V}{\partial p}\right)_T = \frac{\partial}{\partial p}\left(\frac{\partial V}{\partial T}\right)_p = -\frac{nR}{p^2}. \tag{22}$$

Das Volumen eines idealen Gases ist also sicher eine Zustandsfunktion. Es charakterisiert den thermischen Zustand im Gegensatz zum energetischen, von dem in den nächsten Abschnitten die Rede sein wird.

Bezieht man die partiellen Differentiale von Gl. (19) auf das Volumen V^o bei 1 atm, so erhält man die Definitionen des *thermischen Ausdehnungskoeffizienten* α und der *Kompressibilität* κ (beide Größen sind meßbar):

$$\alpha = \frac{1}{V^o}\left(\frac{\partial V}{\partial T}\right)_p,$$

$$\kappa = -\frac{1}{V^o}\left(\frac{\partial V}{\partial p}\right)_T. \tag{23}$$

Für ideale Gase folgt mit Gl. (21)

$$\alpha = \frac{1}{V^o}\frac{nR}{p},$$

$$\kappa = \frac{1}{V^o}\frac{nRT}{p^2}. \tag{24}$$

α ist temperaturabhängig, worauf letztlich die Temperaturdefinition des Gasthermometers beruht (Abschnitt 1.1).

In der nun folgenden Entwicklung der Zusammenhänge thermodynamischer Größen wird die Molzahl eines Systems immer konstant gehalten. Zustandsänderungen durch Molzahländerungen (bei konstantem Druck und konstanter Temperatur) sowie der Begriff der partiellen molaren Größen $(\partial X/\partial n)_{p,T}$ kommen erst später bei der Behandlung von Mischphasen zur Sprache.

11.2 Wärme und Volumenarbeit

Zwei Energieformen, die normalerweise keine Zustandsfunktionen sind, spielen in der Thermodynamik eine große Rolle: Die *Wärme* und die *Volumenarbeit*. Daß beide einander äquivalent und nichts anderes als zwei verschiedene Energieformen sind, ist jedem klar. Wir können uns heute kaum vorstellen, daß es einmal so große Schwierigkeiten bereitete, die Wärme als solche zu identifizieren. Wärme und Arbeit sind zwar einander äquivalent, und es läßt sich auch Arbeit (z. B. Reibung) quantitativ in Wärme umwandeln, doch umgekehrt nicht. Letzteres gelingt aus grundsätzlichen Erwägungen nicht vollständig. In welchem Ausmaß sich Wärme in nutzbare Arbeit umwandeln läßt, bestimmt der 2. Hauptsatz (Abschnitt 11.5).

Gemessen wird Wärme über die Wärmekapazität bzw. spezifische Wärme. Zum Beispiel beträgt die Wärmemenge q, die man zur Temperaturerhöhung von 1 g Wasser um 1 K benötigt:

$$q = \frac{C_V}{M}\,\Delta T = \frac{4,184}{1}\cdot 1 = 4,184\ J. \tag{25}$$

Diese Wärmemenge wurde ursprünglich zur Definition der Wärmeeinheit *Kalorie* herangezogen. Wärme wird heute jedoch generell in der SI-Einheit Joule angegeben. Noch ein wichtiger Punkt im Zusammenhang mit dem Begriff Wärme: Wird Wärme von einem System abgegeben, so gibt man dem Betrag von q ein negatives Vorzeichen und umgekehrt (= altruistische systembezogene Vorzeichengebung der Thermodynamik!).

Nun zum Begriff Volumenarbeit, der besonders bei Gasen große Bedeutung hat. Denn kondensierte Phasen wie Flüssigkeiten und Festkörper lassen sich nur sehr schwer ausdehnen oder zusammendrücken, so daß deren Volumenarbeit meist vernachlässigbar klein ist. Bei Gasen kann durch *Expansion* oder *Kompression* Arbeit verrichtet werden, was sich in einer Volumenänderung als Folge des ausgeübten Druckes äußert. Deshalb auch die Bezeichnung Volumenarbeit.

In einem *Zylinder* befinde sich ein Gas (z. B. Luft in einer Fahrradpumpe), abgeschlossen durch einen Kolben, auf den die Kraft F wirkt (Bild 11.2). Besitzt der Zylinder den Querschnitt A, so beträgt der Druck p auf das Gas F/A ($|F| = F$); er entspricht dem *Gasdruck.* Bei einer sehr kleinen Verschiebung des Kolbens um dl leistet dieser die Arbeit

$$\delta w = F\,dl = \frac{F}{A}\,A\,dl. \tag{26}$$

Da F/A mit dem Druck p und A dl mit der Volumenänderung dV identisch sind, läßt sich schreiben:

$$\delta w = -p\,dV \tag{27}$$

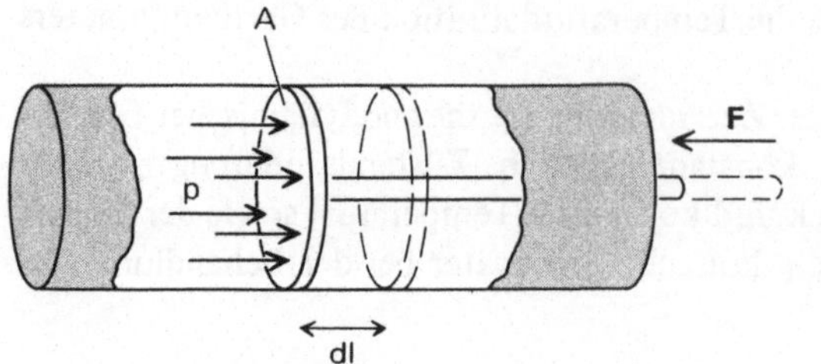

Bild 11.2
Skizze zur Ableitung der Volumenarbeit

bzw. nach Integration

$$w = - \int_{V_a}^{V_b} p\,dV. \tag{28}$$

Das negative Vorzeichen wurde konventionsgemäß eingeführt, damit bei einer Expansion $(V_b > V_a)$ die abgegebene Arbeit des Systems w negativ und bei einer Kompression $(V_b < V_a)$ die vom System aufgenommene Arbeit positiv gezählt wird. Diese Vorzeichengebung (sie entspricht der oben für die Wärme eingeführten) ist in der Thermodynamik konsequent einzuhalten, wenn man nicht ein Vorzeichenchaos provozieren will.

Bei der Herleitung von Gl. (28) wurde implizit ein *Gleichgewichtszustand* des Systems angenommen. Und zwar insofern, als die durch den Kolben ausgeübte Kraft gleich groß, aber entgegengesetzt zu der vom Gasdruck verursachten ist. Wird in diesem Gleichgewichtszustand eine Volumenänderung vollzogen, so spricht man von einem *reversiblen Vorgang* oder *Prozeß*. Ein solcher ist natürlich nicht wörtlich realisierbar, denn Gleichgewicht und Volumenänderung widersprechen einander. Gleichgewicht ist also wie ein Grenzfall zu verstehen, ohne daß seine Definition zu einem Widerspruch führt. Erfolgt dagegen eine Volumenänderung weit entfernt von diesem (Unterschied zwischen Kolben- und Gasdruck sehr groß), dann läßt sich die Kolbenverschiebung nicht jederzeit rückgängig machen (*irreversibler Prozeß*). Das hier besprochene Gleichgewicht verkörpert ein rein mechanisches, determiniert durch die minimale Gesamtenergie (*Energieminimum*). Vorweggenommen sei, daß die thermodynamisch definierten Gleichgewichte wie das Phasen- oder das chemische Gleichgewicht durch die maximal nutzbare Arbeit mit Hilfe der freien Energie bzw. Enthalpie definiert werden (Abschnitt 11.6).

An Hand der Begriffe Wärme und Volumenarbeit (andere Energieformen sind selten involviert) läßt sich der Energieerhaltungssatz (2) für nicht abgeschlossene Systeme wie folgt anschreiben:

$$\Delta U = q + w. \tag{29}$$

In Worten: Jeder Austausch von Wärme (q) oder Arbeit (w) mit der Umgebung äußert sich in einer Änderung der Energie (ΔU) des Systems. Dazu darf es natürlich nicht von der Umgebung isoliert sein. Es soll vielmehr *wärme-* und *arbeitsdurchlässig* sein, d. h. eine wie immer geartete Vorrichtung besitzen, durch die auch Arbeit austauschbar ist. Die Differenz ΔU entspricht dann der inneren Energiedifferenz zwischen dem Endzustand (b) und dem Ausgangszustand (a):

$$\Delta U = U_b - U_a \tag{30}$$

ΔU ist vom Weg, auf dem das System von a nach b gebracht wird, unabhängig. Würden zwei Wege mit unterschiedlichen ΔU-Werten existieren, könnte ein sogenanntes *Perpetuum mobile* gebaut werden, eine Maschine, die nichts anderes macht, als durch periodisches Durchlaufen der beiden Wege Energie zu gewinnen ($\oint dU \neq 0$). Dies widerspricht aber völlig unserer Erfahrung mit der Natur. $\oint dU = 0$ stellt somit eine zweite Fassung des Energieerhaltungssatzes oder des 1. Hauptsatzes der Thermodynamik dar.

Für eine differentiell kleine Änderung von U schreiben wir anstelle von $\Delta U = q + w$ den 1. Hauptsatz in der Form:

$$dU = \delta q + \delta w. \tag{31}$$

Während dU ein totales Differential darstellt, bedeutet das Symbol δ bei q und w, daß diese Größen keine Zustandsfunktionen sind. Gl. (29) und (31) spielen bei der Behandlung chemischer Reaktionen eine fundamentale Rolle, denn sie erlauben bei einer Messung von q und w eine Berechnung von ΔU. ΔU wird dort Reaktionsenergie genannt und als die Differenz der inneren Energie von Produkten und Reaktanten definiert (Kapitel 19). In diesem Kapitel wollen wir uns mit einfachsten physikalischen Beispielen begnügen und dabei ideale Gase gewissen Zustandsänderungen unterwerfen.

Die Größen q, w und ΔU sollen für eine reversible Expansion von 10 mol idealem Gas bei $0\,^\circ C$ von einem Anfangsdruck $p_a = 1$ atm auf einen Enddruck $p_b = 0{,}1$ atm berechnet werden. Da die innere Energie nur von der Temperatur abhängt und diese während der Expansion konstant bleiben soll, ist $\Delta U = 0$ und daher $q = -w$. w läßt sich aus Gl. (28) mit Hilfe des idealen Gasgesetzes $pV = nRT$ durch Integration ermitteln:

$$w = -\int_{V_a}^{V_b} p\,dV = -\int_{V_a}^{V_b} \frac{nRT}{V}\,dV = -nRT\ln V\Big|_{V_a}^{V_b}$$

$$= -nRT\ln\frac{V_b}{V_a} = -nRT\ln\frac{p_a}{p_b}$$

$$= -10\cdot 8{,}314\cdot 273\cdot 2{,}303\,\lg\frac{1}{0{,}1} = -52\,270\text{ J.} \tag{32}$$

Das Ergebnis lautet also:

$$q = -w = 52{,}27\text{ kJ.} \tag{33}$$

Die gesamte aus der Umgebung des Gases aufgenommene Wärme wird zur Expansion verbraucht, während die innere Energie unverändert bleibt. Solche Prozesse bei konstanter Temperatur heißen *isotherme Prozesse*. Ist andererseits $w = 0$ ($pdV = 0$), also das Volumen konstant, so heißt der Prozeß *isochor* und ist schließlich $q = 0$, *adiabatisch*. Im isochoren Fall lautet der 1. Hauptsatz

$$\Delta U = q + w = q + 0 = q \qquad (dU = \delta q) \tag{34}$$

und im adiabatischen Fall

$$\Delta U = q + w = 0 + w = w \qquad (dU = \delta w). \tag{35}$$

Diese beiden Beziehungen bilden die Grundlage für viele Anwendungen, wenn man sie mit dem idealen Gasgesetz kombiniert. Zur Illustration wollen wir die isotherme und die adiabatische Expansion in einem p, V-Diagramm miteinander vergleichen. Während für den isothermen Fall $p = p(V)$ durch das ideale Gasgesetz bereits gegeben ist und hyperbolische Isothermen liefert, müssen die Adiabaten erst mit Hilfe von Gl. (35) gesucht werden.

Für die Energieänderung von n mol idealem Gas gilt nach Gl. (15)

$$dU = n C_V dT \tag{36}$$

und für die Änderung der reversiblen Volumenarbeit nach Gl. (28) mit $p = nRT/V$

$$\delta w = - pdV = - nRT \frac{dV}{V}. \tag{37}$$

Setzen wir beide Ausdrücke in Gl. (35) ein, so erhalten wir:

$$n C_V dT = - nRT \frac{dV}{V}, \tag{38}$$

$$\frac{C_V}{R} \frac{dT}{T} = - \frac{dV}{V}. \tag{39}$$

Für einen Prozeß, bei dem sich das Gasvolumen von V_1 (Temperatur T_1) auf V_2 (Temperatur T_2) ändert, ergibt sich dann durch die Integration von Gl. (39):

$$\frac{C_V}{R} \int_{T_1}^{T_2} \frac{dT}{T} = - \int_{V_1}^{V_2} \frac{dV}{V}, \tag{40}$$

$$\frac{C_V}{R} \ln \frac{T_2}{T_1} = - \ln \frac{V_2}{V_1}. \tag{41}$$

Umformen der letzten Gleichung bringt das gesuchte Ergebnis:

$$V_1 T_1^{\frac{C_V}{R}} = V_2 T_2^{\frac{C_V}{R}}. \tag{42}$$

Ersetzt man in diesem Ergebnis die Temperatur T durch pV/nR und C_V durch $C_p - R$ (siehe Gl. (55)), so folgt

$$p_1 V_1^{\frac{C_p}{C_V}} = p_2 V_2^{\frac{C_p}{C_V}}. \tag{43}$$

Führt man schließlich noch für das Verhältnis der Molwärmen C_p/C_V das Symbol γ ein, so geht Gl. (43) in

$$p_1 V_1^{\gamma} = p_2 V_2^{\gamma} \tag{44}$$

und

$$pV^{\gamma} = \text{const} \tag{45}$$

über.

Zeichnet man in einem p, V-Diagramm p(V) für einen adiabatischen und einen isothermen Prozeß, dann tritt klar hervor, daß die Adiabaten steiler als die Isothermen verlaufen (Bild 11.3). Dies ist mathematisch leicht einzusehen: Wegen $\gamma > 1$ fällt bei einem adiabatischen Prozeß ($p \sim 1/V^{\gamma}$) der Druck p mit zunehmendem Volumen V stärker als bei einem isothermen ($p \sim 1/V$) ab. Der physikalische Grund dafür ist folgender: Wenn sich ein Gas isotherm ausdehnt, wird Wärme aus der Umgebung aufgenommen und zur Volumenarbeit verwendet. Bei einer adiabatischen Expansion steht aber hierfür nur die innere Energie des Gases zur Verfügung. Die Temperatur muß deshalb abnehmen und der Druck stärker sinken als im isothermen Fall.

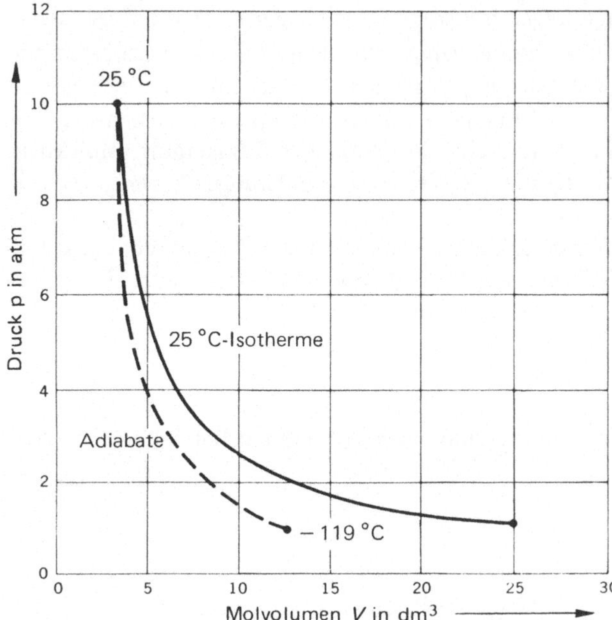

Bild 11.3

Isotherme und adiabatische Expansion von 1 mol N_2 von 10 atm auf 1 atm ($\gamma = 1{,}4$ bei 25 °C)

11.3 Enthalpie und spezifische Wärme bei konstantem Druck

Viel häufiger als bei konstantem Volumen werden in den Naturwissenschaften Prozesse bei konstantem Druck durchgeführt. Darunter z. B. alle chemischen Reaktionen in offenen Gefäßen, die unter Atmosphärendruck stattfinden. Um diese mathematisch einfacher als mit der inneren Energie beschreiben zu können, führen wir eine neue thermodynamische Energiefunktion ein. Sie wird durch

$$H = U + pV \tag{46}$$

definiert und *Enthalpie* genannt. H ist eine Zustandsfunktion, weil U und pV Zustandsfunktionen sind. Wurde die Definition sinnvoll gewählt? Für die Änderung dH eines Systems ergibt sich durch Variation von H

$$dH = dU + pdV + Vdp \qquad (d(pV) = pdV + Vdp). \tag{47}$$

Treten außer Volumenarbeiten keine anderen Arbeitsleistungen auf, so gilt $w = -p\,dV$ und zusammen mit dem 1. Hauptsatz $dU = \delta q + \delta w$ folgt:

$$dH = \delta q + V\,dp. \tag{48}$$

Bei Prozessen unter konstantem Druck ist aber $dp = 0$, so daß sich Gl. (48) auf

$$dH = \delta q \tag{49}$$

reduziert. Bei konstantem äußeren Druck führt demnach die vom System aufgenommene oder abgegebene Wärme δq ausschließlich zu einer Änderung der Enthalpie H.

Die Enthalpie ist wie die innere Energie eine Eigenschaft des Systems. Bei Flüssigkeiten und Festkörpern sind ihre Änderungen fast so groß wie die der inneren Energie, denn diese Aggregatzustände besitzen, wie schon erwähnt, nur kleine Ausdehnungskoeffizienten und damit nur kleine Beträge der Energie pV. Physikalisch hat man die Enthalpie H wie die innere Energie U als Maß für die Energie eines makroskopischen Systems aufzufassen. Sie ist bei konstantem Druck nur eine Funktion der Temperatur. Molekular betrachtet gilt für sie dasselbe wie für die Energie: Temperaturänderungen haben geänderte Besetzungen im Termschema zur Folge.

Ähnlich wie die spezifische Wärme bei konstantem Volumen (C_V) aus der partiellen Ableitung der inneren Energie definiert wurde, läßt sich diese Größe jetzt durch die Ableitung der Enthalpie bei konstantem Druck definieren:

$$C_p = \left(\frac{\partial H}{\partial T}\right)_p. \tag{50}$$

Sie unterscheidet sich von der erstgenannten um einen bestimmten Betrag, berechenbar aus:

$$C_p - C_V = \left(\frac{\partial H}{\partial T}\right)_p - \left(\frac{\partial U}{\partial T}\right)_V. \tag{51}$$

Ersetzt man darin H durch $U + pV$, so bekommt man

$$C_p - C_V = \left(\frac{\partial U}{\partial T}\right)_p + p\left(\frac{\partial V}{\partial T}\right)_p - \left(\frac{\partial U}{\partial T}\right)_V \tag{52}$$

und mit

$$\left(\frac{\partial U}{\partial T}\right)_p = \left(\frac{\partial U}{\partial T}\right)_V + \left(\frac{\partial U}{\partial V}\right)_T\left(\frac{\partial V}{\partial T}\right)_p \tag{53}$$

(zu erhalten aus Gl. (11) durch Umformung)

$$C_p - C_V = \left[p + \left(\frac{\partial U}{\partial V}\right)_T\right]\left(\frac{\partial V}{\partial T}\right)_p. \tag{54}$$

Bei idealen Gasen ist $(\partial U/\partial V)_T = 0$ und $(\partial V/\partial T)_p = nR/p$, womit sich Gl. (59) für 1 mol Gas (n = 1) auf

$$C_p - C_V = R \tag{55}$$

reduziert. Bei den kondensierten Phasen einschließlich realer Gase weicht die *Molwärmedifferenz* vom Betrag *R* stark ab. Wie man mit Recht vermutet, hängt dies mit den zwischenmolekularen Wechselwirkungen zusammen, so daß U nicht mehr allein eine Funktion der Temperatur ist.

Zur thermodynamischen Behandlung chemischer Reaktionen (Kapitel 19 und 20) wurden die spezifischen Wärmen sehr vieler Substanzen über weite Temperaturbereiche gemessen und tabelliert. Bei Temperaturen, wo eine experimentelle Bestimmung aus apparativen Gründen nicht mehr möglich ist, wurden sie statistisch berechnet (Abschnitt 11.4). In diesen Tabellen sind die Molwärmedaten meist durch folgende Funktion approximiert:

$$C_p = a + bT + cT^{-2} \tag{56}$$

a, b und c sind spezifische Konstanten. Man hätte C_p auch durch eine Potenzreihe annähern können, doch es stellte sich heraus, daß diese Form für praktische Zwecke besser zu handhaben ist. Tabelle 11.1 gibt einige Beispiele wieder. Der Anwendungsbereich obiger Näherung ist natürlich eingeschränkt.

Wollen wir z.B. die Enthalpieänderung berechnen, wenn 1 mol Substanz von Zimmertemperatur auf T K erhitzt wird, so ersparen wir uns mit Gl. (56) eine graphische oder numerische Integration. Denn:

$$\Delta H = H_T - H_{298} = \int_{298}^{T} (a + bT + cT^{-2})\,dT$$

$$= a(T - 298) + \frac{b}{2}(T^2 - 298^2) - c\left(\frac{1}{T} - \frac{1}{298}\right). \tag{57}$$

Die Integration von T = 0 bis T würde

$$H_T - H_0 = aT + \frac{b}{2}T^2 - \frac{c}{T} \tag{58}$$

ergeben, worin die Integrationskonstante H_0 wiederum unbekannt ist und getrennt ermittelt werden muß. Vorausgesetzt man braucht sie überhaupt. Mit Hilfe von Gl. (57) und den in Tabelle 11.1 referierten a-, b- und c-Werten berechnen wir so z.B. für die Enthalpieänderung bei der Erwärmung von 1 mol CO_2 von Zimmertemperatur auf 125 °C:

$$\Delta H = 44{,}22 \cdot 100 + \frac{8{,}79 \cdot 10^{-3}}{2}(398^2 - 298^2) - 8{,}62 \cdot 10^5\left(\frac{1}{398} - \frac{1}{298}\right)$$

$$= 4{,}1 \text{ kJ mol}^{-1}. \tag{59}$$

In Tabelle 11.2 sind die Enthalpiedaten von einigen Gasen bei verschiedenen Temperaturen zusammengestellt. Für Temperaturen, die experimentell nicht mehr zugänglich sind, wurden statistische Werte nach

$$H_T - H_0 = U_T - U_0 + pV = \bar{E} - \bar{E}_0 + RT \tag{60}$$

berechnet. Eine besondere Demonstration dafür, wie sich Thermodynamik und Statistik gegenseitig ergänzen. Angegeben sind zwar $H_T - H_0$-Werte, doch interessieren wie gesagt sowieso immer nur Differenzwerte.

Nachdem sich herausgestellt hat, daß die spezifische Wärme in der chemischen Thermodynamik als zentrale Meßgröße fungiert, sollten ein paar Worte über ihre Messung

Tabelle 11.1: Temperaturabhängigkeit der Molwärme von verschiedenen
Substanzen beim Standarddruck p = 1 atm (Index °) (*G. N. Lewis,
M. Randall:* Thermodynamics, 2d ed. K. S. Pitzer, L. Brewer, McGraw
Hill Book Co., New York, 1961)

Substanz	Molwärme C_p° $JK^{-1}\,mol^{-1}$
einatomige Gase ohne Elektronenanregung	
He, Ne, Ar, Kr, Xe	$C_p^\circ = 20{,}79$
mehratomige Gase (von 298 K bis 2000 K anwendbar)	
S	$C_p^\circ = 22{,}01 - 0{,}42 \cdot 10^{-3}\,T + 1{,}51 \cdot 10^5\,T^{-2}$
H_2	$C_p^\circ = 27{,}28 + 3{,}26 \cdot 10^{-3}\,T + 0{,}50 \cdot 10^5\,T^{-2}$
O_2	$C_p^\circ = 29{,}96 + 4{,}18 \cdot 10^{-3}\,T - 1{,}67 \cdot 10^5\,T^{-2}$
N_2	$C_p^\circ = 28{,}58 + 3{,}76 \cdot 10^{-3}\,T - 0{,}50 \cdot 10^5\,T^{-2}$
S_2	$C_p^\circ = 36{,}48 + 0{,}67 \cdot 10^{-3}\,T - 3{,}76 \cdot 10^5\,T^{-2}$
CO	$C_p^\circ = 28{,}41 + 4{,}10 \cdot 10^{-3}\,T - 0{,}46 \cdot 10^5\,T^{-2}$
F_2	$C_p^\circ = 34{,}56 + 2{,}51 \cdot 10^{-3}\,T - 3{,}51 \cdot 10^5\,T^{-2}$
Cl_2	$C_p^\circ = 37{,}03 + 0{,}67 \cdot 10^{-3}\,T - 2{,}84 \cdot 10^5\,T^{-2}$
Br_2	$C_p^\circ = 37{,}32 + 0{,}50 \cdot 10^{-3}\,T - 1{,}25 \cdot 10^5\,T^{-2}$
J_2	$C_p^\circ = 37{,}40 + 0{,}59 \cdot 10^{-3}\,T - 0{,}71 \cdot 10^5\,T^{-2}$
CO_2	$C_p^\circ = 44{,}22 + 8{,}79 \cdot 10^{-3}\,T - 8{,}62 \cdot 10^5\,T^{-2}$
H_2O	$C_p^\circ = 30{,}54 + 10{,}29 \cdot 10^{-3}\,T$
H_2S	$C_p^\circ = 32{,}68 + 12{,}38 \cdot 10^{-3}\,T - 1{,}92 \cdot 10^5\,T^{-2}$
NH_3	$C_p^\circ = 29{,}75 + 25{,}10 \cdot 10^{-3}\,T - 1{,}55 \cdot 10^5\,T^{-2}$
CH_4	$C_p^\circ = 23{,}64 + 47{,}86 \cdot 10^{-3}\,T - 1{,}92 \cdot 10^5\,T^{-2}$
TeF_6	$C_p^\circ = 148{,}66 + 6{,}74 \cdot 10^{-3}\,T - 29{,}29 \cdot 10^5\,T^{-2}$
Flüssigkeiten (vom Schmelzpunkt bis zum Siedepunkt anwendbar)	
J_2	$C_p^\circ = 80{,}33$
H_2O	$C_p^\circ = 75{,}48$
NaCl	$C_p^\circ = 66{,}94$
$C_{10}H_8$	$C_p^\circ = 79{,}50 + 407{,}5 \cdot 10^{-3}\,T$
Festkörper (von 298 K bis zum Schmelzpunkt bzw. 2000 K anwendbar)	
C (Graphit)	$C_p^\circ = 16{,}86 + 4{,}77 \cdot 10^{-3}\,T - 8{,}54 \cdot 10^5\,T^{-2}$
Al	$C_p^\circ = 20{,}67 + 12{,}38 \cdot 10^{-3}\,T$
Cu	$C_p^\circ = 22{,}63 + 6{,}28 \cdot 10^{-3}\,T$
Pb	$C_p^\circ = 22{,}13 + 11{,}72 \cdot 10^{-3}\,T + 0{,}96 \cdot 10^5\,T^{-2}$
J_2	$C_p^\circ = 40{,}12 + 49{,}79 \cdot 10^{-3}\,T$
NaCl	$C_p^\circ = 45{,}94 + 16{,}32 \cdot 10^{-3}\,T$
$C_{10}H_8$	$C_p^\circ = -115{,}90 + 937 \cdot 10^{-3}\,T$

Tabelle 11.2: Werte für $H - H_0$ von einigen Stoffen bei verschiedenen Temperaturen; $U - U_0$ ergibt sich durch Abziehen von RT (*F. A. Rossini* et al.: Tables of Selected Values of Chemical Thermodynamic Properties, Natl. Bur. Std. (US) Circ. 500, 1952)

Substanz	$H - H_0$ $J\,mol^{-1}$			
	298 K	600 K	1000 K	1500 K
H_2	8 467	17 274	29 145	44 744
O_2	8 660	17 904	31 367	49 272
CO	8 672	17 612	30 361	47 525
CO_2	9 364	22 269	42 769	71 145
H_2O	9 906	20 427	36 016	57 940
CH_4	10 029	23 217	48 367	88 408
Äthan	11 950	33 539	76 484	144 348
Äthylen	10 565	28 167	61 756	113 386
Azetylen	10 008	25 635	50 585	85 969
Benzol	14 230	51 400	126 202	239 952

nicht fehlen. Es reicht aus, wenn wir hier keine speziellen *Kalorimeter,* sondern nur das Meßprinzip besprechen. Die Messung erfolgt entweder bei konstantem Druck oder bei konstantem Volumen so, daß eine kleine bekannte Wärmemenge δq der zu untersuchenden Substanz von außen zugeführt wird. Sie verursacht eine Änderung der inneren Energie bzw. Enthalpie und hat eine Temperaturänderung ΔT der Substanz zur Folge. Diese wird gemessen. Da die Wärmemenge δq zumeist in Form von elektrischer Wärme über einen Heizdraht zugeführt wird, ist ihr Betrag bekannt und eine Division durch die gemessene Temperaturänderung liefert direkt C_V oder C_p:

$$C_V \text{ oder } C_p = \left(\frac{\delta q}{\Delta T}\right)_{V \text{ oder } p} . \tag{61}$$

Je kleiner man die zugeführte Wärmemenge macht, umso kleiner werden die Temperaturänderungen und umso genauer wird der $C(T)$-Verlauf. Mißt man über einen weiten Temperaturbereich, so muß man auf *Phasenumwandlungen* achtgeben, denn alles was bisher über Zustandsfunktionen gesagt wurde, gilt nur für Änderungen innerhalb *einer* Phase. Bei Phasenumwandlungen (z. B. flüssig-gasförmig = Verdampfung) werden *latente Wärmen* umgesetzt, die keine Temperaturänderungen zur Folge haben! Sie geben sich in einer sprunghaften Änderung der Energie oder Enthalpie bzw. Molwärme zu erkennen (Bild 11.11). Da die Phasenumwandlung auf einer Strukturänderung beruht, wird gleichsam in der Struktur selbst die Umwandlungswärme gespeichert. Auch umgekehrt, bei der Berechnung von U- und H-Werten aus gemessenen C-Daten muß man auf solche Umwandlungen aufpassen. Man darf nicht über solche Diskontinuitäten hinwegintegrieren, sondern muß vielmehr die Integration abschnittsweise durchführen. Ein Anwendungsbeispiel dafür werden wir bei der thermodynamischen Berechnung der Entropie in Abschnitt 11.8 kennenlernen.

11.4 Statistische Berechnung der Molwärme

Wird der statistische Ausdruck für die innere Energie (Abschnitt 10.5)

$$U = kT^2 \frac{\partial}{\partial T} \ln Z \tag{62}$$

nach T differenziert,

$$\left(\frac{\partial U}{\partial T}\right)_V = \frac{\partial}{\partial T}\left(kT^2 \frac{\partial}{\partial T} \ln Z\right), \tag{63}$$

und mit der thermodynamischen Beziehung (15) verglichen, so folgt für die spezifische Wärme idealer Gase (bei konstantem Volumen):

$$C_V = \frac{d}{dT}\left(kT^2 \frac{\partial}{\partial T} \ln Z\right). \tag{64}$$

Dieselbe Vorgangsweise mit dem statistischen Ausdruck für die Enthalpie

$$H = U + NkT = kT^2 \frac{\partial}{\partial T} \ln Z + NkT \qquad (nRT = NkT) \tag{65}$$

liefert durch einen Vergleich mit Gl. (50) (bei konstantem Druck):

$$C_p = \frac{d}{dT}\left(kT^2 \frac{\partial}{\partial T} \ln Z\right) + Nk. \tag{66}$$

Bei Kenntnis der Systemzustandssumme Z kann daher die spezifische Wärme von Stoffen unabhängig von kalorischen Messungen ermittelt werden. Da wir die innere Energie von idealen Gasen bereits statistisch berechnet haben, kommen wir durch die Bildung der Ableitung von

$$U = 3RT + \frac{xRT}{e^x - 1} + E_0 (v) \qquad \text{(für nichtlineare Moleküle)} \tag{67}$$

und von

$$U = \frac{5}{2} RT + \frac{xRT}{e^x - 1} + E_0 (v) \qquad \text{(für lineare Moleküle)} \tag{68}$$

nach T direkt zu den gesuchten statistischen Formeln für die Molwärme:

$$C_V = 3R + \frac{Rx^2 e^x}{(e^x - 1)^2}, \tag{69}$$

bzw.

$$C_V = \frac{5}{2}R + \frac{Rx^2 e^x}{(e^x - 1)^2}. \tag{70}$$

Die einzelnen Beiträge zur Molwärme C_V sind in Tabelle 11.3 aufgeschlüsselt. Um die Molwärme C_p zu erhalten, ist zu C_V der Betrag R zu addieren. Zur numerischen Ermittlung des Beitrags einer Normalschwingung wurde in Bild 11.4 $Rx^2 e^x/(e^x - 1)^2$ als Funktion von x ($= h\nu_0/kT$) graphisch dargestellt. Zu ergänzen wäre, daß in den Bezie-

Tabelle 11.3: Beiträge zur Molwärme C_V eines idealen Gases

Translationsbeitrag:	$\dfrac{d}{dT}\left(\dfrac{3}{2}RT\right)=\dfrac{3}{2}R$
Rotationsbeitrag linearer Moleküle:	$\dfrac{d}{dT}(RT)=R$
nichtlinearer Moleküle:	$\dfrac{d}{dT}\left(\dfrac{3}{2}RT\right)=\dfrac{3}{2}R$
Schwingungsbeitrag:	$\sum\dfrac{d}{dT}\left(\dfrac{xRT}{e^x-1}\right)=\sum\dfrac{Rx^2e^x}{(e^x-1)^2}$
Elektronischer Beitrag:	$=0$
Summe aller Beiträge:	$C_V=3R\quad\text{bzw.}\ \dfrac{5}{2}R\ +\sum\dfrac{Rx^2e^x}{(e^x-1)^2}$

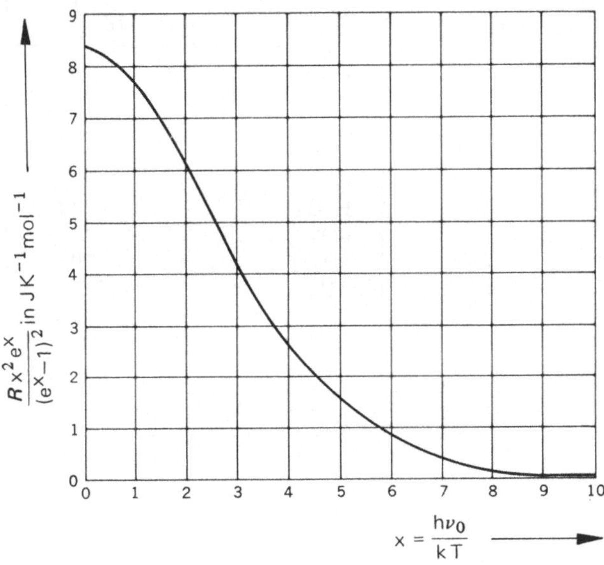

Bild 11.4

Beitrag einer Normalschwingung zur Molwärme C_V

hungen (68) und (69) die Elektronenanregung unberücksichtigt blieb, was nur bei tiefen Temperaturen erlaubt ist. Die Berechnung des Elektronenbeitrags stellt aber fast immer ein gesondertes Problem dar, weil meist nur (wenn überhaupt) unvollständige Termschemata von Molekülen zur Verfügung stehen.

NO_2-Gas soll auch als Beispiel für eine numerische Berechnung der Molwärme dienen. Die einzelnen Molwärmebeiträge sind in Tabelle 11.4 zusammengefaßt und liefern insgesamt $C_V=28{,}79\ JK^{-1}\ mol^{-1}$ bei Zimmertemperatur. Der entsprechende Wert für C_p beträgt $37{,}10\ JK^{-1}\ mol^{-1}$. In Tabelle 11.5 sind die Ergebnisse ähnlicher Berechnungen für einige einfach gebaute Moleküle zusammengestellt.

Tabelle 11.4:

Berechnung der
Molwärme C_V von
NO_2 bei 25 °C

Translationsbeitrag:	$\frac{3}{2}R$ = 12,47 JK^{-1} mol^{-1}
Rotationsbeitrag:	$\frac{3}{2}R$ = 12,47 JK^{-1} mol^{-1}
Schwingungsbeitrag:	
$h\nu_0 = 1,49 \cdot 10^{-20}$ J (x = 3,63)	$\dfrac{Rx^2 e^x}{(e^x-1)^2}$ = 3,07 JK^{-1} mol^{-1}
$h\nu_0 = 2,63 \cdot 10^{-20}$ J (x = 6,40)	$\dfrac{Rx^2 e^x}{(e^x-1)^2}$ = 0,57 JK^{-1} mol^{-1}
$h\nu_0 = 3,21 \cdot 10^{-20}$ J (x = 7,80)	$\dfrac{Rx^2 e^x}{(e^x-1)^2}$ = 0,21 JK^{-1} mol^{-1}
Elektronischer Beitrag:	= 0 JK^{-1} mol^{-1}
Summe aller Beiträge:	C_V = 28,79 JK^{-1} mol^{-1}

Tabelle 11.5:

Statistisch berechnete Molwärme C_p° von einigen
Gasen (25 °C, 1 atm) (*F. A. Rossini* et al.,
Tables of Selected Values of Chemical Thermodynamik Properties, Natl. Bur. Std. (US) Circ.
500, 1952)

Gas	C_p° JK^{-1}mol^{-1}
H_2	28,8
N_2	29,1
O_2	29,4
HCl	29,1
CO	29,2
H_2O	33,6
CO_2	37,1
SO_2	39,8
NH_3	35,6
CH_4	35,7

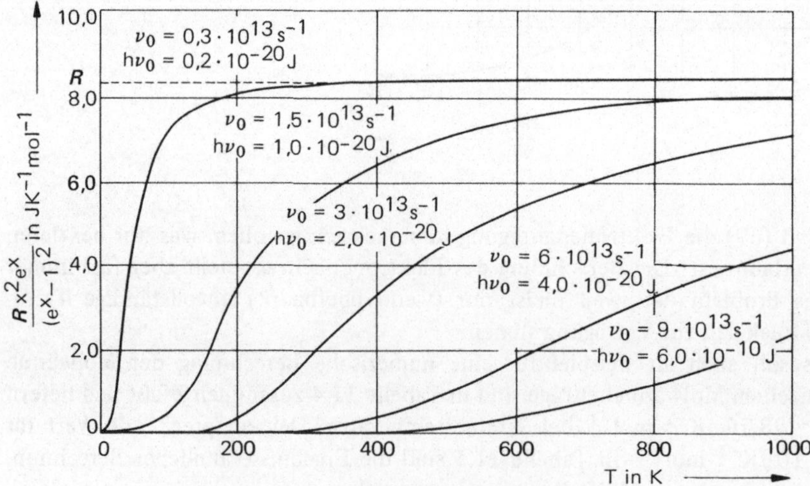

Bild 11.5 Molwärmebeitrag verschiedener Normalschwingungen in Abhängigkeit von der Temperatur

Eine sehr instruktive Darstellung der statistisch berechenbaren Molwärme vermittelt Bild 11.5, in dem der Molwärmebeitrag verschiedener Normalschwingungen gegen die Temperatur aufgetragen wurde. Man erkennt, daß bei allen Normalschwingungen der klassische Grenzwert R mehr oder weniger rasch erreicht wird. Bei Annäherung an den absoluten Nullpunkt (T = 0) geht hingegen jeder einzelne Beitrag gegen Null. Verständlich, denn bei sehr tiefen Temperaturen reicht die thermische Energie nicht mehr aus, um vom Schwingungsgrundzustand in den ersten angeregten Zustand zu gelangen. Alles zusammengefaßt: Die Molwärme stellt neben der inneren Energie bzw. Enthalpie eine weitere statistisch berechenbare Größe dar. Dies ist besonders dann von Nutzen, wenn sie bei extremen Temperaturen nicht mehr gemessen werden kann.

11.5 Entropie und 2. Hauptsatz

Ein Großteil thermodynamischer Untersuchungen befaßt sich direkt oder indirekt mit dem Gleichgewichtszustand eines realen Systems sowie mit dessen Tendenz, sich ins Gleichgewicht zu begeben, wenn es sich außerhalb dessen befindet. Für eine quantitative Formulierung dieser Tendenz reicht der 1. Hauptsatz nicht aus: Die Energie oder Enthalpie allein ist dafür kein geeignetes Maß. Andererseits wissen wir bereits aus Abschnitt 10.7, daß man dafür bei einem energetisch abgeschlossenen System die Entropie heranziehen kann. Bei energetisch offenen Systemen muß folglich sowohl die Energie bzw. Enthalpie als auch die Entropie zur Beschreibung des Gleichgewichtszustandes verwendet werden. Das Zusammenspiel dieser beiden Größen erfordert die Definition einer neuen Zustandsfunktion, der freien Energie bzw. freien Enthalpie (Abschnitt 11.6). Die Verknüpfung beider Größen gelingt mit Hilfe des 2. Hauptsatzes der Thermodynamik. Zur thermodynamischen Absolutberechnung von Entropien und Gleichgewichten muß allerdings noch der 3. Hauptsatz herangezogen werden. Er ist, anders als die zwei ersten, nur bedingt ein thermodynamischer Hauptsatz, denn er läßt sich statistisch konsequent herleiten und verstehen (Abschnitt 11.8). Erfahrungssätze können wir ja an sich nicht verstehen, sondern müssen sie als Axiome so wie die Newtonsche Bewegungsgleichung oder die Schrödingergleichung akzeptieren.

Ob die in Abschnitt 10.7 definierte *Entropie* auch im thermodynamischen Sinn eine Zustandsfunktion darstellt, läßt sich an Hand des Schwarzschen Satzes sehr leicht überprüfen. Einen thermodynamischen Ausdruck für S = f(T, V) oder S = f(T, p) kennen wir zwar noch nicht, dafür aber einen statistischen. Verwenden wir zur Überprüfung z. B. den Ausdruck für die Translationsentropie von 1 mol idealem Gas

$$S(\mathrm{n}) = \frac{5}{2}R + R \ln \frac{(2\pi\mathrm{mkT})^{3/2}}{N_\mathrm{A}\,\mathrm{h}^3}\, V, \tag{71}$$

so stellen wir zunächst einmal fest, daß $S(\mathrm{n})$ wirklich eine Funktion der Temperatur und des Volumens ist. Bilden wir dann von $S(\mathrm{n})$ das totale Differential,

$$\mathrm{d}S = \left(\frac{\partial S}{\partial \mathrm{T}}\right)_\mathrm{V} \mathrm{dT} + \left(\frac{\partial S}{\partial \mathrm{V}}\right)_\mathrm{T} \mathrm{dV}, \tag{72}$$

so folgt mit Gl. (71)

$$\left(\frac{\partial S}{\partial \mathrm{T}}\right)_\mathrm{V} = \frac{3}{2}\frac{R}{\mathrm{T}} \tag{73}$$

sowie

$$\left(\frac{\partial S}{\partial V}\right)_T = \frac{R}{V} : \tag{74}$$

$$dS = \left(\frac{3}{2}\frac{R}{T}\right)dT + \left(\frac{R}{V}\right)dV. \tag{75}$$

Da das erste partielle Differential nur eine Funktion von T und das zweite nur eine von V ist, werden beide gemischten zweiten Differentiale Null, womit der Schwarzsche Satz erfüllt ist. S(n) ist in diesem speziellen Fall sicher eine Zustandsfunktion. Hätten wir auch noch die Rotations- und Schwingungsentropie eines mehratomigen idealen Gases untersucht, so hätten wir dasselbe Resultat erhalten. Immer dann, wenn sich die Entropiefunktion additiv aus einem temperatur- und einem volumenabhängigen Term (= Funktion) zusammensetzt, erfüllt sie die Schwarzsche Bedingung. Daß dies nicht nur bei idealen Gasen zutrifft, sondern ganz allgemein für beliebige Substanzen gilt, bestimmt der 2. Hauptsatz der Thermodynamik, auf den wir gleich ausführlicher zu sprechen kommen.

Die obige Feststellung bedeutet andererseits, daß der in Abschnitt 10.7 abgeleitete Zusammenhang zwischen der Entropie und der inneren Energie

$$dS = \left(\frac{dU}{T}\right)_V \tag{76}$$

für isochore Prozesse auch im thermodynamischen Sinn vernünftig ist. Denn mit dem ersten Hauptsatz $dU = \delta q + \delta w$ gilt im isochoren Fall $dU = \delta q$, so daß

$$dS = \frac{\delta q}{T} = d\left(\frac{q}{T}\right). \tag{77}$$

Die einem Stoff von außen zugeführte Wärme δq führt bei konstanter Temperatur und konstantem Volumen zu einer Änderung seiner Entropie. Befand sich dieser vorher im Zustand S_a, so geht er durch die Wärmeaufnahme q in den Zustand S_b über:

$$\Delta S = S_b - S_a = \int_{S_a}^{S_b} dS = \frac{q}{T}. \tag{78}$$

Die Beziehungen (76) und (77) gelten, wie wir gleich sehen werden, auch für nicht isochore Änderungen. Wenden wir nämlich Gl. (77) auf die nicht isochore Änderung eines idealen Gases an, so müssen wir mit dem 1. Hauptsatz schreiben:

$$dS = d\left(\frac{U-w}{T}\right) = \frac{dU}{T} + \frac{p}{T}\,dV \tag{79}$$

und erhalten mit $dU = C_V\,dT$ und dem idealen Gasgesetz $pV = nRT$ für 1 mol Gas:

$$dS = \left(\frac{C_V}{T}\right)dT + \left(\frac{R}{V}\right)dV. \tag{80}$$

Gl. (80) ist identisch mit Gl. (75), wenn wir C_V mit $3/2\,R$ identifizieren. Die durch Gl. (77) definierte Funktion S(T, V) ist also eine Zustandsfunktion im thermodynamischen

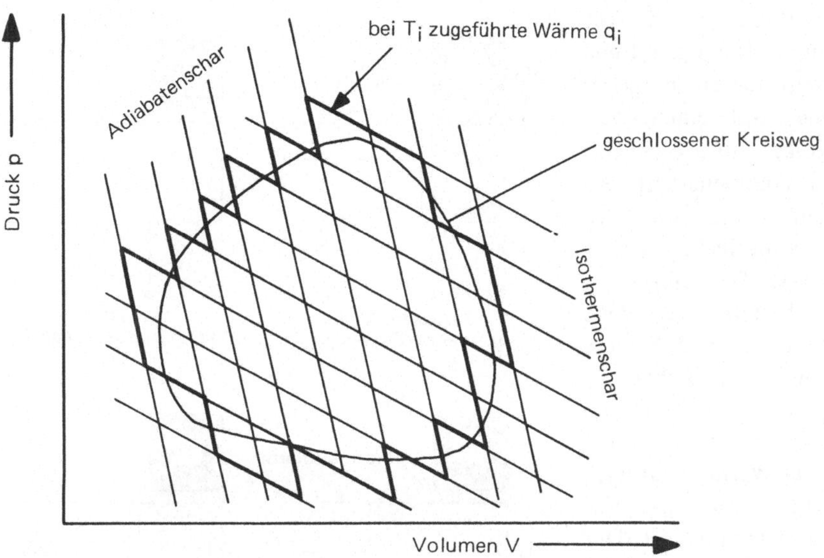

Bild 11.6 Zerlegung eines geschlossenen Kreisweges in kleinste adiabatische und isotherme Schritte

Sinn. Führt man die Integration von Gl.(77) nicht nur von a nach b, sondern längs eines geschlossenen Weges wieder nach a zurück, so muß das Linienintegral den Wert Null liefern:

$$\oint dS = \oint d\left(\frac{q}{T}\right) = 0. \tag{81}$$

Das heißt mit anderen Worten: q/T ist eine Zustandsfunktion, obwohl q selbst keine ist! Zerlegen wir einen beliebigen geschlossenen Kreisweg in einzelne kleine isotherme und adiabatische Abschnitte (Bild 11.6), so muß die Summe aller bei den jeweiligen Temperaturen T_i aufgenommenen Wärmemengen q_i Null sein:

$$\sum_i \frac{q_i}{T_i} = 0. \tag{82}$$

Diskutieren wir diese Aussage an Hand eines sehr einfachen, aber speziellen Kreisprozesses, so führt sie direkt zum zweiten Hauptsatz und zum Wirkungsgrad von Wärmekraftmaschinen. In Bild 11.7 ist ein solcher Prozeß, es handelt sich um den sogenannten *Carnotschen Kreisprozeß*, im pV-Diagramm skizziert. Bild 11.8 zeigt hingegen, wie man

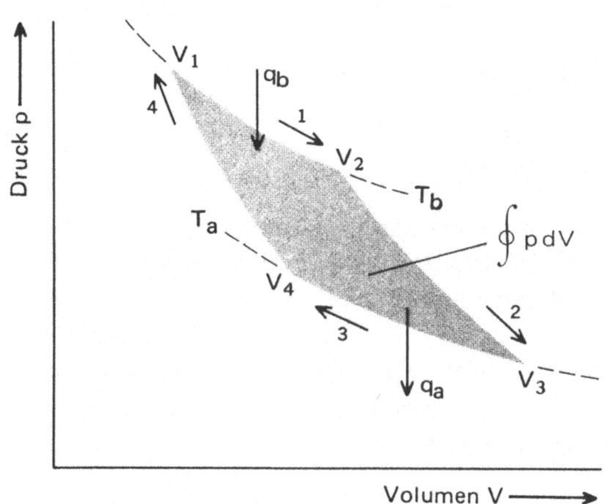

Bild 11.7 Der Carnotsche Prozeß im pV-Diagramm

einen solchen Prozeß in die Tat umsetzen könnte. Die Carnotsche Maschine besteht aus einem gasgefüllten Zylinder mit einem verschiebbaren Kolben, so daß am Gas und vom Gas Volumenarbeit verrichtet werden kann. Als Gas wählen wir vorderhand wieder 1 mol ideales Gas. Die Umgebung des Kolbens besteht aus zwei Wärmereservoiren mit den Temperaturen T_a und T_b, wobei T_b größer als T_a sein soll. Zwischen den beiden Wärmereservoiren befinden sich zwei Wärmeisolatoren, mit deren Hilfe wahlweise ein Wärmeübergang herstellbar ist. Der Prozeß setzt sich aus vier Einzelschritten zusammen, und zwar aus je einer isothermen und adiabatischen Kompression sowie aus je einer isothermen und adiabatischen Expansion. Jeder der vier Schritte soll reversibel erfolgen, d.h. der Gasdruck soll im Sinne eines mechanischen Gleichgewichtes (Abschnitt 11.2) nur differentiell vom Kolbendruck abweichen. Die Anwendung von Gl. (82) ergibt dann

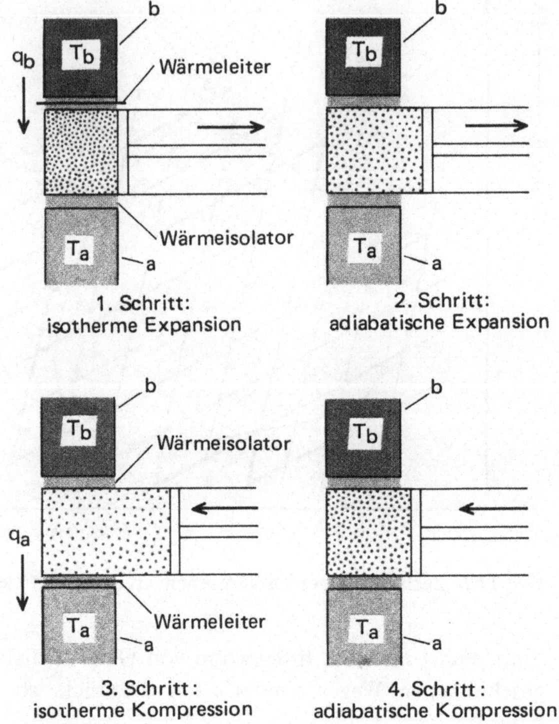

Bild 11.8 Anschauliche Darstellung der vier Carnot-Schritte

$$\frac{q_a}{T_a} + \frac{q_b}{T_b} = 0 \tag{83}$$

oder umgeformt

$$\frac{q_b + q_a}{q_b} = \frac{T_b - T_a}{T_b}. \tag{84}$$

q_b ist die bei der Temperatur T_b während des Expansionsschrittes zugeführte und q_a die bei der Temperatur T_a während des Kompressionsschrittes abgeführte Wärme. Die beiden anderen Schritte erfolgen adiabatisch, so daß für sie $q = 0$ gilt.

Da $q_b + q_a = |q_b| - |q_a|$ wegen des ersten Hauptsatzes die vom Gas insgesamt geleistete Volumenarbeit ist, wird gerade der Bruchteil $(T_b - T_a)/T_b$ der zugeführten Wärme q_b umgewandelt. Er entspricht im pV-Diagramm der vom Weg eingeschlossenen Fläche, also dem Linienintegral

$$\oint p \, dV. \tag{85}$$

Der Bruchteil $(q_b + q_a)/q_b$ oder w/q_b ist zugleich der *Wirkungsgrad* der Carnotschen Maschine, die im Endeffekt Wärme in nutzbare Arbeit umwandelt. Ihr Wirkungsgrad w/q_b ist umso größer, je größer die Temperaturdifferenz $T_b - T_a$ der beiden Wärmereservoire und je kleiner T_b ist. Da man aber den absoluten Nullpunkt $T = 0$ *erfahrungsgemäß* nicht realisieren kann und deshalb auch T_b nicht auf Null abgesenkt werden kann, müssen alle derartigen Maschinen einen kleineren Wirkungsgrad als 1 haben. Die Umwandlung von Wärme in mechanisch oder elektrisch nutzbare Arbeit ist also grundsätzlich eingeschränkt. Diese Aussage, die wir nur mit Hilfe des ersten Hauptsatzes und seiner Anwendung auf ideale Gase bekommen haben, gewinnt den Charakter eines *zweiten Hauptsatzes*, wenn man von einem idealen Gas zu einer beliebigen Substanz und von der Carnotschen Maschine zu einer beliebigen Maschine übergeht.

„Es ist unmöglich, durch irgendeinen Kreisprozeß aus einem Reservoir Wärme zu entnehmen und diese vollständig in Arbeit umzuwandeln, ohne gleichzeitig Wärme von diesem an ein kälteres Reservoir abzuführen." Diese Formulierung des zweiten Hauptsatzes stammt von *Lord Kelvin*. Sie sei der von *Clausius* stammenden Formulierung gegenübergestellt: „Es ist unmöglich, Wärme ohne Arbeitsleistung von einem kälteren zu einem wärmeren Niveau zu pumpen." Die Wärmepumpe ohne Arbeitszufuhr würde nur dann funktionieren, wenn man den absoluten Nullpunkt tatsächlich realisieren könnte. Die grundsätzliche Unerreichbarkeit des absoluten Nullpunktes ist damit direkt an den zweiten Hauptsatz gekoppelt.

Für die makroskopische Beschreibung realer Systeme (Gase, Flüssigkeiten, Festkörper) gipfeln alle diese Formulierungen in der Existenz der Entropie als Zustandsfunktion. Sie läßt sich in der Form $\Delta S = q/T$ quantitativ mit dem Begriff Gleichgewicht in Verbindung bringen. Anders ausgedrückt: Arbeit kann optimal nur gewonnen werden, wenn wir eine Zustandsänderung reversibel durchführen. Hierzu ein anschauliches Beispiel. Es soll die Entropieänderung ΔS berechnet werden, die bei der Expansion von n mol idealem Gas bei der Temperatur T vom Volumen V_1 auf das Volumen V_2 auftritt. Das physikalische System bestehe aus einem gasgefüllten Zylinder mit einem Kolben und einem Wärmereservoir bei TK. Es ist in sich abgeschlossen, d. h. innerhalb des totalen Systems gilt der Energieerhaltungssatz, so daß die innere Energie konstant bleibt (Bild 11.9a). Entropieänderungen betreffen daher nicht nur das Gas, sondern auch seine Umgebung in Form des Wärmereservoirs. Um nun eine reversible Wärmeaufnahme aus dem Reservoir zu gewährleisten, darf der Temperaturunterschied zwischen dem Gas und dem Reservoir nur differentiell klein sein. Mit anderen Worten, er muß im Grenzfall des *thermischen Gleichgewichtes* $(dT = 0, T = \text{const})$ verschwinden. Reversible isotherme Expansion bedeutet also vornehmer formuliert, Volumenänderung im thermischen Gleichgewicht. Wegen der Temperaturkonstanz beträgt die Volumenarbeit:

$$w = - \int_V p\,dV = - \int_V nRT\,\frac{dV}{V} = -q. \tag{86}$$

Sie ist dem Betrag nach gleich groß wie die bei T aufgenommene Wärme q, so daß sich die Entropieänderung bei der Expansion auf

$$\Delta S_{Gas} = \frac{q}{T} = \int_{V_1}^{V_2} \frac{nRT}{T}\,\frac{dV}{V} = nR\ln\frac{V_2}{V_1} \tag{87}$$

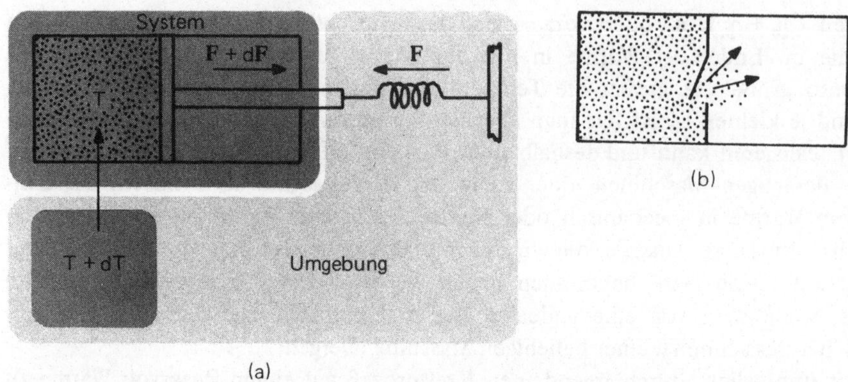

Bild 11.9 Anschauliche Darstellung einer reversiblen (a) und irreversiblen Expansion (b)

beläuft. Gleichzeitig mit der Expansion erfährt jedoch die Umgebung in Form des Wärmereservoirs einen Wärmeverlust im selben Ausmaß:

$$\Delta S_{\text{Umgebung}} = - nR \ln \frac{V_2}{V_1} \, . \tag{88}$$

Für das komplette, abgeschlossene System gilt daher:

$$\Delta S_{\text{total}} = \Delta S_{\text{Gas}} + \Delta S_{\text{Umgebung}} = 0. \tag{89}$$

Dieses Ergebnis läßt sich verallgemeinern, weil man es an beliebigen Systemen bestätigt
findet: Die Entropieänderung beliebiger, energetisch abgeschlossener Systeme ist immer
Null, ihre Entropie also immer konstant.

   Dies ist nicht der Fall bei *irreversiblen* Prozessen, da bei irreversibler Führung die
Umgebung nicht mitspielt! Hierzu dasselbe Demonstrationsbeispiel bei irreversibler
Vorgangsweise: Durch plötzliches Entspannen des Gases, etwa durch Öffnen einer Klappe,
die das Gas von einem evakuierten Behälter trennt (Bild 11.9b), erfolgt eine spontane
irreversible Expansion auf dasselbe Volumen. Dabei hat sozusagen das Gas keine Zeit,
mit dem Reservoir Wärme auszutauschen. $\Delta S_{\text{Umgebung}}$ ist daher gleich Null und die
totale Entropieänderung ist gleich groß wie die des Gases. Würden wir weitere Beispiele
untersuchen, fänden wir immer wieder, daß die Entropieänderung abgeschlossener Systeme
bei irreversiblem Ablauf positiv ist, d.h. daß die Entropie des Systems zunimmt. Bei
reversiblem Ablauf ist hingegen ΔS_{total} immer Null und schließt die Entropieänderung
der Umgebung mit ein (vgl. Kapitel 25).

   Die Größe $\Delta S = q/T$ stellt somit ein geeignetes Maß für die Tendenz eines Systems
dar, von einem Nichtgleichgewichts- in den Gleichgewichtszustand überzugehen. Und
zwar bei konstanter innerer Energie bzw. Enthalpie. Diese Formulierung des zweiten
Hauptsatzes ist auf chemische Probleme besser anwendbar als etwa die Kelvinsche oder
Clausiussche. Denn durch sie läßt sich jedem beliebigen chemischen Stoff eine Entropiefunktion S zuordnen. Für irgendeine endliche Änderung von S gilt dann:

$$\Delta S \geqslant 0. \tag{90}$$

Befindet sich der Stoff im thermischen Gleichgewicht mit seiner Umgebung, ist $\Delta S = 0$ und wenn nicht ist $\Delta S > 0$. ΔS hat einen positiven Wert, d. h. seine Entropie nimmt zu. Bei dieser letzten Aussage ist aber sehr wohl die Einschränkung hinsichtlich der konstanten inneren Energie bzw. Enthalpie zu beachten. Kommen nämlich Energieänderungen hinzu, so muß, wie schon eingangs erwähnt, eine weitere neue Energiefunktion definiert werden. Die Umwandlung der aufgenommenen Wärme in maximal nutzbare Arbeit gelingt im geschilderten reversiblen Fall optimal, im irreversiblen Fall gar nicht. Bei zusätzlichen Energieänderungen wird nicht mehr ΔS, sondern die maximal nutzbare Arbeit als neues Maß genommen. Sie kann praktisch nur gewonnen werden, wenn gleichzeitig ein Teil der aufgenommenen Wärme ungenutzt bleibt.

11.6 Die freie Enthalpie

Aus den Überlegungen des letzten Abschnitts geht deutlich hervor, daß wir bei reversiblen Zustandsänderungen nicht abgeschlossener Systeme sowohl Energie- bzw. Enthalpie- als auch Entropieänderungen berücksichtigen müssen. Wir werden diesem Aspekt durch die Definition der sogenannten *freien Energie* F bzw. *freien Enthalpie* G gerecht:

$$F = U - TS, \qquad\qquad G = H - TS,$$
$$dF = dU - d\,(TS), \qquad\qquad dG = dH - d\,(TS),$$
$$\Delta F = \Delta U - \Delta\,(TS), \qquad\qquad \Delta G = \Delta H - \Delta\,(TS). \tag{91}$$

dF bzw. dG symbolisieren differentiell kleine und ΔF bzw. ΔG endliche F- bzw. G-Änderungen eines beliebigen, nicht abgeschlossenen Systems. Sie sind ein quantitatives Maß für die bei einem Prozeß (Zustandsänderung) maximal nutzbare Arbeit, die wegen des zweiten Hauptsatzes nicht so groß wie die zugeführte Wärme q sein kann. Für den Zusammenhang zwischen F und G gilt dasselbe wie für H und U, denn aus den Gleichungen (91) folgt unmittelbar:

$$G = F + pV,$$
$$dG = dF + d\,(pV),$$
$$\Delta G = \Delta F + \Delta\,(pV). \tag{92}$$

Es sind hier dieselben Gründe maßgebend wie bei der Einführung der Enthalpie: ΔG dient vornehmlich zur Beschreibung von Zustandsänderungen bei konstantem Druck und ΔF bei konstantem Volumen. Wir werden uns im folgenden nur noch mit der Zustandsfunktion G beschäftigen; für F gilt sinngemäß dasselbe.

Es soll zunächst bewiesen werden, daß ΔG die *maximal nutzbare Arbeit* eines Prozesses bei konstantem Druck und konstanter Temperatur ist. Auf Grund des ersten und zweiten Hauptsatzes gilt

$$dH = \delta w + \delta q + d\,(pV) \tag{93}$$

und

$$T\,dS = \delta q. \tag{94}$$

Verknüpfen wir beide Hauptsätze miteinander, so heißt das automatisch, daß bei einem reversiblen Prozeß w die maximale, aus der zugeführten Wärme q umwandelbare und nutzbare Arbeit ist. Zu einem bestimmten Wert von q gibt es dann nur eine ganz bestimmte, maximale Nutzarbeit w:

$$dH = \delta w_{max} + T\,dS + d(pV). \tag{95}$$

Mit Hilfe der Variation von TS

$$d(TS) = T\,dS + S\,dT \tag{96}$$

kann Gl. (95) umgeformt werden. Außerdem wird bei isothermen reversiblen Vorgängen w eine Zustandsfunktion, da dT = 0 ist und H, S sowie pV Zustandsfunktionen sind:

$$dH - d(TS) = \delta w_{max} + d(pV) - S\,dT, \tag{97}$$

$$d(H - TS) = \delta w_{max} + d(pV) \equiv dG. \tag{98}$$

w_{max} einschließlich (pV) wird als freie Enthalpie bezeichnet; sie ist um den Betrag von pV größer als die freie Energie.

Mit diesem Konzept der freien Enthalpie G läßt sich nun der Begriff *thermodynamisches Gleichgewicht* wie folgt charakterisieren: Ein System (chemischer Stoff) besitzt im thermischen Gleichgewicht mit seiner Umgebung eine minimale freie Enthalpie. Befindet es sich außerhalb, also in einem Zustand größerer freier Enthalpie, so muß es in das G-Minimum unter Freisetzen der (überschüssigen) maximalen Nutzarbeit ΔG übergehen. Erfolgt dieser Übergang reversibel, was wir technisch in der Hand haben, so kann ΔG komplett als Nutzarbeit gewonnen werden. Im nicht reversiblen Fall ist der Wert von ΔG zwar ebenso groß, kann jedoch nicht in Form von Arbeit nutzbar gemacht werden. Das thermodynamische Gleichgewicht ist damit analog zum mechanischen Gleichgewicht (Abschnitt 11.2) definiert. Wichtiger Merksatz für Zustandsänderungen eines Stoffes:

$$\text{im Gleichgewicht} \qquad \Delta G = \Delta H - T\,\Delta S = 0, \tag{99}$$

$$\text{im Nichtgleichgewicht} \quad \Delta G = \Delta H - T\,\Delta S < 0. \tag{100}$$

Da G bzw. F eindeutige Zustandsfunktionen sind, bedeutet thermodynamisches Gleichgewicht zugleich thermisches Gleichgewicht und umgekehrt. Folgendes Beispiel soll Gl. (99) bzw. Gl. (100) illustrieren.

Es soll der Unterschied der freien Enthalpie von n mol idealem Gas bei den Drücken p_1 und p_2 berechnet werden, wenn p_1 größer als p_2 und die Temperatur T konstant ist. Die Berechnung erfolgt so, als ob sich das Gas in einem Behälter befindet und der Druck isotherm und reversibel von p_1 auf p_2 geändert wird. Nach dem ersten Hauptsatz (q = −w) folgt

$$q = -w = \int_{V_1}^{V_2} p\,dV = nRT \ln \frac{V_2}{V_1} \tag{101}$$

und mit $p_1 V_1 = p_2 V_2$

$$q = nRT \ln \frac{p_1}{p_2}, \tag{102}$$

für die Änderung der Entropie somit

$$\Delta S = \int_0^q d\left(\frac{q}{T}\right) = \frac{q}{T} = nR \ln \frac{p_1}{p_2}. \tag{103}$$

Da die Expansion bei konstanter Temperatur vor sich geht, ist $\Delta H = 0$, so daß

$$\Delta G = \Delta H - T\Delta S = nRT\ln\frac{p_2}{p_1}\,. \tag{104}$$

Das Ergebnis in Worten: Die freie Enthalpie eines idealen Gases ist im komprimierten Zustand größer als im expandierten. Wegen $p_1 > p_2$ besitzt ΔG einen negativen Wert, d. h. das Gas geht spontan in den Zustand kleinerer freier Enthalpie über, wenn wir die Expansion wie in Bild 11.9a durch Öffnen einer Klappe durchführen. Das negative Vorzeichen von ΔG bedeutet, daß das System nicht vom Zustand 1 in 2 sondern von 2 in 1 freiwillig übergeht. Das Vorzeichen liefert also direkt die Richtung, in die ein Vorgang freiwillig erfolgt. Besonders wichtig ist dies bei der Berechnung von Reaktionsgleichgewichten (Kapitel 20), wo man danach entscheiden kann, ob ein Reaktionsgemisch überhaupt in die gewünschte Richtung reagiert oder nicht.

Die freie Enthalpie G ist wie die Enthalpie H eine Funktion der Temperatur und des Druckes. Ihr totales Differential dG lautet allgemein:

$$dG = \left(\frac{\partial G}{\partial T}\right)_p dT + \left(\frac{\partial G}{\partial p}\right)_T dp\,. \tag{105}$$

Welche physikalische Bedeutung haben die partiellen Differentiale? Aus der Definitionsgleichung $G = H - TS$ folgt durch Variation

$$dG = dH - TdS - SdT = dU + pdV + Vdp - TdS - SdT\,. \tag{106}$$

Mit dem ersten Hauptsatz $dU - \delta q - \delta w = 0$ und dem zweiten Hauptsatz $TdS = dq$ und $dw = -pdV$ (bei reversiblen Prozessen) reduziert sich Gl. (106) auf

$$dG = Vdp - SdT\,. \tag{107}$$

Ein Vergleich zwischen Gl. (105) und Gl. (107) liefert dann die gesuchte physikalische Bedeutung:

$$\left(\frac{\partial G}{\partial p}\right)_T = V \tag{108}$$

und

$$\left(\frac{\partial G}{\partial T}\right)_p = -S\,. \tag{109}$$

Die Änderung von G mit der Temperatur entspricht direkt der Entropie S und die Änderung von G mit dem Druck dem Volumen V. Sowohl die Temperatur- als auch die Druckabhängigkeit von G spielen in der chemischen Thermodynamik eine wichtige Rolle.

Untersuchen wir die *Druckabhängigkeit* genauer, so gehen wir am besten von Gl. (108) aus und integrieren vom Anfangsdruck p^o bis zum Enddruck p bei konstanter Temperatur:

$$G - G^o = \int_{p=p^o}^{p} Vdp\,. \tag{110}$$

Für ideale Gase gilt $pV = nRT$, so daß

$$G = \int\limits_{p = p^o}^{p} nRT \frac{dp}{p} + G^o = nRT\ln\frac{p}{p^o} + G^o. \tag{111}$$

Es ist dies dasselbe Ergebnis wie in dem vorhergegangenen Beispiel, wo die freie Enthalpieänderung aus der Entropie- und Enthalpieänderung getrennt ermittelt wurde. Wichtig für die Chemie sind die Änderungen der freien Enthalpie von Gasen beim *Standarddruck* $p^o = 1$ atm als Anfangsdruck. Denn wir stehen einmal mehr vor dem Problem, die Integrationskonstante, in diesem Fall G^o, festlegen zu müssen. Da $p^o = 0$ wegen der logarithmischen Abhängigkeit keine physikalisch vernünftige Festlegung mit sich bringt, beziehen wir p^o und damit G^o auf 1 atm:

$$G = G^o + nRT\ln p. \tag{112}$$

Man darf daher nie vergessen, p in der Einheit atm anzugeben, wenn man bei konkreten Berechnungen nicht Schwierigkeiten bekommen will (hinter dem Logarithmus muß immer eine dimensionslose Zahl stehen!). Besser wäre natürlich die Schreibweise

$$G = G^o + nRT\ln\frac{p}{p^o}, \tag{113}$$

doch hat sich nun einmal obige Formulierung in der Chemie eingebürgert. Noch nicht durchgesetzt hat sich bis heute die Druckangabe in der SI-Einheit $Pa = Nm^{-2}$ oder bar, weil dazu die tabellierten, auf 1 atm bezogenen G^o-Werte geändert werden müßten.

Um einen Ausdruck für die *Temperaturabhängigkeit* von G bzw. ΔG zu erhalten, gehen wir von Gl. (109) aus und ersetzen darin die Entropie durch

$$S = \frac{H - G}{T}. \tag{114}$$

Dies liefert

$$\left(\frac{\partial G}{\partial T}\right)_p = \frac{-H + G}{T} \tag{115}$$

bzw.

$$\left(\frac{\partial G}{\partial T}\right)_p - \frac{G}{T} = -\frac{H}{T}. \tag{116}$$

Die linke Seite dieser Gleichung ist identisch mit

$$T\frac{\partial}{\partial T}\left(\frac{G}{T}\right)_p, \tag{117}$$

da für die Ableitung einer Funktion $u(T)/w(T)$ nach T

$$\frac{u'w - w'u}{w^2} \qquad \left(\frac{\partial u}{\partial T} = u', \frac{\partial w}{\partial T} = w'\right) \tag{118}$$

gilt. Wir können für Gl. (116) deshalb auch

$$\frac{\partial}{\partial T}\left(\frac{G}{T}\right)_p = -\frac{H}{T^2} \tag{119}$$

oder, wenn die Ableitung mit ΔG durchgeführt wird, schreiben:

$$\frac{\partial}{\partial T}\left(\frac{\Delta G}{T}\right)_p = -\frac{\Delta H}{T^2}. \tag{120}$$

Wir werden die beiden letzten Gleichungen später bei konkreten chemischen Anwendungen benutzen.

Mit Hilfe der statistischen Thermodynamik lassen sich die Funktionen F und G auch atomistisch berechnen. Setzen wir in $F = U - TS$ bzw. $G = H - TS$ den statistischen Ausdruck $TS = U + kT\ln Z$ (Gl. (124) in Abschnitt 10.7) ein, so bekommen wir für die freie Energie

$$F = -kT\ln Z \tag{121}$$

und für die freie Enthalpie

$$G = NkT - kT\ln Z. \tag{122}$$

Je nachdem ob wir ideale Gase oder ideale Festkörper berechnen wollen, müssen wir dann entweder

$$Z = \frac{Q^N}{N!} \tag{123}$$

oder

$$Z = Q^N \tag{124}$$

verwenden. Für reale Gase und Flüssigkeiten gelten die Voraussetzungen nicht mehr und die „ideale" Systemzustandssumme Z muß um die „nichtideale" Konfigurationszustandssumme (Abschnitt 12.4) erweitert werden.

Mit Gl. (123) beträgt z. B. die freie Enthalpie eines idealen Gases:

$$G = NkT - kT\ln\frac{Q^N}{N!} = -NkT\ln\frac{Q}{N}, \tag{125}$$

wobei zur Eliminierung von N! die Stirlingsche Formel verwendet wurde. Spaltet man die Molekülzustandssumme gemäß $Q = Q(n)\,Q(l)\,Q(v)\,Q(k)$ auf, so folgt für zweiatomige Moleküle:

$$G = -NkT\left\{\ln\frac{Q(n)}{N} + \ln Q(l) + \ln Q(v) + \ln Q(k)\right\}$$

$$= -NkT\left\{\ln(2\pi mkT)^{3/2}\,\frac{V}{Nh^3} + \ln\frac{8\pi^2\,IkT}{h^2} + \ln\frac{e^{-x/2}}{1-e^{-x}} + \ln Q(k)\right\}. \tag{126}$$

Bildet man von diesem Ausdruck den Grenzwert für $T \to 0$, so erweist sich G_0 bei Vernachlässigung der Elektronenenergie als identisch mit der Nullpunktenergie der Schwingung $E_0 = Nh\nu_0/2$. Für eine Reihe von gasförmigen Stoffen bei 1 atm sind im Tabellenanhang $(G - E_0)/T$-Daten für einige Temperaturen aufgelistet.

11.7 Unerreichbarkeit des absoluten Nullpunktes

Um den 2. Hauptsatz auf chemische Probleme anwenden zu können, wird den chemischen Verbindungen (aus Gründen der Zweckmäßigkeit) die Eigenschaft Entropie zugeordnet; über ihren Absolutwert kann aber auf Grund dessen nichts ausgesagt werden. Man erinnere sich in diesem Zusammenhang, daß auch über die Absolutwerte der Energie und Enthalpie thermodynamisch nichts zu erfahren war. Wenn man jedoch den 3. Hauptsatz der Thermodynamik hinzunimmt, so läßt sich die Entropie absolut festlegen (Abschnitt 11.8). Die Grundlagen zu diesem Postulat stammen aus den Erfahrungen, die man beim Übergang zu immer tieferen Temperaturen macht. Alle Versuche, den absoluten Nullpunkt zu erreichen, führen nämlich zu der Erkenntnis, daß er unerreichbar ist. Diese empirische Erkenntnis kann umgekehrt als eine erste Aussage des 3. Hauptsatzes aufgefaßt werden.

Die Untersuchung der Materie bei tiefsten Temperaturen hat zur Entdeckung so mancher außergewöhnlicher Phänomene geführt, es sei hier nur auf das unterschiedliche Verhalten von Bosonen und Fermionen hingewiesen, daß immer bessere Methoden zur Erreichung tiefster Temperaturen entwickelt wurden. Die älteste Methode gründet sich auf den Joule-Thomsonkoeffizienten realer Gase (Abschnitt 12.6): Befindet sich ein reales Gas unterhalb seiner Inversionstemperatur, so bewirkt eine Druckdrosselung seine Abkühlung. Im Gegenstromprinzip durchgeführt, kann diese bis zur Verflüssigung des Gases ausgenutzt werden (Linde 1895). Auf diese Weise läßt sich z. B. Luft verflüssigen und durch eine nachfolgende fraktionierte Destillation (Abschnitt 16.4) in O_2 (Siedepunkt 90 K) und N_2 (77 K) trennen. Noch tiefere Temperaturen sind nach derselben Methode mit Wasserstoff erreichbar (Siedepunkt 20,3 K). Der Wasserstoff wird zunächst mit flüssigem N_2 unter seine Inversionstemperatur (193 K) abgekühlt und dann gedrosselt. Schließlich kann flüssiger Wasserstoff zur Vorkühlung von Helium (Siedepunkt 4 K) dienen. Temperaturen unter 4 K lassen sich durch eine adiabatische Verdampfung von Helium erzielen.

Temperaturen wesentlich unter 1 K erreicht man nach einer völlig anderen Methode. Sie beruht auf der *adiabatischen Entmagnetisierung* von paramagnetischen Substanzen und stammt von *Debye* und *Giauque* (Abschnitt 3.3 und 7.5). Die Ionen paramagnetischer Salze zeichnen sich dadurch aus, daß sich der Spin und der Bahndrehimpuls ihrer Elektronen nicht zu Null kompensieren, wie das bei nichtparamagnetischen Salzen der Fall ist. Ist der Bahndrehimpuls Null, so resultiert der Gesamtdrehimpuls nur aus dem Spin der Elektronen. Da jeder Elektronendrehimpuls ein magnetisches Moment besitzt, das dem Drehimpuls proportional ist, orientiert sich das magnetische Moment eines Ions in einem homogenen Magnetfeld. Wenn sich alle Momente der Ionen orientieren, äußert sich dies in einer makroskopisch beobachtbaren Magnetisierung des Salzes. Das gesamte System aller Spins bezeichnet man gewöhnlich als *Spinsystem*, das restliche Gitter als *Gittersystem*. Nach der Magnetisierung in einem Magnetfeld befindet sich das Spinsystem in einem Zustand geringerer Wahrscheinlichkeit und Entropie als vorher. Schaltet man dann das Magnetfeld ab, so verliert die paramagnetische Substanz ihre Magnetisierung, weil sich die Momente der Spins wieder regellos über alle Raumrichtungen verteilen. Da die Entmagnetisierung spontan erfolgt, muß sich die Entropie des Spinsystems vergrößern. Das kann aber nur auf Kosten der Wärme des Gittersystems geschehen, wenn die Probe von der Umgebung wärmeisoliert ist (Bild 11.10). Diese Wärme wird der Schwingungs-

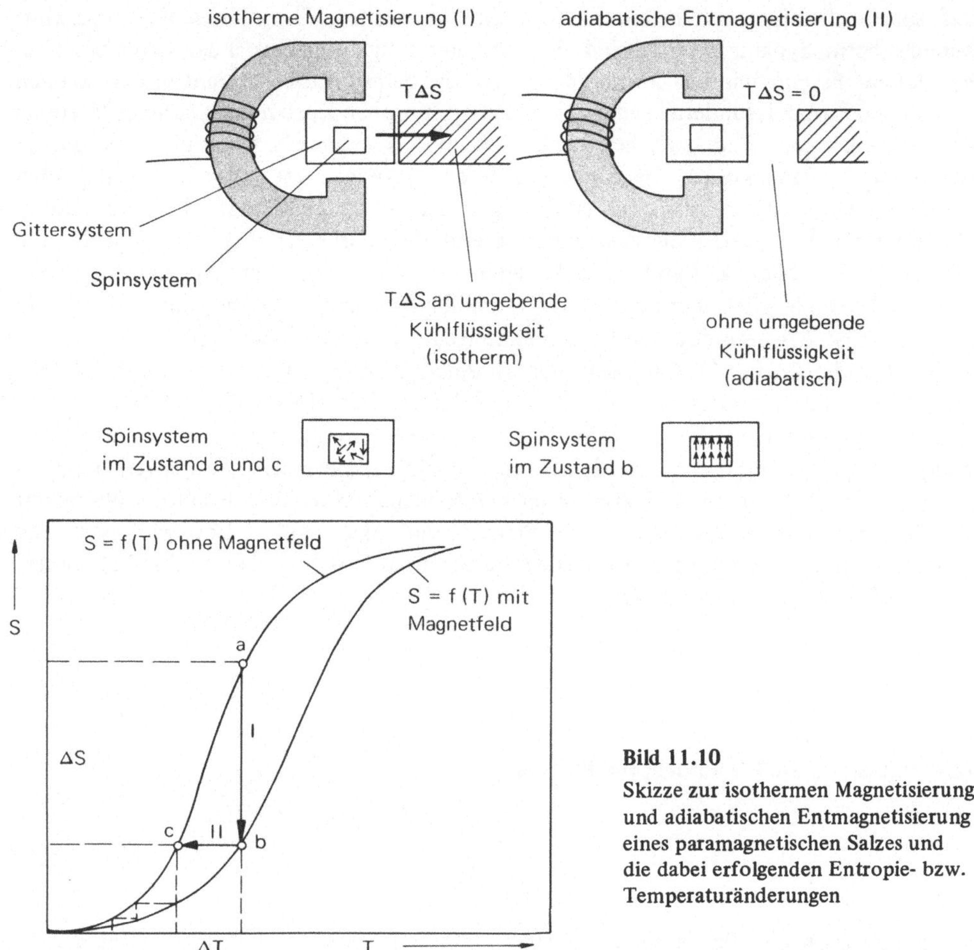

Bild 11.10
Skizze zur isothermen Magnetisierung
und adiabatischen Entmagnetisierung
eines paramagnetischen Salzes und
die dabei erfolgenden Entropie- bzw.
Temperaturänderungen

energie entnommen, so daß sich das Gittersystem abkühlt. Mit dieser Technik gelang es bisher, Temperaturen bis zu 10^{-2} K zu erzielen.

11.8 Entropie und 3. Hauptsatz

Bei der Methode der adiabatischen Entmagnetisierung wird die Entropiedifferenz des geordneten und ungeordneten Spinsystems dazu benutzt, um einem paramagnetischen Kristall Wärme zu entziehen und so dessen Temperatur zu senken. Im allgemeinen könnte jeder Kreisprozeß, der zwischen zwei verschiedenen Entropiezuständen durchgeführt wird, zur Abkühlung eines Systems hergenommen werden. Wenn Entropiedifferenzen auch bei Annäherung an den absoluten Nullpunkt existierten, könnte man durch einen solchen Kreisprozeß die Temperatur bis zum absoluten Nullpunkt senken. Da dieser aber erfahrungsgemäß nicht erreichbar ist, bedeutet das, daß die Entropien aller Substanzen am absoluten Nullpunkt denselben Wert besitzen müssen. Diese Aussage muß allerdings

auf solche chemischen Substanzen eingeschränkt werden, die in diesem Temperaturbereich thermodynamisch stabil sind, d.h. sich eindeutig durch Zustandsvariable beschreiben lassen. Es gibt nämlich auch Substanzen, die beim Einfrieren nicht in den stabilen
kristallinen Zustand, sondern in einen glasartigen, amorphen Zustand mit höherer Entropie
übergehen können. Wäre zwischen diesen beiden Zuständen ein reversibler Kreisprozeß
durchführbar, dann könnte die Entropiedifferenz dazu benutzt werden, den absoluten
Nullpunkt zu erreichen, was aber erfahrungsgemäß nicht realisierbar ist. Außerdem ist
ein reversibler Kreisprozeß zwischen einem thermodynamisch stabilen und einem thermodynamisch instabilen Zustand eines Systems nicht möglich. Man muß daher fordern,
daß die Entropie aller thermodynamisch stabilen Substanzen am absoluten Nullpunkt
gleich groß ist, d.h. daß dort alle Entropieunterschiede verschwinden.

Diese Forderung (3. Hauptsatz der Thermodynamik) wurde ursprünglich, obwohl
anders formuliert, von *Nernst* bei der Berechnung von chemischen Gleichgewichten
(Kapitel 20) erhoben. *Nernst* vermutete, daß die Reaktionsentropien am absoluten
Nullpunkt gegen Null gehen, weil die experimentell gemessenen Differenzen der Molwärmen von Reaktanten und Produkten bei Annäherung an den absoluten Nullpunkt
verschwinden. *Planck* erweiterte dieses Postulat und sagte, daß die Entropie selbst, und
nicht nur ihre Unterschiede, bei idealen Festkörpern verschwinden müsse. Mit diesem
Postulat $S_0 = 0$ folgt aus Gl. (76):

$$S_T = \int_U \frac{dU}{T} \tag{127}$$

bzw. mit $dU = C_V\, dT$ bei isochoren Prozessen

$$S_T = \int_0^T \frac{C_V}{T}\, dT. \tag{128}$$

Wenn nun nach der Planckschen Formulierung die Entropie von idealen, stabilen Festkörpern am absoluten Nullpunkt $T = 0$ verschwindet, muß dort auch ihre spezifische
Wärme oder Molwärme Null werden. Bei Kenntnis der Temperaturabhängigkeit der Molwärme läßt sich somit durch Integration die Entropie bei allen Temperaturen absolut
angeben. Man beachte, daß ein thermodynamischer Nullwert nur hier bei der Entropie
und nicht auch bei den verschieden definierten Energien möglich ist.

Molekularstatistisch kann der 3. Hauptsatz wie folgt gedeutet werden: Einsetzen
von

$$C_V = \frac{d}{dT}\left(kT^2 \frac{\partial}{\partial T} \ln Z\right) \tag{129}$$

in Gl. (128) mit nichtverschwindender Integrationskonstante S_0 liefert

$$S_T - S_0 = \int_0^T \frac{C_V}{T}\, dT = \int_0^T \frac{1}{T}\frac{d}{dT}\left(kT^2 \frac{\partial}{\partial T} \ln Z\right) dT. \tag{130}$$

Partielle Integration (Anhang XVII) ergibt dann

$$S_T - S_0 = \frac{1}{T} kT^2 \frac{\partial}{\partial T} \ln Z + k \int\limits_0^T \left(\frac{\partial}{\partial T} \ln Z \right) dT \qquad (131)$$

und

$$S_T - S_0 = \frac{U}{T} + k \ln Z - |k \ln Z|_{T=0} . \qquad (132)$$

Die Integrationskonstante S_0 in Gl. (132) kann nur mit dem Term $|k \ln Z|_{T=0}$ gleich sein. Berücksichtigen wir, daß für die unterscheidbaren Moleküle eines Festkörpers $Z = Q^N$ gilt, so finden wir bei Ausschluß von Translationen

$$S_0 = |k \ln Q^N|_{T=0} = k N \ln g_0 . \qquad (133)$$

Liegt keine Entartung vor ($g_0 = 1$), d.h. gibt es nur eine Gesamteigenfunktion des Festkörpergrundzustandes, dann ist $S_0 = 0$. Gehören zu ihm zwei Funktionen, dann ist $g_0 = 2$, usw. Statistisch folgt somit ganz zwanglos, daß die Nullpunktentropie von der Entartung des Grundzustandes abhängt. Weil Festkörpermoleküle normalerweise nur Schwingungen um ihre Ruhelage ausführen (Gitterschwingungen), sind sie nicht entartet und die *Nullpunktentropie* S_0 ist Null. Abweichungen von Null, die thermodynamisch nicht erklärbar sind, erhalten dadurch eine physikalische Deutung.

In Tabelle 11.6 sind hierfür einige Beispiele angeführt. So besitzt z. B. CO eine endliche Nullpunktentropie von $4{,}7$ JK^{-1} mol^{-1}. Dieser Wert stammt aus der Differenzbildung des statistischen Wertes $S_{298}^{o} = 198{,}0$ JK^{-1} mol^{-1} und des thermodynamischen Wertes $S_{298}^{o} = 193{,}3$ JK^{-1} mol^{-1}. Der hier angegebene statistische Wert differiert von dem in Abschnitt 10.7 berechneten, denn er wurde nicht mit der klassischen Näherung des Rotationsanteils (Ersatz der Summen durch Integrale) ermittelt. Zur Erklärung der endlichen Nullpunktentropie von $4{,}7$ JK^{-1} mol^{-1} kann Gl. (133) herangezogen werden. CO hat zwar dieselbe Elektronenkonfiguration wie N_2 und verhält sich daher wie ein symmetrisches Molekül, doch gibt es im festen Zustand zwei energetisch gleichwertige Anordnungsmöglichkeiten. In einem perfekten CO-Kristall sind die CO-Moleküle streng:

COCOCOCOCOCO

Tabelle 11.6: Vergleich statistisch und thermodynamisch ermittelter Standardentropien S_{298}^{o} verschiedener Gase

Gas	Standardentropie $JK^{-1} mol^{-1}$		Abweichung $JK^{-1} mol^{-1}$
	statistisch	thermodynamisch	
Cl_2	223,1	223,0	0,0
CO	198,0	193,3	4,7
HCl	186,7	186,2	0,5
H_2O	188,7	185,4	2,3
N_2O	178,2	173,2	5,0
NO (121,4 K)	183,1	179,9	3,2
CH_4	186,2	185,4	0,8
C_2H_4	219,7	219,7	0,0

und in einem ungeordneten beliebig orientiert:

COOCCOCOOCOCOC

Die erste Lage liefert die Nullpunktentropie

$$S_0 = kN_A \ln g_0 = R \ln 1 = 0 \tag{134}$$

und die zweite, weil es zwei CO-Orientierungen gibt:

$$S_0 = R \ln 2 = 5,8 \; JK^{-1} mol^{-1}. \tag{135}$$

Die Entropiedifferenz beider Lagen beträgt somit 5,8 JK^{-1} mol^{-1} und ist von derselben Größenordnung wie die beobachtete. Solche Differenzen erklären auch die endliche Nullpunktentropie von glasartigen oder amorphen Festkörpern, die demnach als ungeordnet kristallisierte, feste Phasen angesprochen werden können. Versuche, derartige Entropiedifferenzen allein thermodynamisch zu erklären, schlagen fehl. Dies gilt aber nicht nur hier, sondern für alle thermodynamische Funktionen, da die Thermodynamik zwar die Zusammenhänge und die Änderungen dieser Größen zu deuten vermag, nicht aber die Eigenschaft selbst. Daß man beispielsweise glaubt, sich unter dem Begriff innere Energie mehr vorstellen zu können als unter dem Begriff Entropie, ist lediglich auf eine größere Vertrautheit mit dem Wort Energie und einer intuitiv vorgenommenen molekularen Interpretation zurückzuführen.

Abschließend soll noch einmal auf die thermodynamische Bestimmung der Entropie zurückgekommen werden. Bei konstantem Druck gilt für 1 mol Substanz:

$$S_T = \int_0^T \frac{C_p}{T} dT. \tag{136}$$

Ist C_p (T) von T = 0 an bekannt, so läßt sich die Integration entweder graphisch oder analytisch durchführen. Aufzupassen ist bei der Integration auf Phasenumwandlungen, die sich in einer sprunghaften C_p-Änderung äußern, und über die nicht hinwegintegriert werden darf. Die zugehörigen Umwandlungsentropien kann man aus den *latenten Umwandlungswärmen* erhalten,

$$\Delta S_{Umw} = \frac{\Delta H_{Umw}}{T_{Umw}}, \tag{137}$$

und müssen hinzuaddiert werden. Bei der abschnittweisen Integration, die sehr oft graphisch vollzogen wird, treten Integrale der Art

$$\int_{T_1}^{T_2} \frac{C_p}{T} dT = \int_{T_1}^{T_2} C_p \, d\ln T \tag{138}$$

auf (Bild 11.11). Da die Molwärmedaten gewöhnlich nur bis 15 K tabelliert sind, hat man diese außerdem bis T = 0 zu extrapolieren. Bild 11.12 vermittelt einen Eindruck über die Temperaturabhängigkeit von S, und zwar an Hand von N_2-Daten (vgl. auch Tabelle 11.7).

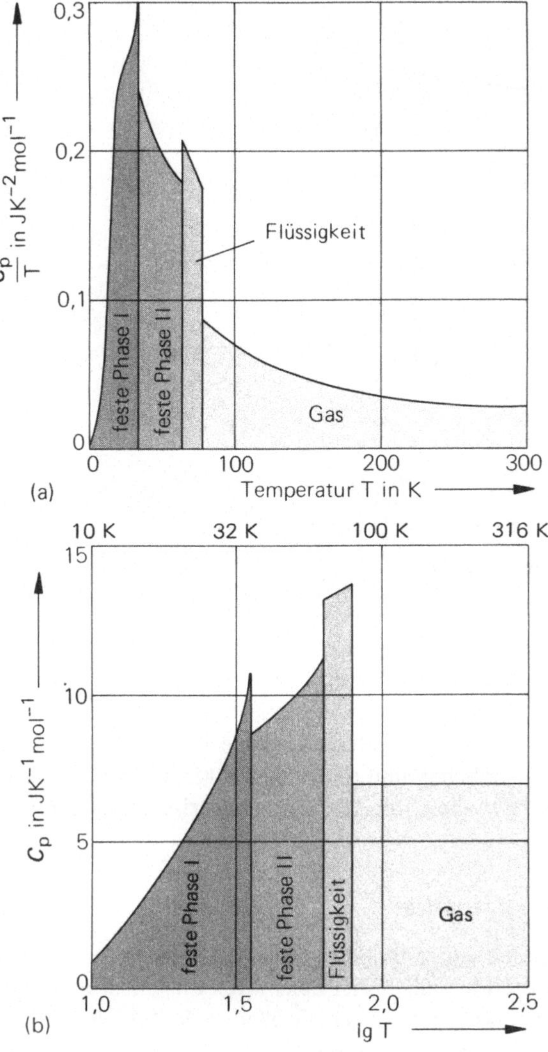

Bild 11.11
C_p/T, T- (a) und C_p, lg T-Darstellung (b) zur Berechnung der molaren Entropie eines chemischen Stoffes mit zwei festen Phasen

Tabelle 11.7: Standardentropie von N_2 (*W. F. Giauque, J. O. Clayton:* J. Am. Chem. Soc. 55 (1933) 4875)

0 bis 10 K (extrapoliert)	1,92
10 bis 35,61 K (graphisch integriert)	25,25
Umwandlung bei 35,61 K (Umwandlungswärme/Umwandlungstemperatur)	6,43
35,61 bis 63,14 K (graphisch integriert)	23,38
Schmelze bei 63,14 K (Schmelzwärme/Schmelztemperatur)	11,42
63,14 bis 77,32 K (graphisch integriert)	11,41
Verdampfung bei 77,32 K (Verdampfungswärme/Siedetemperatur)	72,13
77,32 bis 298,2 K (als ideales Gas berechnet)	39,20
Korrektur für nichtideales Verhalten	0,92
Summe: Standardentropie S°_{298}	192,06

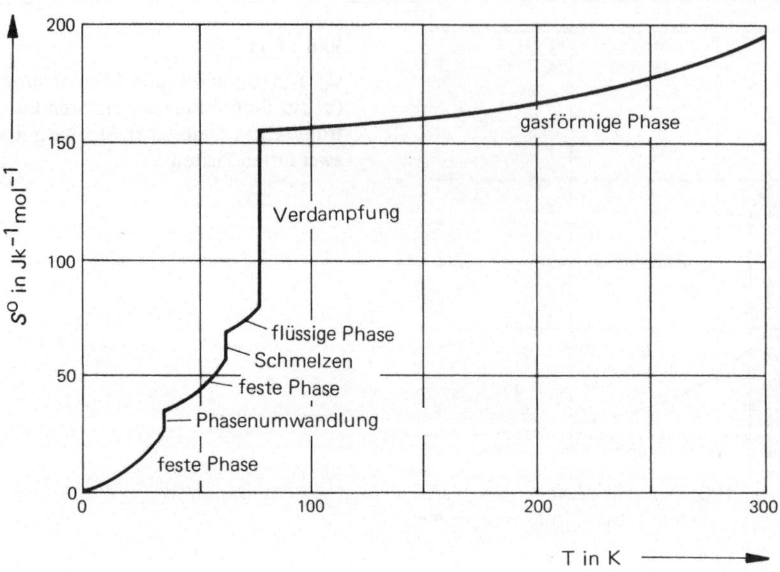

Bild 11.12 Temperaturabhängigkeit der Entropie von N_2

Die Entropien chemischer Stoffe sind immer positiv und werden gewöhnlich für den Standardzustand (25 °C und 1 atm) angegeben und tabelliert. Sie heißen *Standardentropien* (S^{o}_{298}). Den Chemiker interessieren ihre Daten aus zweierlei Gründen. Erstens können sie mit molekularen Entropien verglichen und interpretiert werden, und zweitens bilden sie gemeinsam mit den Enthalpiedaten die Grundlagen zur numerischen Berechnung chemischer Gleichgewichte (Kapitel 20).

11.9 Das thermodynamische Formelgebäude

Zum Abschluß dieses Kapitels sollen einige Bemerkungen zur Vielfalt der thermodynamischen Formeln nicht fehlen. Fassen wir alle bisher bekannten Zustandsfunktionen und Zustandsvariablen zusammen, so sind das insgesamt acht Größen: p, V, T, U, S, H, F, G. Die Zahl aller partiellen Ableitungen, die man mit diesen Größen bilden kann, beträgt $\binom{8}{3}3! = 8 \times 7 \times 6 = 336$, denn jede Ableitung enthält zwei unabhängige und eine abhängige Variable. Einige dieser partiellen Ableitungen sind bekannte Größen, wie z. B. die spezifischen Wärmen, doch ihre Mehrzahl ist uns nicht geläufig. Das ist in der thermodynamischen Praxis auch nicht notwendig. Zwischen jeweils vier Ableitungen und den acht genannten Größen existieren weitere Beziehungen und deren Zahl ist gigantisch groß. Da es 336 Ableitungen gibt, sind es insgesamt $336 \times 335 \times 334 \times 333/4! = 521631180$ separate Beziehungen. Kein anderer Zweig der Physik ist derart reich mit Formeln gesegnet und es liegt nahe, eine gewisse Systematik in dieses Formelgebäude hineinzubringen.

Von *Bridgeman* stammt ein Vorschlag, der alle Formeln, die erste Ableitungen beinhalten, klassifiziert. Seine Methode besteht darin, jede partielle Ableitung als Funktion von drei Standardableitungen auszudrücken. Bei diesen handelt es sich um die experimentell zugänglichen Größen $(\partial V/\partial T)_p = \alpha V^o$, $(\partial V/\partial p)_T = -\kappa V^o$ und $(\partial H/\partial T)_p = C_p$

Tabelle 11.8: Wichtige thermodynamische Beziehungen

$$\left(\frac{\partial S}{\partial T}\right)_p = \frac{C_p}{T}$$

$$\left(\frac{\partial U}{\partial T}\right)_p = C_p - p\left(\frac{\partial V}{\partial T}\right)_p$$

$$\left(\frac{\partial H}{\partial T}\right)_p = C_p$$

$$\left(\frac{\partial F}{\partial T}\right)_p = -p\left(\frac{\partial V}{\partial T}\right)_p - S$$

$$\left(\frac{\partial G}{\partial T}\right)_p = -S$$

$$\left(\frac{\partial V}{\partial T}\right)_p = \alpha V^0$$

$$\left(\frac{\partial V}{\partial p}\right)_T = -\kappa V^0$$

$$\left(\frac{\partial S}{\partial p}\right)_T = -\left(\frac{\partial V}{\partial T}\right)_p$$

$$\left(\frac{\partial U}{\partial p}\right)_T = -T\left(\frac{\partial V}{\partial T}\right)_p - p\left(\frac{\partial V}{\partial p}\right)_T$$

$$\left(\frac{\partial H}{\partial p}\right)_T = V - T\left(\frac{\partial V}{\partial T}\right)_p$$

$$\left(\frac{\partial F}{\partial p}\right)_T = -p\left(\frac{\partial V}{\partial p}\right)_T$$

$$\left(\frac{\partial G}{\partial p}\right)_T = V \qquad\qquad \left(\frac{\partial U}{\partial V}\right)_T = T\left(\frac{\partial p}{\partial T}\right)_V - p$$

$$\left(\frac{\partial p}{\partial T}\right)_S = \frac{C_p}{T\left(\frac{\partial V}{\partial T}\right)_p}$$

$$\left(\frac{\partial V}{\partial T}\right)_S = -\frac{\left(\frac{\partial V}{\partial p}\right)_T}{\left(\frac{\partial V}{\partial T}\right)_p}\,\frac{C_V}{T} = \frac{\left(\frac{\partial V}{\partial p}\right)_T}{\left(\frac{\partial V}{\partial T}\right)_p}\left[\frac{C_p}{T} + \frac{\left(\frac{\partial V}{\partial T}\right)_p^2}{\left(\frac{\partial V}{\partial p}\right)_T}\right]$$

$$\left(\frac{\partial U}{\partial T}\right)_S = -p\,\frac{\left(\frac{\partial V}{\partial p}\right)_T}{\left(\frac{\partial V}{\partial T}\right)_p}\,\frac{C_V}{T} = -p\,\frac{\left(\frac{\partial V}{\partial p}\right)_T}{\left(\frac{\partial V}{\partial T}\right)_p}\left[\frac{C_p}{T} + \frac{\left(\frac{\partial V}{\partial T}\right)_p^2}{\left(\frac{\partial V}{\partial P}\right)_T}\right]$$

$$\left(\frac{\partial H}{\partial T}\right)_S = \frac{VC_p}{T\left(\frac{\partial V}{\partial T}\right)_p}$$

$$\left(\frac{\partial F}{\partial T}\right)_S = -p\,\frac{\left(\frac{\partial V}{\partial p}\right)_T}{\left(\frac{\partial V}{\partial T}\right)_p}\,\frac{C_V}{T} - S$$

$$\qquad\quad = -p\,\frac{\left(\frac{\partial V}{\partial p}\right)_T}{\left(\frac{\partial V}{\partial T}\right)_p}\left[\frac{C_p}{T} + \frac{\left(\frac{\partial V}{\partial T}\right)_p^2}{\left(\frac{\partial V}{\partial p}\right)_T}\right] - S$$

$$\left(\frac{\partial G}{\partial T}\right)_S = \frac{VC_p}{T\left(\frac{\partial V}{\partial T}\right)_p} - S$$

$$\left(\frac{\partial p}{\partial T}\right)_V = -\frac{\left(\frac{\partial V}{\partial T}\right)_p}{\left(\frac{\partial V}{\partial p}\right)_T}$$

$$\left(\frac{\partial H}{\partial T}\right)_V = C_V - V\frac{\left(\frac{\partial V}{\partial T}\right)_p}{\left(\frac{\partial V}{\partial p}\right)_T} = C_p + T\frac{\left(\frac{\partial V}{\partial T}\right)_p^2}{\left(\frac{\partial V}{\partial p}\right)_T} - V\frac{\left(\frac{\partial V}{\partial T}\right)_p}{\left(\frac{\partial V}{\partial p}\right)_T}$$

$$\left(\frac{\partial S}{\partial T}\right)_V = \frac{C_V}{T} = \frac{C_p}{T} + \frac{\left(\frac{\partial V}{\partial T}\right)_p^2}{\left(\frac{\partial V}{\partial p}\right)_T}$$

$$\left(\frac{\partial F}{\partial T}\right)_V = -S$$

$$\left(\frac{\partial U}{\partial T}\right)_V = C_V = C_p + T\frac{\left(\frac{\partial V}{\partial T}\right)_p^2}{\left(\frac{\partial V}{\partial p}\right)_T}$$

$$\left(\frac{\partial G}{\partial T}\right)_V = -S - V\frac{\left(\frac{\partial V}{\partial T}\right)_p}{\left(\frac{\partial V}{\partial p}\right)_T}$$

(Ausdehnungskoeffizient, Kompressibilität und spezifische Wärme). Unsere Aufgabe besteht nun darin, alle 336 Ableitungen außer diesen drei aufzufinden. Diese Aufgabe läßt sich mit Hilfe von

$$\left(\frac{\partial x}{\partial y}\right)_z = \frac{\left(\dfrac{\partial x}{\partial u}\right)_z}{\left(\dfrac{\partial y}{\partial u}\right)_z} \tag{139}$$

bewältigen. u, x, y, z sind jeweils vier der acht Grundgrößen. Um alle Formeln zwischen $(\partial x/\partial y)_z$ und den Standardableitungen für ein y zu finden, brauchen wir nur x durchzuvariieren. Schreiben wir z. B. alle Ableitungen nach der Temperatur T bei konstantem Druck auf diese Weise an, so kommen wir zu den am Anfang der Tabelle 11.8 aufgelisteten Formeln. Die restlichen können nach demselben Muster entwickelt werden, doch wurden in der Tabelle 11.8 nur die wichtigsten, nämlich die vom Typ $(\partial x/\partial T)_p$, $(\partial x/\partial p)_T$, $(\partial x/\partial T)_S$ und $(\partial x/\partial T)_V$ aufgenommen.

Rechenbeispiele

1. 1 mol Gas wird reversibel vom Anfangsdruck 10 atm auf den Enddruck 0,4 atm entspannt und dabei die Temperatur 0 °C konstant gehalten.
   a) Wie groß ist die Arbeit, die das Gas bei der Expansion leistet?
   b) Wie ändert sich dabei seine innere Energie und Enthalpie?
   c) Wieviel Wärme wird dabei aus der Umgebung aufgenommen?

2. Wie lauten die Ergebnisse, wenn bei derselben Expansion wie in Beispiel 1 die Temperatur bei 25 °C konstant gehalten wird?

3. In einem Zylinder befindet sich 1 mol flüssiges Wasser (1 atm). Wie groß ist die Volumenarbeit, die bei der Verdampfung bei 100 °C (1 atm) vom Wasserdampf geleistet werden muß? Wie groß ist die innere Energie- und Enthalpieänderung, wenn die Verdampfungswärme 40670 Jmol^{-1} beträgt?

4. 0,3 mol CO werden bei konstantem Druck (10 atm) von 0 auf 250 °C erwärmt. Die Temperaturabhängigkeit von C_p (CO) ist gegeben (Tabelle 11.1). Berechnen Sie q, w, ΔU und ΔH unter der Annahme, daß sich CO wie ein ideales Gas verhält.

5. Ein Ballon, der bei 20 °C und 1 atm ein Volumen von 500 m^3 einnimmt, wird mit Helium aus einer Bombe (409 atm) gefüllt. Berechnen Sie für diese Füllung q, w, ΔH und ΔH.

6. Die Molwärme C_p von CO_2 ist gegeben (Tabelle 11.1). Wie groß ist die Änderung der inneren Energie und Enthalpie bei einer Erwärmung von 100 auf 500 °C, wenn dabei der Druck 0,1 atm konstant gehalten wird?

7. Berechnen Sie q, w und ΔH für die Erwärmung von 3,45 g flüssigem CCl_4 von 0 auf 25 °C bei 1 atm. Der thermische Ausdehnungskoeffizient beträgt 0,00118 K^{-1}, die Dichte 1,595 kgdm^{-3} bei 20 °C und C_p 129 JK^{-1} mol^{-1}.

8. Gasförmiger Wasserstoff wird adiabatisch und reversibel expandiert. Ausgangszustand: V = 1,43 dm^3, p = 3 atm, T = 298 K; Endzustand: V = 2,86 dm^3. Die Molwärme des Wasserstoffs beträgt 28,8 JK^{-1} mol^{-1}. Berechnen Sie den Druck und die Temperatur des Endzustandes, sowie q, w, ΔU und ΔH.

9. Gasförmiger Stickstoff wird adiabatisch und reversibel von 1 dm^3 bei 0 °C und 1 atm auf 2 dm^3 expandiert. C_V bzw. C_p sollen dabei konstant sein und betragen 20,8 bzw. 29,1 JK^{-1} mol^{-1}. Wie groß sind der Enddruck und die Endtemperatur sowie q, w, ΔU und ΔH?

10. $1\,l$ Luft (mittlere Molmasse 28,2, $C_V = 5/2\,R$, $C_p = 7/2\,R$) wird mit einer Wärmemenge von 40 J erhitzt. Wie groß ist das Endvolumen, wenn dabei der Druck 1 atm konstant gehalten wird? Wie groß ist der Enddruck, wenn das Volumen konstant gehalten wird?

11. In einem Raumschiff entsteht ein Leck und es entweicht plötzlich soviel Luft, daß der Druck von 1 atm auf die Hälfte absinkt. Wie groß ist die dadurch im Raumschiff auftretende Temperaturänderung?

12. Zeichnen Sie in ein p, V-Diagramm die folgenden isothermen und adiabatischen Änderungen (1 mol Gas von 1 atm bei 400 K auf 0,1 atm) ein:

    a) isotherme Expansion eines idealen Gases,
    b) adiabatische Expansion von Benzoldampf ($C_V = 73,36$ und $C_p = 81,67\ \mathrm{JK^{-1}\ mol^{-1}}$),
    c) adiabatische Expansion von Argon ($C_V = 12,48$ und $C_p = 20,79\ \mathrm{JK^{-1}\ mol^{-1}}$).

13. Wie groß ist ΔH bei der Erwärmung von 1 mol N_2 bzw. He in einem $1\,l$-Behälter von -20 auf $20\,^{\circ}\mathrm{C}$ ($C_p\,(N_2) = 29,12$ und C_p (He) $= 20,79\ \mathrm{JK^{-1}\ mol^{-1}}$)?

14. Der Wert für C_p/C_V von Methan, das sich bei Zimmertemperatur und bei Drücken unter 1 atm ideal verhält, beläuft sich auf 1,31. Durch eine reversible, adiabatische Expansion von 3 $\mathrm{dm^3}$ Methan bei $100\,^{\circ}\mathrm{C}$ wird der Druck von 1 atm auf 0,1 atm gesenkt. Wie groß sind das Volumen und die Temperatur nach der Expansion, sowie die Volumenarbeit.

15. Die Moleküle eines „künstlichen" Gases besitzen ein Termschema, das aus einem nicht entarteten Grundzustand und einem angeregten Zustand (Energieabstand kT bei 100 K) besteht. Der angeregte Zustand sei a) 1-fach, b) 3-fach, c) 10-fach entartet. Berechnen Sie für alle drei Fälle die Molwärme und zeichnen Sie ihre Temperaturabhängigkeit von 0 bis 100 K in einem Diagramm ein.

16. Berechnen Sie die thermische Energie sowie die Molwärme von Cl_2 bei $25\,^{\circ}\mathrm{C}$ und $100\,^{\circ}\mathrm{C}$ unter der Annahme, daß sich Cl_2 in diesem Temperaturbereich bei 1 atm ideal verhält. Benutzen Sie zur statistischen Berechnung den Schwingungstermabstand $h\nu_0 = 1,1 \cdot 10^{-20}$ J.

17. Bestimmen Sie die Temperaturabhängigkeit der Cl_2-Molwärme und vergleichen Sie diese mit der in Tabelle 11.1. Verwenden Sie die berechnete Abhängigkeit zur Ermittlung von ΔU, ΔH, w und q für die Erwärmung von 1/3 mol Cl_2 von 100 auf $500\,^{\circ}\mathrm{C}$ bei 1 atm.

18. Im Rechenbeispiel 10.6 wurde nach der elektronischen Zustandssumme von J (g) gefragt. Berechnen Sie mit dieser den Beitrag zur gesamten thermischen Energie und zur gesamten Molwärme bei 298 K bzw. 1000 K.

19. Der Schwingungstermabstand ($\bar{\nu}_0$) von N_2 beträgt 2320 $\mathrm{cm^{-1}}$. Berechnen Sie $C_p\,(N_2)$ bei 300, 500 und 1000 K.

20. Die Schwingungstermabstände von gasförmigem F_2, Cl_2, Br_2 und J_2 betragen 894, 554, 322 und 213 $\mathrm{cm^{-1}}$. Wie groß sind die einzelnen Beiträge zu C_p bei 298 K, die man aus Bild 11.4 abliest?

21. Die Molwärme von Methan bei 298 K beträgt $C_p = 35,71$ und die von CCl_4 3,51 $\mathrm{JK^{-1}\ mol^{-1}}$ (1 atm). Wie groß sind die einzelnen Schwingungsbeiträge und Termabstände, wenn man Bild 11.4 zu Hilfe nimmt.

Kapitel 12
Reale Gase

Nachdem in den beiden ersten Kapiteln dieses Bandes die statistische und die thermodynamische Beschreibung der Materie am idealen Gas vorgestellt wurden, können wir uns der Behandlung realer Systeme zuwenden. Wir werden in diesem Kapitel reale Gase untersuchen, die sich von den idealen durch die Existenz zwischenmolekularer Wechselwirkungen unterscheiden. Genau genommen ist das ideale Gas nur der Grenzfall des realen, da eine gegenseitige Molekülanziehung fast immer vorhanden ist. Er wird durch das ideale Gasgesetz $pV = nRT$ als Zustandsgleichung beschrieben. Im realen Fall gibt es davon Abweichungen, besonders bei hohen Drücken und niederen Temperaturen.

In Ermangelung exakter Theorien für die zwischenmolekularen Wechselwirkungen läßt sich das reale Gasverhalten nur unzureichend beschreiben. Die einfachste Vorgangsweise besteht im Aufstellen einer empirischen Zustandsgleichung $pV/nRT = 1 + Bp + Cp^2 + ...$ und einer Anpassung der sogenannten Virialkoeffizienten B, C, usw. Solche Anpassungen sind aber nichtssagend, wenn sich ihre Koeffizienten nicht physikalisch interpretieren lassen. Es gibt zwei Möglichkeiten der Interpretation: Die erste und simpelste beruht auf der bekannten van der Waalsschen Zustandsgleichung. Diese geht aber doch so weit, daß unter Heranziehung der kritischen Daten eine einzige Zustandsgleichung für alle realen Gase postuliert werden kann (Theorem der übereinstimmenden Zustände). Die zweite Möglichkeit bedient sich statistischer Mittel. Man nimmt dazu eine Wechselwirkungsenergie zwischen je zwei Molekülen an (potentielle Energie) und addiert sie zur Translationsenergie (kinetische Energie). Mit der Gesamtenergie wird dann, wenn auch nur näherungsweise, die Systemzustandssumme und aus ihr die freie Energie berechnet. Deren Ableitung nach dem Volumen liefert schließlich eine theoretische Zustandsgleichung. Vergleicht man diese mit der empirischen Reihenentwicklung, so gewinnt man durch Koeffizientenvergleich die Virialkoeffizienten. Ist die Paarwechselwirkungsenergie bekannt, lassen sich diese sogar absolut ermitteln. Thermodynamische Auswirkungen der Molekülanziehung sind u. a. eine Abweichung der Molwärmedifferenz $C_p - C_V$ vom Betrag R sowie die Existenz eines endlichen Joule-Thomsonkoeffizienten $(\partial T/\partial p)_H$. Denn die innere Energie bzw. Enthalpie realer Gase ist volumen- bzw. druckabhängig. Dies hat natürlich auch Folgen auf die freie Enthalpie und ganz besonders auf ihre Druckabhängigkeit. Um das thermodynamische Formelgebäude zu retten, wird das Fugazitätskonzept als Näherung eingeführt.

12.1 Das reale Verhalten der Gase

Rein empirisch stellt man fest, daß die Gase bei tiefen Temperaturen und hohen Drücken das ideale Gasgesetz $pV = nRT$ nicht befolgen. Wir kennen zwar den Grund dafür, es sind zwischenmolekulare Wechselwirkungsenergien und wir wollen uns auch später um eine physikalisch genauere Vorstellung bemühen, doch kommen wir nicht umhin, zuerst einige empirische Daten und Phänomene zur Kenntnis zu nehmen.

Verhält sich ein Gas ideal, dann ist das Verhältnis pV/nRT gleich 1 und sonst abweichend von 1 (Bild 12.1). Wie man aus Bild 12.1 ebenfalls erkennt, ist es druck- und temperaturabhängig. Wir können deshalb versuchen, pV/nRT (auch *Realfaktor* z oder *Virial* genannt) durch

$$\frac{pV}{nRT} = 1 + B(T)\,p + C(T)\,p^2 + \dots \quad (1)$$

oder durch

$$\frac{pV}{nRT} = 1 + B(T)\left(\frac{n}{V}\right) + C(T)\left(\frac{n}{V}\right)^2 + \dots \quad (2)$$

darzustellen, um eine Erweiterung des idealen Gasgesetzes zu bekommen. Gl. (1) bzw. Gl. (2) ist zugleich eine empirische Zustandsgleichung und wird *Virialgleichung* genannt. B(T), C(T), usw. heißen *zweiter*, *dritter*, usw. *Virialkoeffizient* und sind gasspezifisch. Es können prinzipiell auch ganz andere Zustandsgleichungen verwendet werden, sie müssen nur den Zustand (Volumen) eines Gases eindeutig als Funktion von Druck und Temperatur beschreiben.

Eine Zustandsgleichung läßt sich graphisch nur durch eine gekrümmte Fläche (*Zustandsdiagramm*) darstellen, denn Gleichungen mit V = V(p, T) oder p = p(V, T) verkörpern in einem dreidimensionalem Raum mit den Koordinaten p, V, T gekrümmte Flächen. Zur Illustration ist in Bild 12.2 die pVT-Fläche eines Stoffes schematisch wiedergegeben. Senkrechte Schnitte durch diese Fläche bei

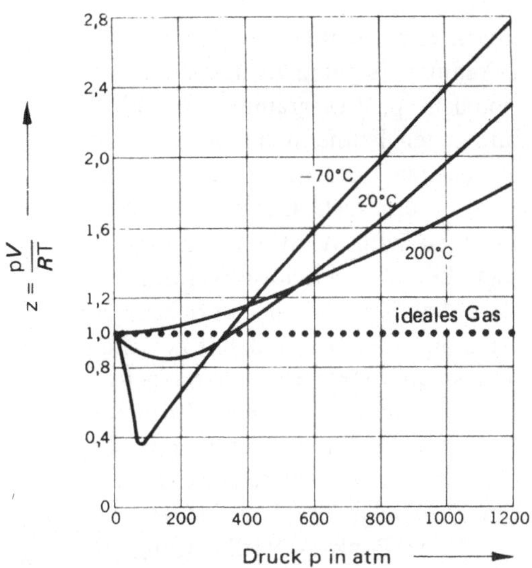

Bild 12.1 Druckabhängigkeit des Realfaktors von Methan bei verschiedenen Temperaturen (*H. M. Kvalnes, V. L. Gaddy*: J. Am. Chem. Soc. 53 (1931) 394)

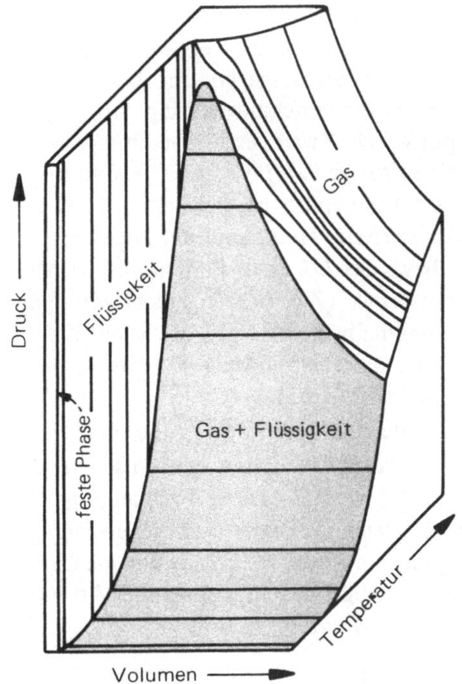

Bild 12.2 Die pVT-Fläche (Zustandsdiagramm) eines chemischen Stoffes (Zweiphasengebiet gerastert, Einphasengebiete ungerastert)

konstanter Temperatur liefern die
bekannten Isothermen im zweidimensionalen p, V-Diagramm (Bild 12.3).
Mit diesen Isothermen wollen wir uns
eingehender beschäftigen, denn sie
bringen das reale Gasverhalten recht
drastisch zum Ausdruck. Anders gesagt: Eine Kondensation von Gas bzw.
Dampf zu einer Flüssigkeit oder einem
Festkörper kann es nur mit zwischenmolekularen Wechselwirkungen geben.

Betrachten wir eine Isotherme
bei niederen Temperaturen, z. B. die,
bei der durch Volumenverkleinerung
(im p, V-Diagramm von rechts kom-
mend) im Punkt A Verflüssigung eintritt. Nach Erreichen des Punktes A
kondensiert das Gas solange bei

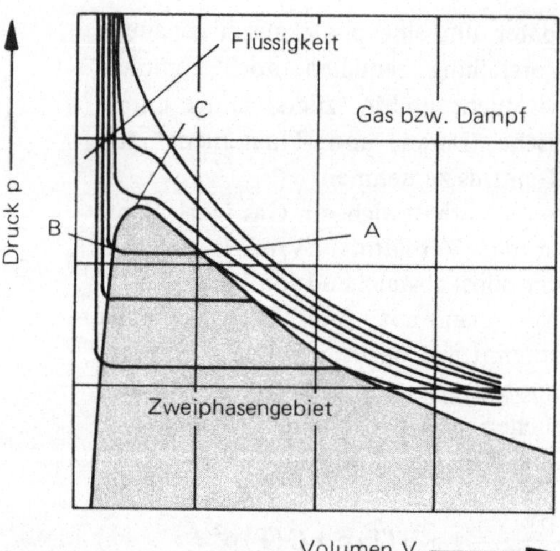

Bild 12.3 Die Isothermen eines realen Gases im
p, V-Diagramm

konstantem Druck, bis alles verflüssigt ist. Der während der Phasenumwandlung konstant
bleibende Druck entspricht dem Dampfdruck der Flüssigkeit. Nach Beendigung der Verflüssigung im Punkt B gelingt eine weitere Volumenverkleinerung nur mit Mühe, d. h. mit
hoher Druckanwendung. (Flüssigkeiten lassen sich wie Festkörper bekanntlich schwer zusammendrücken.) Dieses Verhalten äußert sich in dem sehr steilen Anstieg der Isothermen.
Untersuchen wir hingegen eine Isotherme, die über dem Punkt C liegt, dann kommt es
trotz höchster Druckanwendung zu keiner Verflüssigung. Die Isotherme, die im Punkt C
die punktierte Kurve gerade berührt, wird *kritische Isotherme* genannt. Ihre Temperatur
ist die *kritische Temperatur* (T_k), und in der Praxis deshalb von Bedeutung, weil sie die
höchste Temperatur ist, bei der ein Gas noch verflüssigt werden kann. Der Wendepunkt C
ist der *kritische Punkt* und der zugehörige Druck bzw. das Volumen der *kritische Druck*
(p_k) bzw. das *kritische Volumen* (V_k). Die in Bild 12.3 gerasterte Fläche stellt das *Ko-
existenzgebiet* (Zweiphasengebiet) von Flüssigkeit und Gas (bzw. *Dampf*) eines Stoffes
dar. Innerhalb dieses Gebietes liegen nämlich gleichzeitig *zwei* Phasen (Flüssigkeit und
Gas) vor, außerhalb jeweils nur *eine* Phase: rechts davon Gas und links davon Flüssigkeit
(vgl. Abschnitt 16.1).

Untersucht man den Isothermenverlauf sehr vieler Gase näher, so stellt man immer
wieder fest: Sie verhalten sich umso idealer, je weiter entfernt vom kritischen Punkt sie
beobachtet werden. Diese Feststellung läßt umgekehrt vermuten, daß es eine einzige
Zustandsgleichung realer Gase geben muß, wenn man diese mit Hilfe der kritischen Daten
auf geeignete Weise reduziert. Wir machen dazu folgenden Gedankenversuch und führen
in die jeweilige Zustandsgleichung $V = V(p, T)$ von verschiedenen Gasen das zugehörige
reduzierte Volumen

$$V_r = \frac{V}{V_k}, \tag{3}$$

den *reduzierten Druck*

$$p_r = \frac{p}{p_k} \tag{4}$$

und die *reduzierte Temperatur*

$$T_r = \frac{T}{T_k} \tag{5}$$

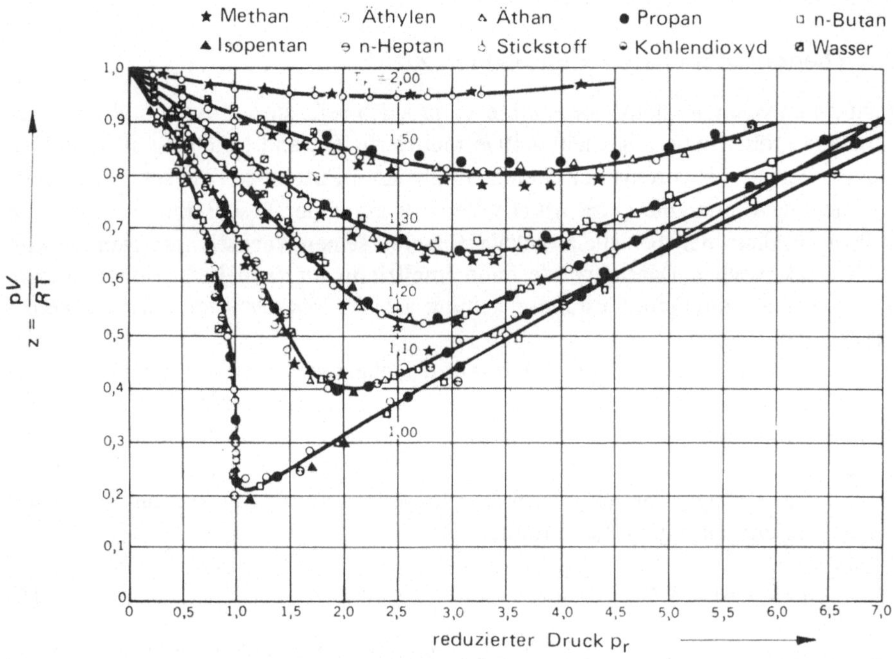

Bild 12.4 Abhängigkeit des Realfaktors z vom reduzierten Druck p_r von einigen Gasen bei verschiedenen reduzierten Temperaturen T_r (*Goup-Jen Su:* Ind. Eng. Chem. 38 (1946) 803)

Tabelle 12.1:

Kritische Daten einiger Gase

Gas	p_k atm	V_k dm³ mol⁻¹	T_k K
N_2	33,5	0,090	126,0
O_2	49,7	0,074	154,4
CO	35,0	0,094	134,4
CO_2	72,8	0,095	304,3
NH_3	112,2	0,072	405,6
H_2O	217,7	0,056	647,2
CH_4	45,6	0,099	190,2
Ar	48,0	0,077	150,7
H_2	12,8	0,070	33,3
He	2,26	0,062	5,3
$n-C_5H_{12}$	33,0	0,310	470,3
CH_3OH	78,5	0,118	513,1
C_6H_6	47,9	0,256	561,6

ein. Sind die kritischen Daten V_k, p_k und T_k der Gase bekannt, so müßte eine derartige Normierung für alle realen Gase zum selben Endergebnis führen. Ob sich die Normierung lohnt, läßt sich allerdings nur an Hand von experimentellen Daten überprüfen. Ein entsprechender Test ist in Bild 12.4 graphisch dargestellt. In diesem Bild wurden die Werte von pV/RT gegen den reduzierten Druck p_k in Form von Isothermen (T_k) eingetragen. Da die von 10 verschiedenen Gasen stammenden Werte ganz gut auf den Isothermen liegen, können wir mit Recht vermuten, daß es eine (wie das ideale Gasgesetz) einzige reduzierte Zustandsgleichung für alle Gase geben sollte.

12.2 Das Theorem der übereinstimmenden Zustände

Nach den letzten Ausführungen sollte es möglich sein, durch das Einführen reduzierter Zustandsgrößen eine allgemein gültige reduzierte Zustandsgleichung aufzustellen. Dies ist der Inhalt des Theorems der übereinstimmenden Zustände. Eine solche generelle Zustandsgleichung würde eine beträchtliche Vereinfachung der Beschreibung realer Gase mit sich bringen, denn der spezielle Molekülaufbau mit seinen Wechselwirkungen (verkörpert durch die kritischen Daten) würde dann implizit in ihr enthalten sein. In diesem Abschnitt soll eine reduzierte Zustandsgleichung aus der *van der Waalsschen Gleichung* abgeleitet werden.

Wie schon in Abschnitt 1.8 mitgeteilt wurde, gelang *van der Waals* eine erste Interpretation des realen Gasverhaltens dadurch, daß er am idealen Gasgesetz zwei Korrekturen anbrachte. Die erste betrifft das Gasvolumen V und stellt in Rechnung, daß die Gasmoleküle ein effektives Eigenvolumen b besitzen, das von V abgezogen werden muß. Die zweite berücksichtigt, daß ein reales Gas wegen seiner Wechselwirkung einen um a/V^2 geringeren Druck als ein ideales ausübt:

$$\left(p + \frac{a}{V^2}\right)(V - b) = RT \tag{6}$$

R, a und b sind, obwohl sie mit der Molekülgröße zusammenhängen, undefinierte Parameter und müssen für ein spezielles Gas seinen pVT-Daten angepaßt werden. Diese Parameter können aber andererseits durch die kritischen Daten eines Gases ausgedrückt werden. Auf welche Weise, soll im folgenden gezeigt werden.

Auf Grund ihrer mathematischen Form besitzt die van der Waalssche Zustandsgleichung (6) bei konstanter Temperatur zwei Extremwerte, da sie analytisch eine Gleichung dritten Grades vorstellt. Für die Spezialfall der kritischen Temperatur existiert eine horizontale Wendetangente, weil dort alle drei Wurzeln zusammenfallen. Die Daten dieses Wendepunktes, sie sind mit den kritischen Daten identisch, lassen sich wie folgt mit den Parametern R, a und b verknüpfen. Gl. (6) kann durch Umformen auf die explizite Form p = p (V) gebracht werden:

$$p = \frac{RT}{(V - b)} - \frac{a}{V^2} \tag{7}$$

Um den Wendepunkt der Funktion p (V) zu finden, hat man die erste und die zweite Ableitung nach V zu bilden:

$$\frac{dp}{dV} = -\frac{RT}{(V - b)^2} + \frac{2a}{V^3}, \tag{8}$$

$$\frac{d^2 p}{dV^2} = \frac{2RT}{(V-b)^3} - \frac{6a}{V^4}. \tag{9}$$

Am kritischen Punkt sind beide Ableitungen Null:

$$p_k = \frac{RT_k}{V_k - b} - \frac{a}{V_k^2}, \tag{10}$$

$$0 = -\frac{RT_k}{(V_k - b)^2} + \frac{2a}{V_k^3}, \tag{11}$$

$$0 = \frac{2RT_k}{(V_k - b)^3} - \frac{6a}{V_k^4}. \tag{12}$$

Diese drei Gleichungen können nach a, b und R aufgelöst werden und ergeben:

$$a = 3p_k V_k^2,$$

$$b = \frac{1}{3} V_k, \tag{13}$$

$$R = \frac{8p_k V_k}{3T_k}.$$

Führt man mit den Ausdrücken (13) eine Substitution in Gl. (6) durch, so treten in ihr Terme der Art p/p_k, T/T_k und V/V_k auf, die mit den in Abschnitt 12.1 definierten reduzierten Variablen p_r, T_r und mit dem reduzierten Molvolumen V_r übereinstimmen. Mit ihnen lautet dann die *reduzierte Zustandsgleichung:*

$$\left(p_r + \frac{3}{V_r^2}\right)\left(V_r - \frac{1}{3}\right) = \frac{8}{3} T_r. \tag{14}$$

In dieser Form genügt die van der Waalssche Gleichung vollkommen dem Theorem. Sie besitzt keine individuellen Konstanten mehr, was besagt, daß sie das Verhalten aller Gase gleich gut beschreiben sollte.

12.3 Das van der Waalsgas

In Bild 12.5 wurden einige der mit der van der Waalsgleichung (6) berechenbaren Isothermen graphisch dargestellt. Vergleichen wir sie mit den tatsächlichen Isothermen in Bild 12.3, so scheint auf den ersten Blick nur wenig übereinzustimmen: Es gibt Maxima und Minima und auch negative Drücke. Untersuchen wir jedoch das durch Bild 12.5 definierte *van der Waalsgas* näher, so lassen sich die Ungereimtheiten ausmerzen. Wir stellen

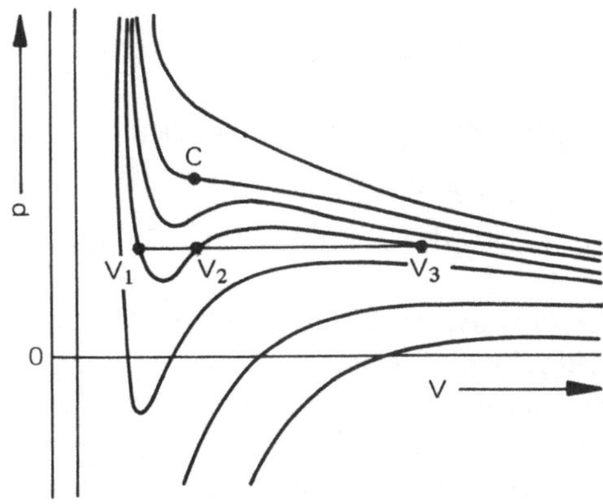

Bild 12.5 Isothermen eines van der Waalsgases

dazu die Frage, wie es sich mit den drei Volumina V_1, V_2 und V_3 verhält, die es zu einem bestimmten Druck auf einer Isothermen $T < T_k$ gibt. Es kann ja in Wirklichkeit nur ein einziges Volumen bei einem bestimmten Druck und einer bestimmten Temperatur geben, wenn es sich um eine einzige Phase (Gas oder Flüssigkeit) handelt. Die freie Enthalpie gibt uns darauf eine Antwort: Stabil ist derjenige Zustand, der die kleinste freie Energie bzw. Enthalpie besitzt. Befindet sich der betrachtete Stoff in einem Zustand mit einer höheren freien Enthalpie, so geht er freiwillig in den energetisch minimalen über (Umwandlung). Eine Umwandlung bedeutet also einen Übergang von einem Nicht-gleichgewichts- in den Gleichgewichtszustand. Ob nun die Existenz mehrerer Volumina bei einem Druck mit der Realität verträglich ist oder ob die van der Waalssche Zustands-gleichung entsprechend zu modifizieren ist, soll in diesem Abschnitt untersucht werden.

Um die molare freie Enthalpie eines Stoffes als Funktion des Druckes entlang einer van der Waalsisotherme zu ermitteln, hätten wir nach Gl. (108) aus Abschnitt 11.6 die Integration von

$$dG = \int_p V \, dp \tag{15}$$

mit der van der Waalsschen Zustandsgleichung $V = V(p)$ durchzuführen. Da wir aber V nicht explizit als Funktion von p ausdrücken können, gehen wir einen Umweg über die freie Energie, die über pV mit der freien Enthalpie eindeutig zusammenhängt ($G = F + pV$). Da analog zu Gl. (15) bei konstanter Temperatur

$$dF = -\int_V p \, dV \tag{16}$$

gilt, können wir die van der Waalssche Zustandsgleichung $p = p(V)$ (Gl. 7)) direkt ein-setzen und integrieren:

$$F = -\int_V \left[\frac{RT}{(V-b)} - \frac{a}{V^2} \right] dV + \text{const}$$

$$= -RT \ln(V-b) - \frac{a}{V} + \text{const} . \tag{17}$$

Für die freie Enthalpie G folgt damit

$$G = F + pV$$
$$= pV - RT \ln(V-b) - \frac{a}{V} + \text{const} . \tag{18}$$

Gl. (18) beschreibt leider nur die Volumenabhängigkeit und nicht die gesuchte Druckab-hängigkeit. Da eine einfache analytische Umformung nicht möglich ist, müssen wir diese auf numerischem Weg durchführen. Mit Hilfe von Gl. (18) lassen sich bis auf die Integra-tionskonstante G-Werte für verschiedene Volumina berechnen und diese an Hand des p, V-Diagrammes (Bild 11.5) den zugehörigen Drücken zuordnen. Tragen wir dann die G-Werte in Abhängigkeit von p in einem Diagramm ein, so erhalten wir eine $G(p)$-Dar-stellung wie in Bild 12.6.

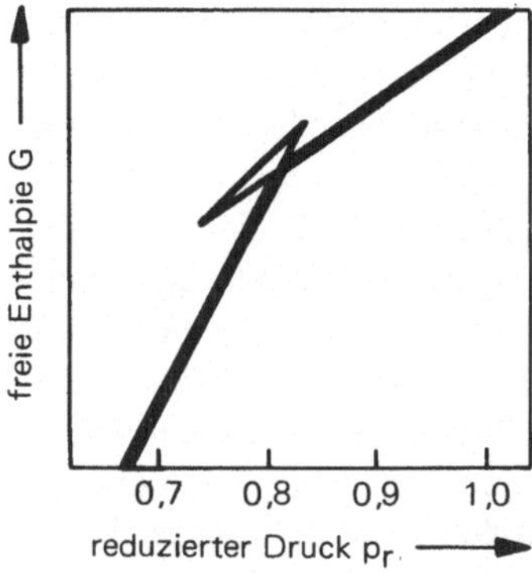

Bild 12.6

Die freie Enthalpie eines van der Waalsgases als Funktion des reduzierten Druckes bei der konstanten Temperatur $0,95\ T_k$ (nach *J. C. Slater:* Introduction to Chemical Physics, McGraw Hill Book Co., N.Y., 1963)

In dem speziellen Fall von Bild 12.6 wurde die Temperatur $T = 0,95\ T_k$ gewählt und G in willkürlichen Einheiten gegen den reduzierten Druck p_r aufgetragen. Man erkennt, daß im Bereich von $p_r = 0,75$ bis $0,85$ drei G-Werte zu einem Druck existieren. Der niedrigste dieser drei Werte entspricht dem stabilen Zustand des Systems und liegt immer auf der dick ausgezogenen Kurve. Diese setzt sich aus einem Ast bei niederem und einem zweiten Ast bei höheren Drücken zusammen. Beide Äste schneiden sich bei $p_r = 0,82$. Wegen $(\partial G/\partial p)_T = V$ repräsentiert ihre Steigung das molare Systemvolumen. Zustände auf dem ersten Ast gehören zu einem größeren und auf dem zweiten zu einem kleineren Volumen. Stabile Zustände auf einer Isothermen in Bild 12.5 gibt es also bei niederen Drücken nur bis zum Druck $p = 0,82\ p_k$ und bei höheren nur über $p = 0,82\ p_k$. Der Isothermenbereich dazwischen ist *thermodynamisch instabil.* Dies läßt sich besonders schön aus der Schleife in Bild 12.6 herauslesen. All ihre Zustände haben eine höhere freie Enthalpie als die Zustände auf den beiden Kurvenästen. Da zum Schnittpunkt nur ein freier Enthalpiewert gehört, haben wir die van der Waalsisothermen in Bild 12.5 so abzuändern, daß zwischen V_1 und V_3 eine horizontale Linie beim Druck $p = 0,82\ p_k$ entsteht. Wegen der Diskontinuität im freien Enthalpieschnittpunkt existiert dort kein definiertes Volumen: Es ändert sich von V_1 zu V_3. Da V_1 das Volumen der Flüssigkeit und V_3 das Volumen des Gases verkörpert, beschreibt der Übergang $V_1 \rightarrow V_3$ eine *Phasenumwandlung,* exakter die Verdampfung. Kommt man umgekehrt vom Gaszustand, so beschreibt $V_3 \rightarrow V_1$ die Verflüssigung. Beide Vorgänge gehen bei konstanter freier Systementhalpie vor sich und es gibt dort deshalb zwei Phasen (*Zweiphasengebiet*).

All diese theoretischen Erkenntnisse befinden sich in voller Übereinstimmung mit dem experimentellen Befund, was wir durch einen Vergleich mit dem Zweiphasengebiet in Bild 12.3 bestätigen können. Die reellen Isothermen im Zweiphasengebiet sind ebenfalls horizontale, Volumen-undefinierte Linien. Sie gehen mit zunehmender Temperatur in den kritischen Punkt über. In Bild 12.6 bedeutet dies ein Kleinerwerden der G-Schleife, bis diese schließlich ganz verschwindet. Beim Überschreiten des kritischen Punktes verschwindet die bis dahin vorhandene Diskontinuität und die beiden Kurvenäste gehen in eine einzige, stetig ansteigende Kurve über.

12.4 Statistische Behandlung realer Gase

Da das im letzten Abschnitt benutzte van der Waalsgas theoretisch nur auf sehr schwachen Beinen steht, kann es den realen Gaszustand und die Vorgänge im Zweiphasengebiet Flüssigkeit-Dampf nur in prinzipieller Weise, nicht aber in absoluter beschreiben. Das leuchtet ein, denn eine grundsätzliche Erklärung ist nur durch eine physikalische Deutung der van der Waalskoeffizienten erreichbar. Die statistische Mechanik vermag eine solche Deutung zu liefern.

Wie in diesem Abschnitt gezeigt werden soll, ist die Statistik in der Lage, den zweiten Virialkoeffizienten, den man durch eine Entwicklung der van der Waalsgleichung erhält, exakt herzuleiten. Sie führt dabei die Parameter a und b auf Ausdrücke zurück, die nur mehr die potentielle Wechselwirkungsenergie enthalten. Würde man diese exakt kennen, von dieser Problematik wird im Kapitel über Flüssigkeiten noch ausführlich gesprochen werden, ließen sich die Parameter absolut berechnen. Über das Vorgehen bei der statistischen Berechnung von makroskopischen Größen wurde in Kapitel 10 berichtet. Zentrales Problem ist immer die Berechnung der Systemzustandssumme, weil ihr Logarithmus direkt die freie Systemenergie bzw. -enthalpie liefert. So auch hier. Die Berechnung wird zwar durch die zusätzliche potentielle Energie erschwert, läßt sich jedoch in den bereits bekannten *kinetischen* Teil (ideale Gas-Zustandssumme) und in einen *potentiellen* (Konfigurationszustandssumme) aufspalten. Die Berechnungsschwierigkeiten betreffen den zweiten Teil, der aber durch das Einschränken auf Paarwechselwirkungen näherungsweise lösbar wird.

Aus atomarer Sicht besteht ein reales Gas aus Molekülen, die kinetische Energie der Translation, Rotation, Schwingung und Elektronenanregung sowie potentielle Energie durch gegenseitige Anziehung besitzen. Betrachten wir der Einfachheit halber ein einatomiges Gas, dann besitzt dieses nur Translationsenergie und potentielle Energie. Gäbe es keine gegenseitigen Wechselwirkungen, so verhielte es sich ideal und besäße die ideale Gibbssche Systemzustandssumme (Abschnitt 10.4)

$$Z_{ideal} = \sum_r e^{-\frac{E_r}{kT}}. \tag{19}$$

Diese läßt sich mit Hilfe der Molekülzustandssumme

$$Q_{ideal} = \sum_{n=1}^{\infty} g_n e^{-\frac{\epsilon_n}{kT}} = \frac{(2\pi mkT)^{3/2}}{h^3} V \tag{20}$$

aus

$$Z_{ideal} = \frac{(Q_{ideal})^N}{N!} \tag{21}$$

berechnen. Bei einem realen Gas tritt nun an die Stelle der Translationsenergie E_r des Gases seine gesamte Energie $E_r + V_r$. V_r ist die potentielle Energie des Gases bei einer bestimmten Molekülanordnung im Raum (*Molekülkonfiguration*), gegeben durch die Molekülpositionen $r_1 \ldots r_i \ldots r_j \ldots r_N$. Lassen wir nur Wechselwirkungen zwischen je zwei Molekülen (*Paarwechselwirkung*) zu und bezeichnen wir die Energie zwischen dem i-ten und dem j-ten Molekül (im Abstand $r_{ij} = r_i - r_j$) mit V_{ij}, dann beträgt die gesamte Wechselwirkungsenergie des Gases mit der Molekülkonfiguration r

$$V_r = \sum_{Paare} V_{ij} \tag{22}$$

und seine Gesamtenergie

$$E_r + \sum_{\text{Paare}} V_{ij} . \tag{23}$$

Setzen wir diesen Ausdruck in Gl. (19) ein, so bekommen wir für die reale Systemzustandssumme (Summe über alle möglichen Molekülkonfigurationen):

$$Z_{\text{real}} = \sum_r e^{-\frac{E_r}{kT}} \cdot e^{-\frac{\Sigma V_{ij}}{kT}}$$

$$= \sum_r e^{-\frac{E_r}{kT}} \cdot \sum_r e^{-\frac{\Sigma V_{ij}}{kT}}$$

$$= Z_{\text{ideal}} \cdot Z_{\text{Konfig}} . \tag{24}$$

Bei der ersten Umformung haben wir von der Tatsache Gebrauch gemacht, daß sich Zustandssummen wie Verteilungsfunktionen multiplikativ zusammensetzen (vgl. Abschnitt 10.4). In der letzten Zeile wurde die sogenannte *Konfigurationszustandssumme* definiert:

$$Z_{\text{Konfig}} = \sum_r e^{-\frac{\Sigma V_{ij}}{kT}} . \tag{25}$$

Da die Paarwechselwirkungsenergie V_{ij} eine Funktion des Abstandes r_{ij} zweier Moleküle (Schwerpunktskoordinaten) und damit eine Funktion von $x_i - x_j$, $y_i - y_j$, $z_i - z_j$ ist, ist auch ΣV_{ij} eine Funktion der Koordinaten $x_1 y_1 z_1$ bis $x_N y_N z_N$ und wir können die Summe über alle Konfigurationen durch das Mehrfachintegral (Anhang III).

$$Z_{\text{Konfig}} = \frac{1}{V^N} \int_{x_1} \cdots \int_{z_N} e^{-\frac{\Sigma V_{ij}}{kT}} dx_1 dy_1 dz_1 \ldots dx_N dy_N dz_N \tag{26}$$

ersetzen. Befindet sich das reale Gas in einem kubischen Behälter mit der Kantenlänge a, so läuft die Integration jeweils von Null bis a. Da $V_i = \int_{x_i}^{a} \int_{y_i}^{a} \int_{z_i = 0}^{a} dx_i dy_i dz_i = a^3$ und N derartige Integrationen vorgenommen werden müssen, wurde Gl. (26) durch den Faktor $1/V^N$ normiert. Die Konfigurationszustandssumme wird dadurch im Idealfall gleich 1.

Das Problem, vor dem wir nun stehen, ist die Auswertung des Mehrfachintegrals (26); sie wird schrittweise durchgeführt. Zuerst integrieren wir nur über die Koordinaten des N-ten Moleküls, also über $dx_N dy_N dz_N$. Da nur über diese Koordinaten integriert werden soll, können aus dem Exponentialterm all die Terme herausgenommen werden, die keine Wechselwirkung mit dem N-ten Molekül verkörpern. Zu integrieren ist also vorerst der Ausdruck

$$\int_{x_N}^{a} \int_{y_N}^{a} \int_{z_N = 0}^{a} e^{-\frac{\Sigma V_{iN}}{kT}} dx_N dy_N dz_N . \tag{27}$$

Wir formen ihn wie folgt um,

$$\int\limits_{x_N}^{a}\int\limits_{y_N}^{a}\int\limits_{z_N=0}^{a} dx_N\,dy_N\,dz_N - \int\limits_{x_N}^{a}\int\limits_{y_N}^{a}\int\limits_{z_N=0}^{a}\left(1-e^{-\frac{\Sigma V_{iN}}{kT}}\right)dx_N\,dy_N\,dz_N = V - W, \quad (28)$$

und nennen gleichzeitig den ersten Term V (Volumen) und den zweiten W. Der Term W muß bei idealem Verhalten verschwinden. Um ihn für reales Verhalten zu bestimmen, stellen wir uns vor, daß alle Moleküle außer dem N-ten fixiert sind (Momentaufnahme des Gases). Ist das Gas ideal, sind alle Moleküle sehr weit voneinander entfernt; auch die Position $x_N\,y_N\,z_N$ ist dann von allen anderen weit entfernt, so daß keinerlei Molekülanziehung vorherrscht und $W = 1 - e^0 = 0$. Bewegen wir zur Simulation des Integrals W im Realfall das N-te Molekül durch den ganzen Gasraum von $x_N\,y_N\,z_N = 0$ bis a, dann ist das Integral immer nur in der unmittelbaren Nachbarschaft eines anderen Moleküls endlich und die Beiträge aller anderen Wechselwirkungen sind Null. Wenn das Molekül durch den Gasraum bewegt wird, kommt es an $N - 1$ Molekülen vorbei, so daß

$$W = (N-1)\int\limits_{x_N}^{a}\int\limits_{y_N}^{a}\int\limits_{z_N=0}^{a}\left(1-e^{-\frac{V_{iN}}{kT}}\right)dx_N\,dy_N\,dz_N. \quad (29)$$

Zur Vereinfachung dieses Integrals setzen wir das i-te Molekül in den Koordinatennullpunkt, schreiben statt $x_N\,y_N\,z_N$ xyz und integrieren von $xyz = 0$ bis ∞. Statt bis $xyz = a$ dürfen wir bis $xyz = \infty$ integrieren, da erfahrungsgemäß die Wechselwirkung zwischen zwei Molekülen sehr kurzreichend ist und sehr schnell mit der Entfernung abfällt (Bild 12.7):

$$W = (N-1)\int\limits_{x}^{\infty}\int\limits_{y}^{\infty}\int\limits_{z=0}^{\infty}\left(1-e^{-\frac{V(r)}{kT}}\right)dx\,dy\,dz$$

bzw.

$$W = (N-1)\int\limits_{r=0}^{\infty} 4\pi r^2\left(1-e^{-\frac{V(r)}{kT}}\right)dr. \quad (30)$$

Das Integral in Gl. (30) wollen wir einstweilen w nennen und uns über die spezielle Form von V (r) keine Gedanken machen:

$$W = (N-1)\,w. \quad (31)$$

Wenn wir jetzt noch über die verbleibenden $N - 1$ Koordinaten des Mehrfachintegrals integrieren wollen, so stehen wir vor einer analogen Situation wie vorher, außer daß dann $N - 2$ restliche Koordinaten verbleiben, usw. Das Mehrfachintegral in der Zustandssumme (26) beträgt somit:

$$[V - (N-1)\,w]\,[V - (N-2)\,w]\,...\,V = \quad (32)$$

$$= V^N\,[1 - (N-1)\frac{w}{V}]\,[1 - (N-2)\frac{w}{V}]\,...$$

$$= V^N\prod_{s=0}^{N-1}[1 - s\frac{w}{V}]$$

Um dieses Produkt in eine handlichere Form zu bringen, führen wir einige Umformungen durch. Da wir später zur Ermittlung der freien Enthalpie sowieso den Logarithmus der Zustandssumme benötigen, logarithmieren wir zuerst Gl. (32):

$$N \ln V + \sum_{s=0}^{N-1} \ln \left(1 - \frac{sw}{V}\right). \tag{33}$$

Ersetzen wir die Summe über s durch ein Integral, so bekommen wir mit $N - 1 \cong N$:

$$N \ln V + \int_{s=0}^{N} \ln \left(1 - \frac{sw}{V}\right) ds = N \ln V - \frac{V}{w} \int_{1}^{1 - \frac{Nw}{V}} \ln \left(1 - \frac{sw}{V}\right) d \left(1 - \frac{sw}{V}\right)$$

$$= N \ln V - \frac{V}{w} \left(1 - \frac{Nw}{V}\right) \ln \left(1 - \frac{Nw}{V}\right) - N. \tag{34}$$

Da Nw/V eine kleine Größe gegen 1 ist, können wir weiterhin den logarithmischen Term entwickeln (Anhang VIII):

$$\ln \left(1 - \frac{Nw}{V}\right) = -\frac{Nw}{V} - \frac{1}{2} \left(\frac{Nw}{V}\right)^2. \tag{35}$$

Nach seiner Substitution in Gl. (34) und der Vernachlässigung des entstehenden N^3-Termes resultiert für den Logarithmus des Produktes (32):

$$N \ln V - \frac{1}{2} N^2 \frac{w}{V}. \tag{36}$$

Der Logarithmus der Konfigurationszustandssumme beträgt daher einschließlich des $1/V^N$-Faktors:

$$\ln Z_{\text{Konfig}} = -N \ln V + N \ln V - \frac{1}{2} N^2 \frac{w}{V}$$

$$= -\frac{1}{2} N^2 \frac{w}{V}. \tag{37}$$

Da die freie Energie durch $F = -kT \ln Z$ definiert ist (Abschnitt 11.6), erhalten wir für das reale Gas:

$$F = -kT \ln Z_{\text{real}} = -kT \ln Z_{\text{ideal}} - kT \ln Z_{\text{Konfig}}$$

$$= -kT \ln Z_{\text{ideal}} + \frac{N^2 kTw}{2V}. \tag{38}$$

Die freie Energie eines idealen und eines realen Gases unterscheiden sich demnach in dieser Näherung nur um den Term $N^2 kTw/2V$.

Zur Ermittlung einer statistischen Zustandsgleichung benutzen wir das partielle Differential

$$p = -\left(\frac{\partial F}{\partial V}\right)_T \tag{39}$$

und differenzieren dazu die freie Energie (38) nach dem Volumen bei konstanter Temperatur:

$$p = \frac{\partial}{\partial V}\left[kT\ln Z_{ideal}\right]_T - \frac{\partial}{\partial V}\left[\frac{N^2 kTw}{2V}\right]_T$$

$$= \frac{\partial}{\partial V}\left[kT\ln\frac{Q^N}{N!}\right]_T + \frac{N^2 kTw}{2V^2}$$

$$= \frac{\partial}{\partial V}\left[kTN\ln\frac{(2\pi mkT)^{3/2}}{h^3 N!}V\right] + \frac{N^2 kTw}{2V^2}$$

$$= \frac{NkT}{V} + \frac{N^2 kTw}{2V^2}. \tag{40}$$

Mit $N_A k = R$ und $N_A = N/n$ folgt daraus die Zustandsgleichung

$$\frac{pV}{nRT} = 1 + \left(\frac{N_A w}{2}\right)\left(\frac{n}{V}\right). \tag{41}$$

Diese Zustandsgleichung ist vom Typ her eine Virialgleichung (Gl. (2)), so daß wir $N_A w/2$ als zweiten Virialkoeffizienten ansprechen können:

$$B(T) = \frac{N_A w}{2}, \tag{42}$$

wobei w durch folgendes Integral gegeben ist:

$$w = \int_{r=0}^{\infty}\left(1 - e^{-\frac{V(r)}{kT}}\right) 4\pi r^2\, dr \tag{43}$$

Die Herleitung von Gl. (42) ist trotz der gemachten Vereinfachungen und Näherungen exakt, denn eine genauere Durchrechnung beweist, daß die strengeren Ausdrücke nur den dritten und die weiteren Virialkoeffizienten beeinflussen. Gl. (42) behält auch ihre Gültigkeit für mehratomige Gase. In diesem Fall hängt die potentielle Energie $V(r)$ nicht nur vom gegenseitigen Abstand der Moleküle, sondern auch von ihrer gegenseitigen Orientierung ab. Darf man aber, und das ist fast immer der Fall, die Drehung der Moleküle klassisch betrachten, so wird $V(r)$ auch eine Funktion von irgendwelchen Rotationskoordinaten (Winkeln), die die Lage im Raum bestimmen. In die Konfigurationszustandssumme kommen dann auch Winkel hinein, doch wie bei der Volumennormierung (Faktor $1/V^N$) muß deswegen bezüglich der Winkel normiert werden, so daß der Wert der Summe erhalten bleibt (im Idealfall wieder 1). Gl. (42) ist natürlich nur unter der Bedingung sinnvoll, daß das Integral (43) konvergiert. Dazu müssen die Wechselwirkungskräfte hinreichend schnell mit dem Abstand r abfallen. Wird $V(r)$ bei großen Abständen durch $-1/r^n$ angenähert, muß n mindestens 3 betragen. Ist diese Bedingung nicht erfüllt, so könnten danach Gase überhaupt nicht existieren.

Für einatomige Gase besitzt $V(r)$ die in Bild 12.7 schematisch dargestellte Form. r_0 ist der Gleichgewichtsabstand und D die zugehörige maximale Wechselwirkungsenergie zweier Atome (Bindungsenergie). Wegen der Undurchdringlichkeit der Atome wird $V(r)$ bei kleineren Abständen sehr schnell groß und bei größeren Abständen nähert sich $V(r)$

langsam dem Wert Null. D ist von der Größenordnung kT_k, also sehr viel kleiner als chemische Bindungsenergien (vgl. Abschnitte 5.8, 19.6 und 19.7). Die Kenntnis dieses schematischen Verlaufs von $V(r)$ genügt bereits, um das Vorzeichen von $B(T)$ in den Grenzfällen hoher und tiefer Temperaturen zu bestimmen (vgl. Bild 12.1, in dem beide Fälle vorkommen). Bei hohen Temperaturen $(kT \gg V(r))$ haben wir im Gebiet $r > r_0$ $V(r)/kT \ll 1$ und der Integrand in Gl. (43) ist fast Null. Der Wert des Integrals wird daher im wesentlichen durch das Gebiet $r < r_0$ bestimmt, in dem $V(r)/kT$ positiv und groß ist. Dort sind folglich der Integrand und auch das Integral (43) positiv: Bei hohen Temperaturen besitzt $B(T)$ einen positiven Wert. Bei tiefen Temperaturen spielt umgekehrt das Gebiet

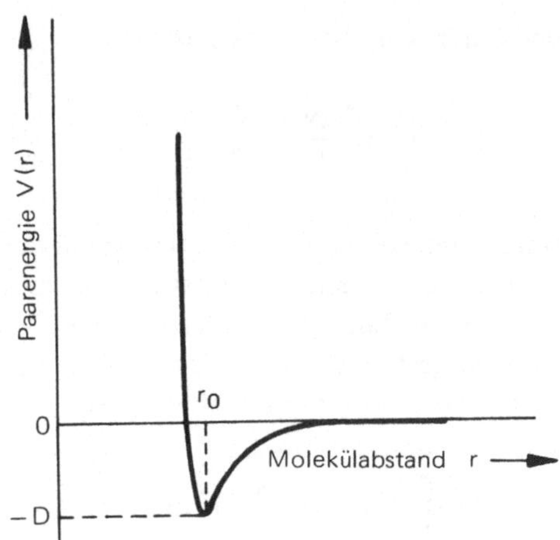

Bild 12.7 Schematische Darstellung der Wechselwirkungsenergie zweier Moleküle im realen Gaszustand

$r > r_0$ die entscheidende Rolle; dort ist $V(r)/kT$ negativ und betragsmäßig groß, so daß $B(T)$ negativ wird und sein Wert hauptsächlich durch $e^{-D/kT}$ bestimmt wird. Wenn also einerseits bei hohen Temperaturen $B(T)$ positiv und andererseits bei tiefen negativ ist, muß $B(T)$ bei irgendeiner Temperatur durch Null gehen. Diese Temperatur mit $B(T) = 0$ heißt *Boyletemperatur*. Im z, p-Diagramm besitzt die Boyleisotherme bei $z = 1$, $p = 0$ eine horizontale Tangente; sie teilt die Isothermenschar in eine solche mit positiver und negativer Anfangssteigung (Bild 12.1). Von Bedeutung ist, wie wir später sehen werden, das Vorzeichen von $B(T)$ für den Joule-Thomsonkoeffizienten; er bestimmt, ob sich ein reales Gas bei Druckdrosselung erwärmt oder abkühlt.

12.5 Statistische Interpretation des van der Waalsgases

Durch die folgende Binominal-Entwicklung (Anhang VIII) läßt sich die van der Waalssche Zustandsgleichung (7) als Virialgleichung (2) anschreiben:

$$p = \frac{nRT}{V-nb} - a\left(\frac{n}{V}\right)^2 = \frac{nRT}{V}\left(1 - \frac{nb}{V}\right)^{-1} - a\left(\frac{n}{V}\right)^2$$

$$= \frac{nRT}{V}\left[1 + \left(\frac{nb}{V}\right) + \left(\frac{nb}{V}\right)^2 + \ldots\right] - a\left(\frac{n}{V}\right)^2 \tag{44}$$

bzw.

$$\frac{pV}{nRT} = 1 + \left(b - \frac{a}{RT}\right)\left(\frac{n}{V}\right) + b^2\left(\frac{n}{V}\right)^2 + \ldots \tag{45}$$

Durch Vergleich mit Gl. (2) folgt daraus der Zusammenhang

$$B(T) = b - \frac{a}{RT} \tag{46}$$

und durch Vergleich mit Gl. (41)

$$b - \frac{a}{RT} = \frac{N_A w}{2} = \frac{N_A}{2} \int\limits_{r=0}^{\infty} \left(1 - e^{-\frac{V(r)}{kT}}\right) 4\pi r^2 \, dr. \tag{47}$$

Durch eine geeignete Integration gelingt es mit Hilfe von Gl. (47) separate Ausdrücke für die Parameter a und b zu erhalten, also diese statistisch zu interpretieren.

Der in Bild 12.7 wiedergegebene Charakter der Wechselwirkung V(r) zwischen zwei Atomen gestattet eine Zerlegung des Integrals (47) in zwei Teile, indem wir von r = 0 bis r_0 und von r = r_0 bis ∞ integrieren:

$$4\pi \int\limits_{r=0}^{r_0} \left(1 - e^{-\frac{V(r)}{kT}}\right) r^2 \, dr + 4\pi \int\limits_{r=r_0}^{\infty} \left(1 - e^{-\frac{V(r)}{kT}}\right) r^2 \, dr. \tag{48}$$

Im ersten Bereich ist die potentielle Energie V(r) immer sehr groß, so daß der Exponentialterm im ersten Integral gegen 1 vernachlässigt werden kann. Umgekehrt ist im zweiten Bereich V(r) nie größer als D und V(r)/kT meist immer kleiner als 1, so daß sich der Exponentialterm im zweiten Integral in eine Potenzreihe entwickeln läßt (Anhang VIII):

$$4\pi \int\limits_{r=0}^{r_0} r^2 \, dr + 4\pi \int\limits_{r=r_0}^{\infty} \left[1 - \left(1 - \frac{V(r)}{kT} \ldots\right)\right] r^2 \, dr \tag{49}$$

bzw.

$$\frac{4}{3}\pi r_0^3 + \frac{4\pi}{kT} \int\limits_{r=r_0}^{\infty} r^2 V(r) \, dr. \tag{50}$$

Das erste Integral liefert das Volumen einer Kugel mit dem Radius r_0 und ist achtmal so groß wie das Volumen einer Kugel mit dem Radius $r_0/2$, der dem Atomradius entspricht. Wegen Gl. (47) beträgt dann b:

$$b = 4N_A \frac{4}{3}\pi \left(\frac{r_0}{2}\right)^3 \tag{51}$$

oder wenn wir für r_0 den aus Abschnitt 1.8 bekannten (starren) Atomdurchmesser σ einführen:

$$b = 4N_A \frac{4}{3}\pi \left(\frac{\sigma}{2}\right)^3. \tag{52}$$

Gl. (52) ist mit dem in Abschnitt 1.8 abgeleiteten Ausdruck für das effektive Eigenvolumen von N_A Molekülen identisch.

Für den van der Waalsparameter a bekommen wir das Integral:

$$a = \frac{N_A^2}{2} \int\limits_{r=r_0}^{\infty} -V(r) \, 4\pi r^2 \, dr. \tag{53}$$

Weil im ganzen Integrationsbereich die Energie $V(r)$ negativ ist (Molekülanziehung), hat der Parameter a positive Werte und ist ein Maß für die Anziehungskraft der Moleküle.

Die statistische Interpretation von a und b beweist, daß die originalen Korrekturen von *van der Waals* eigentlich sehr gut angebracht wurden. Sie führen zur Virialgleichung

$$\frac{pV}{nRT} = 1 + \left(b - \frac{a}{RT}\right)\left(\frac{n}{V}\right), \tag{54}$$

aus der auch sofort ein statistischer Ausdruck für die *Boyletemperatur* folgt:

$$T = \frac{a}{Rb}. \tag{55}$$

Das nun durch Gl. (54) definierte *van der Waalsgas* stellt eine gute Approximation des realen Gaszustandes dar, denn es basiert auf einem exakt abgeleiteten zweiten Virialkoeffizienten. Aber es verkörpert nicht die einzig mögliche, sie ist nur die einfachste und gebräuchlichste. Die durch Gl. (53) gegenüber *van der Waals* verbesserte Druckkorrektur wird direkt auf Paarwechselwirkungen zurückgeführt. In diesem Sinne wird der Exponentialterm $e^{-V(r)/kT}$ auch als *Paarverteilungsfunktion* bezeichnet. Bei Flüssigkeiten sind die Wechselwirkungen zwar stärker als im Gaszustand, doch ist ihre physikalische Natur, über die bisher noch nicht gesprochen wurde, dieselbe wie bei den Gasen. Weil man Paarverteilungsfunktionen bei Flüssigkeiten auch aus Beugungsexperimenten bestimmen und so auf $V(r)$ zurückschließen kann, werden wir die theoretischen Möglichkeiten der Erklärung zwischenmolekularer Anziehungen erst im Kapitel über Flüssigkeiten erörtern.

12.6 Die Molwärmedifferenz und der Joule-Thomsonkoeffizient

Die Volumen- bzw. Druckabhängigkeit der inneren Energie bzw. Enthalpie realer Gase führt einerseits dazu, daß die Molwärmedifferenz nicht mehr den Wert R hat und führt andererseits dazu, daß die partielle Größe $(\partial T/\partial p)_H$ (Joule-Thomsonkoeffizient) nicht mehr Null ist. Diese beiden realen Gaseffekte werden in diesem Abschnitt besprochen.

Einen exakten thermodynamischen Ausdruck für die *Molwärmedifferenz* $C_p - C_V$ kann man wie folgt herleiten. Es gilt:

$$C_p - C_V = \left(\frac{\partial H}{\partial T}\right)_p - \left(\frac{\partial U}{\partial T}\right)_V. \tag{56}$$

Mit der Definitionsgleichung von H ergibt sich:

$$C_p - C_V = \left(\frac{\partial U}{\partial T}\right)_p + p\left(\frac{\partial V}{\partial T}\right)_p - \left(\frac{\partial U}{\partial T}\right)_V. \tag{57}$$

Gleichzeitig erhält man aus dem totalen Differential dU durch Umformen:

$$\left(\frac{\partial U}{\partial T}\right)_p = \left(\frac{\partial U}{\partial V}\right)_T\left(\frac{\partial V}{\partial T}\right)_p + \left(\frac{\partial U}{\partial T}\right)_V. \tag{58}$$

Setzt man diesen Ausdruck in Gl. (57) ein, so folgt

$$C_p - C_V = \left[p + \left(\frac{\partial U}{\partial V}\right)_T\right]\left(\frac{\partial V}{\partial T}\right)_p \tag{59}$$

bzw.

$$C_p - C_V = \left[p + \left(\frac{\partial U}{\partial V} \right)_T \right] \left(\frac{\partial V}{\partial T} \right)_p . \tag{60}$$

Für den Grenzfall des idealen Gases gilt $(\partial U/\partial V)_T = 0$ und $(\partial V/\partial T)_p = nR/p$ bzw. $(\partial V/\partial T)_p = R/p$, so daß sich Gl. (60) zu $C_p - C_V = R$ reduziert. Bei realen Gasen, Flüssigkeiten und Festkörpern ist aber die innere Energie wegen der Wechselwirkungen eine Funktion des Volumens und das partielle Differential $(\partial U/\partial V)_T$ von Null verschieden. Es kann mit Hilfe des zweiten Hauptsatzes (Tabelle 11.8)durch

$$\left(\frac{\partial U}{\partial V} \right)_T = T \left(\frac{\partial p}{\partial T} \right)_V - p \tag{61}$$

ersetzt werden. Dadurch entsteht die Möglichkeit, die Differenz $C_p - C_V$ mit dem experimentell leicht zugänglichen Ausdehnungskoeffizienten und mit der Kompressibilität zu verknüpfen. Einsetzen von Gl. (61) in Gl. (59) liefert:

$$C_p - C_V = T \left(\frac{\partial p}{\partial T} \right)_V \left(\frac{\partial V}{\partial T} \right)_p . \tag{62}$$

Bei konstantem Volumen V ist

$$dV = \left(\frac{\partial V}{\partial T} \right)_p dT + \left(\frac{\partial V}{\partial p} \right)_T dp = 0 \tag{63}$$

und man bekommt mit den Definitionen des Ausdehnungskoeffizienten α und der Kompressibilität κ (Abschnitt 11.1)

$$C_p - C_V = T \frac{V^\circ \alpha^2}{\kappa} \quad \text{bzw.} \quad C_p - C_V = T \frac{V^\circ \alpha^2}{\kappa} . \tag{64}$$

Zur Illustration der Druck- und Temperaturabhängigkeit der Molwärmedifferenz, wie sie theoretisch in Gl. (60) zum Ausdruck kommt, sind in Tabelle 12.2 und in Bild 12.8 Daten von N_2 wiedergegeben.

Nun zum zweiten realen Gaseffekt. Expandiert man ein reales Gas über eine Drossel (im einfachsten Fall ein poröser Pfropfen), so beobachtet man, wenn das System gegen

Tabelle 12.2: Temperatur- und Druckabhängigkeit der Molwärmendifferenz $C_p - C_V$ von N_2 (*W. E. Deming, L. E. Shupe:* Phys.Rev. 37 (1931) 638)

Temperatur °C	Druck atm	$C_p - C_V$ $J\,K^{-1}\,mol^{-1}$			
		0	50	100	200
−50		8,314	13,0	18,4	22,2
0		8,314	10,9	13,4	16,7
100		8,314	9,6	10,5	12,1
200		8,314	8,8	9,2	10,0
400		8,314	8,4	8,8	9,2

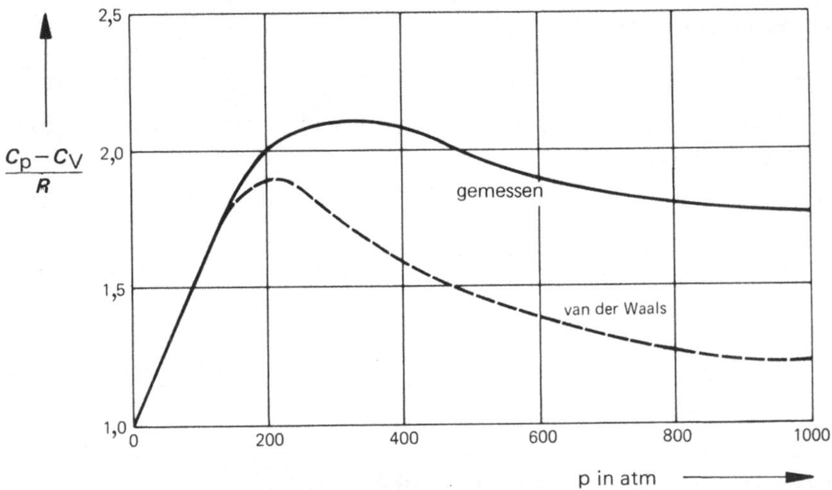

Bild 12.8 Gemessene und van der Waals-Molwärmedifferenz $C_p - C_V/R = 1 + 2\,ap/(RT)^2$ von N_2 bei 0 °C als Funktion des Druckes (*S. M. Blinder:* Advanced Physical Chemistry — A Survey of Modern Theoretical Principles, The McMillan Co., New York, 1969)

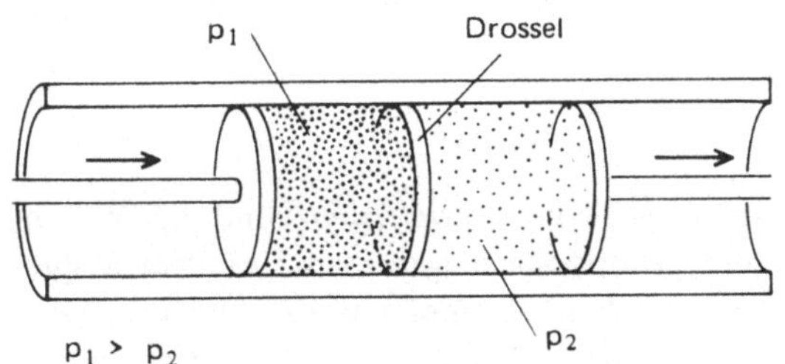

Bild 12.9

Skizze zur Drosselung eines realen Gases vom Druck p_1 auf p_2

die Umgebung thermisch isoliert ist, eine Temperaturdifferenz zwischen dem komprimierten und entspannten Gas. Einen solchen *Drosseleffekt* beschrieben erstmals *Joule* und *Thomson*. Er besitzt eine große praktische Bedeutung, weil die dabei auftretenden Temperaturänderungen zur Abkühlung und Verflüssigung von Gasen ausgenutzt werden können. Bild 12.9 zeigt die prinzipielle Versuchsanordnung zur Beobachtung des Drosseleffektes. Der Druck und die Temperatur des Gases werden auf beiden Seiten der Drossel gemessen. An Hand dieser Skizze läßt sich die vom Gas bei der Drosselung von p_1 auf p_2 geleistete Volumenarbeit berechnen.

Die Volumenarbeit, die das Gas vor der Drossel gegen den Kolbendruck p_1 verrichtet, beträgt

$$w_1 = -pdV = -p_1 \int_{V_1}^{V_2} dV = -p_1 V_1 \tag{65}$$

und die Volumenarbeit nach der Drossel

$$w_2 = -p_2 V_2 \,. \tag{66}$$

Die Differenz beider Volumenarbeiten

$$w = w_2 - w_1 = -p_2 V_2 + p_1 V_1 \tag{67}$$

entspricht der vom Gas bei der Drosselung geleisteten Arbeit. Verknüpft man Gl. (67) mit dem 1. Hauptsatz, so folgt:

$$\Delta U = q + w = 0 - p_2 V_2 + p_1 V_1 . \tag{68}$$

Da $\Delta U = U_2 - U_1$, kann man weiter schreiben:

$$U_2 + p_2 V_2 = U_1 + p_1 V_1 \tag{69}$$

oder mit $H = U + pV$

$$H_2 = H_1 \quad \text{bzw. } dH = 0 . \tag{70}$$

Die Drosselung des Gases verläuft somit bei konstanter Enthalpie (*isenthalpiescher Prozeß*). Sie ist dadurch ausgezeichnet, daß das totale Differential von H Null ist:

$$dH = \left(\frac{\partial H}{\partial T}\right)_p dT + \left(\frac{\partial H}{\partial p}\right)_T dp = 0 . \tag{71}$$

Durch Umformen von Gl. (71) mit Hilfe von Tabelle 11.8 bekommt man schließlich:

$$\left(\frac{\partial T}{\partial p}\right)_H = - \frac{\left(\frac{\partial H}{\partial p}\right)_T}{\left(\frac{\partial H}{\partial T}\right)_p} = \frac{T\left(\frac{\partial V}{\partial T}\right)_p - V}{C_p} . \tag{72}$$

Das partielle Differential $(\partial T/\partial p)_H$ heißt *Joule-Thomsonkoeffizient* und hängt vom Druck und von der Temperatur ab. Es kann positiv oder negativ sein und dementsprechend tritt bei der Drosselung entweder eine Abkühlung oder eine Erwärmung des realen Gases ein. Diejenige Temperatur, bei der der Koeffizient Null ist, wird *Inversionstemperatur* genannt. Daten des Koeffizienten von He und N_2 für einige Temperaturen sind in der Tabelle 12.3 angegeben. Alle bekannten Gase außer H_2 und He haben bei Zimmertemperatur positive Koeffizienten und können durch eine Drosselung bis zur Verflüssigung abgekühlt werden. Dieses Prinzip liegt den technischen Verflüssigungsmaschinen zugrunde.

Für das durch Gl. (54) definierte van der Waalsgas läßt sich der Joule-Thomsonkoeffizient mit dem zweiten Virialkoeffizienten $B(T)$ bzw. mit den van der Waalspara-

Tabelle 12.3: Joule-Thomson-Koeffizient $\left(\frac{\partial T}{\partial p}\right)_H$ von He und N_2 bei verschiedenen Temperaturen und 1 atm Druck

Temperatur	$\left(\dfrac{\partial T}{\partial p}\right)_H$ K atm^{-1}	
°C	He	N_2
− 100	− 0,058	0,649
0	− 0,062	0,266
100	− 0,064	0,129
200	− 0,064	0,056

metern a und b und dann die Inversionstemperatur mit der Boyletemperatur in Beziehung bringen. Bilden wir dazu mit Gl. (54) die Ableitung (Tabelle 11.8)

$$\left(\frac{\partial V}{\partial T}\right)_p = - \frac{\left(\frac{\partial p}{\partial T}\right)_V}{\left(\frac{\partial p}{\partial V}\right)_T}$$

$$= \frac{-\left(\frac{nR}{V} + \frac{bn^2R}{V^2}\right)}{\left(-\frac{nRT}{V^2}\right)\left[1 + 2\left(b - \frac{a}{RT}\right)\left(\frac{n}{V}\right)\right]}$$

$$\cong \frac{V - nb + \frac{2na}{RT}}{T} , \tag{73}$$

wobei wir das Quadrat von $\left(b - \frac{a}{RT}\right)\left(\frac{n}{V}\right)$ als vernachlässigbar kleine Größe ansehen, und setzen wir Gl. (73) in Gl. (72) ein, so bekommen wir:

$$\left(\frac{\partial T}{\partial p}\right)_H = \frac{n}{C_p}\left(-b + \frac{2a}{RT}\right). \tag{74}$$

Wir sehen sofort, daß die Inversionstemperatur doppelt so groß wie die Boyletemperatur ist:

$$T = \frac{2a}{Rb} . \tag{75}$$

Wir erkennen aber auch, daß bei hohen Temperaturen der Joule-Thomsonkoeffizient negativ, und bei niederen positiv ist. Denn da bei einer Drosselung dp immer negativ ist, ist die Temperaturänderung des Gases bei $2a/RT < |b|$ (hohe Temperaturen) insgesamt positiv und bei $2a/RT > |b|$ negativ (niedere Temperaturen). Umgekehrt läßt sich Gl. (75) auch dazu verwenden, um aus gemessenen Daten des Koeffizienten und der spezifischen Wärme Daten für a und b zu bestimmen.

12.7 Die freie Enthalpie

Die in Abschnitt 11.6 für thermodynamische Rechnungen definierte Druckabhängigkeit der freien Enthalpie

$$G = G^o + RT \ln p \tag{76}$$

gilt nur für ideale Gase. Sollte sie auch für reale Gase gelten, so müßte man bei ihrer Definition bzw. Herleitung statt $pV = nRT$ eine reale Zustandsgleichung verwenden. Man bekäme dann aber recht komplizierte Ausdrücke für G (p) (vgl. Abschnitt 12.3). Um diese zu umgehen, verzichtet man in der thermodynamischen Praxis von vornherein auf eine solche Vorgangsweise und macht eine Näherung, in dem man „korrigierte" Drücke einführt. Sie werden *Fugazitäten* genannt und sind durch

$$f = \gamma p \tag{77}$$

definiert. Dabei wird vorausgesetzt, daß der *Fugazitätskoeffizient* $\gamma = f/p$ im Grenzfall $p \to 0$ gleich 1 wird. Trotz der Einführung dieses Fugazitätskonzeptes erneuert sich jedoch das Problem der Festlegung eines *Standarddruckes*. Wir könnten diesen z. B. bei 10^{-5} atm fixieren, wo sich die Gase sicherlich ideal verhalten. Ideal im Sinne eines Verschwindens der zwischenmolekularen Wechselwirkungen. Das wäre aber mit obiger Voraussetzung nicht konsistent! Man bleibt deshalb beim Standarddruck $p = 1$ atm, muß aber bedenken, daß dieser kein echter realisierbarer, sondern nur ein hypothetischer Gaszustand ist (Bild 12.10). *Bezugszustand* ist also das ideale Gas bei $p \to 0$, *Standardzustand* aber nach wie vor das reale Gas bei $p = 1$ atm! Man sollte sich über diese Feststellung ganz genau im klaren sein.

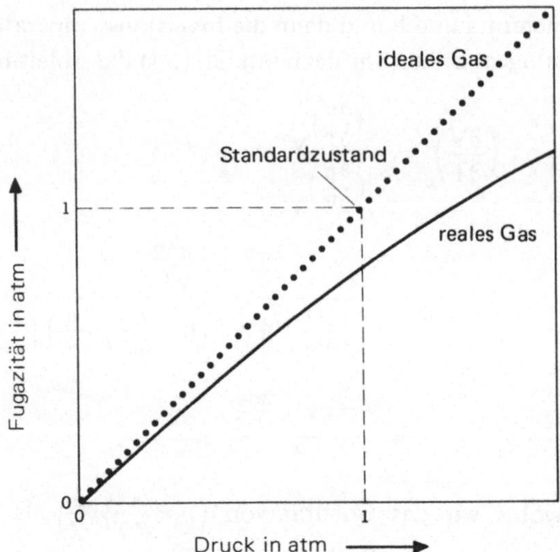

Bild 12.10 Schematische Darstellung der Druckabhängigkeit der Fugazität eines realen und idealen Gases

Der Fugazitätskoeffizient erweist sich damit als ein praktisches Maß für die zwischenmolekularen Wechselwirkungen in der Thermodynamik und verkörpert eine direkte Maßzahl für die Abweichung vom Idealzustand. Der Vorteil: Der bisherige mathematische Formalismus der Thermodynamik bleibt erhalten. Mit der neuen Zustandsvariablen f soll also für reale Gase gelten:

$$G = G^\circ + RT \ln f = G^\circ + RT \ln \gamma p, \tag{78}$$

wobei

$$\lim_{p \to 0} \gamma = 1. \tag{79}$$

Da man in der chemischen Technologie sehr oft mit realen Gasen zu tun hat, soll gezeigt werden, wie die Fugazität f eines Gases vom Druck abhängt und für $p \to 0$ Gl. (79) erfüllt. Für eine Druckänderung von p_1 auf p_2 gilt allgemein $G_2 - G_1 = \int_1^2 V \, dp$. Ergänzt man den Integranden um RT/p, so kann man dafür auch schreiben:

$$G_2 - G_1 = \int_{p_1}^{p_2} \left(\frac{RT}{p} + V - \frac{RT}{p} \right) dp = \int_{p_1}^{p_2} \frac{RT}{p} \, dp + \int_{p_1}^{p_2} \left(V - \frac{RT}{p} \right) dp$$

$$= RT \ln \frac{p_2}{p_1} + \int_{p_1}^{p_2} \left(V - \frac{RT}{p} \right) dp. \tag{80}$$

Die Verwendung der Definition (78) ergibt dann

$$RT \ln \frac{f_2}{f_1} = RT \ln \frac{p_2}{p_1} + \int_{p_1}^{p_2} \left(V - \frac{RT}{p}\right) dp \qquad (81)$$

und

$$RT \ln \frac{f_2/p_2}{f_1/p_1} = \int_{p_1}^{p_2} \left(V - \frac{RT}{p}\right) dp. \qquad (82)$$

Läßt man den Druck p_1 gegen Null gehen, so findet man

$$RT \ln \frac{f}{p} = \int_{p=0}^{p} \left(V - \frac{RT}{p}\right) dp, \qquad (83)$$

wenn gleichzeitig der Index 2 weggelassen wird. Dies ist die gesuchte Druckabhängigkeit der Fugazität, wie sie auch in Bild 12.10 schematisch zum Ausdruck kommt. Läßt man auch p gegen Null gehen, so resultiert

$$\lim_{p \to 0} RT \ln \frac{f}{p} = 0 \qquad (84)$$

bzw.

$$\lim_{p \to 0} \frac{f}{p} = 1. \qquad (85)$$

Gl. (83) diente dazu, die Druckabhängigkeit der Fugazität von Methan bei $-50\,°C$ aus pVT-Daten zu berechnen (Tabelle 12.4). Danach wurden $V - \frac{RT}{p}$ -Werte in einem Diagramm gegen den Druck p aufgetragen (Bild 12.11) und graphisch integriert (Spalte 5 der Tabelle 12.4). Nach dieser Methode läßt sich generell die Fugazität von Gasen berechnen, vorausgesetzt es stehen genügend pVT-Daten zur Verfügung.

Sind keine pVT-Daten, dafür aber die kritischen Daten eines realen Gases bekannt, so läßt sich die Fugazität mit Hilfe des Theorems der übereinstimmenden Zustände ermitteln (Abschnitt 12.2). Um dieses Theorem auszunützen, führen wir den Realfaktor z, dessen Abhängigkeit vom reduzierten Druck bekannt sein soll, in Gl. (83) ein, d.h. wir ersetzen V durch zRT/p:

$$RT \ln \frac{f}{p} = \int_{p=0}^{p} \left(z \frac{RT}{p} - \frac{RT}{p}\right) dp = RT \int_{p=0}^{p} (z-1) \frac{dp}{p}, \qquad (86)$$

und erhalten nach Übergehen zum reduzierten Druck p_r

$$\ln \frac{f}{p} = \int_{p_r=0}^{p_r} (z-1) \frac{dp_r}{p_r}. \qquad (87)$$

Tabelle 12.4: Die Fugazität des Methans bei − 50 °C (*R. H. Perry, C. H. Chilton, S. D. Kirkpatrick:* Chemical Engineers' Handbook; 3 rd ed., MacGraw Hill Book Co., New York 1950)

p atm	V $dm^3\,mol^{-1}$	RT/p $dm^3\,mol^{-1}$	$V-RT/p$ $dm^3\,mol^{-1}$	$\int_0^p (V-RT/p)\,dp$	f/p	f atm
1	18,3	18,3	0	0	1,000	1,00
10	1,747	1,830	− 0,083	− 0,41	0,980	9,80
20	0,830	0,915	− 0,085	− 1,54	0,920	18,40
40	0,366	0,458	− 0,092	− 3,27	0,835	33,40
60	0,208	0,305	− 0,097	− 5,16	0,722	45,30
80	0,129	0,229	− 0,110	− 7,28	0,672	53,80
100	0,092	0,183	− 0,091	− 9,35	0,600	60,00
120	0,076	0,153	− 0,077	− 11,03	0,548	65,80
160	0,064	0,114	− 0,050	− 13,49	0,479	76,60
200	0,059	0,0915	− 0,0324	− 15,15	0,436	87,20
300	0,0525	0,0610	− 0,0085	− 17,10	0,393	118,00
400	0,0491	0,0458	+ 0,0033	− 17,27	0,388	155,00
600	0,0451	0,0305	+ 0,0146	− 15,36	0,432	260,00
800	0,0427	0,0229	+ 0,0198	− 11,89	0,522	418,00
1 000	0,0410	0,0183	+ 0,0227	− 7,59	0,661	661,00

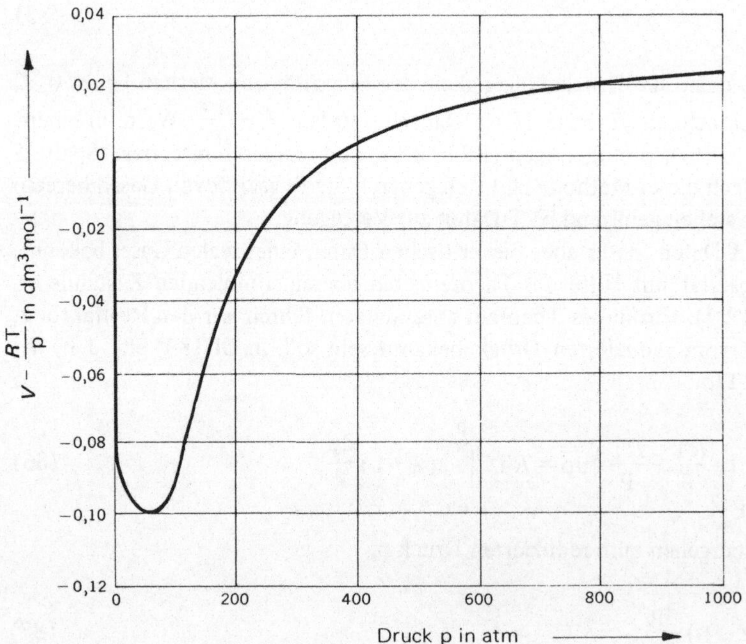

Bild 12.11 Druckabhängigkeit des Ausdruckes V-RT/p von Methan bei − 50 °C nach Tabelle 12.4

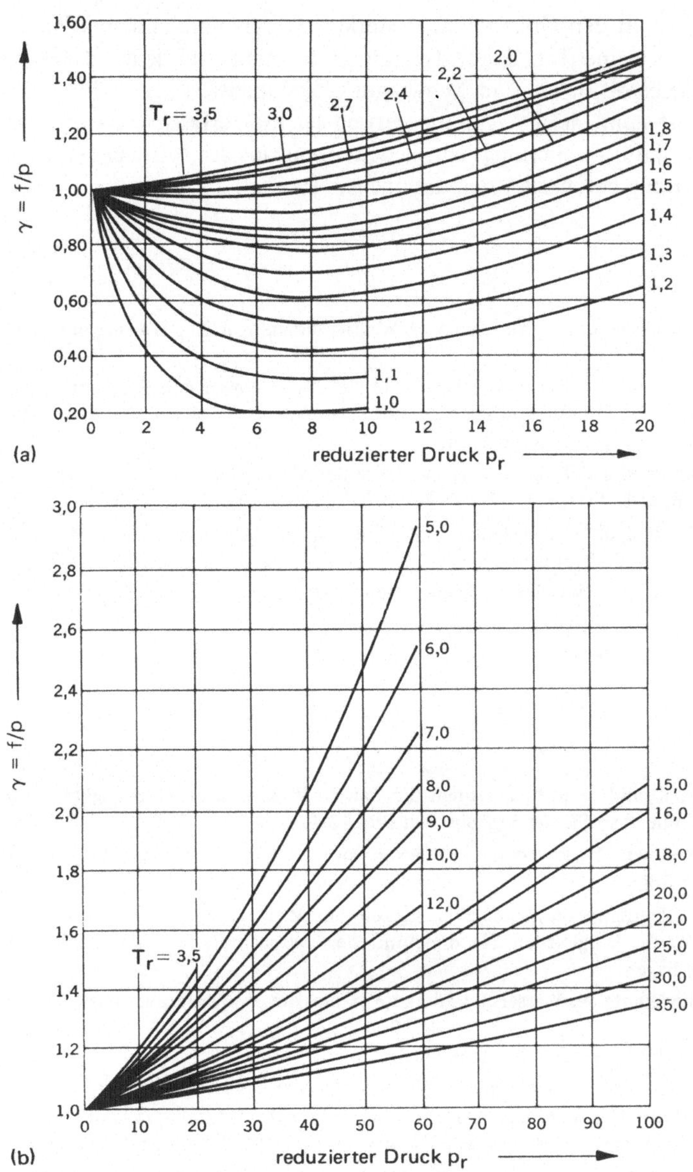

Bild 12.12 Druckabhängigkeit des Fugazitätskoeffizienten realer Gase bei verschiedenen Temperaturen; in der Nähe des kritischen Punktes (a) und bei hohen Drücken und Temperaturen (b) (*R. H. Newton:* Ind. Eng. Chem. 27 (1935) 302 und *R. H. Perry:* Chemical Engineers, McGraw Hill Book. Co., New York 1950)

Die graphische Integration von Gl. (87) wurde für Methan bei niederen und hohen Drücken durchgeführt. Ihr Ergebnis in Bild 12.12 gilt dann für beliebige Gase.

Nach diesem Kapitel über reale Gase wäre eine Behandlung der Flüssigkeiten folgerichtig, doch werden wir uns in den nächsten zwei Kapiteln zuerst den Festkörpern zuwenden. Der Festkörper stellt den Grenzfall aller starken zwischenmolekularen Wechselwirkungen dar; er besitzt keine Translationsfreiheitsgrade mehr und seine Moleküle sind im Raum (bis auf Selbstdiffusion und Schwingungen) lokalisiert. Kristalle bzw. Festkörper sind als Pendent zum idealen Gas theoretisch leichter erfassbar als Flüssigkeiten. Eine Voraussetzung dafür ist allerdings eine genaue Kenntnis des Aufbaues (Struktur). Mit der Strukturermittlung beschäftigt sich das nächste Kapitel.

Rechenbeispiele

1. Vergleichen Sie das ideale Gasvolumen mit dem v. d. Waalsvolumen von 20 g Wasserdampf bei 100 °C und 0,5 atm.

2. Bei 200 °C wird ein Druck von 41,9 atm gebraucht, um das Molvolumen von NH_3 auf 0,851 $l\,mol^{-1}$ zu reduzieren. Welchen Druck benötigt man, um das ideale Gasvolumen bzw. das v. d.-Waalsvolumen auf dasselbe Volumen zu reduzieren:

3. Zeichnen Sie die Isothermen von CO_2 bei 320 K mit Hilfe des idealen Gasgesetzes und vergleichen Sie sie mit den v. d. Waalsisothermen.

4. 5 mol N_2 in einem 1 l-Kolben übt einen Druck von 98,4 atm bei 250 K aus. Wie groß wäre der ideale Gasdruck bzw. der v. d. Waalsdruck?

5. Für die − 50 °-Isotherme von Argon wurden folgende Daten ermittelt:

$\dfrac{p}{atm}$	8,99	17.65	26,01	34,10	41,92	49,50	56,86	64,02
$\dfrac{V}{dm^3\,mol^{-1}}$	2	1	0,667	0,500	0,400	0,333	0,286	0,250

T_k und p_k betragen 151 K und 48 atm. Zeichnen Sie den Realfaktor z in Abhängigkeit vom reduzierten Druck und vergleichen Sie das Ergebnis mit Bild 12.4.

6. Das kritische Molvolumen von Wasser beträgt 0,045 $m^3 mol^{-1}$. Vergleichen Sie diesen Wert mit dem, der aus $V_k = 3b$ folgt.

7. Zeichnen Sie in einem Diagramm die Druckabhängigkeit des Molvolumens von Wasserdampf bei 100 °C nach v. d. Waals. Vergleichen Sie diese mit der beobachteten Abhängigkeit, der folgende Daten zugrunde liegen:

   a) Bei 100 °C beträgt die Dichte des Wassers 0,958 $kgdm^{-3}$ und die des Wasserdampfes 0,00059 $kgdm^{-3}$.

   b) Wasserdampf verhält sich bei niederen Drücken ideal.

   c) Wasser läßt sich durch eine Druckerhöhung von 100 atm um 0,04 Vol% zusammendrücken.

8. Das Molvolumen von gesättigtem Wasserdampf bei 300 °C und 84,78 atm beträgt 0,3895 $dm^3 mol^{-1}$ Wie groß ist das entsprechende ideale Gas- bzw. v. d. Waalsvolumen unter denselben Bedingungen?

9. Wie groß ist das effektive Eigenvolumen b von N_2 bei 1 atm und 25 °C sowie am kritischen Punkt?

10. Wie groß ist das v. d. Waalsvolumen eines realen Gases (1 mol) beim kritischen Punkt im Vergleich zum tatsächlichen Molekülvolumen?

11. Zeichnen Sie für T_r = 0,8, 1,0 und 1,2 v. d. Waalsisothermen in einem p_r, V_r-Diagramm, und zwar für p_r bis 2 und V_r bis 10. Verwenden Sie dann die 0,8-Isotherme zur Zeichnung des Zweiphasengebietes mit Hilfe des Dampfdruckes eines beliebigen Stoffes.

12. Berechnen Sie mit Hilfe der v. d. Waalsgleichung und der kritischen Daten den Durchmesser des n-Pentanmoleküls.

13. Bei hinreichend kleinen Drücken läßt sich die v. d. Waalsgleichung auf $pV = RT\,(1 + B\,(T))$ mit $B\,(T) = b/RT - a/(RT)^2$ reduzieren. Benutzen Sie diese Näherung zur Ermittlung des zweiten Virialkoeffizienten von CH_4 aus tabellierten a- und b-Werten.

14. Die Dichte von Wasserdampf bei 100 °C und 1 atm beträgt 0,5976 gdm^{-3}. Wie groß ist der Realfaktor? Geben Sie für ihn eine molekulare Deutung.

15. Folgende p, V-Daten von Methan bei 25 °C sind gegeben:

V dm^3 mol^{-1}	p atm	V dm^3 mol^{-1}	p atm
1	23,5	1/7	140,5
1/2	45,2	1/8	159,7
1/3	65,5	1/9	180,1
1/4	84,9	1/10	202,1
1/5	103,5	1/11	226,7
1/6	121,9	1/12	254,6

Ermitteln Sie graphisch oder durch Computerfitting die Virialkoeffizienten B, C und D von folgender Virialgleichung: $pV/RT = 1 + B/V + C/V^2 + D/V^3$.

16. Folgende CO_2-Daten bei 0 °C werden von *E. B. Millard:* Physical Chemistry for Colleges, 5th ed., McGrawHill Book Co., N.Y. 1941 referiert:

p atm	Dichte d gdm^{-3}	p atm	Molvolumen V dm^3 mol^{-1}
1/6	0,328	15,07	1,320
1/4	0,492	17,70	1,100
1/3	0,660	21,22	0,880
1/2	0,985	26,67	0,660
2/3	1,315		
1	1,977		

Ermitteln Sie die Virialkoeffizienten für $pV = RT (1 + Bp + Cp^2)$.

17. Die CO_2-Dichte beträgt bei 0 °C und 34 atm 97 gdm^{-3}, bei 50 atm 925 gdm^{-3}. Verwenden Sie die in Beispiel 16 gefundene Virialgleichung, zeichnen Sie eine pV,p-Kurve und extrapolieren Sie diese bis 50 atm. Liegen die angegebenen Werte für 34 und 50 atm auf dieser Kurve bzw. ist diese eine gute Näherung?

18. Skizzieren Sie Wasserisothermen zwischen 25 und 400 °C mit Hilfe folgender Angaben:
    a) T_k = 374 °C, p_k = 218 atm, d_k = 0,3 g ml^{-1};
    b) Siedepunkt 100 °C bei 1 atm;
    c) Wasserdampf verhält sich ideal;
    d) Wasserdampfdruck bei 25 °C beträgt ungefähr 0,03 atm;
    e) Wasserdichte beträgt 1 g ml^{-1} und ist kaum druck- und temperaturabhängig.

19. Die Kurve T_r = 1,00 in Bild 12.4 fällt in ihrem ersten Teil nahezu senkrecht ab. Warum?

Kapitel 13
Die Kristallstruktur

In Kapitel 12 klang bereits an, daß das Gegenstück zum idealen Gas der ideale Festkörper ist, und daß reale Gase und Flüssigkeiten nur gewisse Zwischenzustände darstellen. Die idealen Gase besitzen nur kinetische und die idealen Festkörper nur potentielle Energie. Die Festkörpermoleküle unterscheiden sich zudem von den Gasmolekülen durch ihre quantenstatistische Unterscheidbarkeit, weil sie im Raum auf festen Plätzen lokalisiert sind. Wie wir bereits wissen, wirkt sich dies auf die Systemzustandssumme eklatant aus: Der Permutationsfaktor N! fällt bei Festkörpermolekülen weg. Abgesehen von diesem Faktum müssen wir von jedem System, das wir statistisch behandeln wollen, seine Energiezustände (Termschema) kennen und daher primär versuchen, zu einem solchen zu gelangen. Während wir bei den Gasen ein einziges Termschema für alle Gasmoleküle hatten, ist es beim Festkörper gerade umgekehrt. Wir können ihn energetisch nur durch ein Mehrteilchenenergieschema beschreiben, weil alle Moleküle miteinander wechselwirken. Wenn wir aber ein Festkörpertermschema klassisch oder quantenmechanisch aufstellen wollen, müssen wir über die Anordnung bzw. Struktur der Festkörpermoleküle Bescheid wissen. Bevor wir uns also über statistische oder thermodynamische Festkörpereigenschaften unterhalten können, muß wenigstens die Kristallstruktur bekannt sein. Aus diesem Grunde wollen wir in diesem Kapitel über experimentelle Methoden sprechen, mit deren Hilfe eine Strukturaufklärung gelingt. Wegen der großen Streuwirkung von Röntgenstrahlen an Atomelektronen sind dafür in erster Linie Röntgenbeugungsverfahren prädestiniert.

In den Kristallen sind die atomaren Streuzentren dreidimensional unendlich angeordnet, so daß die Beugungseffekte, verglichen mit denen an Gasmolekülen, in verstärktem Maße auftreten. Röntgenbeugung stellt daher eine vorzügliche Methode dar, um die Abstände der atomaren Streuzentren exakt zu ermitteln. Mit einem Wort, aus der Lage und der Intensität der Reflexe kann auf die Kristallstruktur geschlossen werden. Aus den Reflexintensitäten läßt sich aber auch mittels Fouriersynthese auf die Elektronendichte in den Kristallen schließen und man gelangt so zu einer Einteilung der Festkörper in Ionen-, Valenz-, Metall- und Molekülkristalle.

13.1 Die Kristallsymmetrie

Eine genauere Betrachtung natürlicher oder künstlicher Einkristalle beweist, daß ihre äußere Gestalt durch Begrenzungsebenen gebildet wird, die sich durch gewisse Symmetrieoperationen zur Deckung bringen lassen. Außerdem wiederholen sich die Winkel, die die Ebenen untereinander einschließen; beide unterliegen somit bestimmten Gesetzmäßigkeiten. Kristalle können entweder rein empirisch durch ihre äußere Gestalt oder durch ihre innere atomare Molekülanordnung (Struktur) beschrieben werden. Bild 13.1 zeigt

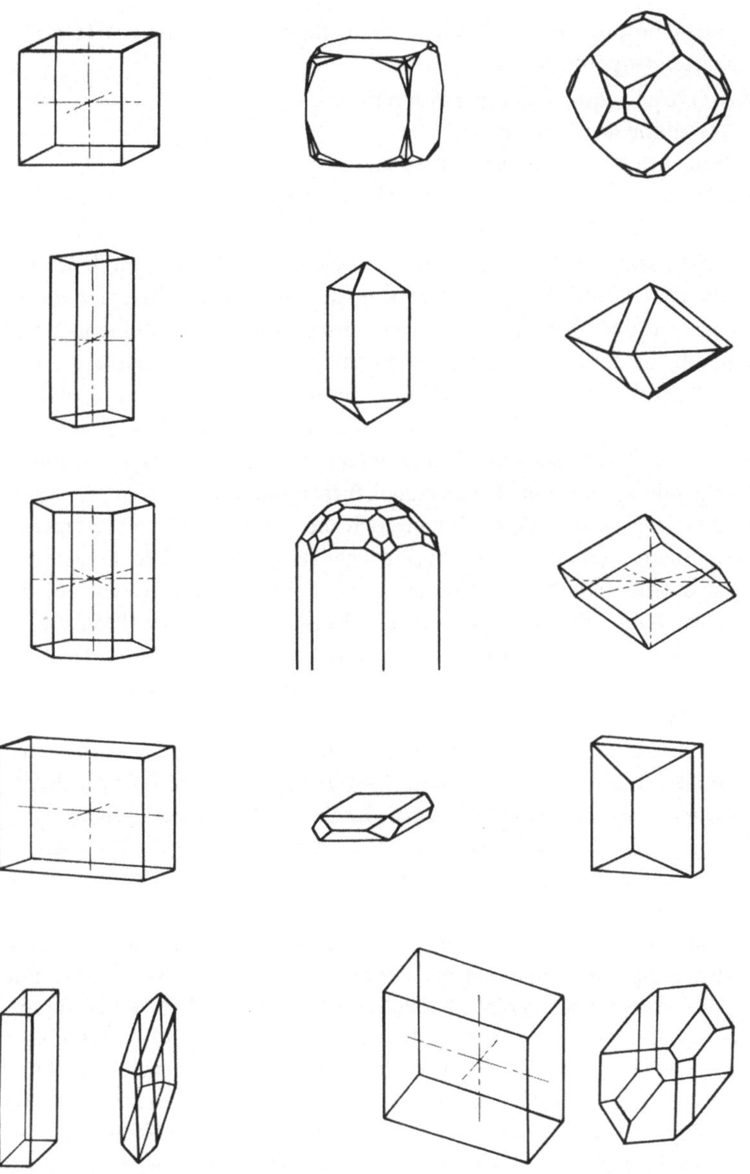

Bild 13.1 Einige idealisiert gezeichnete Kristallformen *(W. E. Ford:* Dana's Textbook of Mineralogy, 4th ed., J. Wiley & Sons, Inc. New York, 1842)

einige Kristalle, die sich, obwohl äußerlich sehr verschieden, auf wenige Grundformen zurückführen lassen. Bei diesen handelt es sich um eine Einteilung in sieben Kristallsysteme, für die die Symmetrie der inneren Struktur verantwortlich ist. Sie bedingt die äußere Kristallgestalt.

Wie die in Kapitel 4 besprochenen Moleküle besitzen auch die Kristalle folgende vier Symmetrieeigenschaften (-operationen):

1. Das *Inversionszentrum* (Spiegelung an einem Punkt),
2. die *Spiegelebene* (Spiegelung an einer Ebene),
3. die *Drehachse* (Drehung um eine n-zählige Achse) und
4. die *Drehspiegelachse* (aus einer Drehung und einer Spiegelung zusammengesetzte Operation).

Um festzustellen, ob ein Kristall ein Inversionszentrum besitzt, führt man eine Inversion an dem vermuteten Zentrum durch; unterscheidet sich der invertierte Kristall vom ursprünglichen nicht, dann ist das Zentrum ein Inversionszentrum. Auf ähnliche Weise können wir feststellen, ob die Spiegelung an einer Ebene zu einem vom ursprünglichen nicht unterscheidbaren Kristall führt. Drehen wir ihn um eine Kristallachse und wird er z. B. nach einer Drehung um 180° reproduziert, so besitzt er eine zweizählige Drehachse, usw. Die Drehspiegelung setzt sich schließlich aus einer Drehung um eine zweizählige Achse und einer nachfolgenden Spiegelung (oder umgekehrt) zusammen.

Bezieht man in die aufgezählten Operationen auch die *Translation* ein, so ergeben sich insgesamt 230 Kombinationen, die *Raumgruppen* genannt werden. Die Translation als Symmetrieoperation äußert sich makroskopisch nicht, sondern bezieht sich auf die innere atomare Struktur. Man versteht darunter die Verschiebung einer bestimmten elementaren Molekülanordnung (Elementargitter oder Elementarzelle) in gewisse Raumrichtungen, wodurch die dreidimensional unendliche Periodizität der Struktur gewährleistet (beschrieben) wird. Während Punktgruppen, gebildet aus den vier aufgezählten Operationen, zur Beschreibung von Molekülsymmetrien ausreichen, müssen zur Beschreibung der Kristallsymmetrien Raumgruppen verwendet werden. Alle Kristalle lassen sich in 230 mögliche Raumgruppen einordnen und in sieben *Kristallsystemen* zusammenfassen, wenn man diese durch gewisse minimale Symmetriebedingungen definiert. Zur Klassifikation der Kristalle genügen dann die vier genannten makroskopischen Symmetrieelemente, ermittelbar an Hand der Kristallflächen.

Um die Kristalle an Hand dieser Flächen in wenige Systeme einordnen zu können, benötigt man für sie eine geeignete Nomenklatur oder Symbolik. Diese wird auf folgende Weise eingeführt: Je nach der Symmetrie eines Kristalls läßt sich parallel zu seinen Hauptachsen immer ein Koordinatensystem so festlegen, daß die Achsenabschnitte beliebiger Flächen zueinander in einem rationalen Zahlenverhältnis stehen. Zur Veranschaulichung sind in Bild 13.2 drei Achsen mit den Einheitslängen a, b, c dargestellt. Sie werden von einer Ebene in den Punkten A, B, C geschnitten und liefern die Achsenabschnitte: $\overline{OA}$, $\overline{OB}$, $\overline{OC}$. In Einheiten von a, b, c lauten die Abschnitte: $\overline{OA}/a$, $\overline{OB}/b$, $\overline{OC}/c$. Rein empirisch beobachten wir nun, daß die Achsenabschnitte verschiedener Kristallflächen zueinander immer in einem Verhältnis rationaler Zahlen auftreten (*Gesetz der rationalen Indizes*). Das bedeutet aber nichts anderes, als daß die Abschnitte ganzzahlige Vielfache von kristallographischen Elementarlängen (a, b, c) sein müssen. Die reziproken Achsenabschnitte lassen sich durch Multiplikation mit dem gemeinsamen Nenner auf kleinstmögliche ganze Zahlen bringen und werden dann *Millersche Indizes* genannt (h, k, *l*). Jede Kristallfläche besitzt so eine ganz bestimmte hk*l*-Kombination. Diese Indizes werden wir in den nächsten Abschnitten bevorzugt zur Indizierung innerer Kristallflächen (Gitterebenen) benutzen.

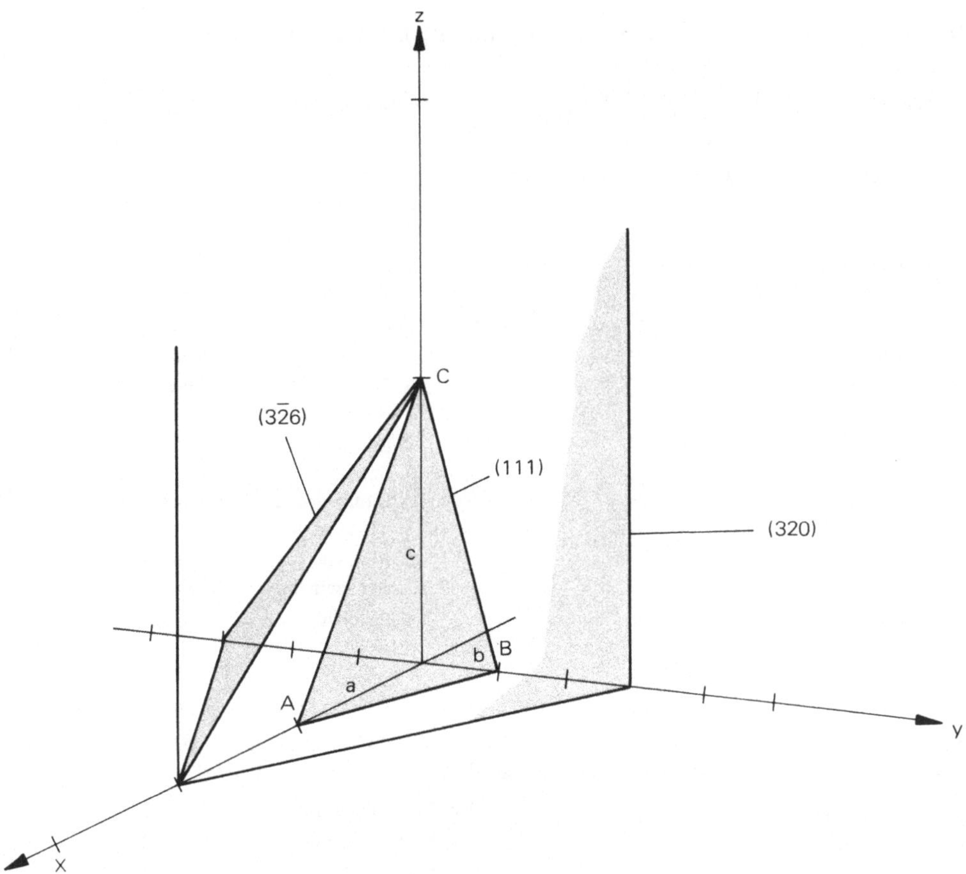

Bild 13.2 Achsenabschnitte dreier Kristallflächen oder Gitterebenen

Bei Beachtung des Gesetzes der rationalen Indizes und der geeigneten Wahl eines Koordinatensystems können alle Kristalle in sieben voneinander unabhängige Systeme bzw. in 32 *Kristallklassen* eingeteilt werden (Tabellen 13.1 und 13.2). Wie es die Raumgruppentheorie verlangt. Sehen wir uns die Tabelle 13.1 etwas genauer an, untersuchen wir also die makroskopische Symmetrie, dann machen wir eine triviale, aber wichtige Feststellung: Die einzigen Drehachsen, die vorkommen, sind 2-, 3-, 4- und 6-zählig. Die Erklärung dafür ist denkbar einfach: Es ist unmöglich, einen Raum mit beispielsweise 5-zähligen Figuren voll auszufüllen. Dies läßt schon eine zweidimensionale Darstellung erkennen. Einen Fußboden können wir lückenlos mit gleichseitigen Dreiecken, mit Rechtecken und mit Sechsecken, nicht aber mit gleichseitigen Fünfecken bedecken. Diese Erkenntnis ist schon sehr alt (*Hooke, Hauy*) und gleichbedeutend mit der Forderung, daß alle Kristalle aus regelmäßigen atomaren Untereinheiten (Elementarzellen) aufgebaut sein müssen.

Tabelle 13.1: Die 7 Kristallsysteme und 14 Bravaisgitter (vgl. Bild 13.4)

Kristallsystem	Elementargitter Achsen	Winkel	Bravaisgitter	minimale Symmetriebedingungen
1. Kubisch	$a = b = c$	$\alpha = \beta = \gamma = 90°$	1. Primitiv 2. Raumzentriert 3. Flächenzentriert	vier 3-zählige Drehachsen
2. Hexagonal	$a = b, c$	$\alpha = \beta = 90°$ $\gamma = 120°$	4. Basiszentriert	eine 6-zählige Drehachse
3. Rhomboedrisch (Trigonal)	$a = b = c$	$\alpha = \beta = \gamma \neq 90°$	5. Primitiv	eine 3-zählige Drehachse
4. Tetragonal	$a = b, c$	$\alpha = \beta = \gamma = 90°$	6. Primitiv 7. Raumzentriert	eine 4-zählige Drehachse
5. Orthorhombisch	a, b, c	$\alpha = \beta = \gamma = 90°$	8. Primitiv 9. Basiszentriert 10. Raumzentriert 11. Flächenzentriert	drei 2-zählige Drehachsen
6. Monoklin	a, b, c	$\alpha = \beta = 90°$	12. Primitiv 13. Basiszentriert	eine 2-zählige Drehachse
7. Triklin	a, b, c	α, β, γ	14. Primitiv	keine Drehachse

Tabelle 13.2: Die 32 Kristallklassen mit internationaler (bzw. Schoenfliesscher) Symbolik (vgl. Abschnitt 4.4); jedes Symbol enthält die zu drei wichtigen Richtungen gehörenden Symmetrieelemente, die wie folgt definiert sind:

keine Symmetrie	1	4-zählige Drehachse	4
Spiegelebene	m	4-zählige Drehspiegelachse	$\bar{4}$
2-zählige Drehachse	2	6-zählige Drehachse	6
3-zählige Drehachse	3	6-zählige Drehspiegelachse	$\bar{6}$
3-zählige Drehspiegelachse	$\bar{3}$	Inversionszentrum	$\bar{1}$

Spiegelebenen senkrecht zu einer Drehachse stehen im Nenner

System	Beispiel	Kristallklassen
1. Kubisch	$NaCl$	$23\,(\mathrm{T})$, $43\,(\mathrm{O})$, $\frac{2}{m}3\,(\mathrm{T_h})$, $\bar{4}3m\,(\mathrm{T_d})$, $\frac{4}{m}\bar{3}\frac{2}{m}\,(\mathrm{O_h})$
2. Hexagonal	C (Graphit)	$6\,(\mathrm{C_6})$, $\bar{6}\,(\mathrm{C_{3h}})$, $62\,(\mathrm{D_6})$, $6\,mm\,(\mathrm{C_{6v}})$, $\bar{6}\,m\,(\mathrm{D_{3h}})$, $\frac{6}{m}\,(\mathrm{D_{3h}})$, $\frac{6}{m}\frac{2}{m}\frac{2}{m}\,(\mathrm{D_{6h}})$
3. Rhomboedrisch	$Ca\,Mg\,(CO_3)_2$	$3\,(\mathrm{C_3})$, $\bar{3}\,(\mathrm{C_{3i}})$, $3\,mm\,(\mathrm{C_{3v}})$, $32\,(\mathrm{D_3})$, $\bar{3}\frac{2}{m}\,(\mathrm{C_{3d}})$
4. Tetragonal	TiO_2	$4\,(\mathrm{C_4})$, $\bar{4}\,(\mathrm{S_4})$, $\frac{4}{m}\,(\mathrm{C_{4h}})$, $42\,(\mathrm{D_4})$, $\bar{4}2m\,(\mathrm{D_{2d}})$, $4\,mm\,(\mathrm{C_{4v}})$, $\frac{4}{m}\frac{2}{m}\frac{2}{m}\,(\mathrm{D_{4h}})$
5. Orthorhombisch	$BaSO_4$	$222\,(\mathrm{D_2})$, $2\,mm\,(\mathrm{C_{2v}})$, $mm\,(\mathrm{D_{2h}})$
6. Monoklin	$CaSO_4 \cdot 2\,H_2O$	$2\,(\mathrm{C_2})$, $m\,(\mathrm{C_s})$, $\frac{2}{m}\,(\mathrm{C_{2h}})$
7. Triklin	$K_2Cr_2O_7$	$1\,(\mathrm{C_1})$, $\bar{1}\,(\mathrm{C_s})$

13.2 Kristallgitter und Elementarzelle

Wie die periodische Anordnung der Bausteine in einem Kristall zustande kommt, zeigt bereits Bild 13.3 für den hypothetischen Fall zweidimensionaler Punktgitter. Es gibt insgesamt nur fünf solche Punktgitter. Jedes weitere kann sich von den eingezeichneten nur in der Größe der Abstände a und b sowie dem Winkel unterscheiden, wenn die Periodizität erhalten bleiben soll. Ihre kleinsten Einheiten (*Elementargitter*) ergeben durch fortgesetzte Translation in den zwei Raumrichtungen das gesamte Punktgitter. Im dreidimensionalen Raum gibt es insgesamt 14 Punktgitter (*Bravaisgitter*). Ihre Einheiten sind in Bild 13.4 dargestellt; sie besitzen die in Tabelle 13.1 aufgezählten Symmetrieeigenschaften und lassen sich daher auch den sieben Systemen zuordnen.

Werden die einzelnen Elementar- bzw. Punktgitter mit Atomen, Ionen oder Molekülen besetzt, so spricht man von *Elementarzellen* bzw. *Kristallgitter*. Liegt nur eine Teilchensorte vor, so entsprechen die Elementarzellen den Bravaisgittern. Bei mehreren Teilchensorten ergibt sich das Kristallgitter durch Ineinanderstellen mehrerer Bravaisgitter (z. B. Kationen und Anionen in Ionenkristallen).

Man kann die Elementarzellen auch noch von einem anderen Gesichtspunkt aus diskutieren. Es gibt unter den Zellen solche, wo nur die Ecken von Atomen oder Molekülen besetzt sind, und andere, wo diese auch die Seitenflächen oder den Innenraum einnehmen. Zellen der ersten Art heißen *primitive* Elementarzellen. Da jedes Atom oder Molekül nur zu einem Achtel der Zelle angehört, enthält jede primitive Elementarzelle nur ein Atom bzw. Molekül. Zellen der zweiten Art bezeichnet man als *basiszentrierte* bzw. *flächenzentrierte* bzw. *innenzentrierte* Elementarzellen; sie enthalten mehr als ein Atom pro Zelle.

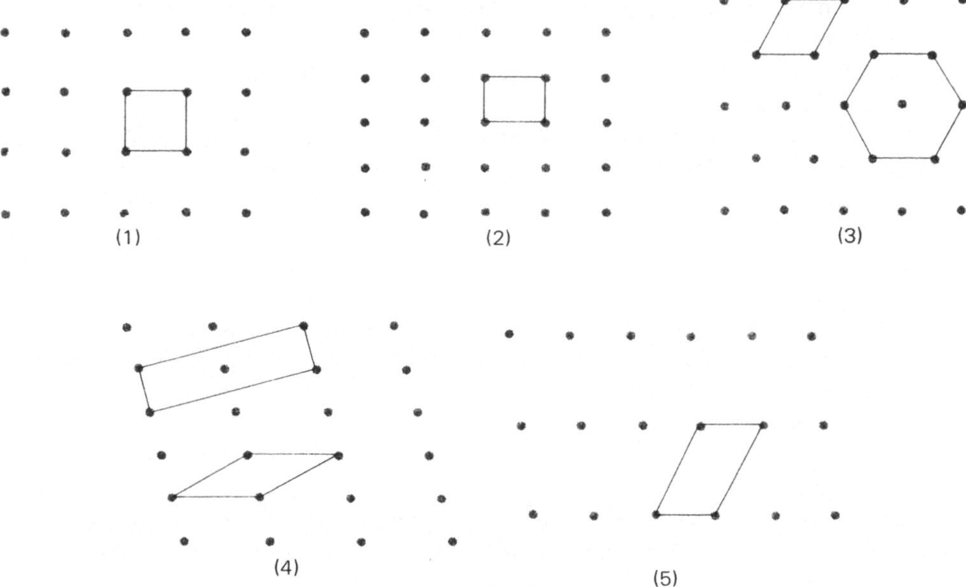

Bild 13.3 Die fünf periodisch wiederholbaren Elementareinheiten eines zweidimensionalen Gitters

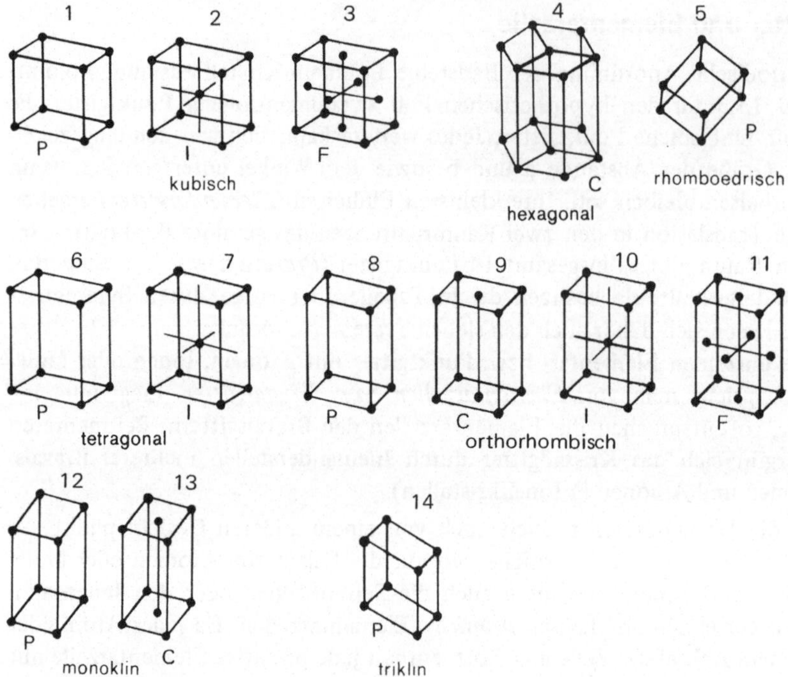

Bild 13.4 Die 14 Bravaisgitter (P primitiv, I raum- oder innenzentriert, F allseitig
flächenzentriert, C basiszentriert)

Zur quantitativen Beschreibung der Elementarzellen legt man den Symmetrie-eigenschaften angepaßte Koordinatensysteme fest und gibt darin ihre Abmessungen (Kantenlängen + Winkel) an. Bei den kubischen Elementarzellen empfiehlt sich das orthogonale kartesische Koordinatensystem von selbst. Zur Angabe der Abmessung genügt die Kubuslänge a. Hinzugefügt wird, ob es sich um eine primitive, flächenzentrierte oder raumzentrierte kubische Zelle handelt. Auch bei den tetragonalen Elementarzellen nimmt man das kartesische Koordinatensystem, benötigt aber die Angabe von zwei Kantenlängen a und c, da $a = b \neq c$ ist. Bei den anderen werden zweckmäßig schiefwinkelige Koordinatensysteme verwendet (vgl. Tabelle 13.1). Je höher symmetrisch ein Kristall ist, umso weniger Bestimmungsstücke seiner Elementarzelle sind notwendig. Bei den Kristallen der niedrigsten Symmetrie (triklin), braucht man insgesamt drei Winkel und drei Kantenlängen. Allgemein werden die Elementarzellen durch die drei Vektoren **a, b, c** im betreffenden Koordinatensystem definiert (Bild 13.5). a, b, c sind die Beträge dieser Vektoren (*Gitterkonstanten*); durch ihre Vielfache werden Gitterpunkte und Raumrichtungen definiert.

Auch die Millerschen Indizes, zunächst nur zur Beschreibung äußerer Kristallflächen eingeführt, erscheinen bei atomarer Betrachtung in einem neuen Licht. Sie charakterisieren jetzt *Gitterebenen*, also innere Kristallebenen, die Gitterpunkte enthalten (Bild 13.6). Man sollte sich immer bewußt sein, daß die hk*l*-Indizes reziprok definiert wurden: Kleine Indizes bedeuten große Koordinatenabschnitte und umgekehrt. Zu Koordinatenachsen parallele Gitterebenen sind durch den Index 0 gekennzeichnet.

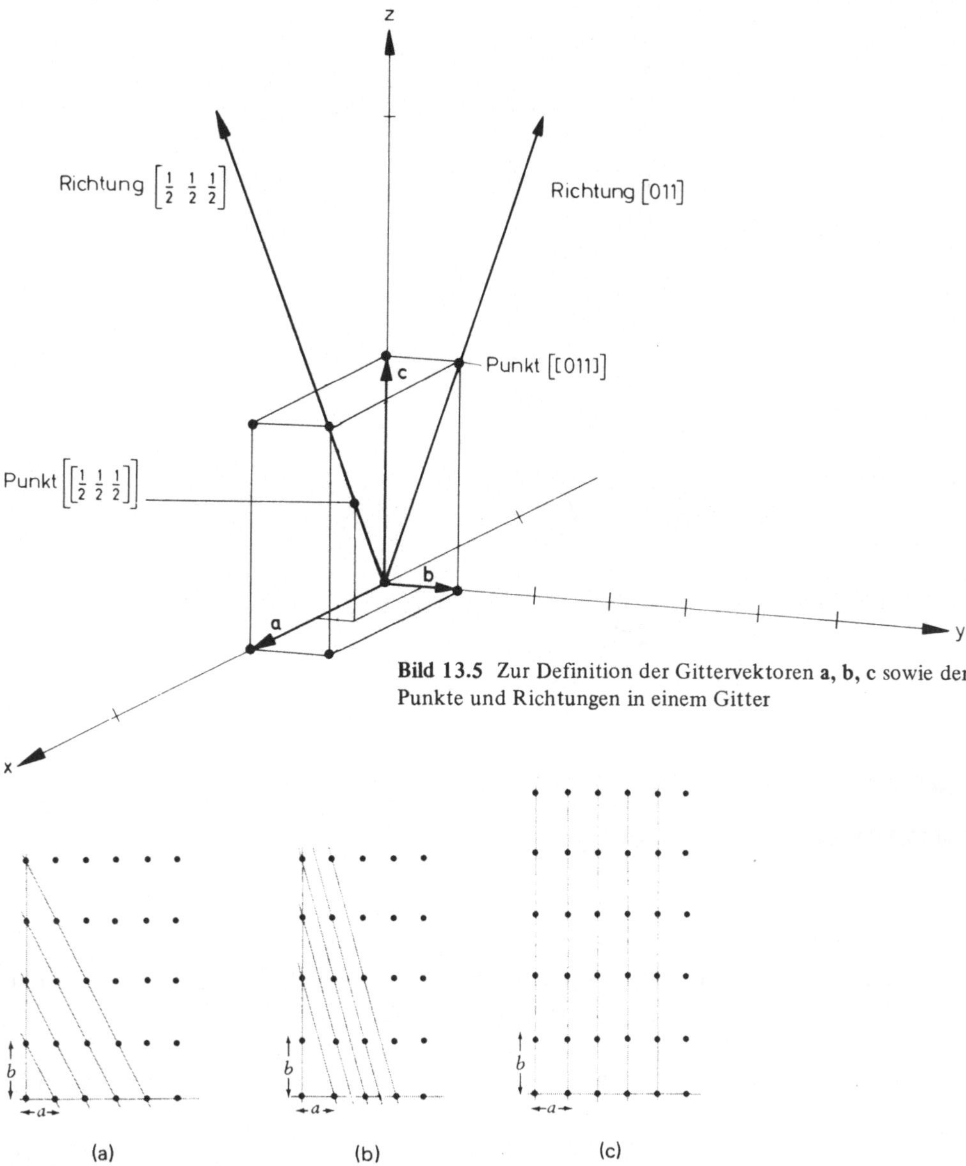

Bild 13.5 Zur Definition der Gittervektoren **a, b, c** sowie der Punkte und Richtungen in einem Gitter

Bild 13.6 Beispiele für Gitterebenen (c-Achse senkrecht zur Papierebene)
(a) Ordinatenabschnitte: a, b, ∞; Millersche Indizes: 1, 1, 0
(b) Ordinatenabschnitte: a/2, b, ∞; Millersche Indizes: 2, 1, 0
(c) Ordinatenabschnitte: a, ∞, ∞; Millersche Indizes: 1, 0, 0

Eine wichtige Größe in der Theorie der Röntgenbeugung und bei der Auswertung der Röntgenbilder ist der *Gitterebenenabstand* d_{hkl}, der kleinste Abstand zwischen zwei parallelen (hk*l*)-Gitterebenen. In Bild 13.7 ist eine (hk*l*)-Ebene gezeichnet. Wegen der Definition der Millerschen Indizes besitzt diese Ebene die Koordinatenabschnitte a/h, b/k, c/*l*. Gesucht ist nun der Abstand vom Koordinatenursprung, denn dieser ist identisch mit d_{hkl}, weil die nächste parallele Ebene durch den Ursprung gehen soll.

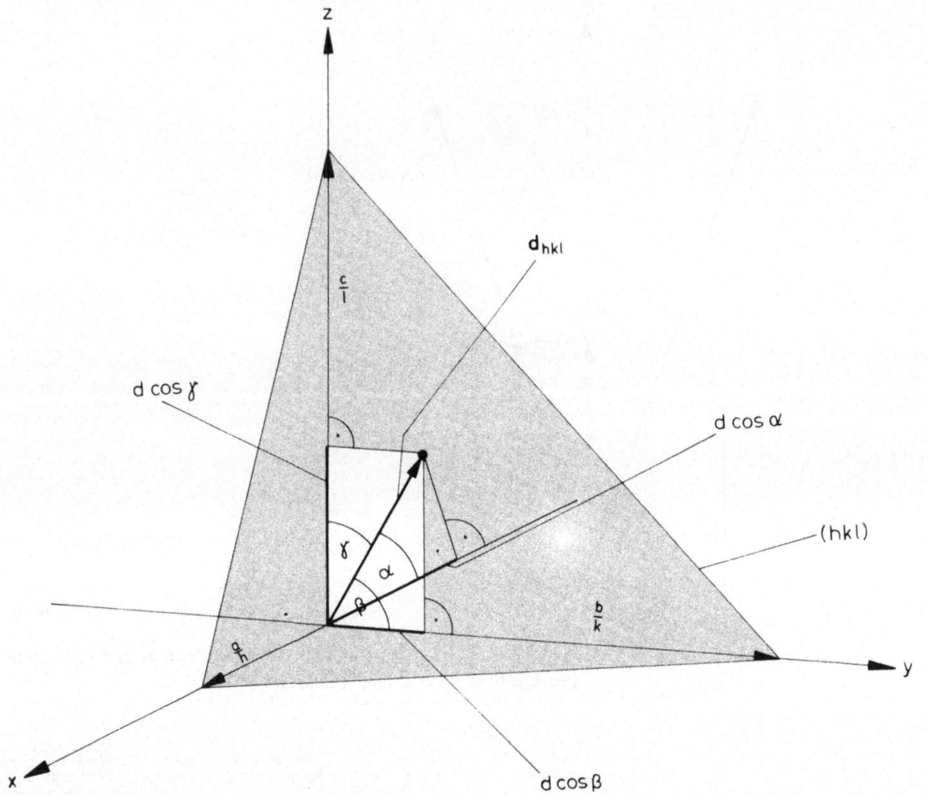

Bild 13.7 Skizze zur Berechnung von d_{hkl}

Mit den Beziehungen

$$(d\cos\alpha)^2 + (d\cos\beta)^2 + (d\cos\gamma)^2 = d^2 \tag{1}$$

bzw.

$$(\cos\alpha)^2 + (\cos\beta)^2 + (\cos\gamma)^2 = 1 \tag{2}$$

und

$$\frac{a}{h}\cos\alpha = d, \ \frac{b}{k}\cos\beta = d, \ \frac{c}{l}\cos\gamma = d \tag{3}$$

bekommt man dann

$$\frac{h^2}{a^2} + \frac{k^2}{b^2} + \frac{l^2}{c^2} = \frac{1}{d^2} \tag{4}$$

und für den Spezialfall des kubischen Gitters ($a = b = c$):

$$h^2 + k^2 + l^2 = \frac{a^2}{d_{hkl}^2}. \tag{5}$$

Definiert man anstelle der Vektoren **a**, **b**, **c**, die die Elementarzelle aufspannen, sogenannte *reziproke (orthogonale) Vektoren* **a***, **b***, **c*** durch

$$\mathbf{a}^* = \frac{\mathbf{b} \times \mathbf{c}}{V}, \qquad V \text{ Volumen der Elementarzelle} = \mathbf{a} \cdot \mathbf{b} \cdot \mathbf{c};$$

$$\mathbf{b}^* = \frac{\mathbf{c} \times \mathbf{a}}{V}, \qquad \mathbf{aa}^* = 1, \ \mathbf{bb}^* = 1, \ \mathbf{cc}^* = 1; \ \mathbf{ab}^* = 0, \ \mathbf{bc}^* = 0, \text{ usw.}$$

$$\mathbf{c}^* = \frac{\mathbf{a} \times \mathbf{b}}{V}, \tag{6}$$

so kann man Gl. (4) auch schreiben:

$$h^2 \, \mathbf{a}^{*\,2} + k^2 \, \mathbf{b}^{*\,2} + l^2 \, \mathbf{c}^{*\,2} = \sigma_{hkl}^2. \tag{7}$$

Für den reziproken Gitterebenenabstand $1/d_{hkl}$ wurde der Vektor σ_{hkl} eingeführt. Er steht wie d_{hkl} senkrecht auf der (hk*l*)-Ebene. Ordnet man auf diese Weise jeder möglichen Gitterebene einen σ-Vektor zu, so stellen die Spitzen der Vektoren ein *reziprokes Gitter* (im reziproken Raum) dar.

13.3 Braggsche Reflexion und Einkristallverfahren

Alle Röntgenbeugungsverfahren basieren auf der Streuung der tief in den Kristall eindringenden Röntgenstrahlen. Streuzentren sind die periodisch regelmäßig angeordneten Atome (und Moleküle) bzw. deren Elektronenhülle. Beugungsbilder entstehen dadurch, daß zwischen den gestreuten Wellen Phasenverschiebungen auftreten, die zu konstruktiver oder destruktiver Interferenz führen (Abschnitt 8.3). Dringt ein monochromatischer Röntgenstrahl in den Kristall ein, so wird er an den Gitterebenen infolge der Streuung teilweise reflektiert; die reflektiert gestreuten Wellen des Strahls interferieren konstruktiv nur in gewissen Raumrichtungen. Wären dabei die Gitterebenenabstände nicht von derselben Größenordnung wie die Wellenlängen des Röntgenstrahls (Å-Bereich), so würde keine Beugung eintreten.

Die *Interferenzbedingung* für die Beugung an Kristallen läßt sich an Hand von Bild 13.8 ermitteln. Alle einfallenden Strahlen seien zueinander in Phase. Der Wegunterschied der beiden gezeichneten Wellen beträgt nach der Streuung

$$\delta = 2\,d\sin\frac{\theta}{2} . \tag{8}$$

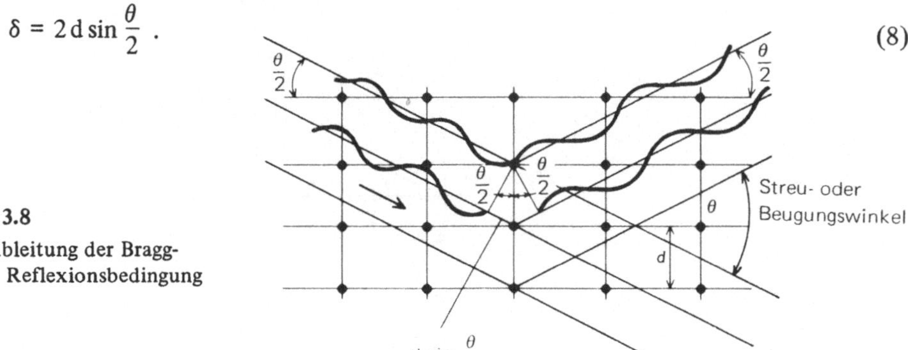

Bild 13.8

Zur Ableitung der Braggschen Reflexionsbedingung

Ist δ ein ganzzahliges Vielfaches von λ, so tritt maximale konstruktive Interferenz ein. Die zugehörige Bedingung lautet daher:

$$2d \sin \frac{\theta}{2} = n\lambda. \tag{9}$$

Sie ist unter dem Namen *Braggsche Interferenz-* oder *Reflexionsbedingung* bekannt. Ist sie bei einem bestimmten Streuwinkel $\frac{\theta}{2}$ erfüllt, so werden auf einer photographischen Platte oder auf einem Film Beugungsflecke (*Reflexe*) sichtbar. Bei bekannter Wellenlänge λ und gemessenem Streuwinkel $\frac{\theta}{2}$ kann daher nach Gl. (9) der Gitterebenenabstand d berechnet werden.

Eine graphische Darstellung der Reflexionsbedingung (9) im realen Raum zeigt Bild 13.9a und im reziproken Raum Bild 13.9b. Hat der einfallende Strahl die Richtung $\overline{AO}$ und beträgt der Winkel zwischen $\overline{AO}$ und $\overline{AP}$ $\theta/2$, so muß AP der Lage der reflektierenden (hk*l*)-Ebene entsprechen und diese sich in K befinden. Der reflektierte Strahl hat deshalb die Richtung $\overline{KP}$ und der reziproke Gitterabstandsvektor $\sigma (= \overline{OP})$ steht senkrecht zur Gitterebene. Da σ im reziproken Raum aufgrund seiner Definition immer zu dem reziproken Gitterpunkt (hk*l*) weist, ist P ein reziproker Gitterpunkt und O der Ursprung des reziproken Raums. Immer wenn ein reziproker Gitterpunkt auf dem Kreis bzw. auf der Kugeloberfläche zu liegen kommt, ist die Reflexionsbedingung erfüllt und der gebeugte Strahl hat maximale Intensität. Ein Reflex auf dem Film ist das Resultat. Der Reflex ist also eine „Photographie" des reziproken Gitterpunktes (hk*l*). Alle Beugungsbilder, egal nach welchem experimentellen Verfahren aufgenommen, sind daher „Photographien" des reziproken Gitters und jeder Reflex stammt von einer ganz bestimmten Gitterebene. Dies ist auch der Grund, warum in der Theorie der Röntgenbeugung und zu ihrer Deutung der reziproke Raum eingeführt wird. Mathematisch ausgedrückt: Die Beugung entspricht einer Transformation vom realen in den reziproken Raum.

Es gibt drei Verfahren zur Abbildung von Einkristallen: 1. Das Laueverfahren bei feststehendem Kristall und mit Variation der Röntgenwellenlänge, 2. das Drehkristallverfahren bei konstanter Wellenlänge und mit Drehung des Kristalls und 3. das Präzessionsverfahren, eine spezielle Variante des Drehkristallverfahrens. Sie können an Hand der in Bild 13.9b erklärten *Reflexions-* oder *Ewaldkugel* diskutiert werden.

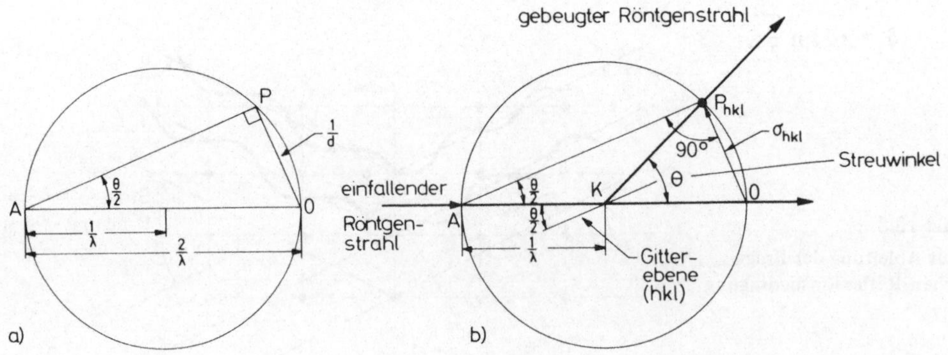

Bild 13.9 Darstellung der Reflexionsbedingung im realen (a) und im reziproken Raum (b)

1. Laueverfahren

Immer wenn ein reziproker Gitterpunkt auf der Reflexionskugel zu liegen kommt, gelangt eine Gitterebene zur Abbildung. Da eine Variation der Wellenlänge eine solche des Kugeldurchmessers bewirkt, werden bei Verwendung von weißem Röntgenlicht auch Ebenen abgebildet, die sonst ausgeschlossen sind. Da der Wellenlängenbereich von weißem Röntgenlicht jedoch begrenzt ist, gelangen nur die innerhalb der größeren und außerhalb der kleineren Kugel (Bild 13.10) liegenden reziproken Gitterpunkte zur Abbildung.

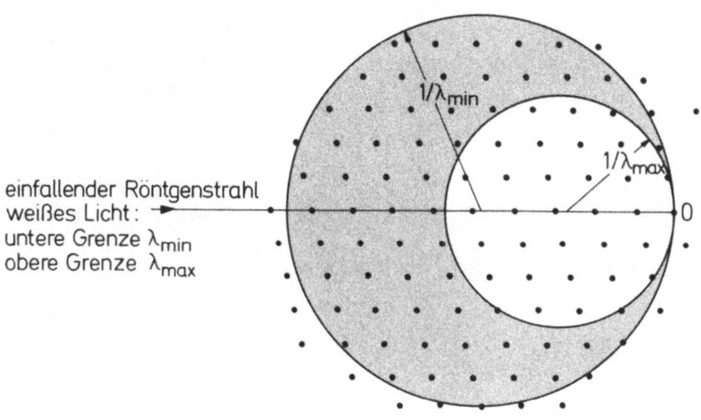

Bild 13.10 Schnitt durch den reziproken Gitterraum mit begrenzenden Reflexionskugeln beim Laueverfahren (*L. V. Azaroff*: Elements of X-Ray Crystallography, McGraw Hill Book Co., N. Y. 1968)

2. Drehkristallverfahren

Beim Drehkristallverfahren wird der Kristall um eine Hauptachse gedreht und mit ihm gleichzeitig das reziproke Gitter um eine dazu parallele Achse, die durch den Ursprung des reziproken Raumes geht (Bild 13.11). Bei der Drehung gehen nun verschiedene reziproke Gitterpunkte durch die Oberfläche der Reflexionskugel und geben jedesmal einen Reflex. Wird z. B. ein tetragonaler Kristall um die c-Achse gedreht, so bedeutet dies ein Abbilden der reziproken Gitterpunkte (hk0), (hk1), (hk2), (hk$\bar{1}$), (kh$\bar{2}$) usw. Da diese voneinander denselben Abstand haben, entstehen im realen Raum Beugungskegel. Wird daher das Beugungsbild auf einem zylindrischen Film sichtbar gemacht (Bild 13.12), so

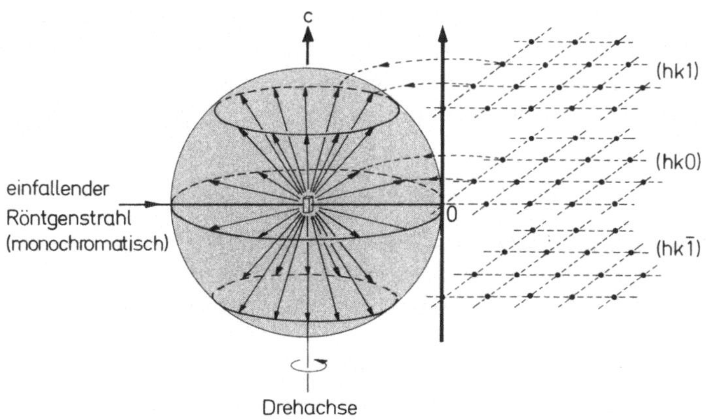

Bild 13.11

Reziprokes Gitter und Reflexionskugel beim Drehkristallverfarhen (*L. V. Azaroff*: Elements of X-Ray Crystallograph. McGraw Hill Book Co., N. Y., 1968

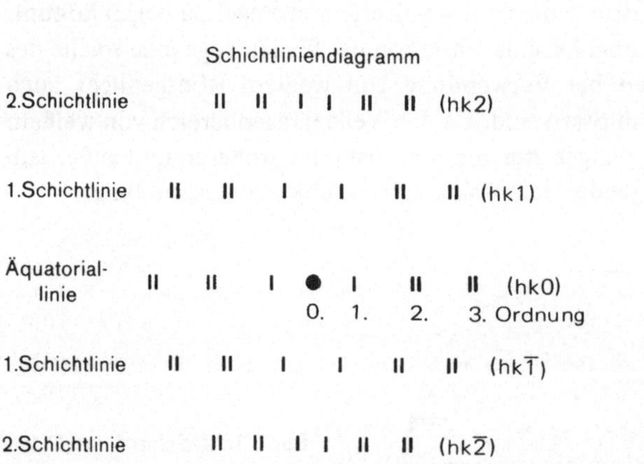

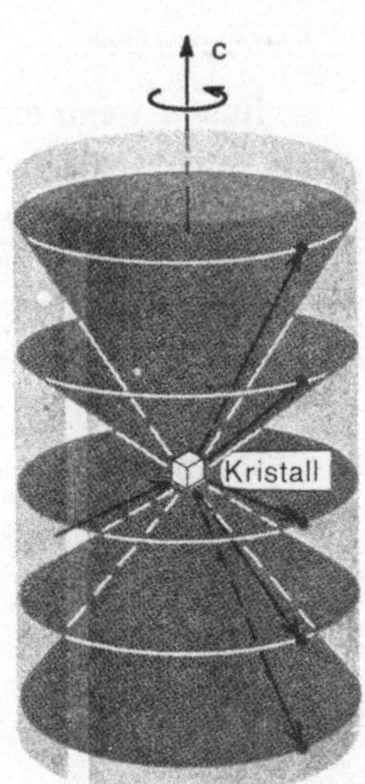

Bild 13.12 Beugungsbild auf aufgerolltem Film und Drehkristallanordnung

sieht man nach dem Aufrollen des Films ein Schichtenliniendiagramm. Der Abstand der einzelnen Schichten entspricht der Gitterkonstanten c. Alle Äquatorialreflexe bei einer Rotation um die c-Achse stammen von (hk0)-Ebenen (Flächen parallel zur c-Achse). Die anderen Schichtlinienreflexe liegen symmetrisch zu beiden Seiten der Äquatorialreflexe und gehören zu (hk1)-Ebenen, also zu solchen, die gegen die Drehachse geneigt sind. Eine vollständige Strukturanalyse erfordert zwei weitere Drehkristallaufnahmen, und zwar mit Rotationen des Kristalls um die a- und b-Achse.

Greift man die Äquatorialreflexe heraus, so lassen sich zu ihrer Indizierung die Reflexe höherer Beugungsordnung so auffassen, als seien sie Reflexe 1. Ordnung mit den Gitterebenenabständen d/n. Durch Umformung von Gl. (9) ergibt sich nämlich:

$$\lambda = 2\,\frac{d}{n}\,\sin\frac{\theta}{2} = 2\,d_{hk0}\,\sin\frac{\theta}{2}. \tag{10}$$

Jedem Reflex kann daher eine bestimmte erzeugende (hk0)-Ebene zugeordnet werden, und zwar mit dem Gitterabstand d_{hk0}. Ein (200)-Reflex entspricht so einem (100)-Reflex mit dem halben (100)-Gitterebenenabstand. Diese Zuordnung ist sinnvoller als die Charakterisierung durch verschiedene Beugungsordnungen. Ähnlich geht man auch bei den anderen Schichten vor.

3. Präzessionsverfahren

Eine neuerdings oft benutzte Variante des Drehkristallverfahrens ist das Präzessionsverfahren. Ein Einkristall wird entlang einer Hauptachse präzessionsartig um den Röntgenstrahl gedreht. Mit dem Effekt, daß auf einer dahinterliegenden Photoplatte nur Reflexe mit hk0, h0*l* und 0k*l* auftreten. Wird dazu die Photoplatte synchron mit der Präzessionsbewegung mitgedreht, so lassen sich aus den reziproken Reflexabständen direkt die Gitterebenenabstände ablesen.

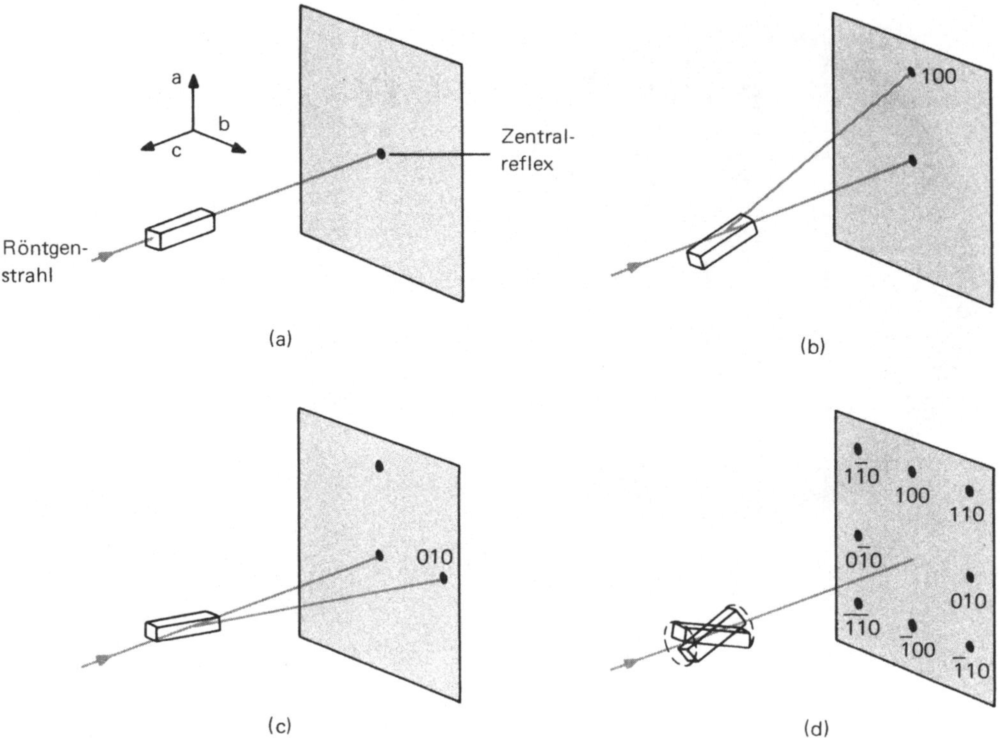

Bild 13.13 Zum Entstehen der Reflexe beim Präzisionsverfahren

Wir betrachten hierzu Bild 13.13. Der Kristall wird so eingespannt, daß seine c-Achse parallel zur Röntgeneinfallsrichtung liegt (Bild 13.13a). Wird nun der Kristall wie in Bild 13.13b gegen die Einfallsrichtung gekippt, so reflektieren nur die 100-Ebenen und erzeugen einen 100-Reflex. Dieser liegt senkrecht über dem Zentralreflex, wenn der Kristall eine kubische oder tetragonale Struktur besitzt (a = b). Wird der Kristall bei gleichbleibendem Einfallswinkel auf die Seite gedreht, so erzeugen die 010-Ebenen einen 010-Reflex auf einer zum Zentralreflex horizontalen Linie (Bild 13.13c). Wird er unter demselben Einfallswinkel auf die andere Seite gedreht, erzeugen dieselben Ebenen einen 01̄0-Reflex. Bei einer vollen Drehung um die Einfallsrichtung (= Präzessionsbewegung) entstehen auf diese Weise alle hk0-Reflexe (Bild 13.13d). Während alle 0k0-Reflexe auf der Horizontallinie zu liegen kommen, befinden sich die hk0- und hk̄0-Reflexe auf den diagonalen Linien. Im ersten Fall deshalb, weil die erzeugenden 0k0-Ebenen gegen die a-Achse nicht und im zweiten Fall, weil die hk0- und hk̄0-Ebenen unter 45° gegen die a-Achse geneigt sind. Die Richtung der Reflexe (vom Zentralreflex aus gesehen) ist also identisch mit der Flächennormalen der Gitterebenen. Dies ist ein wichtiger Punkt beim Präzessionsverfahren. Stehen nämlich die Kristallhauptachsen nicht senkrecht aufeinander, so wird zwar die Indizierung etwas undurchsichtiger, doch die Reflexrichtungen stehen nach wie vor senkrecht aufeinander. Bild 13.14 zeigt hierzu als Anwendungsbeispiel die Aufnahme eines Lysozymchloridkristalls.

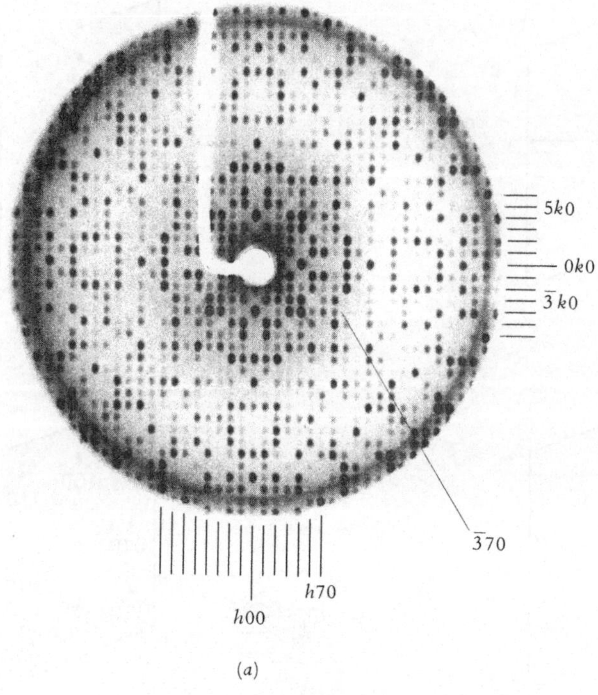

(a)

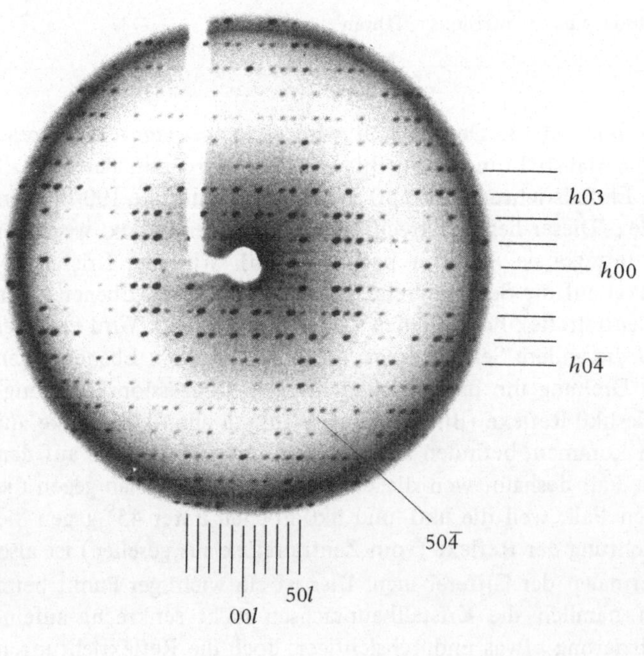

(b)

Bild 13.14
Beugungsbild eines Lyso-
zymchloridkristalles mit
hk0- (a) und h0l-Reflexen
(b) (*J. R. Knox:* J. Chem.
Educ. 49 (1972) 476)

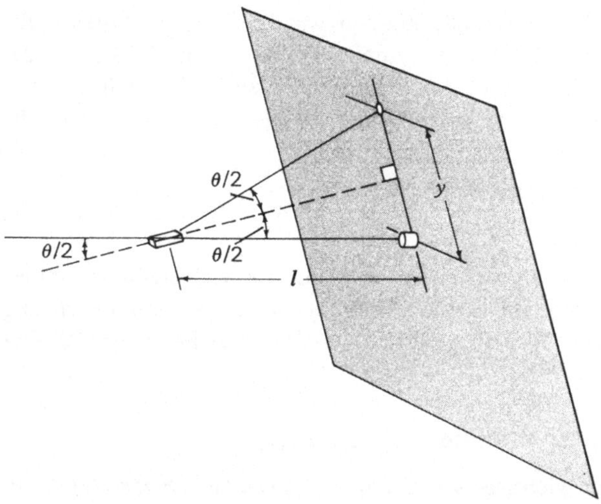

Bild 13.15

Skizze zur Herleitung der Reziprozitätsrelation (12) beim Präzessionsverfahren

Ein zweiter wichtiger Punkt beim Präzessionsverfahren betrifft die synchron geführte Bewegung der Photoplatte. Da die Kristallhauptachse immer senkrecht zur Platte mitbewegt wird, sind die Reflexabstände (vom Zentralreflex) umgekehrt proportional zu den Gitterabständen d_{hkl}. Dies läßt sich an Hand von Bild 13.15 leicht beweisen. Ist eine Kristallachse im Winkel $\theta/2$ gegen die Einfallsrichtung geneigt, so gilt

$$\sin\frac{\theta}{2} = \frac{y/2}{l}. \tag{11}$$

Mit der Braggschen Beziehung $\lambda = 2\,d_{hkl}\sin\theta/2$ kombiniert, ergibt das den Ausdruck

$$d_{hkl} = \frac{\lambda}{2\sin\frac{\theta}{2}} = \frac{\lambda l}{y}. \tag{12}$$

Bei bekannter Wellenlänge λ und bekannter Kameralänge l (= Kristall-Plattenabstand) läßt sich damit nach Ausmessen von $y\,d_{hkl}$ eines jeden Reflexes einfach ermitteln. An Hand von Bild 13.14a wurde z. B. für $2y_{700}$ der Wert 27,3 mm gefunden. Dies ergibt bei einer Kameralänge von 100 mm und einer Wellenlänge von 0,1542 nm den Abstand

$$d_{700} = \frac{\lambda l}{y} = \frac{1{,}54\cdot 10^{-10}\cdot 100}{13{,}65} = 11{,}29\cdot 10^{-10}\ \text{m} = 11{,}29\ \text{Å} \tag{13}$$

bzw.

$$d_{100} = 7\,d_{700} = 79{,}1\ \text{Å}. \tag{14}$$

Nachdem aber d_{100} identisch mit a ist, hat man bereits eine Kantenlänge der Elementarzelle gefunden. Aus derselben Aufnahme folgt auch a = b (tetragonale Struktur), weil die vertikalen und horizontalen Reflexabstände gleich groß sind. Aus den h0l-Reflexen des Bildes 13.14 ergibt sich bei analoger Auswertung der c-Wert 37,9 Å. Die Abmessungen der tetragonalen Elementarzelle des Lysozymchlorids betragen somit a = b = 79,1 Å, c = 37,9 Å und das Zellenvolumen $V = a^2 c = 237\ 100\ \text{Å}^3$.

Mit den Abmessungen der Elementarzelle können wir die Zahl der Proteinmoleküle pro Zelle berechnen. Aus einer geeigneten Proteinfraktion wurde die Dichte des Lysozymchloridkristalls zu 1,24 kgdm^{-3} und der Proteinanteil zu 67 % bestimmt. Die Molmassenbestimmung dieser Fraktion lieferte 15 kg mol^{-1}. Die Molekülzahl pro Zelle beträgt daher

$$z = 0{,}67 \,\frac{dV N_A}{M} = 0{,}67 \,\frac{1240 \cdot 237\,100 \cdot 10^{-30} \cdot 6 \cdot 10^{23}}{15} \cong 8 \tag{15}$$

Bei der Aufnahmetechnik des Präzessionsverfahrens sind die Reflexabstände y immer indirekt proportional zu d$_{hkl}$. Denn jede hkl-Ebene erzeugt einen Reflex, dessen Richtung vom Zentralreflex senkrecht auf der Gitterebene steht. Damit ist das Beugungsbild eine echte Photographie des reziproken Gitters.

13.4 Das Debye-Scherrerverfahren und die NaCl-Struktur

Ein für die Röntgenpraxis sehr wichtiges Verfahren ist das *Debye-Scherrerverfahren*, dann nämlich, wenn man von einer Substanz keine Einkristalle besitzt. Während man bei den Einkristallverfahren um Achsen drehen muß, liegen bei einem Kristallpulver sämtliche Kristallorientierungen wegen der in allen Lagen vorkommenden Kriställchen bereits vor. Das Zustandekommen einer Debye-Scherreraufnahme können wir wieder miṭ Hilfe der Reflexionskugel und des reziproken Gitters erklären. Greifen wir einen Vektor σ_{hkl} heraus, so kommt dieser in allen möglichen Raumlagen vor. Alle reziproken Gitterpunkte (hkl) müssen deshalb im reziproken Raum auf einer Kugel liegen. Dasselbe gilt auch für alle anderen Vektoren bzw. Gitterebenen, so daß sich um den Ursprung 0 konzentrische Kugeln ergeben. Die Interferenzbedingung ist wiederum nur dann erfüllt, wenn diese die Reflexionskugel schneiden (Bild 13.16). Das bedeutet andererseits das Zustandekommen von konzentrischen Beugungskegeln im realen Raum, wovon jeder einer bestimmten reflektierenden Gitterebene entspricht. Bringt man nun wie in Bild 13.17 gezeigt, einen Film um das beugende Präparat, so bekommt man nach dem Aufrollen charakteristische sichelförmige Reflexe. Jedem Reflex ist also eine Gitterebene zugeordnet.

Bei allen Untersuchungen, egal nach welchem Verfahren, gilt es bei der Strukturaufklärung zuerst einmal, die Reflexe zu identifizieren, mit anderen Worten, diese nach

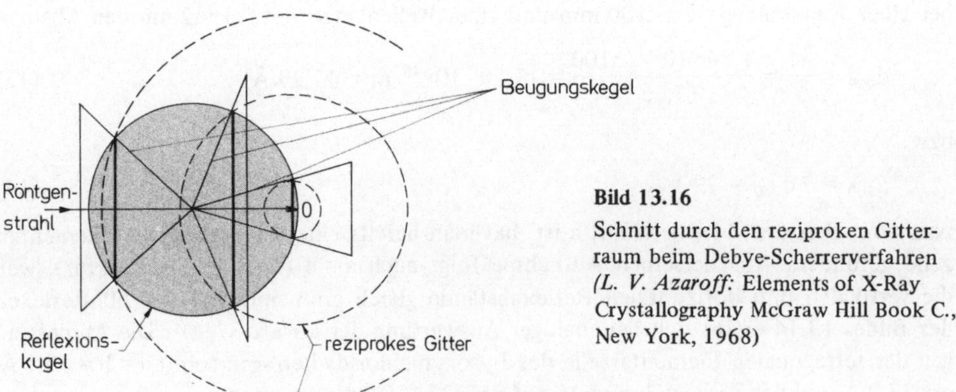

Bild 13.16
Schnitt durch den reziproken Gitterraum beim Debye-Scherrerverfahren
(L. V. Azaroff: Elements of X-Ray Crystallography McGraw Hill Book C., New York, 1968)

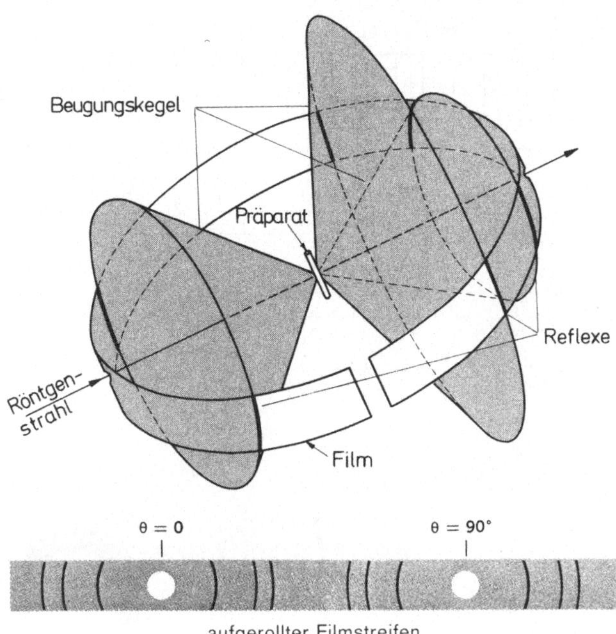

Bild 13.17
Anordnung zur Aufnahme von Pulverdiagrammen nach *Debye-Scherrer (L. V. Azaroff:* Elements of X-Ray Crystallography, McGraw Hill Book C., New York, 1968)

ihren erzeugenden Gitterebenen zu *indizieren.* Pulverdiagramme eignen sich nur zur Strukturbestimmung hochsymmetrischer Kristalle. Niedersymmetrische Kristalle besitzen nämlich Gitterebenen mit sehr ähnlichen Gitterabständen, deren Reflexe sich im Pulverdiagramm überlagern und nicht trennbar sind. Nur Einkristalluntersuchungen können dann weiterhelfen. Das Pulververfahren findet auch oft zur reinen Analyse von Gemengen Anwendung; denn anhand der sehr charakteristischen und in Tabellenwerken zusammengefaßten Pulverdiagramme können die einzelnen Bestandteile einfach identifiziert werden.

Je gestörter ein Kristall ist, d. h. je kleiner seine wirklich kristallinen Bezirke sind, umso breiter werden die Reflexe. Diese Reflexverbreiterung läßt sich zur Bestimmung der Größe dieser kristallinen Bereiche (kohärente Streubereiche) heranziehen. Wären Kristalle an sich nicht aus Mikrokristalliten (*Mosaikstruktur*) mit ein wenig „verwackelten" Orientierungen aufgebaut, müßten die Reflexe sehr scharf sein. Allein aus der endlichen Breite der Reflexe läßt sich umgekehrt auf die Mosaikstruktur aller natürlichen oder synthetischen Einkristalle schließen.

Die makroskopischen Symmetrieeigenschaften von NaCl-Einkristallen zeigen, daß NaCl dem kubischen Kristallsystem angehört. Anhand von Pulveraufnahmen soll zunächst das Vorliegen der kubischen Symmetrie bestätigt und die Kantenlänge der kubischen Elementarzelle (Gitterkonstante a) berechnet werden. Außerdem gilt es festzustellen, welches der drei kubischen Bravaisgitter (primitiv, raumzentriert oder flächenzentriert) vorliegt. Im Fall dieser hohen Symmetrie lassen sich dann auch noch die Atomkoordinaten auf Grund von Intensitätsvergleichen festlegen.

Bild 13.18a gibt das Pulverdiagramm von NaCl wieder. Jeder Reflex soll einer bestimmten reflektierenden (hk*l*)-Gitterebene, d. h. ihrem Abstand von einer parallelen Nachbarebene d_{hkl} zugeordnet werden (*Indizierung*). Dazu leitet man durch Kombina-

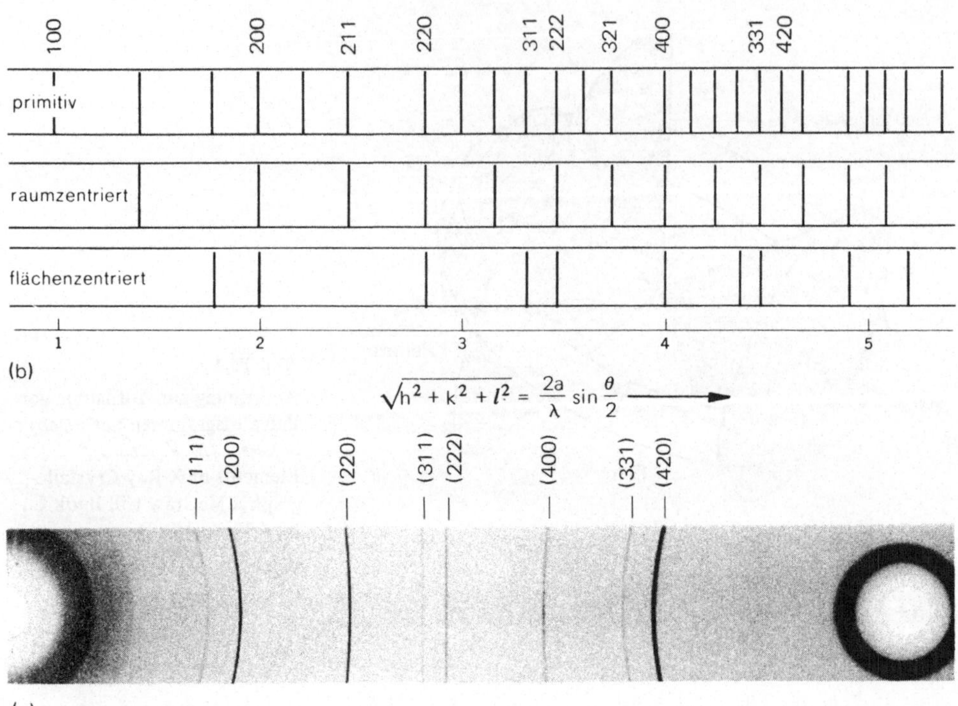

Bild 13.18 NaCl-Pulverdiagramm (Röntgen-Cr/K_α-Strahlung λ = 0,2291 nm) (a) und theoretisch berechnetes Diagramm (b)

tion von Gl. (5) und Gl. (9) einen Ausdruck für die Gitterabstände ab, zeichnet die zugehörigen Reflexe in ein Diagramm ein und vergleicht mit dem beobachteten Diagramm. Macht man dies für alle drei kubischen Bravaisgitter, muß *ein* Diagramm mit dem beobachteten übereinstimmen. Die Kombination von Gl. (5) und Gl. (9) gibt:

$$\sin \frac{\theta}{2} = \frac{\lambda}{2} \frac{\sqrt{h^2 + k^2 + l^2}}{a}. \tag{16}$$

Obwohl die Gitterkonstante a noch unbekannt ist, gestattet diese Formel, bereits ein Diagramm für das primitive Gitter durch Einsetzen verschiedener hk$l$-Werte zu zeichnen (Bild 13.19b). Zwischen den (211)- und (220)-Reflexen sowie zwischen den (321)- und (400)-Reflexen treten charakteristische Lücken auf. Der Grund: Es gibt keine Kombinationen von hk$l$ zu ($h^2 + k^2 + l^2$) = 7 und 15. Die Diagramme für das raumzentrierte und flächenzentrierte Gitter lassen sich dann aus dem bereits berechneten Diagramm für das primitive Gitter herleiten. Unter den Gitterebenen und Reflexen beider Gitter gibt es nämlich solche, die keine konstruktive Interferenz liefern, weshalb sich die Zahl der Reflexe gegenüber dem primitiven Gitter wesentlich reduziert (*Auslöschungsbedingungen*).

In Bild 13.19a wurden Gitterebenen des *raumzentrierten* Gitters gezeichnet, zwischen denen genau in der Mitte Gitteratome liegen. Es sind dies gerade die Ebenen, für die die Summe (h + k + l) ungeradzahlige Werte besitzt. Ihre Reflexe fehlen wegen destruktiver Interferenz. Nur solche Ebenen liefern Reflexe, für die die Summe (h + k + l)

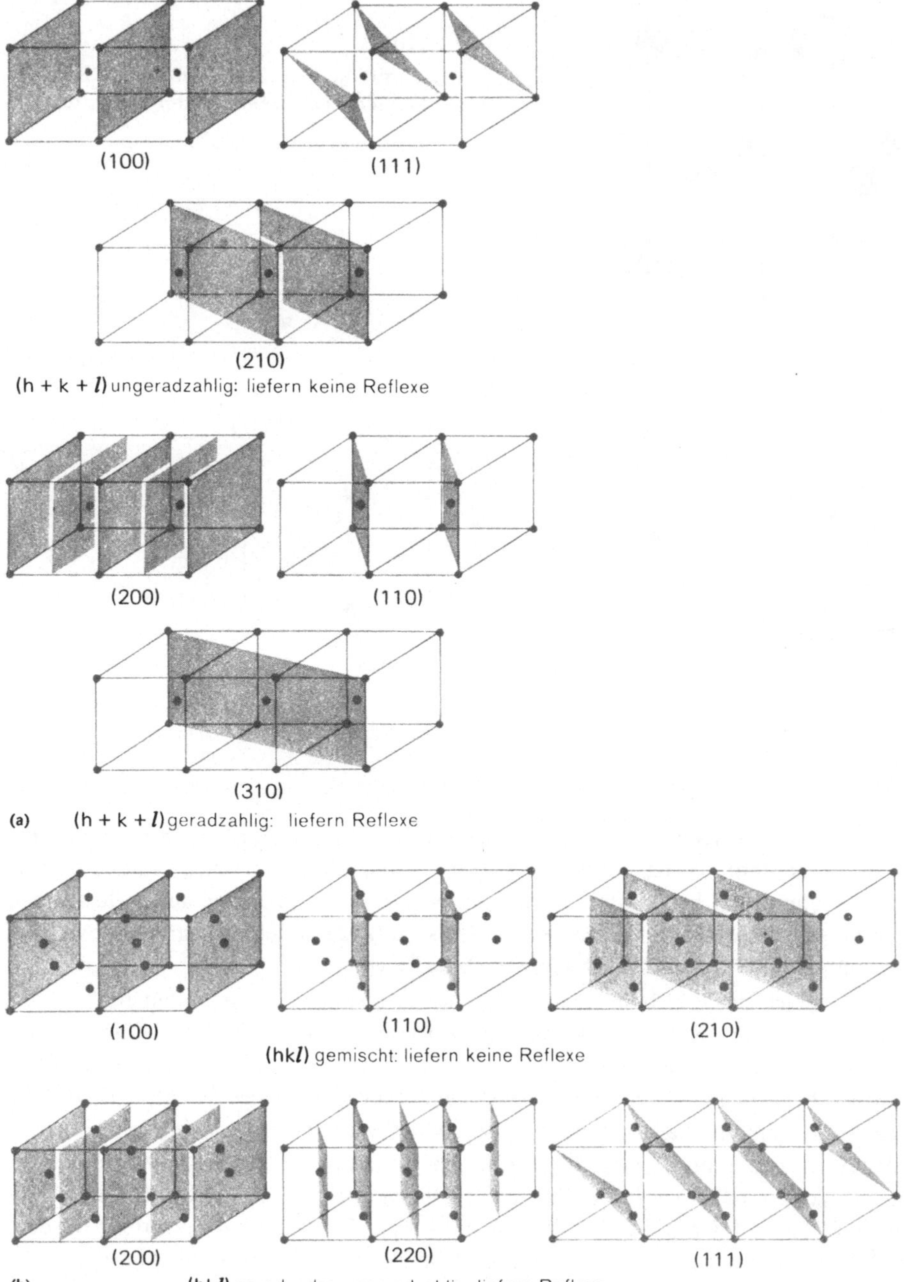

Bild 13.19 Gitterebene mit ungeradzahligen und geradzahligen Werten von $h+k+l$ im kubisch raumzentrierten Bravaisgitter (a) und Gitterebenen mit gemischten und gerad- bzw. ungeradzahligen Indizes im kubisch flächenzentrierten Bravaisgitter (b)

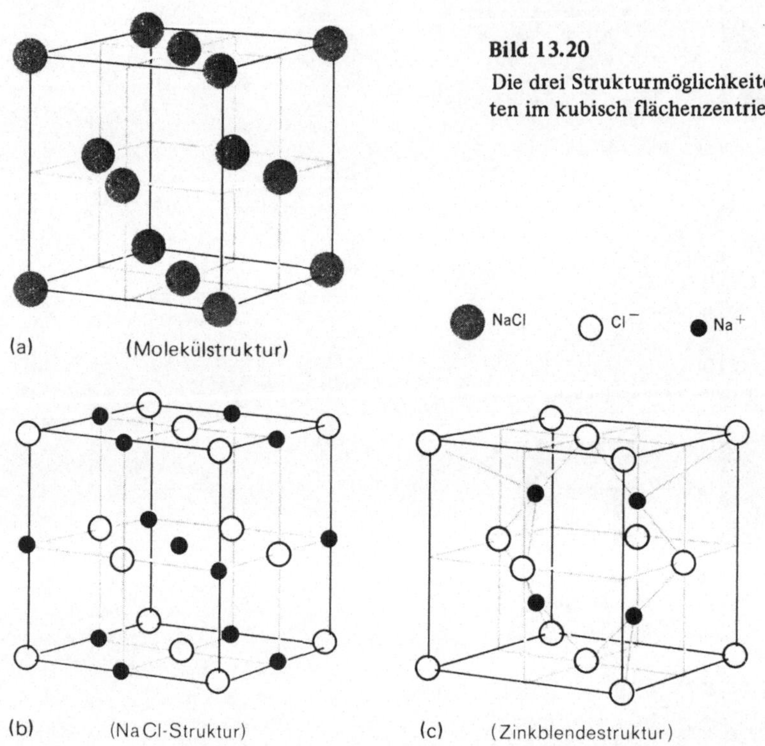

Bild 13.20
Die drei Strukturmöglichkeiten von 4 NaCl-Einheiten im kubisch flächenzentrierten Bravaisgitter

(a)   (Molekülstruktur)

(b)   (NaCl-Struktur)   (c)   (Zinkblendestruktur)

geradzahlige Werte aufweist. Das mit dieser Auslöschungsbedingung gewonnene Diagramm ist unter dem für das primitive Gitter in Bild 13.18 zu sehen. Ähnliche Auslöschungen treten auch beim kubisch *flächenzentrierten* Bravaisgitter auf. Alle Ebenen mit gemischten (geraden und ungeraden) Indizes (z. B. 210) geben keine Reflexe. Das daraus resultierende Diagramm zeigt ebenfalls Bild 13.18.

Ein Vergleich der drei berechneten Diagramme mit dem beobachteten ergibt Übereinstimmung *nur* mit dem kubisch flächenzentrierten Gitter. Die Elementarzelle des NaCl-Kristalls ist also kubisch flächenzentriert. Mit den bekannten Indizes kann dann nach Gl. (16) bei gemessenem Winkel $\theta/2$ und bekannter Wellenlänge ($\lambda = 0{,}2291$ nm) die Abmessung der Elementarzelle (a = 5,64 Å) berechnet werden.

Damit ist der erste Schritt zur Strukturbestimmung getan. Weitere Information über die Struktur erhält man bei Kenntnis der Dichte des NaCl-Kristalls. Mit ihrer Hilfe kann nämlich die Zahl der Moleküle oder Ionenpaare pro Elementarzelle ermittelt werden. Da die Dichte von NaCl einen Wert von 2163 kgm^{-3} besitzt, folgt für die Masse pro Elementarzelle $2163 (5{,}64 \cdot 10^{-10})^3 = 38{,}8 \cdot 10^{-26}$ kg. NaCl hat ein Molekulargewicht von 58,45, so daß man für die Anzahl der NaCl-Einheiten pro Elementarzelle

$$z = \frac{38{,}8 \cdot 10^{-26} \cdot 6{,}02 \cdot 10^{23}}{58{,}45 \cdot 10^{-3}} \simeq 4 \tag{17}$$

findet. 4 NaCl-Moleküle oder 4 Ionenpaare sind also pro Elementarzelle vorhanden.

Wie lassen sich die 4 Paare in der Elementarzelle anordnen? Bestünde NaCl aus homöopolar gebundenen NaCl-Molekülen, so wäre die in Bild 13.20a gezeichnete Anordnung möglich. Da aber NaCl ein Ionenkristall ist, muß ein Partner, entweder Na^+ oder Cl^- kubisch flächenzentrierte Struktur aufweisen. Der andere Partner muß dann in der gleichen Zelle auf geeigneten Positionen untergebracht werden. Dabei müssen aber sowohl die Symmetrie- als auch die Elektroneutralitätsbedingung gewahrt bleiben. Wegen dieser Bedingungen kommen nur die zwei in Bild 13.20b und 13.20c wiedergegebenen Strukturen in Frage. Welche davon die richtige ist, kann allerdings nicht entschieden werden.

Zu einer Entscheidung muß die allgemeinere Beugungstheorie, die die Intensitätsverhältnisse der Reflexe einschließt, herangezogen werden (Abschnitt 13.5). Es sei jedoch vorweggenommen, daß die größere Intensität des (222)-Reflexes gegenüber dem (111)-Reflex nur mit der Struktur in Bild 13.20b vereinbar ist. Die (111)-Ebenen enthalten abwechselnd entweder nur Cl^--Ionen oder nur Na^+-Ionen, so daß eigentlich Auslöschung eintreten sollte. Wegen des größeren Streufaktors des Cl^--Ions ist jedoch die Auslöschung nicht vollständig. Der resultierende (111)-Reflex ist also intensitätsschwach. Die (222)-Reflexe treten dann auf, wenn der Gitterabstand d_{111} gerade zwei Perioden entspricht, also wenn die (111)-Ebenen in 1. Ordnung Reflexe mit dem halben Gitterabstand liefern. Daher überlagern sich sowohl die von den Na^+- als auch die von den Cl^--Ionen gestreuten Wellen maximal; der (222)-Reflex ist intensitätsstark.

Die hier am NaCl erläuterte Strukturaufklärung aus Pulverdiagrammen ist für andere, ähnlich hochsymmetrische Kristalle beispielgebend. Mit den aus den Diagrammen ermittelten Abmessungen der Elementarzelle und den relativen Intensitäten verschiedener Reflexe lassen sich die Positionen der Gitterionen festlegen. Eine eindeutige Entscheidung zwischen verschiedenen ins Auge gefaßten Strukturen, besonders bei niedersymmetrischen Kristallen, gelingt aber nur durch einen Vergleich von berechneten und mit gemessenen Reflexintensitäten.

13.5 Der Strukturfaktor

Das in Abschnitt 13.4 skizzierte Verfahren eignet sich nur zur Strukturbestimmung einfacher Ionenkristalle des Typs AB. Sind die Ionen komplizierter gebaut oder handelt es sich überhaupt um Molekülkristalle, dann bleibt die Frage nach der Anordnung der Atome innerhalb des Ions oder Moleküls nach wie vor unbeantwortet. Wie man diese Anordnung bestimmt, soll an einem Molekülkristall gezeigt werden, der aus zweiatomigen Molekülen besteht. Wie schon angedeutet müssen hierzu die relativen Intensitäten der Reflexe ausgewertet werden.

Bild 13.21 zeigt schematisch zwei Gitterebenen eines AB-Molekülkristalles mit unbekanntem Kernabstand und unbekannter Moleküllage. Die Positionen der A-Atome sollen den Gitterpunkten des Kristalls entsprechen, dessen Elementarzelle mit den Kantenlängen a, b und c nach dem Pulververfahren ermittelt wurde. Zu bestimmen bleiben die Lage der B-Atome der Moleküle im Kristall und der Kernabstand $\overline{AB}$. Die Aufgabe wird zuerst zweidimensional gelöst. Der Einfachheit halber sei angenommen, daß die Moleküle zueinander parallel orientiert sind und in der xy-Ebene (Papierebene, Bild 13.21) liegen. Für den späteren Übergang zum dreidimensionalen Problem wird die

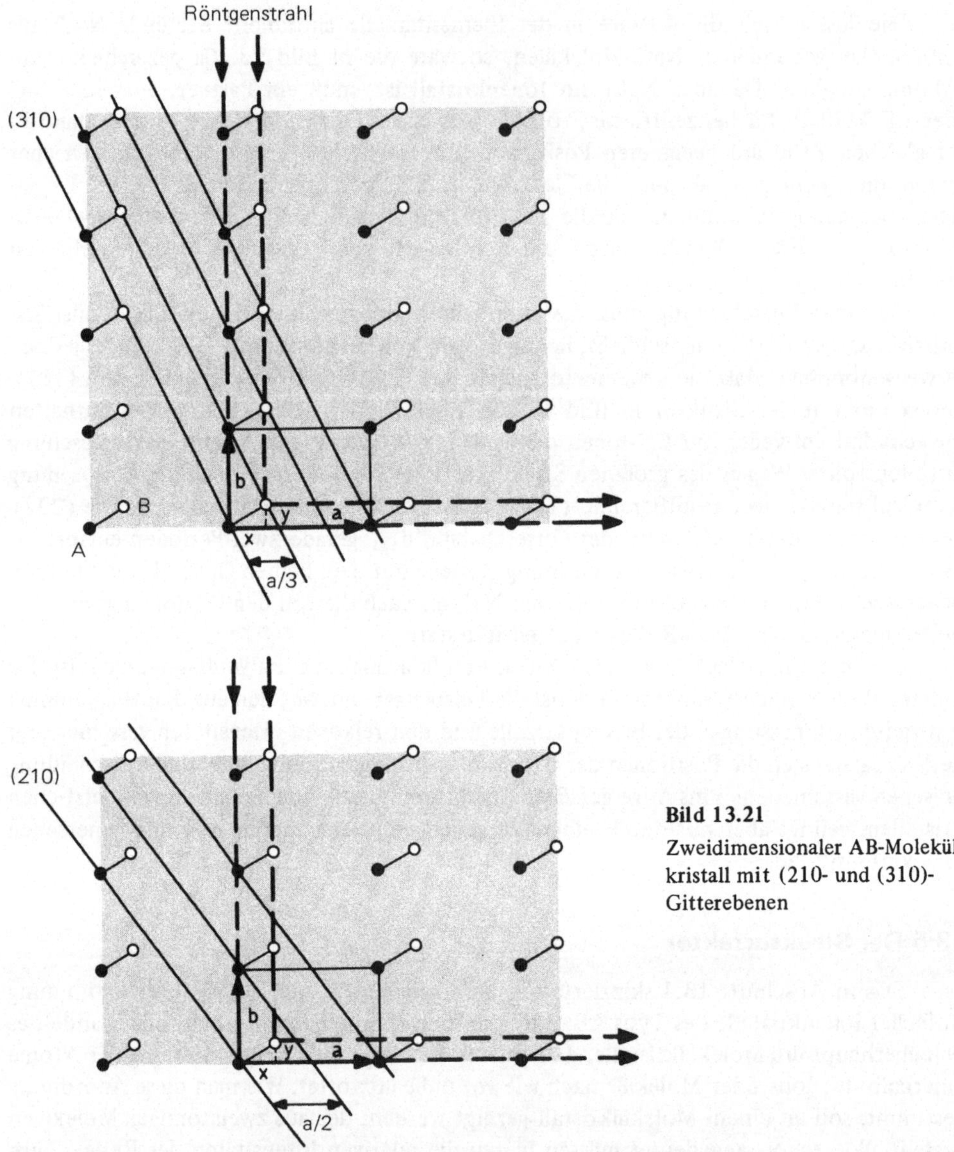

Bild 13.21
Zweidimensionaler AB-Molekül-
kristall mit (210- und (310)-
Gitterebenen

z-Achse senkrecht zur xy-Ebene angenommen. Der Einfluß verschiedener B-Atomlagen auf die Reflexion in Ebenen senkrecht zur z-Achse soll nun untersucht werden. Für die Intensität der Reflexe sind also die (hk0)-Ebenen maßgebend. Zwei (hk0)-Ebenen, die (210)und (310)-Ebene, sind in Bild 13.21 gezeichnet. Das A-Atom besitze die Position [[0,0]], das B-Atom die Position [[x, y]] (x, y gemessen in Einheiten von a, b).

Es soll die Intensität der an A und B gestreuten Wellen berechnet werden, wenn die A-Atome der (210)-Ebene für sich gerade maximale konstruktive Interferenz liefern. Die Phasenverschiebung der an den A-Atomen gestreuten Wellen soll also genau Null bzw. 2π betragen. Die Interferenz der an den A- und B-Atomen gleichzeitig gestreuten Wellen hängt nun von den Positionen der B-Atome relativ zu den A-Atomen ab, denn ihre Phasen sind gerade um $[x/(1/2)]\,2\pi$ in der x-Richtung und um $[y/(1/1)]\,2\pi$ in der y-Richtung verschoben. Für die (310)-Ebene beträgt der Phasenunterschied $[x/(1/3)]2\pi$ in der x-Richtung und $[y/(1/1)]\,2\pi$ in der y-Richtung. Für irgendeine (hk0)-Ebene beträgt daher der Phasenunterschied allgemein

$$\phi_A - \phi_B \equiv \frac{\delta}{\lambda}\,2\pi = (hx + ky)\,2\pi \tag{18}$$

und im dreidimensionalen Fall

$$\phi_A - \phi_B = (hx + ky + lz)\,2\pi. \tag{19}$$

Die resultierende Intensität der an einem Molekül AB gestreuten Wellen mit den Phasen $\phi_A = 0$ und $\phi_B = 2\pi\,(hx + ky + lz)$ lautet dann (Abschnitt 8.3)

$$I\,(hkl) \sim \left|(A_0\,e^{i\phi_A} + B_0\,e^{i\phi_B})\right|^2 = \left|A_0 + B_0\,e^{2\pi i(hx + ky + lz)}\right|^2. \tag{20}$$

Verallgemeinert auf ein n-atomiges Molekül (j Laufzahl der Atome in einem Molekül):

$$I\,(hkl) \sim \left|\sum_{j=1}^{n} A_j\,e^{i\phi_j}\right|^2 = \left|\sum_{j=1}^{n} A_j\,e^{2\pi i\,(hx_j + ky_j + lz_j)}\right|^2. \tag{21}$$

Sind z Moleküle pro Elementarzelle vorhanden, ist die pro Zelle resultierende Intensität z-mal so groß:

$$I\,(hkl) \sim \left|z \sum_{j=1}^{n} A_j\,e^{2\pi i\,(hx_j + ky_j + lz_j)}\right|^2. \tag{22}$$

Die Summe erstreckt sich über alle Atome eines n-atomigen Moleküls. (Im Falle eines zweiatomigen Moleküls AB ist $j = 1$ und 2). Setzt man außerdem die Amplituden A_j den Streufaktoren f_j der Atome proportional (Abschnitt 8.5), so erhält man:

$$I\,(hkl) \sim |F\,(hkl)|^2 \tag{23}$$

mit

$$F\,(hkl) = \sum_{j=1}^{zn} f_j\,e^{2\pi i\,(hx_j + ky_j + lz_j)}. \tag{24}$$

Die Summe $F\,(hkl)$ wird als *Strukturfaktor* bezeichnet. Er ist proportional der Amplitude der gestreuten Wellen, die von der Reflexion an einer bestimmten (hkl)-Ebene herrührt. Die Summe läuft über alle Molekülatome in der Elementarzelle in den Positionen $[[x_j y_j z_j]]$ (in Einheiten von a, b, c).

Wird Gl. (24) auf das Beispiel angewendet, von dem die Ableitung ausging, so bekommt man für den Strukturfaktor der (210)-Ebene:

$$F\,(210) = f_A\,e^{2\pi i(0)} + f_B\,e^{2\pi i(2x + 1y + 0z)} = f_A + f_B\,e^{2\pi i(2x + y)}. \tag{25}$$

(1 Molekül in der Elementarzelle)

Der Strukturfaktor und mit ihm die Intensität der gebeugten Wellen hängt somit wesentlich von der Position des B-Atoms [[xy]] ab. Da die Intensität proportional dem Quadrat des Strukturfaktors $\mathbf{F}(hkl)$ ist, erhält man für die Reflexintensität der 210-Ebenen in reeller Schreibweise

$$I(210) \sim |\mathbf{F}(210)|^2 = f_A^2 + f_B^2 + 2f_A f_B \cos[2\pi(2x + y)]. \tag{26}$$

Eine qualitative Überprüfung dieser Beziehung ergibt für $I(210)$ mit $x = y = 0$ (AB-Kernabstand gegen Null) $I \sim (f_A + f_B)^2$, was physikalisch plausibel ist. Ist $x = 1/4$ und $y = 0$, findet man $I \sim (f_A - f_B)^2$.

Gl. (23) ist das wichtige Ergebnis dieser Ableitung. Nimmt man verschiedene Atompositionen an und vergleicht die berechneten Reflexintensitäten mit den beobachteten, so kann bei Übereinstimmung auf die wahre Molekülanordnung im Kristall geschlossen werden. Da bei der Röntgenbeugung, im Gegensatz zur Elektronenbeugung, wesentlich mehr Reflexe zur Verfügung stehen, lassen sich die Strukturen mit großer Sicherheit bestimmen. In diesem Sinn ist also die Röntgenbeugung der Elektronenbeugung überlegen.

13.6 Fouriersynthese der Elektronendichte

Wie bei der Elektronenbeugung darf man die streuenden Atomelektronen in Wirklichkeit nicht lokalisiert auffassen, sondern muß bei der Berechnung der Strukturfaktoren die dreidimensionale Ladungsverteilung berücksichtigen. Anstelle der verschiedenen Streufaktoren f_j, die den Z_j Atomelektronen proportional sind, ist also die Elektronendichteverteilung $\rho(r)$ bzw. $P(r)$ oder $P(x, y, z)$ zu setzen (Abschnitt 3.2). Stellt man dann $P(x, y, z)$ durch eine Fourierreihe dar, so findet man, daß die Fourierkoeffizienten proportional den Strukturfaktoren sind. Da diese aus den gemessenen Reflexintensitäten bestimmbar sind, läßt sich umgekehrt durch eine Fouriersynthese die Elektronendichteverteilung im Kristall berechnen.

Die Dichte $P(x, y, z)$ wird durch folgende Fourierreihe (Anhang XIII, Bild 13.24) dargestellt:

$$P(x, y, z) = \sum_{p=-\infty}^{+\infty} \sum_{q=-\infty}^{+\infty} \sum_{r=-\infty}^{+\infty} A(pqr)\, e^{2\pi i(px + qy + rz)} \qquad (i = \sqrt{-1}). \tag{27}$$

Die Koordinaten x, y, z sollen wieder in Einheiten von a, b, c der Elementarzellenabmessungen gegeben sein. Die $A(pqr)$ sind die Fourierkoeffizienten

$$A(pqr) = \int_{x=0}^{1} \int_{y=0}^{1} \int_{z=0}^{1} P(x, y, z)\, e^{-2\pi i(px + qy + rz)}\, dx\, dy\, dz. \tag{28}$$

Der Strukturfaktor wurde im letzten Abschnitt wie folgt definiert:

$$\mathbf{F}(hkl) = \sum_{j=1}^{zn} f_j\, e^{2\pi i(hx_j + ky_j + lz_j)}. \tag{29}$$

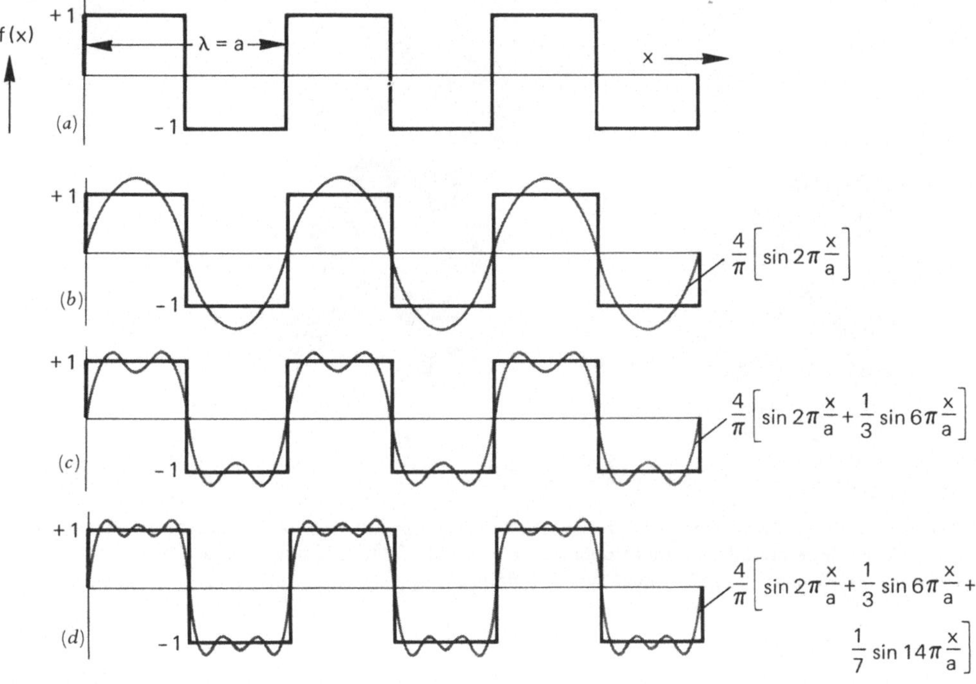

Bild 13.22 Beispiel einer Anpassung (Entwicklung) einer gebrochenen, schiefsymmetrischen Funktion f (x) durch eine Fourierreihe

Da f_j durch einen der Dichte P (x, y, z) proportionalen Ausdruck gegeben ist, läßt sich Gl. (29) in Integralform schreiben:

$$\mathbf{F}\,(hk l) = \text{const} \int\limits_{x=0}^{1}\int\limits_{y=0}^{1}\int\limits_{z=0}^{1} P\,(x,y,z)\,e^{2\pi i\,(hx+ky+lz)}\,dx\,dy\,dz. \tag{30}$$

Weil x, y, z in Einheiten von a, b, c gegeben ist, ist die Integration von x = 0 bis x = 1 usw. (genauso wie in Gl. (28)) durchzuführen. Ein Vergleich von Gl. (28) mit Gl. (30) zeigt, daß **F** (hk$l$) bis auf einen konstanten Faktor mit A (pqr) identisch ist, wenn p = −h, g = −k, r = −l ist. Daraus folgt:

$$\mathbf{F}\,(hk l) = \text{const}\; A\,(-h,-k,-l) \tag{31}$$

bzw.

$$A\,(-h,-k,-l) = \frac{\mathbf{F}\,(hk l)}{\text{const}}. \tag{32}$$

Setzt man unter Berücksichtigung von p = −h, q = −k, r = −l diese Koeffizienten in Gl. (27) ein, so folgt für die Elektronendichteverteilung (ρ = eP)

$$\rho\,(x,y,z) = \frac{e}{\text{const}} \sum\limits_{h=-\infty}^{+\infty}\sum\limits_{k=-\infty}^{+\infty}\sum\limits_{l=-\infty}^{+\infty} \mathbf{F}\,(hk l)\,e^{-2\pi i\,(hx+ky+lz)}. \tag{33}$$

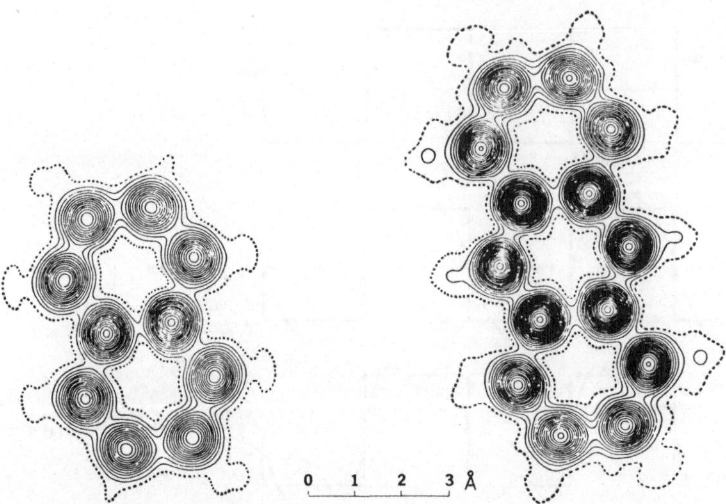

Bild 13.23 Elektronenkarten (Elektronendichteverteilung) von Naphtalin und Anthrazen; die punktierte Schichtlinie besitzt eine Elektronendichte von $1/2e\ \text{Å}^{-3}$, jede weitere eine um $1/2e\ \text{Å}^{-3}$ höhere Dichte *(J. M. Robertson et al.*: Acta Cryst. 3 (1950) 245)

Da die Strukturfaktoren der Quadratwurzel aus den Reflexintensitäten proportional sind, läßt sich aus diesen bis auf das unbestimmte Vorzeichen direkt die Elektronendichteverteilung im Kristall berechnen. Sind die Vorzeichen bekannt, braucht man nur die Reflexintensitäten für alle (hk*l*)-Ebenen auszumessen, ihre Wurzeln in Gl. (33) einzusetzen und für bestimmte Orte [[xyz]] die Dichte ρ zu berechnen. Da die intensiven Reflexe in der Summe überwiegen, genügt eine Summation über die wichtigsten Reflexe. Trägt man die Elektronendichte in ein Schichtenliniendiagramm ein, so ergeben sich Elektronenkarten wie in Bild 13.23.

Eine Reihe von Näherungsverfahren wurde entwickelt, um die Vorzeichen zu ermitteln. Im wesentlichen hängen aber alle davon ab, ob wenigstens ungefähr die Struktur der Moleküle und ihre Lage in der Elementarzelle vorhersehbar sind. Besitzt beispielsweise ein Molekül irgendein Atom mit hoher Atomzahl (große Streuwirkung) und läßt sich dieses lokalisieren (der Rest wird anfänglich ignoriert), so lassen sich die meisten Vorzeichen erraten. Die Reflexe dieses Atoms können dann zur Zeichnung einer ungefähren Elektronenkarte herangezogen werden. Diese wird zur Abschätzung der Positionen der anderen Molekülatome benutzt und dann mit den restlichen Reflexen verfeinert. Durch iteratives Hinzunehmen von immer mehr Reflexen erhält man letztlich eine ziemlich genaue Elektronenkarte. Eine derartige Strukturaufklärung erfordert zwar ein recht aufwendiges Computerprogramm, doch gibt es kein anderes Verfahren, das Gleiches zu leisten im Stande wäre.

Aus der Elektronendichte entlang von Kernverbindungsachsen läßt sich einiges über die *Bindungsart in Kristallen* aussagen. Bild 13.24 zeigt schematisch die Elektronendichte verschiedener Kristallarten. Bei reinen Ionenkristallen sinkt die Dichte wie erwartet zwischen den Ionen auf Null ab, weil die Bindungspartner positiv und negativ geladen sind (13.24a). Sind hingegen wie im Diamant die Partner weitgehend homöopolar gebun-

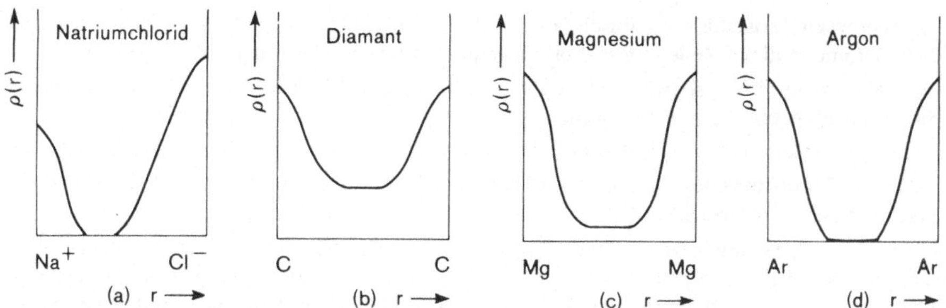

Bild 13.24 Die Elektronendichte (schematisch) in Abhängigkeit vom Atomabstand in verschiedenen Kristallen *(J. Eggert:* Lehrbuch der Physikalischen Chemie, S. Hirzelverlag, Stuttgart 1968)

den, so verursacht dies eine große Elektronendichte zwischen den C-Atomen (Bild 13.24b). Bei den Metallen schließlich sind die Bindungselektronen delokalisiert, so daß die Dichte zwischen zwei Metallatomen einen etwas geringeren Wert besitzt (Bild 13.24c). Werden die Atome nur durch van der Waalskräfte zusammengehalten, muß die Elektronendichte praktisch Null sein (Bild 13.24d). Sie ist aber im Gegensatz zum Fall a symmetrisch.

Man kann demnach zwischen Ionenbildung, homöopolarer Bindung, metallischer und van der Waalsscher Bindung in Kristallen unterscheiden. Zwischen ihnen gibt es natürlich auch Übergangsfälle. Die vier Hauptbindungsarten werden im nächsten Kapitel eingehender besprochen.

Rechenbeispiele

1. $KMgF_3$ kristallisiert kubisch und die Kristallatome nehmen folgende Positionen ein: K [[0, 0, 0]], Mg [[1/2, 1/2, 1/2]], F [[0, 1/2, 1/2]] [[1/2, 0, 1/2]] [[1/2, 1/2, 0]]. Zeichnen Sie die zugehörige Elementarzelle. Um welche kubische Zelle handelt es sich und wieviele Atome einer jeden Sorte sind in ihr enthalten? Beschreiben Sie die Koordination des F^--Ions.

2. Wie lauten die Millerschen Indizes von folgenden Ordinatenabschnitten in Einheiten von a, b, c: (1, 1/2, 1/2), (1/4, 1/2, 1/2), (1/4, 1/2, 1/2), (1, ∞, 1/2), (∞, 1, 2/5), (− 1/2, − 1/2, 1). Gehören diese Abschnitte zu Gitterebenen einer tetragonalen Struktur?

3. Eine tetragonale Elementarzelle hat die folgenden Abmessungen: a = 12,04 Å, b = 12,04 Å, c = 19,63 Å. Skizzieren Sie diese Zelle und kennzeichnen Sie darin die Ebenen mit den Millerschen Indizes (011), (101), (122) und (021).

4. Eine Drehkristallaufnahme wurde mit CuK_α-Strahlung (1,542 Å) durchgeführt. Der Durchmesser des zylindrisch gerollten Films (Bild 13.12) betrug 30 mm. Der Abstand der beiden nächsten Schichtlinien von den Äquatorialreflexen beträgt 8,25, 18,65 und 37,3 mm. Wie groß ist die Gitterkonstante a (Drehung erfolgte um die x-Achse)?

5. Bei einer Einkristallaufnahme wird der Röntgenstrahl (2,29 Å-Licht) um den Streuwinkel 5°27′ gebeugt. Was folgern Sie daraus?

6. Das Pulverdiagramm von MgO weist Reflexe bei $\sin \theta/2 = 0{,}1461, 0{,}1690, 0{,}2394, 0{,}2801, 0{,}2935, 0{,}3182$ und $0{,}3697$ auf. Wie lautet die zugrundeliegende Elementarzelle?

7. Folgende Daten sind für das Protein RNS charakteristisch *(J. R. Knox:* J. Chem. Ed. 49 (1971) 476):

   a) Volumen der Elementarzelle 167000 $Å^3$,
   b) Proteindichte 1,282 gcm^{-3},
   c) Proteinanteil im Kristall 0,68 %,
   d) 6 Moleküle pro Elementarzelle.

   Berechnen Sie die Molmasse des Proteins.

8. $CaTiO_3$ (Perovskit) kristallisiert kubisch (a = 3,8 Å), seine Dichte beträgt 4,1 gcm^{-3}. Wie können die Kristallatome in dieser Zelle untergebracht werden und wieviele Atome enthält sie dann?

9. CsCl kristallisiert kubisch primitiv. Geben Sie die hkl-Werte bis $h^2 + k^2 + l^2 = 27$ an und berechnen Sie die zugehörigen Strukturfaktoren.

10. Stellen Sie wie im Beispiel 9 eine Liste der Strukturfaktoren für KCl auf, wobei jedoch $f_{K^+} = f_{Cl^-}$.

11. Wie sieht das Präzessionsdiagramm für NaCl aus, wenn die Strukturfaktoren der Kristallionen ihren Atomzahlen proportional sind?

12. Berechnen Sie den Gitterebenenabstand d_{110} von KCl unter der Voraussetzung, daß KCl eine kubisch primitive Elementarzelle besitzt, die K^+- und Cl^--Ionen gleich stark streuen und d_{100} den Wert 3,152 Å besitzt. Bei welchem Streuwinkel beobachtet man Beugung 1. und 2. Ordnung?

13. Die Streufaktoren in Bild 13.21 sollen folgendes Verhältnis besitzen: $f_B = f_A/2$. Die Kantenlängen der zweidimensionalen Zelle seien a = 5 Å und b = 3 Å und die B-Atome sollen die Position [[0,4 0,3]] haben.

   a) Berechnen Sie die Streuwinkel für maximale konstruktive Interferenz 1. Ordnung an den Ebenen (100), (010), (110), (210) und (120).

   b) Wie groß ist der Einfluß der B-Atome auf die Reflexintensitäten?

   c) Zeigen Sie, wie sich die Intensitäten mit der Lage der B-Atome ändern.

14. Schreiben Sie die Fourierreihen für die Elektronendichte in den Punkten A (0, 0, 0) und B (0,4 0,3 0) an. Berechnen Sie P (0, 0, 0) und P (0,4 0,3 0) aus den in Beispiel 13 berechneten Reflexintensitäten.

15. Zeigen Sie an Hand der Strukturfaktoren, daß der (222)-Reflex intensiver als der (111)-Reflex von NaCl ist.

Kapitel 14
Festkörper

Im letzten Kapitel wurde gezeigt, daß man mit Hilfe von Röntgenbeugungsmethoden nicht nur Kristallstrukturen, sondern durch Fouriersynthesen auch Elektronendichteverteilungen bekommen kann. Struktur und Elektronendichte lassen bereits wichtige Aussagen über die zwischenmolekularen Wechselwirkungen bzw. Bindungsarten im Kristallverband zu. Es kann zwischen ionischer, homöopolarer, metallischer und van der Waalsscher Bindung unterschieden werden, doch auch „gemischte" Bindungen sind nicht ausgenommen. Wir gelangen auf diese Weise zu einer Einteilung der Festkörper in Ionen-, Valenz-, Metall- und Molekülkristalle.

Als Ionenkristalle bezeichnet man solche Festkörper, die unter Erhalt der Neutralität aus positiven und negativen Ionen aufgebaut sind. Wie bei der Ionenverbindung in einem stark polaren Molekül (Abschnitt 5.1) besteht der Hauptteil der Bindungsenergie eines Ionenkristalls (Gitterenergie) aus der Coulombschen Energie und der Abstoßungsenergie der Elektronenhüllen. Da die Coulombschen Kräfte nicht gerichtet sind und sehr weit reichen (Fernordnung), setzt sich die Gitterenergie aus den Beiträgen sehr vieler Ionenpaare zusammen. Die Abstoßung erfolgt dagegen fast nur zwischen sich berührenden Ionen. Strukturbestimmend ist die Packungsdichte; die Elektronendichte entlang der Verbindung Kation − Anion durchläuft ein Minimum, in dem sie auf Null absinkt.

In den Valenzkristallen werden die Atome wie bei der Molekülbindung durch gerichtete, homöopolare Bindungen zusammengehalten. Im Diamant z. B. ist jedes C-Atom tetraedrisch an vier andere C-Atome homöopolar gekoppelt, so daß die Bindungselektronen zwischen je zwei Atomen lokalisiert sind. Die Elektronendichte zwischen den Atomen ist daher sehr groß und strukturbestimmend ist nicht wie bei den Ionenkristallen die Packungsdichte, sondern die gerichtete Valenz. Während Ionenkristalle elektronisch gesehen Isolatoren verkörpern, haben Valenzkristalle halbleitende Eigenschaften.

Die Bindung in den Metallen und Legierungen besitzt in gewissem Sinn ein Gegenstück in den organischen Molekülen mit sehr vielen konjugierten Doppelbindungen. Sind dort die Bindungselektronen entlang der Kohlenstoffkette delokalisiert, so sind sie es in den Metallkristallen in allen Raumrichtungen. Ihre Elektronendichte ist im Mittel in allen Richtungen gleich groß. Die Bindungselektronen sind relativ frei beweglich und dies ist auch die Ursache für die hohe metallische Leitfähigkeit. Die Packungsdichte der positiven Atomrümpfe ist strukturbestimmend.

Alle Arten von zwischenmolekularen Bindungen in Molekülkristallen, die aus neutralen Molekülen bestehen, bezeichnet man mit dem Sammelbegriff van der Waalssche Bindung. Sie beruhen auf denselben Kräften, die auch für das reale Gasverhalten einschließlich des flüssigen Zustandes verantwortlich sind. Wie wir bei den Flüssigkeiten sehen werden, gehören dazu alle Wechselwirkungen zwischen den stationären Dipolmomenten zweier Moleküle, aber auch alle Wechselwirkungen mit oder zwischen induzierten Momenten. Charakteristisch für sie ist, daß die Wechselwirkungsenergien mit der 6. Potenz des Molekülabstandes abnehmen und Werte der Größenordnung $10 \, \text{kJmol}^{-1}$ besitzen. Diese unterscheidet sich damit gewaltig von den Gitterenergien der bisher genannten Kristalle, die allesamt von der Größe chemischer Energien (etwa $1000 \, \text{kJmol}^{-1}$) sind. Zwischen den einzelnen Molekülen ist die Elektronendichte praktisch Null.

Ideale Kristalle oder Festkörper, definiert durch eine starre Molekülstruktur aus Ionen und Elektronen, besitzen nur potentielle Energie (Gitterenergie), reale auch kinetische bzw. thermische Energie. Bei Temperaturen über dem absoluten Nullpunkt beginnen Freiheitsgrade der Schwingungen, der inneren Rotationen und in gewissem Maße auch der Translation (Selbstdiffusion) aufzutauen. Man kann alle durch Abweichung von der starren Struktur auftretenden Gitterstörungen als Baufehler ansehen, und so den realen festen Zustand definieren. Betrachten wir den Festkörper als ein Mehrteilchensystem aus Ionen bzw. Atomen und Elektronen, so können wir zwischen atomaren und elektronischen Fehlern unterscheiden und z. B. die Molwärme, die hauptsächlich durch die Gitterschwingungen geprägt wird, durch die Energieverteilung eines Phononengases beschreiben. Während für diese die BE-Statistik zuständig ist, muß zur Beschreibung angeregter Elektronen die FD-Statistik herangezogen werden. Atomare und elektronische Fehler sind auch die physikalische Voraussetzung dafür, daß sich die Kristallbausteine von einem Ort zu einem anderen bewegen können, sei es angetrieben durch ein äußeres elektrisches Feld (ionische und elektronische Leitfähigkeit) oder in Form einer völlig regellosen Diffusionsbewegung auf Grund lokaler thermischer Energieschwankungen.

14.1 Ionenkristalle und Gitterenergie

Als Gitterenergie von Kristallen bezeichnet man allgemein den Energieunterschied zwischen einem Kristall und seinen Bestandteilen in isolierter Form, also den „gasförmigen" Atomen in Metall- und Valenzkristallen, den Molekülen in Molekülkristallen und den Ionen in Ionenkristallen. Die endliche Oberfläche der Kristalle wird dabei nicht beachtet und der Energieunterschied für die starre Gitterstruktur am absoluten Nullpunkt definiert. Die Gitterenergie ist damit als die Bindungsenergie der Kristalle anzusehen. Ihre Berechnung erweist sich als ein quantenmechanisches Vielteilchenproblem, das aus Atomrümpfen und Bindungselektronen zusammengesetzt ist. Dies gilt speziell für die Metalle und Valenzkristalle, während für die Ionenkristalle eine elektrostatische Behandlung ausreicht. Für die genannte quantenmechanische Behandlung muß auf die spezielle Literatur verwiesen werden, denn sie würde den Rahmen eines Lehrbuches für Physikalische Chemie sprengen. Wir wollen uns deshalb nur mit der Bindung in Ionenkristallen beschäftigen.

Um zu einem quantitativen Bild der Bindungsenergie in Ionenkristallen zu gelangen, gibt es einen thermodynamisch-experimentellen und einen molekulartheoretischen Weg. Beide beruhen auf obiger grundsätzlicher Definition: Die *Gitterenergie* von Ionenkristallen ist die Energie, die beim Zusammenbau von je N_A „gasförmigen" Kationen und Anionen am absoluten Nullpunkt frei wird. Diese Definition wird gewählt, damit man theoretische und experimentelle Ergebnisse miteinander vergleichen kann. In Form einer thermochemischen Reaktionsgleichung lautet sie für AB-Ionenkristalle:

$$A^{+}(g) + B^{-}(g) \rightarrow AB\,(s) \qquad \Delta U_0 = \text{Gitterenergie} \, . \tag{1}$$

Tabelle 14.1:
Born-Habersche Gitterenthalpie ΔH°_{298}, theoretische Gitterenergie D und Gitterkonstante
a von Alkalihalogeniden mit NaCl-Struktur

	ΔH°_{298}	D	a
	in kJmol^{-1}		in Å
LiF	1040	1003	4,02
NaF	920	896	4,62
KF	818	793	5,34
LiCl	862	819	5,14
NaCl	787	759	5,62
KCl	716	689	6,28
NaBr	747	724	5,94
KBr	683	661	7,58
NaJ	700	672	6,46
KJ	644	621	7,06

Die experimentelle Ermittlung mit Hilfe des *Born-Haberschen Kreisprozesses* ist eine indirekte Bestimmung und beruht auf einer Anwendung des ersten Hauptsatzes der Thermodynamik bzw. des Energieerhaltungssatzes. Sie wird im Kapitel 19 als ein thermochemisches Problem besprochen werden. Für Vergleichszwecke sei hier nur festgehalten, daß sich die Gitterenergien bzw. -enthalpien der Alkalihalogenide zwischen 600 und 1000 kJmol^{-1} (Tabelle 14.1) bewegen.

Nun zur theoretischen Gitterenergieberechnung. Es wird zunächst ein allgemeiner Ansatz für beliebige Ionenkristalle gemacht, dann die Gitterenergie für Ionenkristalle mit NaCl-Struktur als Funktion der Identitätsperiode (Gitterkonstante) abgeleitet und schließlich zur Demonstration die NaCl-Gitterenergie berechnet. Wir erinnern uns dazu an Abschnitt 5.1, in dem die Bindungsenergie eines Ionenmoleküls vom Typ AB aus der Coulombschen Anziehungsenergie und der Abstoßungsenergie der Elektronenwolken berechnet wurde. Ganz analog setzt sich die Energie eines Ionenkristalles zusammen, nur sind zusätzlich die Coulombsche Abstoßung und sehr viele Ionenpaare zu berücksichtigen.

Schreiben wir für die Coulombsche Energie eines beliebig herausgegriffenen Ionenpaares i, j mit den Ladungen $Z_i e$ und $Z_j e$ im Abstand r_{ij}

$$Z_i Z_j \frac{e^2}{4\pi\epsilon_0 r_{ij}} \tag{2}$$

und für die Abstoßungsenergie (vgl. Abschnitt 5.1)

$$b e^{-\frac{r_{ij}}{\rho}}, \tag{3}$$

wobei b und ρ zwei unbekannte Parameter sind, so beträgt die gesamte Wechselwirkungsenergie des Ionenpaares

$$Z_i Z_j \frac{e^2}{4\pi\epsilon_0 r_{ij}} + b e^{-\frac{r_{ij}}{\rho}}. \tag{4}$$

Summiert man nun über alle Ionen (j) in der Umgebung des festgehaltenen Ions i, so bekommt man die Energie des Ions i im Feld aller Nachbarionen:

$$\sum_{j \neq i} Z_i Z_j \frac{e^2}{4\pi\epsilon_0 \, r_{ij}} + \sum_{j \neq i} b e^{-\frac{r_{ij}}{\rho}} . \tag{5}$$

Summation über alle im Kristall vorhandenen Ionen (i) ergibt dann die potentielle Energie aller Ionen im Feld ihrer Nachbarn:

$$\sum_{i \neq j} \sum_{j \neq i} Z_i Z_j \frac{e^2}{4\pi\epsilon_0 \, r_{ij}} + \sum_{i \neq j} \sum_{j \neq i} b e^{-\frac{r_{ij}}{\rho}} . \tag{6}$$

Durch diese Summation werden aber alle Ionenpaare doppelt gezählt, nämlich einmal mit i und einmal mit j als festgehaltenem Bezugsion. Um deshalb die gesamte potentielle Energie des Kristalls richtigzustellen, muß Gl. (6) durch 2 geteilt werden:

$$V = \frac{1}{2} \sum_{i \neq j} \sum_{j \neq i} Z_i Z_j \frac{e^2}{4\pi\epsilon_0 \, r_{ij}} + \frac{1}{2} \sum_{i \neq j} \sum_{j \neq i} b e^{-\frac{r_{ij}}{\rho}} . \tag{7}$$

Von diesem Ausdruck für die Gitterenergie soll zunächst die Summe der Coulombterme berechnet werden. Da die Ladungszahlen Z_i und Z_j sowohl positiv als auch negativ sind, treten bei der Summation über alle Ionenpaare positive und negative Coulombterme auf (Coulombanziehung und Coulombabstoßung). Hält man zuerst das Ion i als Bezugsion fest, so läuft die Summe $\sum_{j \neq i}$ über alle negativen und positiven Nachbarionen. Ist das Bezugsion ein Kation, so besteht seine nächste Umgebung immer aus Anionen. Je nach der Symmetrie der Struktur sind es mehr oder weniger Anionen im gleichen Abstand.

Besitzt der Kristall z. B. NaCl-Struktur (Bild 14.1), so ist das Kation i immer von 6 Anionen im Abstand $r_{ij} = d/2$ umgeben. d ist eine noch variable Identitätsperiode, die sich später als die Gitterkonstante a erweisen wird. Die Energie des Kations i im Coulombfeld der 6 Anionen beträgt:

$$\sum_{j \neq i = 1}^{6} Z_i Z_j \frac{e^2}{4\pi\epsilon_0 \, r_{ij}} = 6 \cdot (+1)(-1) \frac{e^2}{4\pi\epsilon_0 \, \frac{d}{2}} = -2 \frac{e^2}{4\pi\epsilon_0 \, d} \frac{6}{\sqrt{1}} . \tag{8}$$

Die übernächste Umgebung des Kations i bilden 12 Kationen im Abstand $r_{ij} = \frac{d}{2}\sqrt{2}$. Die Coulombenergie des Kations i bezüglich dieser 12 Nachbarn beträgt

$$\sum_{j \neq i = 7}^{18} Z_i Z_j \frac{e^2}{4\pi\epsilon_0 \, r_{ij}} = 12 (+1)(+1) \frac{e^2}{4\pi\epsilon_0 \, \frac{d}{2}\sqrt{2}} = +2 \frac{e^2}{4\pi\epsilon_0 \, d} \frac{12}{\sqrt{2}} . \tag{9}$$

Die weiteren Nachbarn sind 8 Anionen im Abstand $r_{ij} = \frac{d}{2}\sqrt{3}$ und die Energie bezüglich dieser 8 Nachbarn beträgt

$$-2 \frac{e^2}{4\pi\epsilon_0 \, d} \frac{8}{\sqrt{3}} . \tag{10}$$

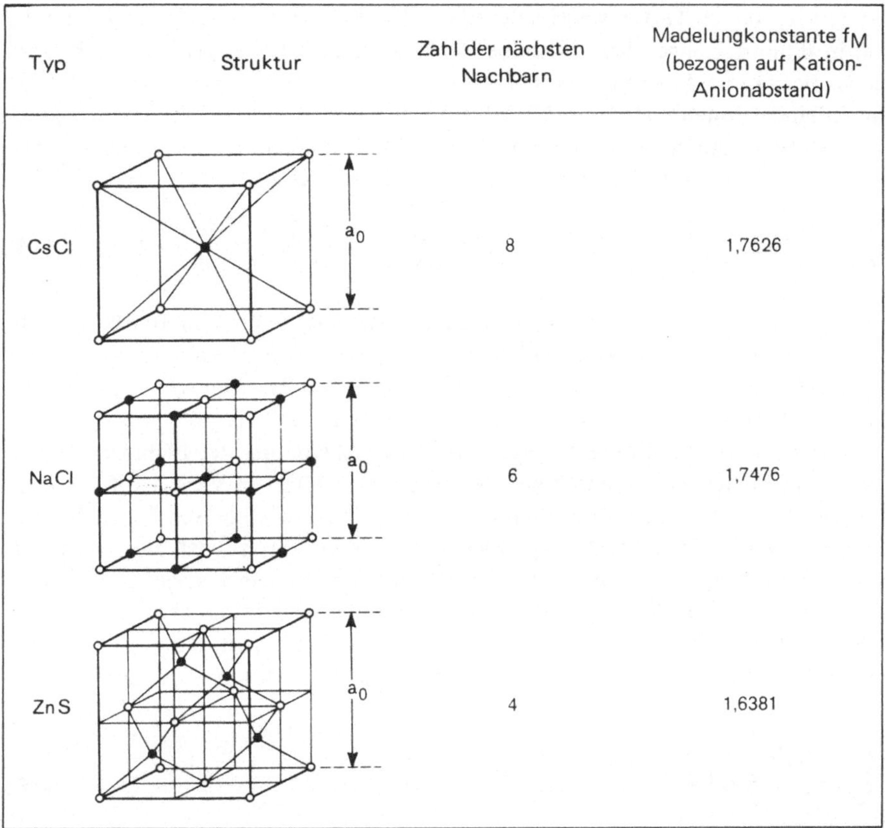

Typ	Struktur	Zahl der nächsten Nachbarn	Madelungkonstante f_M (bezogen auf Kation-Anionabstand)
CsCl		8	1,7626
NaCl		6	1,7476
ZnS		4	1,6381

Bild 14.1 Die CsCl-, NaCl- und ZnS (Zinkblende)-Strukturen mit ihren Madelungkonstanten

Wird die Summation mit immer weiter entfernten Nachbarn fortgeführt und werden dabei die gleich weit entfernten Ionen zusammengefaßt, so ergibt sich für die Coulombenergie des Kations i im elektrostatischen Feld all seiner Nachbarn die Reihe

$$2 \frac{e^2}{4\pi\epsilon_0 d} \left[-\frac{6}{\sqrt{1}} + \frac{12}{\sqrt{2}} - \frac{8}{\sqrt{3}} + \frac{6}{\sqrt{4}} - \dots \right] . \tag{11}$$

Die Summation dieser schlecht konvergierenden Reihe liefert schließlich:

$$\sum_{j \neq i} Z_i Z_j \frac{e^2}{4\pi\epsilon_0 r_{ij}} = -2 \frac{e^2}{4\pi\epsilon_0 d} 1,7476 \dots . \tag{12}$$

Die Zahl 1,7476 ... wird *Madelungkonstante* (f_M) des NaCl-Gitters genannt. Sie ist nichts anderes als die Gittersumme

$$f_M = \frac{d}{2} \sum_{j \neq i} Z_i Z_j \frac{1}{r_{ij}} \qquad \frac{d}{2} = \text{Kation-Anionabstand} \tag{13}$$

und daher von Gitter zu Gitter verschieden. Die Madelungkonstanten für drei kubische Gitter sind in Bild 14.1 angegeben. Dasselbe Resultat Gl. (12) findet man natürlich auch, wenn man als Bezugsion ein Anion wählt.

Sind in einem Ionenkristall mit NaCl-Struktur $2N_A$ Ionen ($= N_A$ Ionenpaare) vorhanden, so resultiert durch Multiplikation von Gl. (12) mit $2N_A$ und Einsetzen in den Coulombterm von Gl. (7) die gesamte Coulombenergie des Kristalls:

$$\frac{1}{2} \sum_{i \neq j} \sum_{j \neq i} Z_i Z_j \frac{e^2}{4\pi\epsilon_0 r_{ij}} = \frac{1}{2} 2N_A \sum_{j \neq i} Z_i Z_j \frac{e^2}{4\pi\epsilon_0 r_{ij}} = -2N_A \frac{e^2}{4\pi\epsilon_0 d} 1{,}747. \tag{14}$$

Auf dieselbe Weise läßt sich die Coulombenergie auch für andere Kristallgitter berechnen. Sie ist immer negativ, d. h. Kationen und Anionen ziehen sich gegenseitig an und bilden einen stabilen Kristall. Beim Zusammenbau von Kationen und Anionen wird somit immer Energie frei. Sie ist umso größer, je kleiner die Identitätsperiode, also je größer die *Packungsdichte* ist. Der Coulombanziehung entgegen wirkt die Abstoßung der Elektronenhüllen der Ionen; sie verhindert ihr gegenseitiges Eindringen und führt im Verein mit der Coulombanziehung zu einem Energieminimum bei einem ganz bestimmten Ionenabstand. Dieser entspricht der halben Identitätsperiode bzw. halben Gitterkonstante a. Die Abstoßung ist aber im Gegensatz zur Coulombanziehung vom Vorzeichen der Ionen unabhängig. Zur Berechnung der Abstoßungsenergie nach Gl. (7) braucht nur über die nächsten Nachbarionen des Bezugsions i summiert zu werden, da sich die Abstoßung praktisch nur auf nächste Entfernungen bemerkbar macht. Bezüglich der 6 nächsten Nachbarn im NaCl-Gitter lautet daher die Abstoßungsenergie:

$$\sum_{j \neq i = 1}^{6} b e^{-\frac{r_{ij}}{\rho}} = 6\, b e^{-\frac{d}{2\rho}}. \tag{15}$$

Die Energie für $2N_A$ Ionen ergibt sich dann zu

$$\frac{1}{2} \sum_{i \neq j} \sum_{j \neq i} b e^{-\frac{r_{ij}}{\rho}} = \frac{1}{2} 2N_A \sum_{j \neq i = 1}^{6} b e^{-\frac{r_{ij}}{\rho}} = 6 N_A\, b e^{-\frac{d}{2\rho}}, \tag{16}$$

wobei für den Faktor $\frac{1}{2}$ derselbe Grund wie früher bei der Coulombenergie maßgebend ist. Addiert man die Gln. (14) und (16), so folgt als Ergebnis für die gesamte potentielle Energie eines Ionenkristalls mit NaCl-Struktur:

$$V = -2 N_A \frac{e^2}{4\pi\epsilon_0 d} 1{,}747 + 6 N_A\, b e^{-\frac{d}{2\rho}}. \tag{17}$$

Sie hängt von der noch variablen *Identitätsperiode* d und den zwei unbekannten Parametern b und ρ ab.

Da ein System, wenn es sich selbst überlassen wird, das Energieminimum anstrebt, muß d in diesem einen ganz bestimmten Wert, nämlich den der Gitterkonstanten a besitzen. Dadurch kann auch der unbekannte Parameter b durch ρ ausgedrückt werden. Im Energieminimum (Gleichgewichts- oder Ruhelage) gilt

$$\left(\frac{dV}{dd}\right)_{d=a} = 2 N_A \frac{e^2}{4\pi\epsilon_0 a^2} 1{,}747 - 6 N_A \frac{b}{2\rho} e^{-\frac{a}{2\rho}} = 0, \tag{18}$$

so daß

$$b = \frac{2}{3} \frac{e^2}{4\pi\epsilon_0 a^2} 1{,}747\, e^{\frac{a}{2\rho}} \rho. \tag{19}$$

Wird dieser Ausdruck für b in Gl. (17) eingesetzt, so ergibt sich mit d = a:

$$V = -2\,N_A \frac{e^2}{4\pi\epsilon_0 a} 1{,}747 + 6\,N_A\, e^{-\frac{a}{2\rho}} \frac{2}{3} \frac{e^2}{4\pi\epsilon_0 a^2} 1{,}747\, e^{\frac{a}{2\rho}} \rho$$

$$= -2 N_A \frac{e^2}{4\pi\epsilon_0 a} 1{,}747 \left(1 - \frac{2\rho}{a}\right). \tag{20}$$

Ein Ionenkristall mit NaCl-Struktur, aufgebaut aus N_A Anionen und N_A Kationen, besitzt somit die potentielle Energie (= Gitterenergie)

$$V = -2\,N_A \frac{e^2}{4\pi\epsilon_0 a} 1{,}747 \left(1 - \frac{2\rho}{a}\right)$$

bzw. die Bindungsenergie

$$D = 2\,N_A \frac{e^2}{4\pi\epsilon_0 a} 1{,}747 \left(1 - \frac{2\rho}{a}\right). \tag{21}$$

Der noch unbekannte Parameter ρ kann mit der Kompressibilität des Kristalls verknüpft werden. Die Ableitung dieses Zusammenhanges würde aber hier zu weit führen. Das Ergebnis dieser Verknüpfung: ρ besitzt für alle Alkalihalogenide mit NaCl-Struktur denselben Wert.

Mit $N_A = 6{,}022 \cdot 10^{23}$ mol^{-1}, a $= 5{,}62 \cdot 10^{-10}$ m, e $= 1{,}602 \cdot 10^{-19}$ C, $4\pi\epsilon_0 = 1{,}113 \cdot 10^{-10}$ Fm^{-1} und $\rho = 3{,}4 \cdot 10^{-11}$ m berechnet sich die Gitterenergie von NaCl nach Gl. (21) zu 759 kJmol^{-1}. Vergleicht man diesen Wert mit dem empirisch bestimmten ΔH^o_{298}-Wert 787 kJmol^{-1} ($\Delta U^o_{298} = 782$ kJmol^{-1}), so kann man aus der Übereinstimmung schließen, daß sich die Gitterenergie tatsächlich zum Großteil aus der Coulombenergie und der Abstoßungsenergie zusammensetzt, die theoretischen Ansätze also gut getroffen sind. Van der Waalssche Energien (Größenordnung 20 kJmol^{-1}), sowie die zusätzlich zu berücksichtigende Nullpunktenergie (Größenordnung 4 kJmol^{-1}) stellen im Falle der Alkalihalogenide mehr oder weniger Korrekturen dar.

Aus der Packungsdichte der Ionenkristalle lassen sich *Ionenradien* ableiten. Ein-atomige Ionen werden dabei durch *starre Kugeln* angenähert und ihr Radius aus den Abmessungen der Elementarzelle (Gitterkonstanten) ermittelt. Da man auf diese Weise je nach Kristall für dasselbe Ion unterschiedliche Werte bekommt, muß gemittelt werden. Zur konkreten Herleitung (Bild 14.2) stellen wir uns vor, daß sich benachbarte Anionen und Kationen wie in NaCl gerade berühren, so daß der Anionen- und Kationenradius zusammen ebenso groß wie die halbe Gitterkonstante sind. Um die Summe in Einzel-radien aufzuspalten, muß ein Ionenradius auf eine andere Weise bestimmt werden. Sind z.B. wie in LiJ die Kationen so klein, daß sich die Anionen berühren, so läßt sich der J$^-$-Ionenradius angeben (Tabelle 14.2). Auch aus der Molrefraktion der Ionenkristalle (Abschnitt 7.3) lassen sich nach *Goldschmidt* Ionenradien ableiten. Sie sind ebenfalls in Tabelle 14.2 enthalten; doch auch sie sind wie jene mit großen Unsicherheiten behaftet und nicht bedenkenlos anwendbar.

136   Teil II 14 Festkörper

Tabelle 14.2: Goldschmidtsche und Paulingsche ( ) Ionenradien in Å (*L. Pauling:* The Nature of the Chemical Bond, 3d ed., Cornell University Press, Ithaca, N.Y., 1960; *F. Seitz:* The Modern Theory of Solids, McGraw Hill Book Co., New York, 1940)

Li^+	0,78 (0,60)	Be^{++}	0,34 (0,31)	B^{3+}	(0,20)	C^{4+}	(0,15)	N^{5+}	(0,11)		
Na^+	0,98 (0,95)	Mg^{++}	0,78 (0,65)	Al^{3+}	0,57 (0,50)	Si^{4+}	(0,41)	P^{5+}	(0,34)	$O^=$ 1,32 (1,40)	H^- 1,27 (2,08)
K^+	(1,33)	Ca^{++}	1,06 (0,99)	Se^{3+}	0,83 (0,81)	Ti^{4+}	(0,68)	V^{5+}	(0,59)	$S^=$ 1,74 (1,84)	F^- 1,33 (1,36)
Cu^+	0,53 (0,96)	Zn^{++}	0,83 (0,74)	Ga^{3+}	(0,62)	Ge^{4+}	(0,53)	As^{5+}	(0,47)	$Se^=$ 1,91 (1,98)	Cl^- (1,81)
Rb^+	(1,48)	Sr^{++}	1,27 (1,13)	Y^{3+}	1,06 (0,93)	Zr^{4+}	(0,80)	Nb^{5+}	(0,70)		Br^- (1,95)
Ag^+	1,0 (1,26)	Cd^{++}	1,03 (0,97)	In^{3+}	0,92 (0,81)	Sn^{4+}	(0,71)	Sb^{5+}	(0,62)	$Te^=$ 2,03 (2,21)	J^- 2,20 (2,16)
Cs^+	1,65 (1,69)	Ba^{++}	1,34 (1,35)	La^{3+}	1,22 (1,15)	Ce^{4+}	(1,01)				
Au^+	(1,37)	Hg^{++}	1,12 (1,10)	Tl^{3+}	1,05 (0,95)	Pb^{4+}	(0,84)	Bi^{5+}	(0,74)		

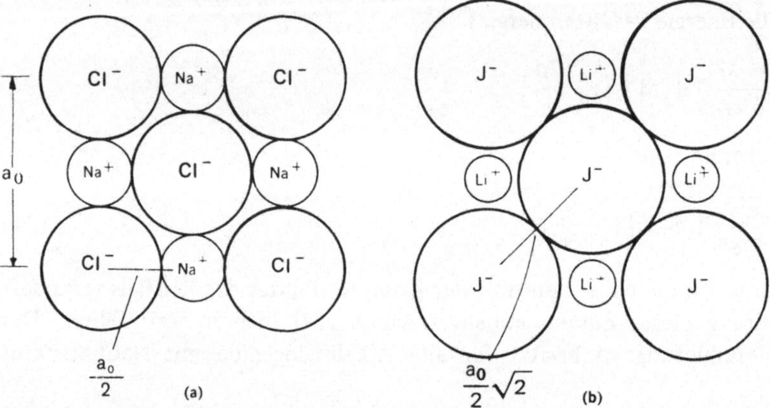

Bild 14.2 Ionen als starre Kugeln zur Bestimmung von Radien: aus der (100)-Ebene von NaCl (a) und von LiJ (b)

14.2 Die Molwärme

Schon um 1820 beobachteten *Dulong* und *Petit,* daß sehr viele Elemente in fester Form, ganz besonders die Metalle, Molwärmen um 25 JK^{-1} mol^{-1} bei Zimmertemperatur besitzen. Dies gilt sowohl für C_p als auch für C_V, da die Molwärmedifferenz $C_p - C_V$ meist nicht mehr als 1 JK^{-1} mol^{-1} ausmacht (Tabelle 14.3). Eine einfache Erklärung für diesen Sachverhalt liefert die klassische kinetische Gastheorie (Kapitel 1). Ihr zufolge ent-

Tabelle 14.3: Molwärmen einatomiger Festkörper bei 25 °C

Festkörper	C_p $JK^{-1}mol^{-1}$	C_V $JK^{-1}mol^{-1}$	$C_p - C_V$ $JK^{-1}mol^{-1}$
Ag	25,5	24,5	1,0
C (Diamant)	6,1	6,1	0,0
Cu	24,5	23,8	0,7
Fe	25,0	24,6	0,4
Pb	26,8	25,0	1,8
Zn	24,6	23,3	1,3

spricht jedem Schwingungsfreiheitsgrad eine mittlere kinetische Energie von $1/2\,RT$ pro mol und da jedes Kristallatom drei Freiheitsgrade besitzt, beträgt die mittlere Gesamtenergie $3/2\,RT$. Klassisch gesehen besitzt aber jedes schwingende Atom auch potentielle Energie, für die derselbe Energiebetrag anzusetzen ist. Insgesamt also

$$\overline{E} = 3\,RT. \tag{22}$$

Differenziert man diesen Ausdruck nach der Temperatur T, so folgt für die Molwärme

$$C_V = \left(\frac{\partial \overline{E}}{\partial T}\right)_V = 3\,R. \tag{23}$$

Klassisch ergibt sich also für die Molwärme einatomiger Festkörper 25 $JK^{-1}\,mol^{-1}$. Außerdem sollte sie danach temperaturunabhängig sein, was aber nicht zutrifft. Wie wir wissen, gehen die Molwärmen aller kristallinen Stoffe bei Annäherung an den absoluten Nullpunkt gegen Null (3. Hauptsatz der Thermodynamik). Bild 14.3 zeigt auch, daß der Dulong-Petitsche Wert bei Zimmertemperatur faktisch nur bei den Metallen gefunden wird. Er wird sich als der klassische Grenzwert der statistisch berechenbaren Molwärme erweisen.

Die Erklärung der Temperaturabhängigkeit der Molwärme stellte vor Einführung der Quantentheorie ein fast unüberwindliches Problem dar. Die erste quantenstatistische Lösung dieses Problems stammt von *Einstein* aus dem Jahre 1907. Nach *Einstein* wird ein einatomiger Kristall aus voneinander unabhängig mit derselben Eigenfrequenz schwingenden Gitter-

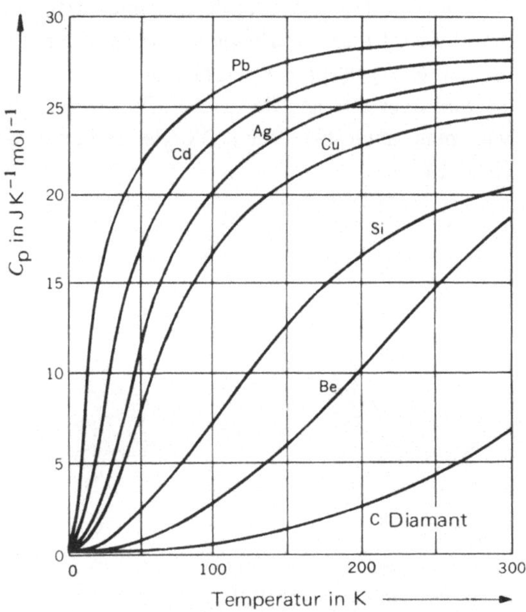

Bild 14.3 Die Molwärme einatomiger Festkörper *(E. B. Millard:* Physical Chemistry for Colleges, McGraw Hill Book Co., New York, 1953)

atomen (harmonische Oszillatoren) aufgefaßt. Jedes Gitteratom besitzt drei Schwingungsfreiheitsgrade. Da die thermische Energie eines mit der Eigenfrequenz ν_0 schwingenden Oszillators pro Freiheitsgrad

$$\overline{\epsilon} = \frac{h\nu_0}{e^{\frac{h\nu_0}{kT}} - 1} \tag{24}$$

beträgt (Abschnitt 10.5), besitzen N_A Gitteratome die mittlere Energie

$$\overline{E} = \sum_{i=1}^{3N_A} \frac{h\nu_{0,i}}{e^{\frac{h\nu_{0,i}}{kT}} - 1} = 3\,N_A\,\overline{\epsilon} = 3\,N_A\,\frac{h\nu_0}{e^{\frac{h\nu_0}{kT}} - 1}. \tag{25}$$

Die Molwärme des Kristalls beträgt daher

$$C_V = \left(\frac{\partial \overline{E}}{\partial T}\right)_V = 3R\left(\frac{h\nu_0}{kT}\right)^2 \frac{e^{\frac{h\nu_0}{kT}}}{\left(e^{\frac{h\nu_0}{kT}} - 1\right)^2} \tag{26}$$

und der klassische Grenzwert $3R$. Dieser ergibt sich aus Gl. (26) für $kT \gg h\nu_0$, also für hohe Temperaturen. Andererseits liefert Gl. (26) für $T \to 0$ auch tatsächlich $C_V = 0$. Die wesentliche Voraussetzung bei dieser Ableitung nach *Einstein* ist, daß alle Oszillatoren *unabhängig* voneinander schwingen und jeder dasselbe Schwingungstermschema besitzt. Obwohl zwar alle Gitteratome gleichartig aneinander gebunden sind, schwingen sie in Wirklichkeit *nicht unabhängig* voneinander und auch nicht mit derselben Frequenz. Viele aneinander gekoppelte Oszillatoren besitzen immer ein *Frequenzspektrum*, also eine Frequenzverteilung. Die Einsteinfunktion (26) stellt mithin nur eine erste Näherung dar, was man auch bei einem Vergleich berechneter und gemessener Molwärmen erkennt (Bild 14.4).

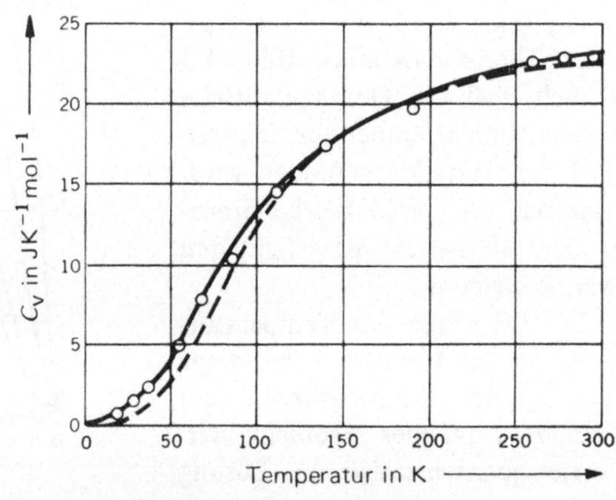

Bild 14.4

Gemessene und nach *Debye* sowie nach *Einstein* berechnete Molwärme von Aluminium

Zu einer besseren Näherung für C_V (T) gelangt man, wenn man nach *Debye* (1912) den Kristall aus voneinander abhängig schwingenden Atomen zusammensetzt. Der ganze Kristall wird als *ein* schwingendes Mehrteilchensystem mit sehr vielen diskreten Eigenfrequenzen aufgefaßt und behandelt. Dazu wird die Dichte der Eigenfrequenzen (Zustandsdichte) durch ein kontinuierliches Frequenzspektrum g(ν) ersetzt. Anstelle von Gl. (25) schreiben wir:

$$\overline{E} = \int_{\nu=0}^{\nu_{max}} \frac{h\nu}{e^{\frac{h\nu}{kT}} - 1}\, g(\nu)\, d\nu. \tag{27}$$

ν_{max}, eine obere Frequenzgrenze, ist durch folgende Bedingung festgelegt: Schwingungen mit Wellenlängen kleiner als die halbe Gitterkonstante sind von den längerwelligen Schwingungen nicht mehr unabhängig; d.h. über diese Grenze hinaus gäbe es unendlich viele kurzwellige Schwingungen, die gleich gut durch längerwellige beschrieben werden. Für die mittlere Energie und die Molwärme brauchen deshalb nur die Frequenzen von $\nu = 0$ bis $\nu = \nu_{max}$ berücksichtigt zu werden. *Debye* leitet für die Frequenzverteilung den Ausdruck

$$g(\nu) = 3\, V \frac{4\pi}{c^3}\, \nu^2 \tag{28}$$

ab. V ist das Volumen des Kristalls und c die Ausbreitungs- bzw. Schallgeschwindigkeit im Kristall.

Zur Herleitung von $g(\nu)$ geht *Debye* von einem isotropen Medium (*Kontinuum*) aus, das die Form eines Quaders mit den Kantenlängen l_x, l_y, l_z hat (vgl. dreidimensionales Potentialtopfmodell in Abschnitt 2.5). Die Gleichung für die Gitterschwingungen in diesem abgegrenzten Medium lautet:

$$\Delta A = \frac{1}{c^2}\, \frac{\partial^2 A}{\partial t^2} \qquad (\Delta\ \text{Laplaceoperator}). \tag{29}$$

A ist die Schwingungsamplitude. Nach Trennung der Variablen mit dem Lösungsansatz

$$A = X(x)\, Y(y)\, Z(z)\, T(t) \tag{30}$$

ergeben sich als Lösungen stehende Wellen,

$$A = A_0 \sin\left(\frac{\pi n_x x}{l_x}\right) \sin\left(\frac{\pi n_y y}{l_y}\right) \sin\left(\frac{\pi n_z z}{l_z}\right) \sin(2\,\pi\nu t), \tag{31}$$

wenn die Eigenwertbedingung

$$\nu^2 = \frac{c^2}{4}\left(\frac{n_x^2}{l_x^2} + \frac{n_y^2}{l_y^2} + \frac{n_z^2}{l_z^2}\right) \qquad (n_x, n_y, n_z = 1, 2, 3, \ldots)$$

bzw.

$$\left(\frac{1}{\lambda}\right)^2 = \left(\frac{n_x}{2l_x}\right)^2 + \left(\frac{n_y}{2l_y}\right)^2 + \left(\frac{n_z}{2l_z}\right)^2 \tag{32}$$

erfüllt ist. Diese Bedingung folgt direkt aus der Anpassung an die Randbedingungen (wie beim dreidimensionalen Potentialtopfproblem). Stehende Wellen gibt es also nur, wenn l_x, l_y, l_z halbzahlige Vielfache der Wellenlänge λ sind. Die Komponenten $1/\lambda_x = n_x/2\,l_x$, $1/\lambda_y = n_y/2\,l_y$, $1/\lambda_z = n_z/2\,l_z$ kann man als die Komponente eines *Wellenzahlvektors* $\mathbf{k}$ auffassen, dessen Absolutwert

$$k = \sqrt{k_x^2 + k_y^2 + k_z^2} \tag{33}$$

die analytische Form einer Kugelgleichung besitzt. Wie bei der Herleitung der Zustandsdichte in Abschnitt 10.6 fragt man nun nach der Zahl der Schwingungen bzw. Punkte im k-Raum, die bis zu einem maximalen k-Wert vorhanden sind. Da nur positive k-Werte zugelassen sind, liegen alle gesuchten Punkte im positiven Oktanten mit dem Volumen

$$\frac{1}{8}\frac{4\pi}{3}\, k_{max}^3 = \frac{1}{6}\, \pi\, k_{max}^3. \tag{34}$$

Die Zahl aller Punkte in diesem Oktanten beträgt dann

$$N = 8\, l_x\, l_y\, l_z\, \frac{1}{6}\, \pi\, k_{max}^3\,, \tag{35}$$

denn das mittlere Volumen eines Punktes im k-Raum beträgt $k_x\, k_y\, k_z = \dfrac{1}{8\, l_x\, l_y\, l_z}$. Schreibt man $l_x\, l_y\, l_z = V$, so geht Gl. (35) über in

$$N\,(k_{max}) = V\, \frac{4\pi}{3}\, k_{max}^3\,. \tag{36}$$

Da aber genau genommen jeder k-Wert drei Schwingungen repräsentiert, nämlich eine longitudinale und zwei transversale, folgt mit $k = \nu/c$ für die Zahl aller Schwingungen (bei gleich großen Ausbreitungsgeschwindigkeiten)

$$N\,(\nu_{max}) = V\, 4\pi\, \frac{\nu_{max}^3}{c^3} \tag{37}$$

und für ihre Dichte im Frequenzbereich $d\nu$:

$$g\,(\nu) \equiv \frac{dN}{d\nu} = 3\, V\, \frac{4\pi}{c^3}\, \nu^2\,. \tag{38}$$

Mit Hilfe der Normierungsbedingung

$$\int\limits_{\nu\,=\,0}^{\nu_{max}} g\,(\nu)\, d\nu = 3\, N_A\,, \tag{39}$$

bekommt man schließlich die normierte Frequenzverteilung

$$g\,(\nu) = 9\, N_A\, \frac{\nu^2}{\nu_{max}^3}\,. \tag{40}$$

Wird diese Frequenzverteilung in Gl. (27) eingesetzt, so resultiert die molare mittlere Energie

$$\bar{E} = \int\limits_{\nu\,=\,0}^{\nu_{max}} \frac{h\nu}{\left(e^{\frac{h\nu}{kT}} - 1\right)}\, 9\, N_A\, \frac{\nu^2}{\nu_{max}^3}\, d\nu = \frac{9 N_A h}{\nu_{max}^3} \int\limits_{\nu\,=\,0}^{\nu_{max}} \frac{\nu^3}{\left(e^{\frac{h\nu}{kT}} - 1\right)}\, d\nu \tag{41}$$

und schließlich die Molwärme

$$C_V = \left(\frac{\partial \bar{E}}{\partial T}\right)_V = 9\, R\, \left(\frac{kT}{h\nu_{max}}\right)^3 \int\limits_{0}^{\frac{h\nu_{max}}{kT}} \frac{e^{\frac{h\nu}{kT}}\left(\frac{h\nu}{kT}\right)^4}{\left(e^{\frac{h\nu}{kT}} - 1\right)^2}\, d\left(\frac{h\nu}{kT}\right)\,. \tag{42}$$

Die nach dieser *Debyefunktion* berechnete Molwärme in Abhängigkeit von der Temperatur mit optimal angepaßtem ν_{max} wurde ebenfalls in Bild 14.4 eingetragen. Wie man sieht, ist die Annäherung an die beobachteten Daten wesentlich besser als bei der *Einsteinfunktion*.

Tabelle 14.4: Die charakteristische Temperatur θ, die Eigenfrequenz ν_{max} und die Größe $4\pi\nu_{max}^2$ m von einigen einatomigen Festkörpern

Kristall	$\theta = h\nu_{max}/k$ K	ν_{max} Hz	$4\pi\nu_{max}^2$ m Nm^{-1}
Ne	63	$1,32 \cdot 10^{12}$	0,7
K	100	2,10	3,6
Xe	55	1,14	3,5
Na	150	3,12	4,6
Li	385	8,09	9,4
Pb	88	1,83	14,4
Hg	96	2,01	16,9
Ca	230	4,80	19,2
KCl	227	4,71	35,5
Al	390	8,12	37,1
Ag	215	4,47	44,9
Au	170	3,54	51,5
Cu	315	6,54	56,7
Be	1000	20,84	81,6
Fe	420	8,75	89,2
W	310	6,42	158,1
C (Diamant)	1840	38,37	369,0

In Tabelle 14.4 sind die spezifischen Eigenfrequenzen ν_{max} und die Größe $4\pi\nu_{max}^2$ m, sowie die durch

$$\theta = \frac{h\nu_{max}}{k} \tag{43}$$

definierten *charakteristischen Temperaturen* θ für verschiedene feste Substanzen zusammengestellt. In Analogie zur Beziehung

$$\nu = \frac{1}{2\pi}\sqrt{\frac{k}{\mu}}, \tag{44}$$

die die Frequenz eines harmonischen Oszillators mit der Kraftkonstanten k und der reduzierten Masse μ verknüpft (Abschnitt 2.8), kann zu Vergleichszwecken statt μ die Molekülmasse m$(= M/N_A)$ einer festen Substanz eingeführt werden. $4\pi\nu_{max}^2$ m ist dann direkt proportional k und stellt in erster Näherung ein Maß für die Bindungsstärke der Gitterbausteine dar. Nach Tabelle 14.4 besitzt $4\pi\nu_{max}^2$ m kleine Werte bei Molekülkristallen, mittlere Werte bei Ionenkristallen und ganz große Werte bei Valenzkristallen.

Von großem praktischen Interesse für thermodynamische Berechnungen ist die Kenntnis der Temperaturabhängigkeit der Molwärme zwischen Zimmertemperatur und dem absoluten Nullpunkt. Wie leicht gezeigt werden kann, liefert die Debyefunktion (42) für T → 0 ein T^3-*Gesetz*. Mit $\theta = h\nu_{max}/k$ und x = hν/kT lautet Gl. (41)

$$\overline{E} = 9\,RT\left(\frac{T}{\theta}\right)^3 \int_{x=0}^{x} \frac{x^3}{e^x - 1}\,dx \tag{45}$$

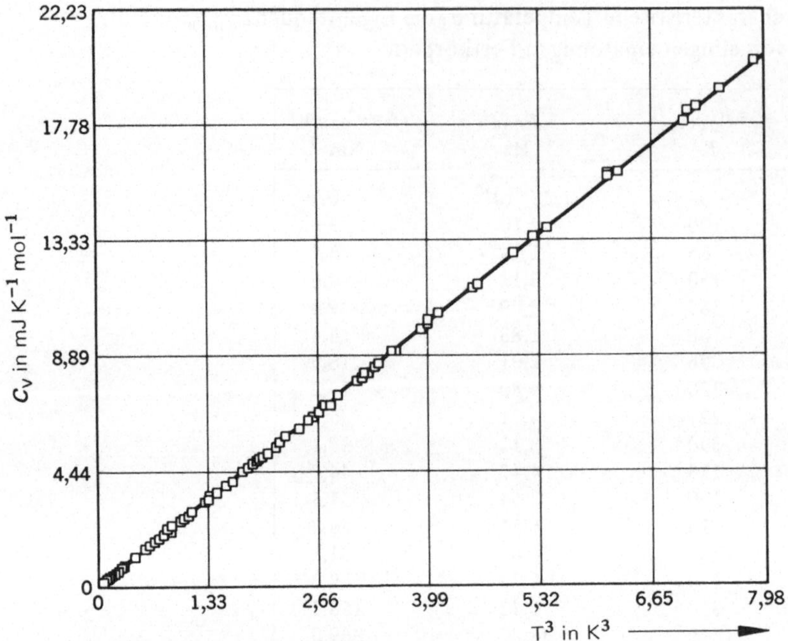

Bild 14.5 Tieftemperaturmolwärme von festem Argon (θ = 92,0 K) (nach *L. Finegold* und *N. E. Phillips* aus *J. Kittel:* Introduction to Solid State Physics, John Wiley & Sons Inc., New York, 1953)

und liefert, wenn man x gegen Unendlich gehen läßt, die thermische Kristallenergie:

$$\bar{E} = 9\,RT \left(\frac{T}{\theta}\right)^3 \int\limits_{x=0}^{\infty} \frac{x^3}{e^x - 1}\, dx = 9\,RT \left(\frac{T}{\theta}\right)^3 \cdot \frac{\pi^4}{15} = \frac{3}{5}\,\pi^4\,R\frac{T^4}{\theta^3}\,. \tag{46}$$

Damit folgt für die Molwärme bei tiefen Temperaturen

$$C_V = \left(\frac{dE}{dT}\right)_V = \frac{12}{5}\,\pi^4\,R\left(\frac{T}{\theta}\right)^3 \tag{47}$$

oder

$$C_V = \alpha T^3\,. \tag{48}$$

Gl. (48) wird durch Messungen an Ionen-, Valenz- und Molekülkristallen (Bild 14.5) bestätigt. α ist eine spezifische Konstante, denn in ihr steckt die charakteristische Temperatur θ. Das T^3-Gesetz kann direkt zur Extrapolation von Molwärmen bis zum absoluten Nullpunkt verwendet werden. Zur Beschreibung der Molwärme von Metallen ist es allerdings nicht geeignet, da bei diesen noch ein Beitrag der Elektronen hinzukommt.

14.3 Die Molwärme der Metalle und das Elektronengasmodell

Von den Metallen weiß man, daß sie im Gegensatz zu den Ionen-, Valenz- und Molekülkristallen eine sehr hohe elektronische Leitfähigkeit besitzen. Die Ursache dafür sind relativ frei bewegliche Elektronen, die neben den positiv geladenen (unbeweglichen)

Atomrümpfen sozusagen eine zweite Art von Gitterbausteinen bilden. Es kann deshalb mit Recht vermutet werden, daß diese Elektronen ebenfalls einen Beitrag zur Molwärme liefern. N_A frei bewegliche Elektronen (Elektronengas) sollten klassisch gesehen eine mittlere Translationsenergie von $3/2\,RT$ besitzen und deshalb mit $3/2\,R$ zur Molwärme beitragen. Wie jedoch die Erfahrung lehrt, trifft dies nicht zu: im allgemeinen C_V (T)-Verlauf ist kein gravierender Unterschied zu den Molwärmen der Valenz- und Ionenkristalle zu erkennen. Nur eine genaue Analyse der Molwärmedaten weist auf Unterschiede hin, und zwar findet man bei tiefen Temperaturen Abweichungen vom T^3 Gesetz. Rein empirisch beobachtet man, daß die Molwärme der Metalle folgendem modifiziertem T^3-Gesetz folgt:

$$C_V = \alpha T^3 + \gamma T. \tag{49}$$

Während der erste Term von den Gitterschwingungen herrührt, ist der lineare Term eine Folge der Elektronenbewegung. Dividiert man Gl. (49) durch T,

$$\frac{C_V}{T} = \alpha T^2 + \gamma, \tag{50}$$

und trägt man die bei verschiedenen Temperaturen gemessenen C_V/T-Werte gegen T^2 in einem Diagramm auf, so liegen diese auf einer Geraden mit dem Ordinatenabschnitt γ (Bild 14.6). Mit dem so bestimmten γ-Wert bekommt man dann den elektronischen Molwärmebeitrag γT für beliebige Temperaturen. Es zeigt sich, daß er bei hohen Temperaturen gegen $3\,R$ vernachlässigbar klein ist (Größenordnung $1\ \mathrm{JK^{-1}\,mol^{-1}}$).

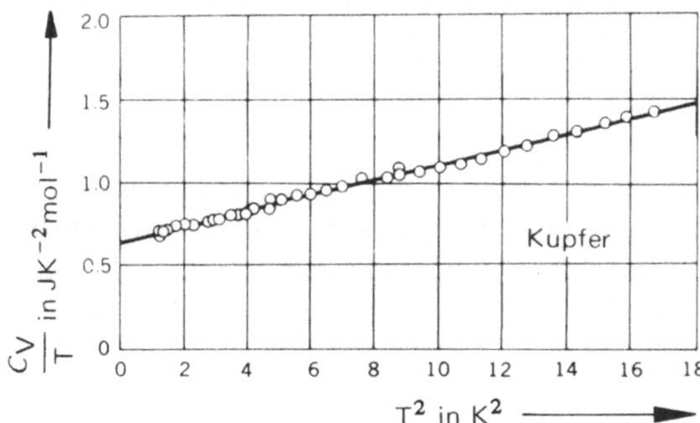

Bild 14.6

Die Molwärme von Kupfer bei tiefen Temperaturen

Der nur bei tiefen Temperaturen in Erscheinung tretende Molwärmebeitrag kann mit Hilfe des *Elektronengasmodelles* erklärt und verstanden werden. Wir stellen uns dazu gasförmige Elektronen in einem dreidimensionalen Potentialtopf vor und untersuchen ihre Verteilung auf das Energieschema. Da Elektronen Fermionen sind, folgt die Verteilung der FD-Statistik (Abschnitt 10.2). Mit der FD-Energieverteilung läßt sich dann die mittlere Energie und Molwärme berechnen. Gegeben sei ein kubischer Metallkristall mit der Kantenlänge a, der aus N Metallionen und N frei beweglichen Elektronen besteht. Bewegen sich diese wie die Moleküle eines idealen Gases in dem durch den

Metallwürfel vorgeschriebenen Potentialtopf (Volumen a^3), so lauten die Energieeigenwerte der Elektronen:

$$\epsilon_n = n^2 \frac{h^2}{8ma^2}, \quad n^2 = n_x^2 + n_y^2 + n_z^2, \quad \left\{ \begin{array}{l} n_x = 1, 2, 3, \dots \\ n_y = 1, 2, 3, \dots \\ n_z = 1, 2, 3, \dots \end{array} \right\} \tag{51}$$

Wie bereits aus Abschnitt 10.9 bekannt ist, besetzen Elektronen (Fermionen) am absoluten Nullpunkt das Energieschema bis zu einem obersten Niveau, *Ferminiveau* oder *Fermienergie* ϵ_F genannt. Bis zu dieser Energie beträgt die Besetzungsdichte $N_i/g_i = 1$, darüber $N_i/g_i = 0$. Die Fermienergie hängt auf Grund folgender Überlegung nur von der Elektronendichte des Metalls ($N/V = N/a^3$) ab: Da jedes Orbital des Termschemas (51) mit zwei Elektronen besetzt werden kann, ist die zugehörige Zustandsdichte $g(E)$ doppelt so groß wie die von spinindifferenten MB-Teilchen (vgl. Gl. (98) in Abschnitt 10.6):

$$g(E) = 4\pi \left(\frac{a}{h}\right)^3 (2m)^{\frac{3}{2}} \sqrt{E}. \tag{52}$$

Damit resultiert aus der Normierungsbedingung (Zahl aller besetzten Zustände beträgt N)

$$\int\limits_{E=0}^{\epsilon_F} g(E)\, dE = N, \tag{53}$$

$$4\pi \left(\frac{a}{h}\right)^3 (2m)^{\frac{3}{2}} \frac{2}{3} \epsilon_F^{\frac{3}{2}} = N, \tag{54}$$

bzw.

$$\epsilon_F = \frac{h^2}{8m} \left(\frac{3N}{\pi a^3}\right)^{\frac{2}{3}}. \tag{55}$$

Am absoluten Nullpunkt ist also die Fermienergie ϵ_F allein eine Funktion der Elektronendichte. Um aber mit der FD-Verteilung bei beliebigen Temperaturen rechnen zu können, müssen wir die Temperaturabhängigkeit des chemischen Potentials μ der Elektronen durch folgende Teilchennormierung (Abschnitt 10.9) bestimmen:

$$\int\limits_{E=0}^{\infty} g(E) \left(e^{\frac{E-\mu}{kT}} + 1\right)^{-1} dE = N. \tag{56}$$

Die Integration von Gl. (56) ist leider sehr umständlich und gelingt auch nur näherungsweise (siehe z. B. *F. Seitz*: The Modern Theory of Solids, McGraw Hill Book Co., N.Y., 1940); sie liefert

$$4\pi (2m)^{\frac{3}{2}} \left(\frac{a}{h}\right)^3 \left[\frac{2}{3} \mu^{\frac{3}{2}} + \frac{\pi^2}{12} \frac{(kT)^2}{\sqrt{\mu}}\right] \cong N. \tag{57}$$

Für T = 0 geht Gl. (57) über in

$$4\pi (2m)^{\frac{3}{2}} \left(\frac{a}{h}\right)^3 \left[\frac{2}{3} \mu^{\frac{3}{2}}\right] = N \tag{58}$$

und gibt

$$\mu = \frac{h^2}{8m} \left(\frac{3N}{\pi a^3}\right)^{\frac{2}{3}} \equiv \epsilon_F. \tag{59}$$

In Worten: $\mu\,(T = 0)$ ist mit der vorher definierten Fermienergie identisch. Für beliebige Temperaturen folgt aus Gl. (57) mit Gl. (59)

$$\mu \cong \epsilon_F \left[1 - \frac{\pi^2}{8} \left(\frac{kT}{\epsilon_F}\right)^2\right]^{\frac{2}{3}} \cong \epsilon_F \left[1 - \frac{\pi^2}{12} \left(\frac{kT}{\epsilon_F}\right)^2\right], \tag{60}$$

wenn man in erster Näherung im zweiten Term von Gl. (57) $\mu = \epsilon_F$ setzt und eine Binominalentwicklung vornimmt. Damit ist nun die FD-Verteilung f(E) eindeutig bestimmt bzw. normiert:

$$f(E) = \frac{g(E)\left(e^{\frac{E-\mu}{kT}} + 1\right)^{-1}}{\int\limits_{E=0}^{\infty} g(E)\left(e^{\frac{E-\mu}{kT}} + 1\right)^{-1} dE} = 4\pi(2m)^{\frac{3}{2}}\left(\frac{a}{h}\right)^3 \left(e^{\frac{E-\mu}{kT}} + 1\right)^{-1} \sqrt{E}. \tag{61}$$

Die mittlere molare Energie ($N = N_A$) ergibt sich dann aus der mittleren Teilchenenergie

$$\overline{E} = \frac{\int\limits_{E=0}^{\infty} f(E)\, E dE}{\int\limits_{E=0}^{\infty} f(E)\, dE} = \int\limits_{0}^{\infty} f(E)\, E dE \tag{62}$$

zu

$$\overline{E} = N_A \overline{E} = \frac{3}{2} N_A \frac{1}{\epsilon_F^{\frac{3}{2}}} \left[\frac{2}{5} \mu^{\frac{5}{2}} + \frac{\pi^2}{4} \mu^{\frac{1}{2}} (kT)^2\right] \tag{63}$$

bzw. mit Gl. (60) zu

$$\overline{E} = N_A \frac{3}{5} \epsilon_F \left[1 + \frac{5}{12} \pi^2 \left(\frac{kT}{\epsilon_F}\right)^2\right]. \tag{64}$$

Differenziert man dieses Ergebnis der Mittelwertbildung nach T, so erhält man den elektronischen Anteil der Molwärme:

$$C_V = \left(\frac{\partial \overline{E}}{\partial T}\right)_V = \frac{R\pi^2}{2} \frac{kT}{\epsilon_F}. \tag{65}$$

Er ist proportional zu T, wie auch empirisch gefunden wurde.

Die FD-Besetzungsdichte eines Elektronengases mit der *Fermitemperatur* $T_F = \epsilon_F/k = 50\,000$ K wurde für verschiedene Temperaturen in Bild 14.7 graphisch dargestellt. Man erkennt sehr deutlich, daß sie mit zunehmender Temperatur wegen der Temperaturabhängigkeit des chemischen Potentials unsymmetrischer wird. Bei tiefen Temperaturen

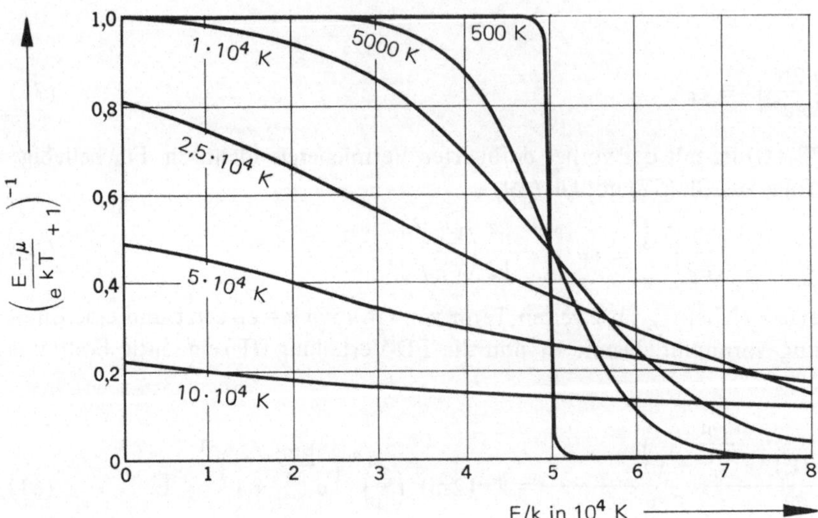

Bild 14.7 FD-Besetzungsdichte eines Elektronengases mit T_F = 50 000 K bei verschiedenen Temperaturen

sind nur sehr wenige Elektronen thermisch angeregt, woraus der zwar sehr kleine, aber immerhin endliche Molwärmebeitrag resultiert. Mit anderen Worten, die Nullpunkt-energie der Elektronen ist schon so groß, daß Temperaturänderungen die Energiever-teilung kaum beeinflussen. Kommt andererseits T in die Größenordnung von T_F und darüber, so läßt sich die FD-Verteilung durch die MB-Verteilung approximieren. Bei den Metallen liegt die Fermitemperatur gewöhnlich zwischen 30000 und 80000 K, was sich mit Hilfe von Gl. (55) abschätzen läßt:

$$T_F = \frac{h^2}{8mk} \left(\frac{3N}{\pi a^3}\right)^{\frac{2}{3}} . \tag{66}$$

14.4 Bändermodell und Metalle

Das Elektronengasmodell ist zur Beschreibung von Festkörpereigenschaften, die auf Elektronenbewegungen beruhen, wie z. B. die elektronische Leitfähigkeit und die Lichtabsorption viel zu grob. Es muß dazu ein periodisches Potentialmodell herange-zogen werden und dieses liefert ein Energieschema der Festkörperelektronen, das als *Bändermodell* bezeichnet wird.

Im Gegensatz zu den Energieschemata einzelner Atome mit ihren scharfen (dis-kreten) Energieeigenwerten entstehen beim Zusammenbau von Atomen zu einem Kristall breite Energiezustände, sogenannte *Bänder*. Ähnlich wie bei der Molekülbindung kann man sich dem Energieproblem auch hier von zwei Seiten nähern. Je nach Kristalltyp geht man dazu entweder von den getrennten Atomen aus und untersucht die Energie der Elektronen beim Annähern der Atome oder man geht von dem bereits fertigen Gittergerüst aus positiven Ionen aus und untersucht die Energie der Elektronen in dem Potential dieses Gerüstes. Die erste Näherung entspricht der Heitler-Londonschen Mehrelektronennäherung, die zweite der Einelektronennäherung der MO-Theorie (Kapitel 5).

Die erste Näherung dient vornehmlich zur Beschreibung von lokalisierten Elektronen in Valenz- und Ionenkristallen. Sind die Atome, die zum Kristall zusammengebaut werden sollen, sehr weit voneinander entfernt, so sind die Elektronenenergieniveaus noch sehr scharf. Ähnlich wie beim Zusammenbringen von zwei H-Atomen zwei Energieniveaus (Singulett und Triplett) entstehen, so entstehen beim Zusammenbringen von drei Atomen drei Energieniveaus, usw. Beim Aufbau eines Kristalls normaler Größe entstehen schließlich so viele eng benachbarte Niveaus wie der Kristall Atome besitzt. Weil sie sehr eng benachbart sind, kann man alle Niveaus zusammen mit einem kontinuierlichen Energieband vergleichen. Aus jedem Atomniveau entsteht auf diese Weise ein Band. Auch Überlappungen solcher Bänder treten auf. Bei der Einelektronennäherung, speziell für Metalle gut geeignet, geht man von den periodisch angeordneten Atomrümpfen (positiven Metallionen) aus und untersucht in deren periodischem Potential die Bewegung eines Elektrons. Implizit wird vorausgesetzt, daß sich die Elektronen unabhängig voneinander bewegen. Diese Einelektronennäherung wird nun etwas eingehender besprochen.

Beschreibt man das Potential eines Atomrumpfes (Ion) durch ein effektives kugelsymmetrisches Potential (Kapitel 3), das proportional $-1/r$ ist (Bild 14.8a), so entsteht beim Aneinanderreihen von vielen Atomrümpfen mit jeweils gleichen Abständen ein *periodisches Gitterpotential* (Bild 14.8b). Jedem Gitteratom entspricht in diesem Fall

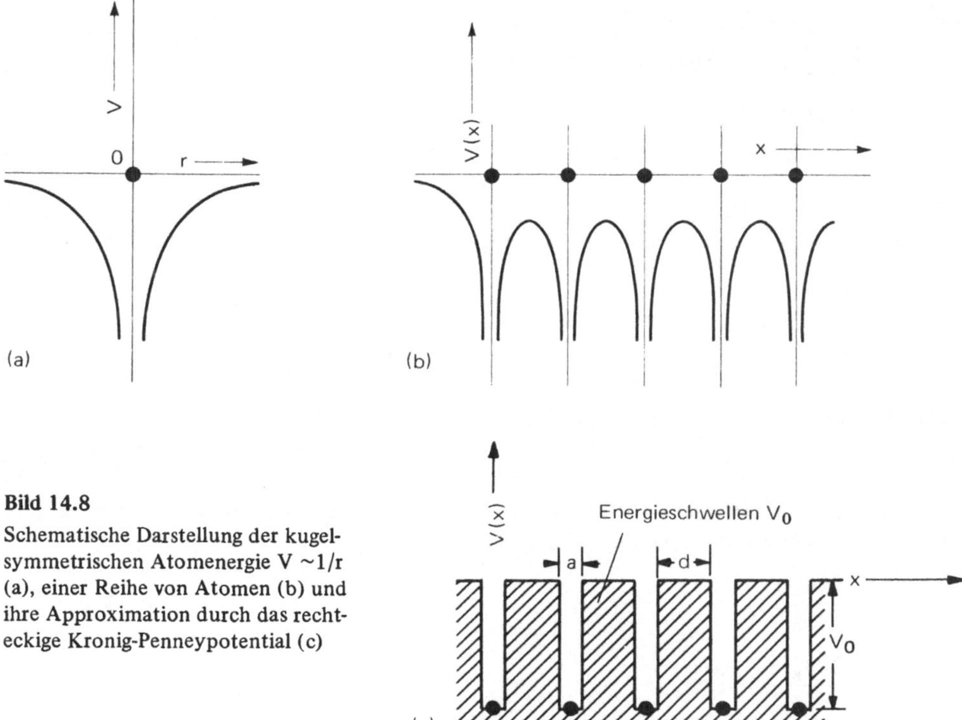

Bild 14.8

Schematische Darstellung der kugelsymmetrischen Atomenergie $V \sim 1/r$ (a), einer Reihe von Atomen (b) und ihre Approximation durch das rechteckige Kronig-Penneypotential (c)

eine eindimensionale Elementarzelle. Nähert man dieses periodische Gitterpotential durch aneinander gereihte rechteckige Potentialtöpfe an (*Kronig-Penneypotential* Bild 14.8c), so läßt sich hierfür die Schrödingergleichung

$$H\Psi(x) = \epsilon\Psi(x) \tag{67}$$

relativ einfach lösen. Plausible Lösungsansätze für Eigenwertgleichungen mit periodischem Potential sind die sogenannten *Blochfunktionen*,

$$\Psi(\mathbf{r}) = e^{i\mathbf{k}\mathbf{r}}\phi(\mathbf{r}), \tag{68}$$

deren allgemeine Form wie folgt an Hand von Symmetrieüberlegungen hergeleitet werden kann.

Ein Ring aus N_x Gitterpunkten (im Abstand a) besitze die Länge $l_x = N_x a$. Die potentielle Energie V ist an jeder Stelle dieses ringförmigen Gitters periodisch in der Gitterkonstanten a:

$$V(x) = V(x + n_x a) \tag{69}$$

n_x ist eine ganze Zahl und markiert eine Translation um $n_x a$. Wegen dieser Symmetrie müssen auch die Eigenfunktionen dieselbe Periodizität aufweisen, also die Form

$$\phi(x + a) = C\,\phi(x) \tag{70}$$

besitzen. C ist eine Konstante. Außerdem muß an der Stelle $x + n_x a$

$$\phi(x + n_x a) = C^{n_x}\phi(x) \tag{71}$$

und nach einer Translation um $N_x a$ gelten:

$$\phi(x + N_x a) = C^{N_x}\phi(x) = \phi(x). \tag{72}$$

Wegen Gl. (72) muß

$$C^{N_x} = 1 \ (n_x = \pm 1, \pm 2, \dots \pm N_x) = e^{2\pi i n_x} \tag{73}$$

bzw.

$$C = e^{2\pi i n_x / N_x} \tag{74}$$

sein. Führen wir die Größe

$$k_x = |k_x| = \frac{2\pi n_x}{N_x a} \tag{75}$$

als Wellenzahlvektor ein, dann erhalten wir

$$C = e^{i k_x a}. \tag{76}$$

In einem dreidimensionalen Gitter spiegelt $\mathbf{k}$ die Symmetrie der Elementarzelle (a, b, c Kantenlängen der Elementarzelle) wieder:

$$k_x = \frac{2\pi n_x}{N_x a},$$

$$k_y = \frac{2\pi n_y}{N_y b}, \tag{77}$$

$$k_z = \frac{2\pi n_z}{N_z c}.$$

Die Blochfunktionen für ein eindimensionales, periodisches Kronig-Penneypotential lauten demnach

$$\Psi(x) = e^{ik_x x} \phi(x), \tag{78}$$

wobei $\phi(x)$ durch Lösen der Schrödingergleichung ermittelt werden muß. Setzt man diesen Ansatz in Gl. (67) ein, so entsteht die Differentialgleichung

$$\frac{d^2\phi}{dx^2} + 2ik_x \frac{d\phi}{dx} + \frac{2m}{\hbar^2}\left(\epsilon - \frac{\hbar^2 k_x^2}{2m} - V\right)\phi = 0 . \tag{79}$$

Im Potentialbereich $0 < x < a$ (Bild 14.8c) hat sie die allgemeine Lösung

$$\phi_I = Ae^{i(\alpha - k_x)x} + Be^{-i(\alpha + k_x)x} \qquad \left(\alpha = \sqrt{\frac{2m\epsilon}{\hbar^2}}\right) \tag{80}$$

und im Bereich $a < x < a + d$ die allgemeine Lösung

$$\phi_{II} = Ce^{(\beta - ik_x)x} + De^{-(\beta + ik_x)x} \qquad \left(\beta = \sqrt{\frac{2m(V_0 - \epsilon)}{\hbar^2}}\right). \tag{81}$$

Die Konstanten A, B, C und D müssen so gewählt werden, daß die Funktionen ϕ und $d\phi/dx$ bei $x = 0$ und $x = a$ stetig sind (3. quantenmechanisches Postulat) und daß die Periodizität von ϕ gewahrt bleibt. Dies gibt insgesamt vier Bedingungen zur Bestimmung der vier Konstanten:

$$\phi_I(0) = \phi_{II}(0), \qquad \phi_I(a) = \phi_{II}(-d),$$
$$\left(\frac{d\phi_I}{dx}\right)_0 = \left(\frac{d\phi_{II}}{dx}\right)_0 \qquad \left(\frac{d\phi_I}{dx}\right)_a = \left(\frac{d\phi_{II}}{dx}\right)_{-d}, \tag{82}$$

bzw.

$$A + B = C + D$$
$$i(\alpha - k_x)A - i(\alpha + k_x)B = (\beta - ik_x)C - (\beta + ik_x)D$$
$$Ae^{i(\alpha - k_x)a} + Be^{-i(\alpha + k_x)a} = Ce^{-(\beta - ik_x)d} + De^{(\beta + ik_x)d}$$
$$i(\alpha - k_x)Ae^{-i(\alpha + k_x)a} - i(\alpha + k_x)Be^{-i(\alpha - k_x)a} = (\beta - ik_x)Ce^{-(\beta - ik_x)d} -$$
$$\qquad\qquad - (\beta + ik_x)De^{(\beta + ik_x)d} \tag{83}$$

Die Koeffizientendeterminante dieses linearen Gleichungssystems verschwindet (Anhang IX), wenn

$$\frac{\beta^2 - \alpha^2}{2\alpha\beta} \sinh(\beta d)\sin(\alpha a) + \cosh(\beta d)\cos(\alpha a) = \cos k_x(a + d). \tag{84}$$

Zur einfacheren physikalischen Interpretation der Eigenwertbedingung (84) werden nachträglich die Energieschwellen des Kronig-Penneypotentials durch den Grenzübergang $d \to 0$ unendlich hoch gemacht, und zwar so, daß das Produkt $V_0 d$ konstant bleibt und a Gitterperiode wird. Anstelle des tatsächlichen Festkörperpotentials wird also letztlich ein

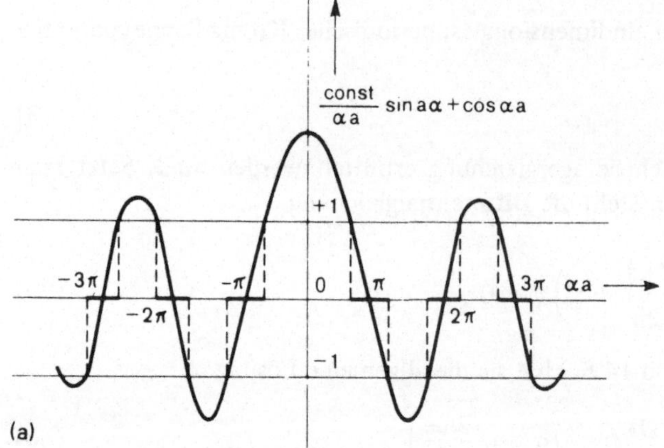

Bild 14.9
Graphische Lösung der Energieeigenwertbedingung (86) (a)
und ihre Darstellung durch
$\epsilon(k_x)$ mit daraus resultieren-
den Energiebändern (b) für
positive k_x-Werte

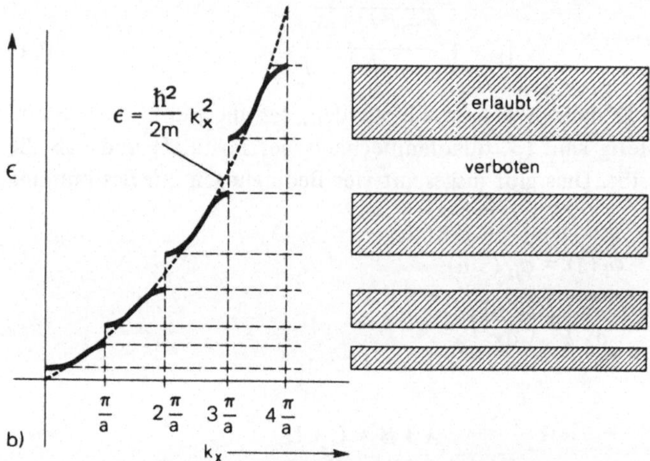

extrem vereinfachtes Potentialmodell zur Einführung der Energiebänder verwendet. Für
diesen Grenzübergang setzt man

$$\lim_{\substack{d \to 0 \\ \beta \to \infty}} \left(\frac{\beta^2\, ad}{2} \right) = \text{const} \tag{85}$$

und erhält aus Gl. (84) die Energieeigenwertbedingung

$$\text{const}\,\frac{\sin(\alpha a)}{\alpha a} + \cos(\alpha a) = \cos(k_x a). \tag{86}$$

Sie ist als transzendente Gleichung nur graphisch oder numerisch lösbar. In Bild 14.9a
wurde dazu die linke Seite von Gl. (86) mit einem beliebigen Wert für const als Funktion
von αa aufgetragen. Da der Cosinusterm auf der rechten Seite nur Werte zwischen − 1 und
+ 1 besitzen kann, nimmt auch die linke nur diese Werte an. αa besitzt also reelle Werte in

den dick eingezeichneten Bereichen. Nach Gl. (86) entsprechen diese *erlaubten* Energien, deren Grenzen durch $\pm n_x \pi/a$ für k_x gegeben sind. Trägt man die Energie gegen den Wellenzahlvektor k_x in einem Diagramm auf (Bild 14.9b), so resultiert eine *Parabel* mit *Diskontinuitäten*, die *verbotene* Energiebereiche darstellen. Sie verschwinden, wenn const gegen Null geht, es also keine Trennwände (Energieschwellen $V_0 d$) zwischen den Elementarzellen gibt; mit anderen Worten, wenn das periodische Potential in einen einzigen großen Potentialtopf übergeht. Wird hingegen const unendlich groß, dann reduzieren sich die erlaubten Energiebereiche auf diskrete Energieniveaus, wie man sie bei den isolierten Atomen vorfindet.

Als Ergebnis dieser Ableitung soll festgehalten werden: Die Einelektronennäherung liefert erlaubte, kontinuierliche Energiebänder (*Brillouinzonen*), die mit verbotenen Zonen abwechseln (Bild 14.9c). Da es in jedem Energieband N_x erlaubte Wellenzahlvektoren gibt (im ersten Band von $k_x = \pm 2\pi/l_x$, usw. bis $\pm 2\pi(N_x/2)/l_x = \pm \pi/a$), gibt es auch ebensoviele Orbitale, die mit Elektronen besetzt werden können. Das oberste voll besetzte Band wird *Valenzband* (Valenzelektronen) und das nächste leere oder unvollständig besetzte Band *Leitungsband* genannt.

Mit Hilfe des auf diese Weise erklärten Bändermodells lassen sich die Festkörper in bezug auf ihre elektronischen Eigenschaften in *Metalle, Halbleiter* und *Isolatoren* einteilen (Bild 14.10). Bei den Metallen überlappen sich das Valenzband und Leitungsband, so daß dieses immer partiell besetzt ist. Der leichte Elektronenaustausch (Platztausch) in diesem Zustand ist verantwortlich für die große Beweglichkeit der Elektronen in Metallen und damit für deren hohe elektronische Leitfähigkeit. Bei den Halbleitern ist die Energielücke zwischen dem Valenz- und dem Leitungsband von der Größenordnung einiger Zehntel eV und daher für Elektronen thermisch überbrückbar. Bei $T = 0$ ist das Valenzband voll, das Leitungsband gänzlich unbesetzt. Eine Ladungsverschiebung (Leitung) in diesem Zustand ist nicht möglich und der Halbleiter verhält sich elektronisch isolierend. Mit zunehmender Temperatur werden Elektronen in das Leitungsband angeregt und *Löcher (Defektelektronen)* bleiben im Valenzband zurück. Im energetischen Zustand beider Bänder kann nun eine Ladungsverschiebung stattfinden. Bei den Isolatoren schließlich ist die Energielücke so groß, daß sie von den Elektronen thermisch nicht übersprungen werden kann. Isolatoren besitzen daher auch bei höheren Temperaturen keine elektronische Leitfähigkeit. Daß sie trotzdem elektrischen Strom transportieren, beruht auf der *elektrolytischen* Leitfähigkeit durch Ionenwanderung (Abschnitt 14.8).

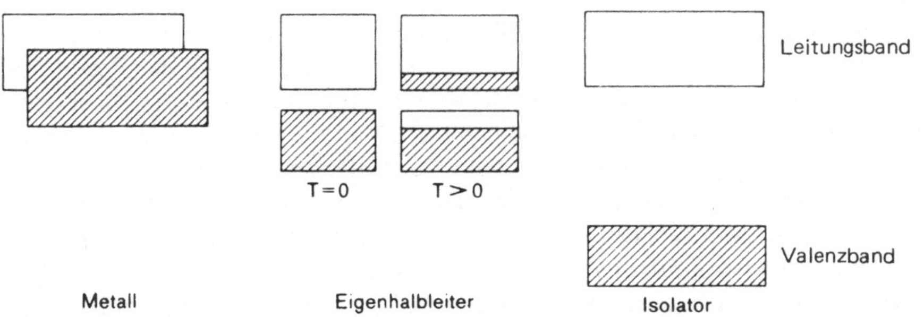

Bild 14.10 Schematisches Bändermodell eines Metalles, eines Eigenhalbleiters und eines Isolators

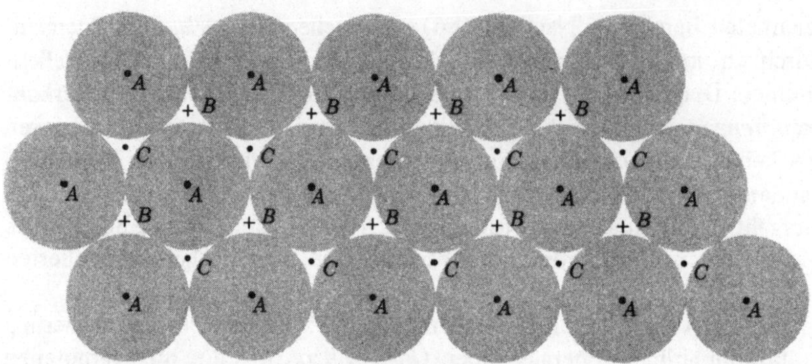

Bild 14.11 Zweidimensionale dichteste Kugelpackung (aus *J. Kittel:* Introduction to Solid State Physics, J. Wiley & Sons Inc., New York, 1953)

Die große Beweglichkeit der Elektronen in den Metallen bedingt, daß sich die verbleibenden Atomrümpfe (Ionen) in *dichtesten Kugelpackungen* anordnen, und die Metalle zumeist mit höchster Symmetrie kristallisieren (kubisch bzw. hexagonal). Was heißt dichteste Kugelpackung? Versucht man gleich große Kugeln räumlich so anzuordnen, daß möglichst kleine Zwischenräume entstehen, so gelingt dies auf zweifache Weise. Bildet man zuerst eine möglichst dichte, ebene Schicht (Bild 14.11), so entsteht eine Kugelpackung mit hexagonaler Symmetrie: Jede Kugel besitzt sechs nächste Nachbarn, deren Mittelpunkte die Ecken eines regelmäßigen Sechseckes bilden. (Auch ein Kreis kann höchstens von sechs gleich großen Kreisen berührt werden.) Man beachte nun die entstandenen „dreieckigen" Zwischenräume, wovon es zwei Sorten gibt. Die einen zeigen mit einer Ecke nach oben und die anderen nach unten. Ihre Positionen seien mit B und C bezeichnet, die Mittelpunkte der Kugeln mit A. Nun soll eine zweite dichtest gepackte Schicht auf die erste gelegt werden. Wird zuerst eine Kugel auf die Position B gelegt, dann kann nicht gleichzeitig eine andere Kugel auf einer benachbarten Position C zu liegen kommen. Die Kugeln der zweiten Schicht können entweder nur auf B- oder nur auf C-Plätzen untergebracht werden, ohne daß die dichteste Packung zerstört wird. Die Schichtanordnung AB (Kugeln der ersten Schicht auf A- und Kugeln der zweiten Schicht auf B-Plätzen) unterscheidet sich aber überhaupt nicht von der Anordnung AC! Denn die eine Anordnung kann durch eine einfache Koordinatentransformation (Drehung des auf die Kugelmittelpunkte bezogenen Koordinatensystems um $60°$) in die andere Anordnung übergeführt werden.

Beim Plazieren einer dritten Schicht gibt es wiederum zwei Anordnungsmöglichkeiten: Entweder auf den Positionen C oder wie bei der ersten Schicht auf den Positionen A (ABC oder ABA). In beiden Fällen entsteht eine dichteste Kugelpackung, denn eine jede Kugel besitzt 12 Nachbarkugeln, die sie berühren. Von diesen liegen 6 in derselben Schicht, 3 in der Schicht darüber und 3 darunter. Der Unterschied zwischen den beiden Strukturen oder Packungen besteht nur darin, daß bei der Anordnung ABC der „dreieckige" Zwischenraum zwischen den drei oberen Nachbarn gegenüber dem unteren um $180°$ verdreht ist. Bei der Anordnung ABA decken sich die Zwischenräume. Der weitere dichteste Aufbau ergibt sich durch eine periodische Wiederholung der Anordnungen: ABAB ... und ABCABC ... Diese zwei dichtest gepackten Strukturen oder Kugelpackungen wurden erstmals von *Barlow* um 1880 erkannt. Er schrieb sie dem Atomaufbau der

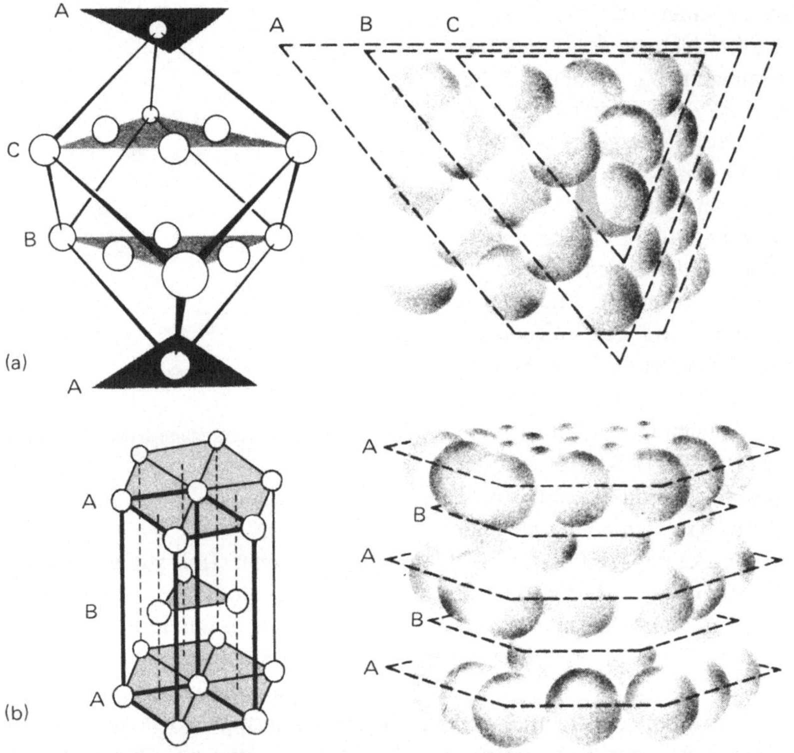

Bild 14.12 Kubisch dichteste (a) und hexagonal dichteste Kugelpackungen (b) (*W. J. Moore:* Der feste Zustand, F. Vieweg, 1977)

Metalle schon lange bevor sie experimentell durch Röntgenstrukturanalysen bewiesen werden konnten, zu. Da der ABA-Packung eine hexagonale Elementarzelle mit zwei Atomen zugrunde liegt (Bild 14.12a), wird sie *hexagonal-dichteste* Kugelpackung genannt. Ihre dichtest gepackten Schichten entsprechen den Gitterebenen senkrecht zur c-Achse der Zelle. Die ABC-Packung ist dagegen auf die kubisch-flächenzentrierte Elementarzelle zurückführbar und wird *kubisch-dichteste* Packung genannt. In diesem Fall sind die dichtesten Schichten die (111)-Ebenen senkrecht zur [111]-Richtung (Bild 14.12b). Die meisten Metalle kristallisieren entweder in der kubisch- oder in der hexagonal dichtesten Packung; daneben tritt auch noch sehr häufig die kubisch raumzentrierte Struktur auf (Abschnitt 13.2). Soviel zum atomaren Aufbau der Metalle.

14.5 Valenzkristalle und Halbleiter

Im Gegensatz zu den Ionen- und Metallkristallen, in denen die Bindung zwischen den Bausteinen nicht gerichtet ist, handelt es sich bei den Valenzkristallen um Festkörper mit *gerichteten homöopolaren* Bindungen. Diese sind auch strukturbestimmend. Ein sehr instruktives Beispiel bietet hier der Diamant, doch auch die heute so wichtigen Halbleiter wie Germanium und Silizium sind schöne Beispiele. In diesen Valenzkristallen ist ein jedes Gitteratom von 4 Nachbaratomen tetraedrisch umgeben (Bild 14.13) und die La-

dungsdichte zwischen ihnen ist relativ groß.
Ihre Gitterenergie läßt sich wie folgt abschätzen: Da ein Kristall mit N_A Atomen $2N_A$
Bindungen aufweist, ist die Gitterenergie halb
so groß wie die Sublimationsenergie. Das ist die
Energie, die zum Verdampfen des Kristalls
in gasförmige Atome benötigt wird. Charakteristisch für die genannten Valenzkristalle
sind jedoch ihre *halbleitenden* Eigenschaften.

Wie aus Bild 14.10 hervorgeht, sind bei den
Halbleitern das Leitungs- und das Valenzband
durch eine *Energielücke* getrennt. Diese beträgt
einige Zehntel eV und ist damit thermisch
überbrückbar (Elektronenanregung mit Hilfe
von $kT \cong 0{,}01$ eV). Bei $T = 0$ ist das Valenzband komplett besetzt und das Leitungsband
leer, so daß keine Ladungsverschiebung möglich

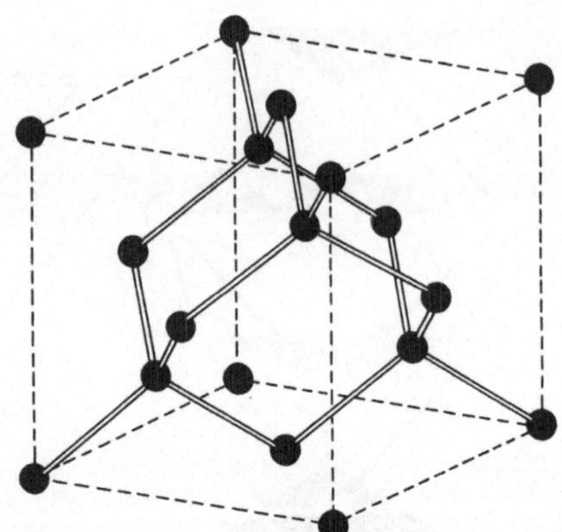

Bild 14.13 Die tetraedrische Diamantstruktur

ist. Im Valenzband sind keine Orbitale für beschleunigte Elektronen frei. Mit zunehmender Temperatur $(T > 0)$ werden aber Elektronen in das Leitungsband angeregt und diese
lassen quasi positiv geladene Löcher im Valenzband zurück. In beiden Bändern kann dann
Ladungstransport stattfinden: Im einen Fall mit Elektronen und im anderen mit Löchern
als Ladungsträger. Die Löcher besitzen eine *effektive positive Ladung* und eine *effektive
Masse*. Ihre Dichte ist bei den sogenannten *Eigenhalbleitern* ebenso groß wie die Elektronendichte, hängt jedoch von der Temperatur und dem *Bandabstand* ab. Dies läßt sich
FD-statistisch zeigen.

Zur Berechnung der Elektronendichte N_e/V im Leitungsband haben wir über die
FD-Verteilung f_e (Bild 14.14) vom unteren Rand des Leitungsbandes bei $E = \epsilon_L$ bis $E = \infty$
zu integrieren:

$$\frac{N_e}{V} = \int_{E=\epsilon_L}^{\infty} \frac{g(E-\epsilon_L)}{e^{\frac{E-\mu}{kT}} + 1} \, dE \tag{87}$$

Da die Elektronendichte normalerweise klein im Vergleich zur Zustandsdichte ist (MB-
Grenzfall), kann der Exponentialausdruck im Nenner groß gegen 1 gesetzt werden. Durch
die Substitution $\left(E - \epsilon_L\right)/kT = z$ gelangt man dann zum Integral $\int_0^{\infty} \sqrt{z}\, e^{-z} \, dz = \sqrt{\pi}/2$, so
daß

$$\frac{N_e}{V} = \int_{E=\epsilon_L}^{\infty} g(E-\epsilon_L)\, e^{\frac{E-\mu}{kT}} \, dE \cong \text{const } m_e^{\frac{3}{2}} e^{-\frac{\epsilon_L-\mu}{kT}}. \tag{88}$$

Analog dazu ergibt sich die Defektelektronendichte N_p/V durch Integration der spiegel-
bildlichen Verteilung f_p vom oberen Rand des Valenzbandes bei $E = \epsilon_V$ bis $E = -\infty$:

$$\frac{N_p}{V} = \int_{E=-\infty}^{\epsilon_V} g(\epsilon_V - E)\left(1 - \frac{1}{e^{\frac{E-\mu}{kT}} + 1}\right) dE \cong \text{const } m_p^{\frac{3}{2}} e^{\frac{\epsilon_V-\mu}{kT}}. \tag{89}$$

Gleichsetzen der Elektronen- und Löcherdichte liefert dann

$$m_e^{\frac{3}{2}} e^{-\frac{\epsilon_L - \mu}{kT}} = m_p^{\frac{3}{2}} e^{\frac{\epsilon_V - \mu}{kT}} \tag{90}$$

und Logarithmieren sowie Umformen:

$$\mu = \frac{\epsilon_L + \epsilon_V}{2} - \frac{3}{4} kT \ln \frac{m_e}{m_p} \, . \tag{91}$$

Damit ist die Fermienergie μ für Eigenhalbleiter festgelegt; sie liegt bei $T = 0$ bzw. bei annähernd gleich großen effektiven Massen in der Mitte der Bandlücke (Bandabstand: $\epsilon_L - \epsilon_V$, Bild 14.14):

$$\mu \equiv \epsilon_F = \frac{\epsilon_L + \epsilon_V}{2} . \tag{92}$$

Die Elektronendichte im Leitungsband, sie ist maßgebend für die elektronische Leitfähigkeit, beträgt deshalb:

$$\frac{N_e}{V} = \frac{N_p}{V} = \text{const}' \, e^{-\frac{\epsilon_L - \epsilon_V}{2kT}} . \tag{93}$$

Bei den Halbleitern Ge und Si besitzt der Bandabstand die Werte 0,78 bzw. 1,21 eV.

Aus Isolatoren (Bandabstand einige eV bis 10 eV) werden Halbleiter, wenn man sie mit geeigneten Fremdatomen dotiert. Dies kann auf zweierlei Weise geschehen: Entweder durch Dotierung mit elektronegativeren oder mit elektropositiveren (nieder- oder höherwertigen) Atomen als die Isolatoratome. Im ersten Fall nehmen die Fremdatome (= *Akzeptoren*) Elektronen aus dem Valenzband auf und hinterlassen darin positive Löcher. Da sich die positiven Löcher wie positive Teilchen verhalten (sie wandern beim Anlegen einer Spannung zum negativen Pol), bezeichnet man diesen Halbleitertyp als *p-Halbleiter*

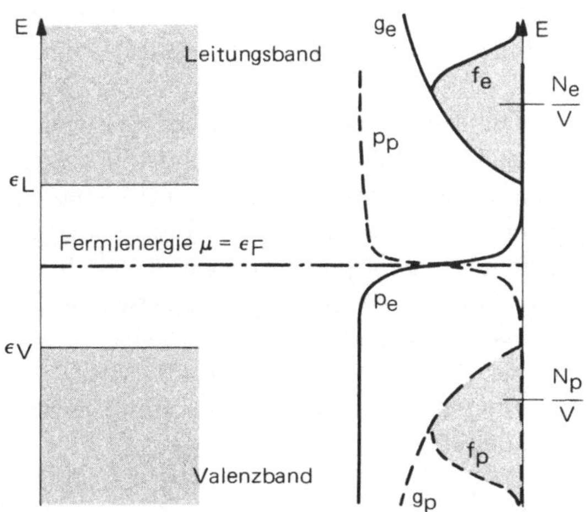

Bild 14.14
Energieschema und FD-Verteilung in einem Eigenhalbleiter bei endlicher Temperatur ($p_e = (e^{E - \mu/kT} + 1)^{-1}$, $p_p = 1 - p_e$, $g_e = g(E - \epsilon_L)$, $g_p = g(\epsilon_V - E)$, $f_e = g_e p_e$, $f_p = g_p p_p$)

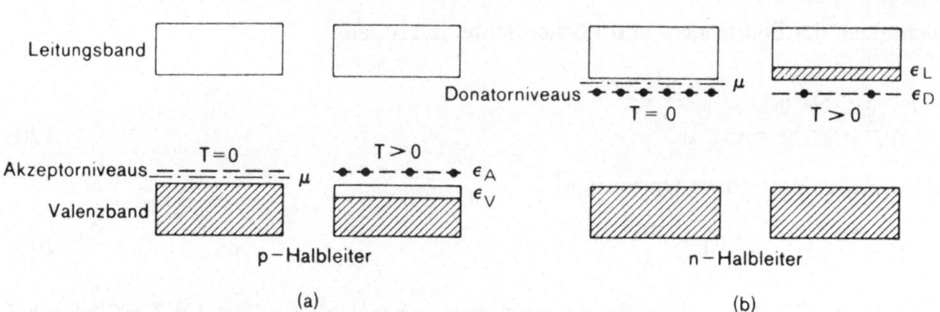

Bild 14.15 Schematisches Bändermodell eines p- und eines n-Halbleiters

(Bild 14.15). Im zweiten Fall liegen die Energieniveaus der Fremdatome knapp unter dem leeren Leitungsband, und durch thermische Anregung gelangen Elektronen aus den zudotierten Fremdatomen (= *Donatoren*) ins Leitungsband. Stromtransport erfolgt dann vorwiegend durch Elektronenverschiebung im Leitungsband (*n-Halbleiter*).

Die Eigenhalbleiter Ge und Si werden durch Dotieren für ihre praktische Verwendbarkeit derart umfunktioniert, daß überwiegend nur positive Löcher oder nur Elektronen leiten. Sie bilden die Ausgangsmaterialien für Dioden, Transistoren, usw. Durch Dotieren mit fünf- bzw. dreiwertigen Fremdatomen führt man in diese Eigenhalbleiter Donatoren und Akzeptoren ein und kommt dadurch zu n- und p-Ge bzw. n- und p-Si. Eine analoge statistische Berechnung zeigt dann, daß die Fermienergie μ zwischen der Donator- bzw. Akzeptorenergie und der Leitungsbandunter- bzw. Valenzbandoberkante liegt (Bild 14.15), und daß die Elektronendichte exponentiell mit der Energie $(\epsilon_L - \epsilon_D)/2$ bzw. $(\epsilon_A - \epsilon_V)/2$ von der Temperatur abhängt. Das Zustandekommen der Donator- und Akzeptorzustände im verbotenen Energiebereich kann man sich qualitativ auf folgende Weise erklären: Jedes Fremdatom stellt eine Störung oder Unterbrechung des periodischen Gitterpotentials (vgl. Kronig-Penneypotential) dar. Bei der Lösung der Schrödingergleichung müssen deshalb die Blochfunktionen an die Lösungen der Fremdatomzelle angeschlossen werden. Die daraus resultierende Energieeigenwertbedingung liefert dann nicht nur das bereits bekannte Energiebandmodell, sondern auch Energieterme im verbotenen Bereich.

Im verbotenen Energiebereich liegen außer den Donator- und Akzeptorzuständen auch elektronische Anregungszustände, im Teilchenbild *Excitonen* genannt. Sie folgen allerdings nicht aus der quantenmechanischen Energiebandableitung, sondern müssen extra eingeführt werden. Excitonen entsprechen im Teilchenbild Elektronen, die an Defektelektronen gekoppelt sind. Man kann sie mit H-Atomen vergleichen, wo ein Elektron an das Proton gebunden ist. Auch die quantitative Beschreibung lehnt sich an das H-Atommodell an und führt so zu einem wasserstoffähnlichen Energieschema im verbotenen Energiebereich. Vom Grundzustand aus (Elektron im Valenzband) entsteht so durch optische, unter Umständen auch durch thermische Anregung ein Exciton, das sich wie ein Elektron oder Defektelektron im Gitter bewegt.

14.6 Molekülkristalle

Alle Kristalle, die aus neutralen Molekülen aufgebaut sind, werden global als *Molekülkristalle* und alle Arten von Bindungen zwischen den Molekülen mit dem Sammelbegriff *van der Waalssche Bindung* bezeichnet. Sie beruhen auf denselben Kräften, die auch für das nichtideale Verhalten von Gasen verantwortlich sind. Dazu gehören die Wechselwirkungen zwischen elektrischen Molekülmomenten, aber auch alle möglichen Wechselwirkungen mit oder zwischen induzierten Momenten, einschließlich der Wasserstoffbrückenbindung. Charakteristisch für sie ist, daß ihre Energie mit der 6. Potenz des Molekülabstandes abnimmt und Werte der Größenordnung $10\,\mathrm{kJ\,mol^{-1}}$ besitzt. Diese Bindungsarten werden im Kapitel 15 über Flüssigkeiten eingehender besprochen. In diesem Abschnitt wollen wir uns auf die elektronischen und strukturellen Eigenschaften konzentrieren.

Wie aus der Ladungsdichteverteilung in Bild 13.24d hervorgeht, ist die Ladung zwischen den Molekülen verschwindend klein. Die Molekülkristalle sind demnach als elektronische Isolatoren im Sinne des Bändermodells anzusehen. Die Energielücke zwischen dem Leitungs- und Valenzband ist im Vergleich zu kT extrem groß (Größenordnung 10 eV) und könnte höchstens durch Röntgenlichtabsorption überbrückt werden. Trotzdem wird eine Anregung durch Absorption im sichtbaren Strahlungsbereich beobachtet (Bild 15.16), die noch dazu durch den Kristall wandern kann. Diese Eigenschaft spielt z. B. eine große Rolle bei biologischen Mechanismen. So wurde schon vor Jahren postu-

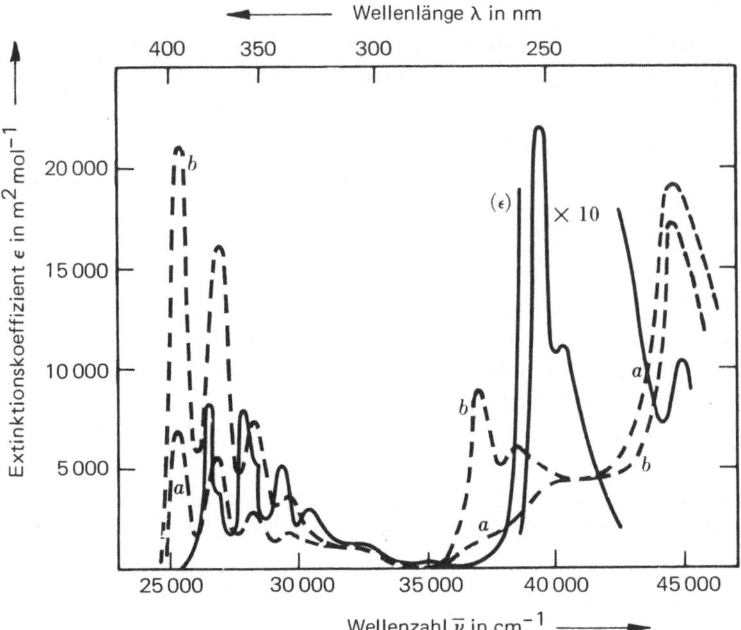

Bild 14.16 Absorptionsspektren von kristallinem (- - - -) und gelöstem (——) Anthrazen, aufgenommen mit polarisiertem Licht (a Polarisation parallel zu trikliner ac-Ebene bzw. und b Polarisation parallel zu trikliner b-Achse bzw. (*A. V. Bree, L. E. Lyons:* J. Chem. Soc. (1960) 5206 in *W. Moore:* Der feste Zustand, F. Vieweg, Braunschweig 1977)

liert, daß gewisse Zellbestandteile wie Halbleiter funktionieren. Das ist jedoch nur möglich, wenn große organische Moleküle in lebenden Zellen kristallisieren, z. B. das Chlorophyll im Chloroplast der grünen Blätter. Wird von diesem irgendwo ein Lichtquant absorbiert, so sollte die dadurch erzeugte Anregung solange durch den Kristall wandern, bis an einer anderen, geeigneteren Stelle durch sie ein Primärschritt der Photosynthese initiiert wird. Auch bei der Sinneswahrnehmung an der Retina erfolgt ständig eine Absorption von Lichtquanten, die letztlich in elektrische Impulse umgewandelt und in den Sehnerven weitergeleitet wird. Nimmt man zu diesen biochemischen Beispielen noch die Erscheinungen der Luminiszenz und der Photoleitfähigkeit hinzu, so muß man schließen, daß es bei den Isolatoren im verbotenen Energiebereich erlaubte scharfe Energiezustände geben muß, die durch sichtbares Licht anregbar sind. Aber nicht nur eine Anregung, sondern auch eine Wanderung dieser Anregung durch den Kristall muß möglich sein.

Eine Theorie für diese *elektronischen Anregungen* oder *Excitonen* in Molekülkristallen geht auf *Peierls*, *Frenkel* und *Davydov* zurück. Sie erklärt recht gut die gemessenen Absorptionsspektren und damit das scharfe Energieschema im verbotenen Bereich. Ihre Grundzüge sollen qualitativ vermittelt werden. Man betrachte zwei benachbarte Moleküle A und B im Kristallverband. Sind diese sehr weit voneinander entfernt, so existiert zwischen ihnen keinerlei elektrische Wechselwirkung, und ihr Spektrum gleicht dem der Moleküle im Gaszustand. Die quantenmechanische Beschreibung dieses „gasförmigen" Zustandes kann deshalb durch das Produkt der zwei isolierten Molekülorbitale ψ_A und ψ_B erfolgen:

$$\psi = \psi_A \psi_B . \tag{94}$$

Nähern sich die beiden Moleküle bis auf etwa 5 bis 10 Å, so kann es zu einer partiellen Überlappung ihrer Ladungsverteilungen bzw. Orbitale kommen. Da die Überlappung sicher sehr gering ist, läßt sich der neue Zustand näherungsweise noch immer durch Gl. (94) beschreiben. Absorbiert nun das Molekül B ein Lichtquant und wird es dadurch vom Grundzustand ψ_A in den Zustand ψ_B^* angeregt, so lautet das Orbital für den angeregten Molekülkomplex AB*:

$$\psi^* = \psi_A \psi_B^* . \tag{95}$$

Da aber die beiden Moleküle chemisch identisch sind, gibt es eigentlich keinen Grund, warum die Anregung auf B beschränkt bleiben sollte, zumal der Abstand klein genug ist, um eine gewisse, wenn auch geringe Überlappung zu gewährleisten. Ein gleich gutes Orbital für den angeregten Molekülkomplex ist deshalb

$$\psi^* = \psi_A^* \psi_B . \tag{96}$$

Immer dann, wenn wie hier, zwei energetisch gleichwertige Zustände existieren, sind auch die *Linearkombinationen* gleich gute Beschreibungen (Abschnitt 10.1):

$$\psi^* = \psi_A^* \psi_B + \psi_A \psi_B^* , \tag{97}$$

$$\psi^* = \psi_A^* \psi_B - \psi_A \psi_B^* . \tag{98}$$

Wie bei der Molekülbindung (bei engstem Abstand) spaltet deshalb dieser Zustand in zwei Energiezustände auf. Die physikalische Ursache für die Aufspaltung bzw. für die Bindung ist eine Dipol-Dipolwechselwirkung. Aber nicht wie bei den van der Waalsschen Wechselwirkungen mit zwei permanenten elektrischen Molekülmomenten, sondern zwischen zwei Übergangsmomenten, wie sie zur quantenmechanischen Behandlung der Absorptionsvorgänge notwendig sind (Abschnitt 6.1). Mit Hilfe des so berechenbaren Energieschemas lassen sich dann die Absorptionsspektren deuten. Sie beweisen umgekehrt die Existenz von Excitonen im verbotenen Bereich. Auch daß Anregungen im Kristall beweglich sind, wird nach dem Gesagten verständlich: Es gibt immer wieder Nachbarmoleküle, mit denen ein Austausch der Anregung möglich ist.

Wie wir in Abschnitt 13.6 gesehen haben, geben Röntgenbeugungsuntersuchungen an Molekülkristallen nicht nur Auskunft über die zwischenmolekularen Abstände (Kristallstruktur), sondern mittels Fouriersynthese auch Auskunft über die Atomabstände innerhalb von Molekülen. Wie mit den absorptionsspektroskopischen Verfahren bekommt man Daten über *Bindungslängen* und *Bindungswinkel*. Sie haben in der organischen Chemie eine große praktische Bedeutung. Denn mit Hilfe der an speziellen Molekülen gewonnenen Daten lassen sich mittlere Atomabstände und Winkel definieren, die als repräsentative Werte für funktionelle Atomgruppierungen tabelliert werden können. Bild 14.17 zeigt eine Zusammenstellung einiger sehr oft vorkommender *funktioneller Gruppen.*

Äquivalent dazu ist die Definition mittlerer Radien von homöopolar gebundenen Atomen, die natürlich mit den Radien isolierter Atome nichts zu tun haben. Sie sind am ehesten mit den früher eingeführten Ionenradien vergleichbar. Man nennt sie auch *kovalente Radien.* Ihre Zuordnung erfolgt so, daß der halbe Atomabstand gleichatomiger Moleküle als Radius definiert wird. Obwohl diese Methode nicht sehr exakt aussieht, bekommt man doch sehr konsistente Radien (Tabelle 14.5). Die damit berechneten Bindungslängen beliebiger Moleküle stimmen oft bis auf 0,01 Å mit den tatsächlichen

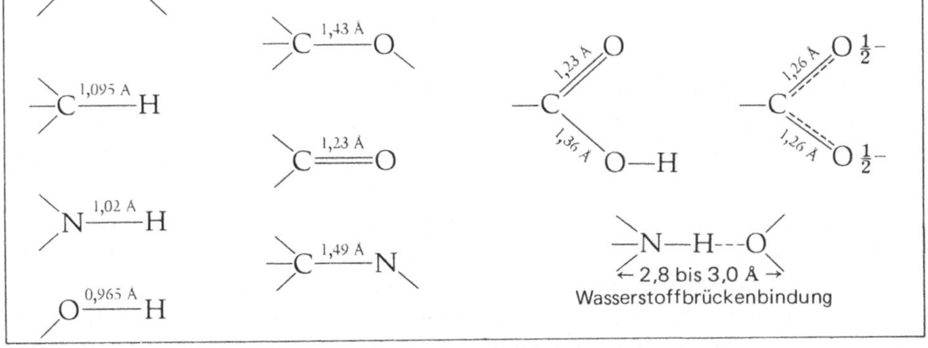

Bild 14.17 Strukturdaten einiger sehr oft vorkommender funktioneller Gruppen

Tabelle 14.5: Kovalente Atomradien in Å

H 0,37	C 0,77	N 0,70	O 0,66	F 0,64
	Si 1,17	P 1,10	S 1,04	Cl 0,99
	Ge 1,22	As 1,21	Se 1,17	Br 1,14
	Sn 1,40	Sb 1,41	Te 1,37	J 1,33

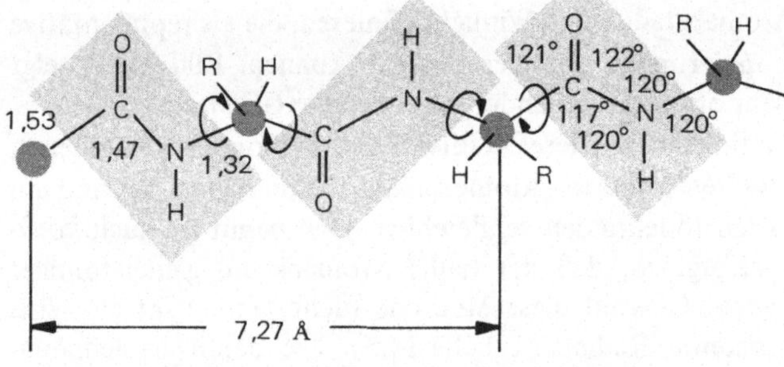

Bild 14.18
Die Struktur der periodisch in Polypeptiden (Proteinen) auftretenden Grundeinheit

überein. Eine sehr verblüffende Feststellung. Aber gerade dies macht die kovalenten Radien zu einem vielbenutztem Konzept.

So wie die Struktur von einfach gebauten Molekülkristallen kann grundsätzlich auch die Struktur von *festem polymeren Material* mit Hilfe der Röntgenbeugung untersucht werden. Wegen des sehr komplexen Molekülaufbaues — in einer Elementarzelle können sich sehr viele Atome befinden — lassen sich die einzelnen Atomlagen leider nicht direkt festlegen. Aber es gibt sehr oft gewisse, periodisch angeordnete Grundeinheiten, die das Beugungsbild prägen, und deren Lage läßt sich bestimmen. Zum Beispiel ist die sich periodisch wiederholende Grundeinheit der Polypeptide ein Dipeptid, das aus zwei miteinander verketteten Aminosäuren besteht. Ihre grundsätzliche Struktur kann mit Hilfe der Bindungslängen und Bindungswinkel angegeben werden (Bild 14.18). Die beiden Aminosäuren haben für sich planare Struktur, weil zwischen der Carbonyl- und der Enolatform Resonanzhybridisierung mit Aufhebung der freien Drehbarkeit besteht. Freie Drehbarkeit besteht jedoch nach wie vor um die in Bild 14.18 dick eingezeichneten C-Atome, so daß die eigentliche räumliche Struktur der Grundeinheit in einem Polypeptid noch zu klären ist.

Aus Beugungsaufnahmen von *Faserproteinen* kann geschlossen werden, daß die Periodizität nicht wie in Bild 14.18 ~ 7 Å, sondern nur etwa die Hälfte beträgt. Man kann deshalb mit Recht vermuten, daß die Polypeptidkette nicht gestreckt, sondern gefaltet sein muß (Bild 14.19a). Außerdem müssen zwei Peptidketten, wenn sie sich zu Proteinen zusammenlagern sollen, optimal Wasserstoffbrücken ausbilden können: Um nun alle Strukturdaten miteinander in Einklang zu bringen, müssen die Polypeptide sowohl

Bild 14.19
Gefaltete (a) und helixartige Struktur eines linearen
Polypeptides (b) mit Wasserstoffbrücken (----)

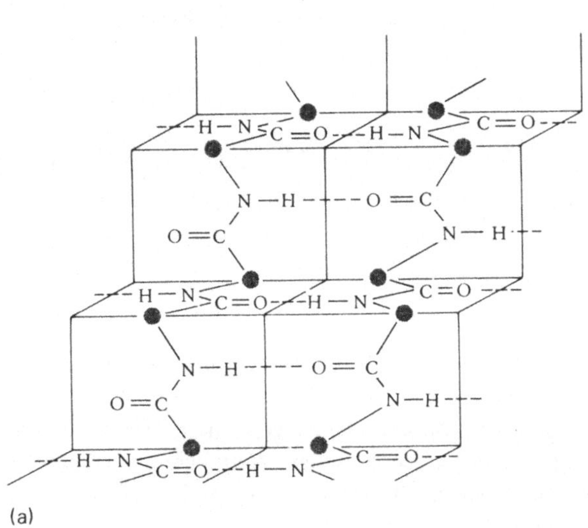

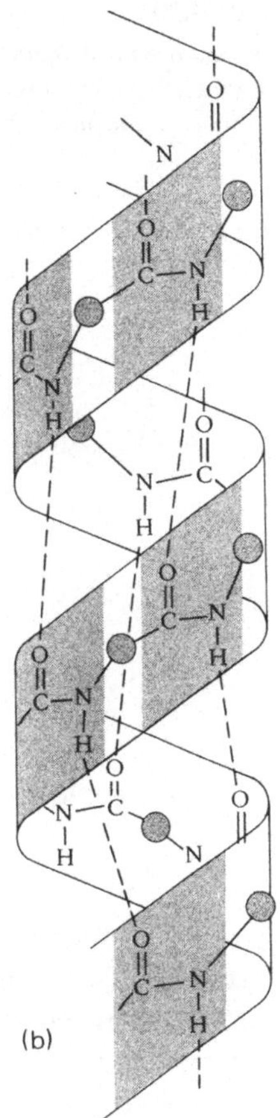

(a)

(b)

gefaltet wie auch in sich *schraubenartig* gewunden sein. Eine solche schraubenartige
Struktur bezeichnet man als α-*Helix* (Bild 14.19b). Faserproteine lassen sich folglich
elastisch dehnen. Peptide mit einer solchen α-Helix sind in den Proteinen noch einmal
litzenartig miteinander umschlungen.

Charakteristisch für die meisten natürlichen und synthetischen Polymere im festen
Zustand ist, daß dieser nur *teilweise kristallin* ist. Kristalline und amorphe Bereiche
(z. B. in Glas) wechseln einander ab. Besonders deutlich tritt dies bei isotaktisch und
ataktisch polymerisiertem Polypropylen zu Tage. Während das isotaktische Material die
für Kristalle scharfen Reflexe liefert, sind diese beim ataktischen in hohem Maße diffus
und verwaschen (Bild 14.20a). Man muß deshalb schließen, daß die Polymere das in
Bild 14.20b grob gezeichnete Aussehen haben. Die parallel liegenden Ketten deuten
kristalline Bereiche von etwa 100 Å Länge an. Je nach der Herstellung unterscheidet sich
deshalb ihre Struktur, was sich auf die mechanischen Eigenschaften eines Kunststoffe
eklatant auswirkt.

Bild 14.20
Schematisches Beugungsbild von ataktischem und
isotaktischem Polypropylen (a) sowie die grundsätzliche Struktur von halbkristallinem Polymer (b)

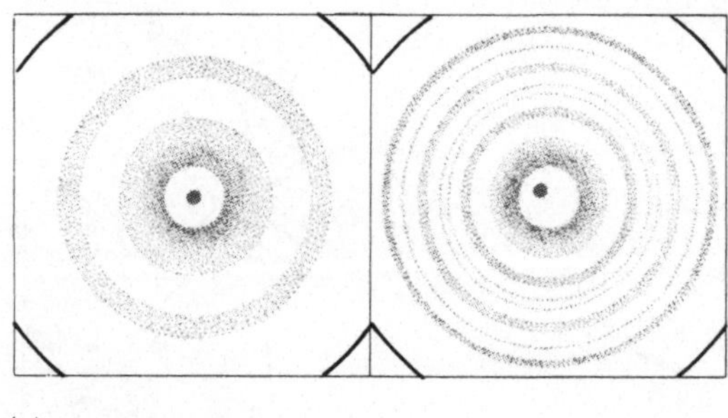

(a)

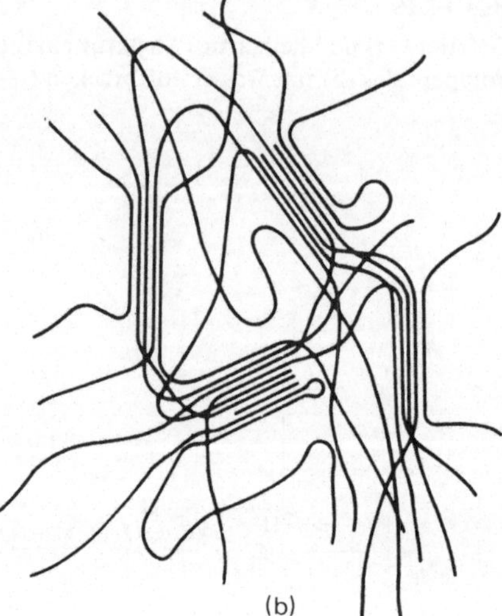

(b)

14.7 Der reale Festkörper

Es gibt zahlreiche Eigenschaften des Festkörpers (z. B. Transporteigenschaften), die
sich aus den bisher mitgeteilten idealen Modellvorstellungen nicht ableiten lassen. Sie
beruhen vielmehr auf den Abweichungen von diesen, den sogenannten *Gitterfehlern.*
Betrachten wir den Idealkristall als ein quantenmechanisches Vielteilchenproblem, so
dürfen wir in erster und trotzdem guter Näherung die Elektronen- und die Kernbewe-
gung getrennt behandeln. Diese Näherung ist sicherlich dann schlecht, wenn Elektronen-
prozesse und atomare Prozesse, wie sie etwa bei chemischen Reaktionen im und am
Festkörper vorkommen, sehr stark aneinander gekoppelt sind. Die Behandlung der
Elektronen allein führt zum Energiebandschema, die der Atombewegung zum Schwingungsspektrum. Durch ihren Grundzustand wird der ideale, starre Festkörper definiert
und alle Abweichungen von diesem werden als Kristall- oder Gitterfehler bezeichnet.
Sie sind entweder elektronischer, atomarer oder gemischter Natur:

1. *Elektronische Fehler* wie Elektronen, Löcher, Excitonen,

2. *Atomare Fehler* wie Kationen- und Anionenleerstellen, Zwischengitteratome, Fremdatome, Phononen, Versetzungen, Oberfläche und

3. *Gemischte Fehler* wie F-Zentren usw.

Da die Gitterfehler im Festkörper nur in sehr geringer Konzentration oder Dichte vorkommen, lassen sie sich formal wie Gasmoleküle in einer sonst homogenen Matrix auffassen. Damit verknüpft ist die Vorstellung, daß sie Translationen ausführen, deren
Ausmaß von ihrer Beweglichkeit und Dichte abhängt. Eine Translationsbewegung bedeutet aber Materie- und Ladungstransport, wenn sie in einem äußeren Feld stattfindet, also
Diffusion und Leitfähigkeit. Zunächst zur Beschreibung der einfachsten und wichtigsten
Fehler, deren Ziel die jeweilige Herleitung der Dichte und Beweglichkeit als Funktion
atomarer Parameter ist. Die Elektronen, Löcher und Excitonen haben wir in den voran-

gegangenen Abschnitten bereits kennengelernt und die beiden ersten auch einer FD-statistischen Behandlung unterzogen.

Hinsichtlich ihres funktionellen Zusammenhanges mit der Temperatur lassen sich *reversible* (Phononen, Leerstellen, Zwischengitteratome) und *irreversible atomare Fehler* (Fremdatome, Versetzungen, Oberfläche) unterscheiden. Nur die reversiblen können einer thermodynamischen Behandlung unterzogen werden. Führt die Quantelung elektromagnetischer Strahlung zum Begriff Photon, so führt die Quantelung der Gitterschwingungen zum Begriff *Phonon.* Zur Demonstration wird eine solche Quantelung für eine Reihe mit zwei Atomsorten, dem einfachsten Modell eines Ionenkristalls mit der Gitterkonstanten a durchgeführt (vgl. Debyesches Kontinuumsmodell in Abschnitt 14.2).

Je N Atome bzw. Ionen mit den Massen m_1 und m_2 sind aneinander mit der Kraftkonstanten k (Kapitel 2) gebunden (Bild 14.21a). Die Atome mit den Massen m_1 sitzen an den Gitterpunkten 2n (0, 2, 4, ...) und die mit den Massen m_2 an den Gitterpunkten 2n + 1 (1, 3, 5, ...). Um das Schwingungsproblem zu lösen, werden die klassischen Newtonschen Bewegungsgleichungen $F_{2n} = m_1 \ddot{x}_{2n}$ und $F_{2n+1} = m_2 \ddot{x}_{2n+1}$ formuliert und für Kräftegleichgewicht gelöst. Die Auslenkung des 2n-ten Atoms aus seiner Ruhelage sei x_{2n} und seine Beschleunigung $\ddot{x}_{2n}$. Die rücktreibende Kraft (Hookesches Gesetz $F = -kx$),

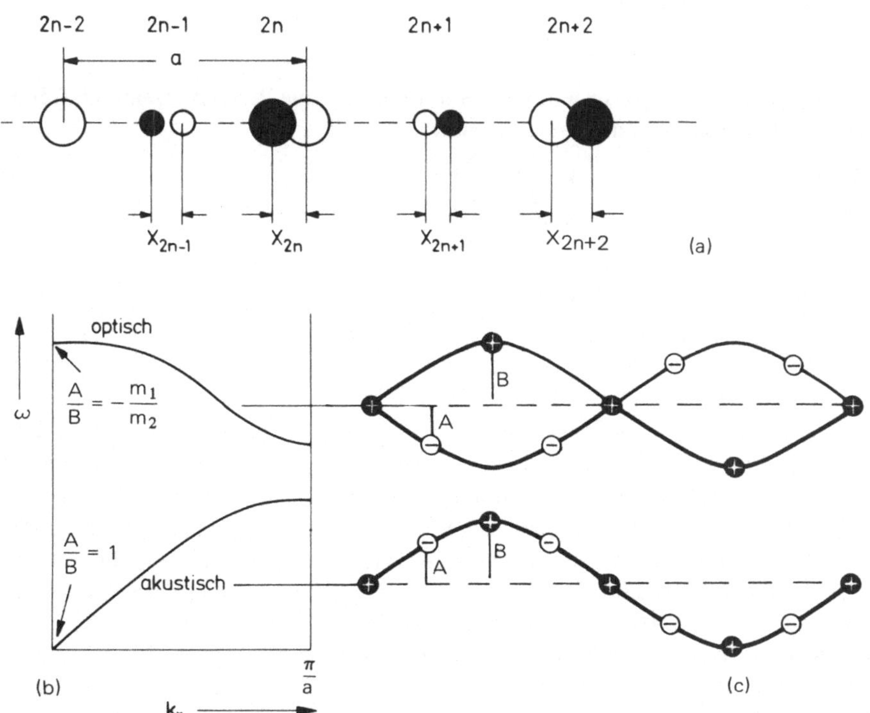

Bild 14.21 Atomreihe mit zwei unterschiedlichen Massen in Ruhe (○) und mit eindimensionaler Auslenkung (●) (a), zugehörige optische und akustische Dispersionskurven (b) und Amplituden (c)

die auf das ausgelenkte Atom wirkt, ist proportional seiner relativen Auslenkung zum
2n − 1-ten und 2n + 1-ten Atom:

$$F = -k x_{2n} = -k\left[(x_{2n} - x_{2n-1}) - (x_{2n+1} - x_{2n})\right]. \tag{99}$$

Dasselbe gilt für das 2n + 1-te Atom, so daß sich folgende zwei Bewegungsgleichungen
ergeben:

$$\begin{aligned}
m_1 \ddot{x}_{2n} &= k(x_{2n+1} + x_{2n-1} - 2x_{2n}), \\
m_2 \ddot{x}_{2n+1} &= k(x_{2n+2} + x_{2n} - 2x_{2n+1}).
\end{aligned} \tag{100}$$

Da die Lösungen im Wellenbild laufende Wellen darstellen sollen, werden folgende Lö-
sungssätze getroffen:

$$\begin{aligned}
x_{2n} &= A e^{i(\omega t + 2n k_x a)}, & x_{2n+2} &= A e^{i(\omega t + (2n+2)k_x a)}, \\
x_{2n+1} &= B e^{i(\omega t + (2n+1)k_x a)}, & x_{2n-1} &= B e^{i(\omega t + (2n-1)k_x a)}.
\end{aligned} \tag{101}$$

Der Wellenzahlvektor k_x ist wie in Abschnitt 14.4 definiert; ω ist die Kreisfrequenz der
Gitterwellen. Um die erlaubten A- und B-Werte der Schwingungsamplitude zu erhalten,
werden die Lösungsansätze (101) in die Bewegungsgleichungen (100) eingesetzt. Daraus
resultieren die Bedingungen

$$\begin{aligned}
-\omega^2\, A m_1 &= k(2B \cos k_x a - 2A), \\
-\omega^2\, B m_2 &= k(2A \cos k_x a - 2B).
\end{aligned} \tag{102}$$

Für dieses homogene Gleichungssystem gibt es nur nichttriviale Wurzeln, wenn die Determinante der Koeffizienten A und B verschwindet:

$$\begin{vmatrix} 2k - m_1 \omega^2 & -2k \cos k_x a \\ -2k \cos k_x a & 2k - m_2 \omega^2 \end{vmatrix} = 0 \ . \tag{103}$$

Wird die Determinante ausmultipliziert und die quadratische Gleichung nach ω^2 aufgelöst, so erhält man als Quantenbedingung:

$$\omega^2 = \frac{k}{\mu} \pm k\,\sqrt{\frac{1}{\mu^2} - \frac{4\sin^2 k_x a}{m_1 m_2}} \qquad \left(\mu = \frac{m_1 m_2}{m_1 + m_2}\right). \tag{104}$$

Wird ω gegen k_x in einem Diagramm aufgetragen (Bild 14.21b), so bekommt man
zwei Kurvenäste, *Dispersionskurven* genannt. Ihr Unterschied wird am besten bei einem
Übergang $\underline{k_x} \to 0$ erkannt: Beim höherfrequenten Ast geht A/B gegen $-m_1/m_2$ und ω
gegen $\sqrt{2k/\mu}$, beim niederfrequenten jedoch A/B gegen 1 und ω gegen Null. Das bedeutet
physikalisch, daß beim ersten die verschiedenen Atome gegeneinander (außer Phase) und
beim zweiten miteinander (in Phase) schwingen. Die höherfrequente Kurve wird *optischer*
und die andere *akustischer Ast* genannt. Tragen nämlich die Atome wie in den Ionenkristallen Ladungen, so kann die Schwingung im optischen Bereich einem fluktuierenden
elektrischen Dipol gleichgesetzt werden. Damit verbunden ist ein sich zeitlich änderndes
Dipolmoment, weshalb diese Schwingungen auch optisch anregbar sind. Die akustischen
lassen sich dagegen nur mechanisch oder durch Schallwellen anregen. Die Quantenzahl
k_x bzw. k spezifiziert den energetischen Charakter der Phononen in all seinen Belangen.
k = 0 beschreibt so z. B. den Grundzustand des Kristalles. Im thermischen Gleichgewicht

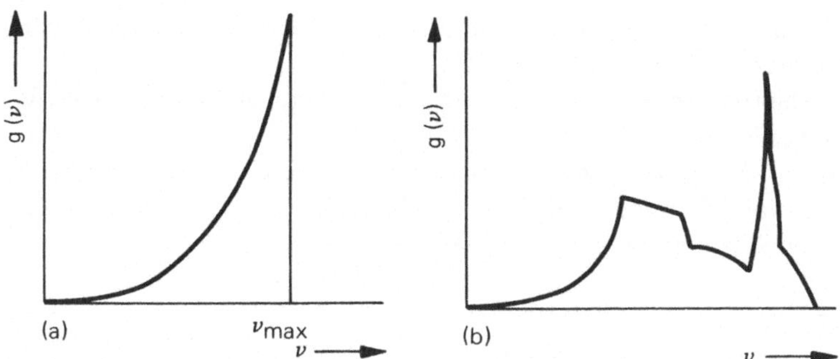

Bild 14.22 Debyedichte der Gitterschwingungen (a) im Vergleich zur tatsächlichen Dichte in einem realen Kristall (b) (in beiden Fällen beginnt die Dichte mit $g(\nu) \sim \nu^2$ anzusteigen)

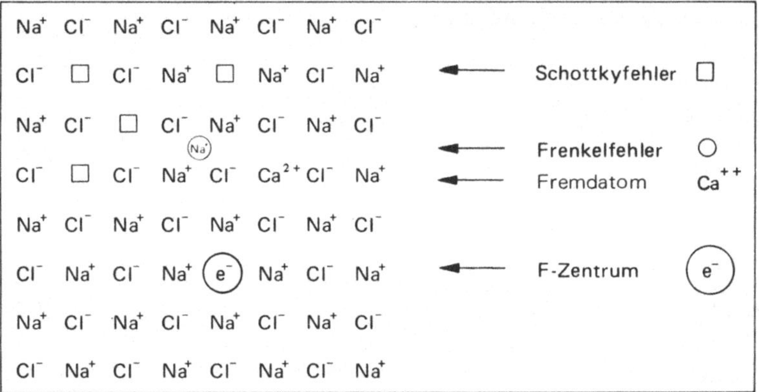

Bild 14.23 Schematische Darstellung einiger punktförmiger Gitterfehler

bei $T > 0$ enthält dieser allerdings ein ganzes Spektrum von Phononen unterschiedlicher Energie bzw. Frequenz. Dieses Spektrum entspricht der Zustandsdichte $g(\nu) \sim dk/d\nu$ und wäre der Ausgangspunkt für eine gegenüber der Debyetheorie der Molwärme verbesserte Theorie (Bild 14.22). Aus dem Spektrum folgt aber auch, daß die Phononendichte größer wird, wenn der Kristall in eine heißere Umgebung kommt: Von der Kontaktstelle fließen höherenergetische Phononen in den Kristall ein (Phänomen Wärmeübergang und Wärmeleitung).

Stoßen Phononen an einem Gitteratom zusammen, so wird dort unter Umständen soviel Energie konzentriert, daß das betreffende Gitteratom seinen Platz verlassen kann. Es entsteht dadurch ein weiterer atomarer Fehler, eine *Gitterleerstelle*. Die einfachsten derartigen Gitterfehler sind *Schottky-* und *Frenkelfehler* (Bild 14.23). Schottkyfehler werden durch Einwandern von Anionen- und Kationenleerstellen von oder durch Auswandern von Ionen an äußere oder innere Oberflächen erzeugt. Begeben sich Ionen auf Zwischengitterplätze, so spricht man von Frenkelfehlern; sie bestehen aus einer Leerstelle und einem Zwischengitteratom. Aus Elektroneutralitätsgründen ist immer nur eine paarweise Fehlerbildung möglich, denn auch die atomaren Fehler sind effektiv geladen. Da zur Erzeugung Energie benötigt wird, stellt sich im thermischen Gleichgewicht eine ganz bestimmte *Fehlerdichte (Fehlordnungsgrad)* ein.

Man kann den Fehlordnungsgrad aus der Entropieänderung, die die Fehler verursachen, berechnen. Es bedarf zwar einer gewissen Energie (E_f) um Fehler zu erzeugen, aber es tritt gleichzeitig ein Entropiegewinn auf, weil eine größere Unordnung resultiert. Man stelle sich n Fehler vor, die wahllos auf N Gitterplätze verteilt sind. Die Zahl aller Anordnungsmöglichkeiten W von n Fehlern auf N Plätzen beträgt

$$W = \binom{N}{n} = \frac{N!}{n!\,(N-n)!} .$$
(105)

W sind alle Kombinationen zur n-ten Klasse von N Elementen ohne Wiederholung, also alle Fehleranordnungen, die man mit n Fehlern auf N Gitterplätzen realisieren kann. Für den Fall, daß z. B. zwei Fehler auf zehn Plätze kommen, gibt es $10!/8!2! = 45$ Anordnungsmöglichkeiten.

Da die Entropieänderung beim Fehlordnen

$$\Delta S = k\ln W$$
(106)

und die Enthalpieänderung

$$\Delta H \cong n\,E_f$$
(107)

beträgt, ergibt sich die Änderung der freien Enthalpie zu:.

$$\Delta G = \Delta H - T\Delta S$$
$$= n\,E_f - kT\ln \frac{N!}{n!\,(N-n)!} .$$
(108)

Im thermischen Gleichgewicht muß ΔG hinsichtlich der Variation der Fehlerzahl n Null sein:

$$\frac{\partial}{\partial n}\,\Delta G = 0.$$
(109)

Führt man die Differentiation nach Umformung mit der Stirlingschen Formel durch (Anhang XV), so findet man:

$$\ln\left(\frac{n}{N-n}\right) = -\frac{E_f}{kT} .$$
(110)

Da n immer sehr viel kleiner als N ist, folgt schließlich für den Fehlordnungsgrad (Molenbruch):

$$x \equiv \frac{n}{N} = e^{-\frac{E_f}{kT}} .$$
(111)

Bei 1000 K und $E_f = 1$ eV beträgt dieser etwa 10^{-5}.

Für ein Schottkyfehlerpaar ist die Zahl der Anordnungsmöglichkeiten das Produkt aus den Einzelwahrscheinlichkeiten und man erhält dann:

$$x \equiv \frac{n}{N} = e^{-\frac{E_f}{2kT}} .$$
(112)

Für Frenkelfehlerpaare ergibt sich analog:

$$x \equiv \frac{n}{\sqrt{NN'}} = e^{-\frac{E_f}{2kT}} . \tag{113}$$

N' ist die Zahl der verfügbaren Zwischengitterplätze. Nur wenn die Zahl der Gitterplätze gleich groß wie die Zahl der Zwischengitterplätze ist, werden die Gln. (112) und (113) identisch. Nach diesem Ergebnis ist klar, daß die Fehlerbildungsenergie E_f eine dominierende Rolle spielt. Sie ist jedoch leider keine so einfach zu berechnende Größe wie die Gitterenergie, da zum Ein- bzw. Ausbau ein Energieterm hinzukommt, der von der Polarisation der Umgebung herrührt. Da es dabei auch zu Ionenabstandsänderungen kommt, ist diese Energie sehr schwierig zu berechnen.

14.8 Diffusion und Leitfähigkeit

Rein formal lassen sich in einem Festkörper oder in einer Flüssigkeit zwei Arten von Teilchenbewegungen unterscheiden:

1. Die immer vorhandene völlig *regellose* Bewegung aufgrund von lokalen thermischen Energieschwankungen und
2. die *gerichtete* Bewegung aufgrund von äußeren Kräften, die sich der ersten überlagert.

Während die erste zum makroskopisch beobachtbaren Effekt der *Selbstdiffusion* führt, verursacht die zweite einen gerichteten *Diffusionsstrom*. Die physikalische Ursache kann bei beiden dieselbe sein: Lokale Konzentrations- bzw. Dichteunterschiede im ersten und makroskopische Dichteunterschiede im zweiten Fall. Die Diffusion hat also die Tendenz vorhandene Dichteunterschiede auszugleichen. Die makroskopische Beschreibung (Phänomenologie) des Dichteausgleichs ist unabhängig von der Art der diffundierenden Teilchen und unabhängig vom Medium, in dem sie sich bewegen. Art und Medium äußern sich nur in der Größe der *phänomenologischen Koeffizienten,* wie dem Diffusionskoeffizienten, der Beweglichkeit oder der Leitfähigkeit. Eine absolute Berechnung dieser Koeffizienten bleibt der atomistischen Betrachtungsweise vorbehalten.

Die Bewegung von isolierten Teilchen wird durch die Newtonsche Bewegungsgleichung

$$m\dot{v} = F \tag{114}$$

beschrieben. Ist F eine zeitlich konstante Kraft, so werden die Teilchen gleichförmig beschleunigt. In einem Medium hingegen (Festkörper, Flüssigkeit) werden sie nicht gleichförmig beschleunigt, sondern auf eine konstante Endgeschwindigkeit abgebremst. Sie unterliegen dort einer, der Kraft F entgegengesetzt gerichteten *Reibungskraft* R, die proportional zur Teilchengeschwindigkeit anzusetzen ist (vgl. *Stokessches Reibungsgesetz* für makroskopische Kugeln des Radius R in einer Flüssigkeit mit der Viskosität η: $R = 6\pi\eta vR$):

$$R = \frac{1}{B} v . \tag{115}$$

Als Proportionalitätskonstante wurde hier 1/B genommen (im Stokeschen Fall: 1/B = $6\,\pi\eta\,R$). Die Bewegungsgleichung mit Reibung lautet dann:

$$m\dot{v} = F - \frac{1}{B}\,v. \tag{116}$$

Als Lösung dieser Differentialgleichung bekommt man nach Trennung der Variablen und Integration in den Grenzen von $v(0)$ bis v und von $t = 0$ bis t:

$$v = BF + [v(0) - BF]\,e^{-\frac{t}{Bm}}. \tag{117}$$

In Worten: Hatte ein Teilchen zur Zeit $t = 0$ die Anfangsgeschwindigkeit $v(0)$, so wird seine Geschwindigkeit nach einer gewissen Bremszeit Bm kleiner und erreicht schließlich die konstante Endgeschwindigkeit

$$v = BF. \tag{118}$$

Durch die Proportionalitätskonstante B wird die sogenannte *Beweglichkeit* des Teilchens definiert. Sie ist die Geschwindigkeit, mit der es sich unter dem Einfluß der Einheitskraft durch ein Medium bewegt, ihre Dimension daher durch [Geschwindigkeit $\cdot$ Kraft^{-1}] festgelegt. Handelt es sich um Z-fach geladene Teilchen in einem elektrischen Feld **E**, so wird die Beweglichkeit meist durch

$$v = B\,E \qquad (B_{\text{elektrisch}} = Ze\,B_{\text{mechanisch}}) \tag{119}$$

definiert (siehe Abschnitt 18.1). Phänomenologisch drückt also eine große Beweglichkeit einen geringen Einfluß und eine kleine Beweglichkeit einen großen Einfluß des Mediums auf das Teilchen und seine Bewegung aus.

Der zweite wichtige phänomenologische Koeffizient ist der *Diffusionskoeffizient*, definiert durch die zum Dichteausgleich führende *Teilchenstromdichte*

$$j = -\,D\,\mathrm{grad}\left(\frac{N}{V}\right), \qquad \left(j \equiv \frac{1}{A}\frac{dN}{dt} = \frac{N}{V}\,v\right) \tag{120}$$

wenn in einem Medium der *Dichtegradient* grad (N/V) herrscht. Die treibende Kraft für den Ausgleich ist der Unterschied in der freien Energie (allgemeiner im chemischen Potential, Abschnitt 16.2), denn eine örtlich verschiedene Dichte oder Konzentration bedeutet zugleich eine örtlich verschiedene freie Energie.

Zur Definition (120) gelangen wir durch folgende Überlegung: In zwei angrenzenden Volumenelementen soll der Dichteunterschied $d(N/V)$ herrschen und beide Elemente im Mittel dr voneinander entfernt sein. Der angrenzende Querschnitt der Volumenelemente sei A. Die treibende Kraft ist dann durch

$$F = -\,\mathrm{grad}\,G \tag{121}$$

definiert. Da G nach

$$G = G^{\circ} + kT\ln\left(\frac{N}{V}\right) \tag{122}$$

von der Teilchendichte abhängt, ergibt sich für $\mathbf{F}$:

$$\mathbf{F} = -kT \operatorname{grad} \ln \left(\frac{N}{V}\right)$$

$$= -kT \frac{1}{\left(\dfrac{N}{V}\right)} \operatorname{grad}\left(\frac{N}{V}\right). \tag{123}$$

Identifiziert man $\mathbf{F}$ mit einer äußeren Kraft, unter deren Einfluß die Teilchen die Endgeschwindigkeit $\mathbf{v}$ erreichen, so folgt für die Teilchenstromdichte

$$\mathbf{j} = \left(\frac{N}{V}\right) \mathbf{v} = \left(\frac{N}{V}\right) B\mathbf{F} = -BkT \operatorname{grad}\left(\frac{N}{V}\right). \tag{124}$$

Gl. (124) ist identisch mit Gl. (120), wenn wir als Abkürzung schreiben:

$$D = BkT \tag{125}$$

Gl. (120) ist auch unter dem Namen *1. Ficksches Gesetz* bekannt und besagt, daß Teilchen oder (Materie) von Orten höherer zu Orten niederer Dichte strömt. Dieser Vorgang wird durch den Vektor der Teilchen- oder Materiestromdichte beschrieben, der dem Dichtegradienten entgegengerichtet ist. Der durch das 1. Ficksche Gesetz definierte Diffusionskoeffizient hat die Dimension $[\text{Fläche} \cdot \text{Zeit}^{-1}]$ und die SI-Einheit $m^2\,s^{-1}$. Er ist eine von der diffundierenden Substanz, dem Medium und der Temperatur abhängige Größe. D hat bei Gasen die Größenordnung $10^{-5} \ldots 10^{-4}\,m^2\,s^{-1}$, bei Flüssigkeiten $10^{-9}\,m^2\,s^{-1}$ und bei Festkörpern $10^{-14}\,m^2\,s^{-1}$. Man ersieht daraus, daß D primär vom Aggregatzustand abhängt, obwohl es auch genügend Festkörper gibt, bei denen D so groß wie in Flüssigkeiten ist. Wollte man den Diffusionskoeffizienten nach Gl. (120) messen, müßte man eine Anordnung konstruieren, die die Messung des Teilchenstroms bei zeitlich konstantem Konzentrationsgradienten erlaubt.

Die Verknüpfung zwischen D und B nach Gl. (125) wird *Einsteinsche Relation* genannt und spielt bei der Beschreibung von Diffusionsprozessen eine wichtige Rolle. Auf Grund dieser Relation bedeutet eine Kenntnis des Diffusionskoeffizienten gleichzeitig eine Kenntnis der Beweglichkeit. Beide Größen sind also untrennbar miteinander verknüpft.

In der Praxis gelingt es jedoch selten (vgl. Sedimentation, Abschnitt 18.7), den Konzentrationsgradienten konstant zu halten. Die Konzentration bzw. Dichte hängt dann nicht nur vom Ort, sondern auch von der Zeit ab. Die *Diffusionsgleichung*, die nun den meßbaren Konzentrationsverlauf beschreibt, lautet:

$$\frac{\partial}{\partial t}\left(\frac{N}{V}\right) = D \operatorname{div}\operatorname{grad}\left(\frac{N}{V}\right). \tag{126}$$

Sie wird auch *2. Ficksches Gesetz* genannt und geht durch eine Verknüpfung der sogenannten *Kontinuitätsgleichung* (Anhang XIX) mit Gl. (120) hervor:

$$-\frac{\partial}{\partial t}\left(\frac{N}{V}\right) = \operatorname{div}\mathbf{j}. \tag{127}$$

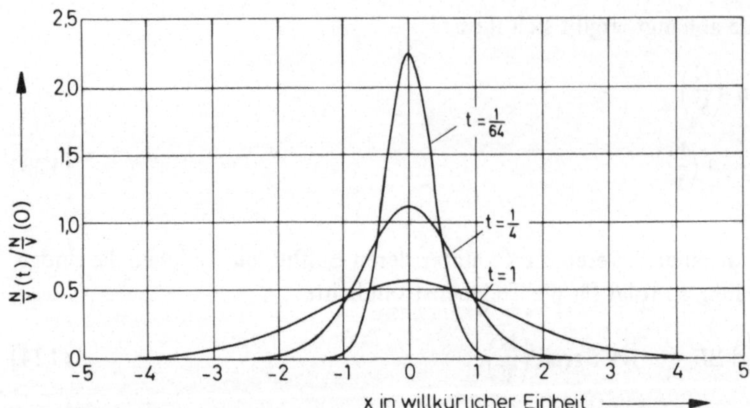

Bild 14.24 Graphische Darstellung des Auseinanderlaufens eines zur Zeit t = 0 bei x = 0 konzentrierten Teilchenhaufens (nach *W. Jost:* Diffusion in Solids, Liquids, Gases, Academic Press Inc., N.Y., 1960). Wendepunkte bei $X = \pm \sqrt{x^2}$.

Für eindimensionale Vorgänge lautet die Diffusionsgleichung

$$\frac{d}{dt}\left(\frac{N}{V}\right) = D\,\frac{d^2}{dx^2}\left(\frac{N}{V}\right) \qquad (128)$$

und eine wichtige partikuläre Lösung ist

$$\frac{N}{V}(x, t) = \frac{N}{V}(0)\,\frac{1}{\sqrt{4\pi Dt}}\,e^{-\frac{x^2}{4Dt}}. \qquad (129)$$

Diese Lösung ist identisch mit der *Gaußschen Verteilung* (Anhang XX), wenn man das mittlere Fehlerquadrat $\overline{x^2}$ mit 2 Dt identifiziert. Sie beschreibt das Auseinanderlaufen eines Teilchenhaufens, der zur Zeit t = 0 bei x = 0 konzentriert war (Bild 14.24). Fragen wir nach der mittleren Verschiebung beim Auseinanderlaufen des Teilchenhaufens, so ergibt sich dafür von selbst als Maß das *mittlere Verschiebungsquadrat* $\overline{x^2}$. Interpretieren wir nämlich die Lösung (129) als statistische Verteilungsfunktion, so folgt für $\overline{x^2}$ zur Zeit t:

$$\overline{x^2} = \frac{\displaystyle\int x^2\,\frac{N}{V}(x, t)\,dx}{\displaystyle\int \frac{N}{V}(x, t)\,dx} = 2\,Dt. \qquad (130)$$

Im dreidimensionalen Fall ergibt sich $\overline{r^2} = 6\,Dt$ (vgl. Abschnitt 18.6). Das mittlere Verschiebungsquadrat ist für Abschätzungen in der Praxis sehr nützlich.

Bei geladenen Teilchen sind der Diffusionskoeffizient und die *elektrische Leitfähigkeit* proportionale Größen. Das bezieht sich im besonderen auf Ionen. Damit eröffnet sich aber auch die Möglichkeit D bzw. B auf dem Weg über Leitfähigkeitsmessungen zu bestimmen. Es ist allerdings auf Ionenkristalle und Elektrolytlösungen (Kapitel 18) beschränkt, da bei Metallen und Halbleitern der Ladungstransport durch Elektronen und Defektelektronen überwiegt.

Die *spezifische Leitfähigkeit* σ ist (phänomenologisch) durch die *Stromdichte* j definiert, die durch ein äußeres elektrisches Feld **E** hervorgerufen wird:

$$j = \sigma\,E. \tag{131}$$

Sie ist andererseits (atomistisch) durch die Dichte der Ladungsträger N/V, ihre Geschwindigkeit **v** und ihre Ladung Ze gegeben:

$$j = (Ze)\left(\frac{N}{V}\right) v = (Ze)\left(\frac{N}{V}\right) B\,E. \quad \text{(B elektrisch definiert)} \tag{132}$$

Man bekommt somit für die Leitfähigkeit σ den Ausdruck

$$\sigma = (Ze)\left(\frac{N}{V}\right) B. \tag{133}$$

bzw. mit $D = BkT$ (B mechanisch definiert)

$$\sigma = (Ze)^2 \left(\frac{N}{V}\right) \frac{D}{kT}. \tag{134}$$

Sind mehrere Teilchensorten (i) am Stromtransport beteiligt, so setzt sich die Gesamtstromdichte j entsprechend den *Überführungszahlen* t_i aus den Einzelstromdichten j_i additiv zusammen:

$$j = \sum_i j_i = \sum_i t_i j. \tag{135}$$

Analoges gilt auch für die Gesamt- und Teilleitfähigkeit:

$$\sigma = \sum_i \sigma_i = \sum_i t_i \sigma. \tag{136}$$

Die Gln. (135) und (136) sind gleichzeitig die Definitionsgleichungen für die Überführungszahl t_i:

$$t_i = \frac{j_i}{j} = \frac{\sigma_i}{\sigma}; \quad \sum_i t_i = 1. \tag{137}$$

Die spezifische Leitfähigkeit ist identisch mit dem *reziproken spezifischen Widerstand*, der wie folgt definiert und gemessen wird. Legt man an einen Festkörper mit Hilfe von zwei Elektroden die Spannung U an, so fließt in diesem der elektrische Strom (*Ohmsches Gesetz*)

$$i = \frac{1}{R}\,U. \tag{138}$$

R ist der *absolute* elektrische Widerstand des Festkörpers. Hat dieser die Länge l und den Querschnitt A, so ist R direkt proportional l und indirekt proportional A:

$$R = \rho\,\frac{l}{A}. \tag{139}$$

Die Proportionalitätskonstante ρ wird spezifischer Widerstand genannt. Sie hat die Einheit Ωm, die spezifische Leitfähigkeit folglich die Einheit $\Omega^{-1}\,m^{-1}$. Mit Gl. (139) läßt sich nun für das Ohmsche Gesetz auch schreiben:

$$\frac{i}{A} = \frac{1}{\rho}\frac{U}{l}. \tag{140}$$

Dieser Ausdruck ist mit Gl. (131) identisch, wenn man i/A als Stromdichte $\mathbf{j}$, $1/\rho$ als spezifische Leitfähigkeit σ und U/l als elektrische Feldstärke $\mathbf{E}$ bezeichnet. Widerstandsmessungen (Leitfähigkeitsmessungen) führt man am einfachsten so durch, daß man den Strom i in Abhängigkeit von der angelegten Spannung U mißt, und wenn dieser Zusammenhang linear ist, aus der Steigung 1/R bzw. R bestimmt. Kennt man die Maße l und A des Festkörpers, so kann man nach Gl. (139) den spezifischen Widerstand ausrechnen. Ist der Zusammenhang aber auf Grund von irgendwelchen Elektrolyseeffekten nicht linear, so müssen die Widerstände mit Hilfe einer Wechselstrombrücke bestimmt werden (Abschnitt 18.1).

Rein empirisch wird beobachtet, daß die Leitfähigkeit von Ionenkristallen (Ladungsträger sind Ionen) und von Halbleitern (Ladungsträger sind Elektronen oder Defektelektronen) mit

$$\sigma = \sigma^0\, e^{-\frac{E}{kT}} \tag{141}$$

und die Leitfähigkeit von Metallen mit

$$\sigma \sim \frac{1}{T} \tag{142}$$

von der Temperatur abhängt. Die Deutung dieser Temperaturabhängigkeiten gelingt nur mit Hilfe atomarer Modelle und knüpft direkt an das Partikelbild der Gitterfehler an.

In Ionenkristallen gibt es zwei Arten von Wanderungsmechanismen: 1. Sprünge von Ionen bzw. Leerstellen im *Gitterraum* und 2. Sprünge von Ionen im *Zwischengitterraum*. Beide sind an die Existenz von Gitterfehlern gebunden, im ersten Fall an Schottky- und im zweiten Fall an Frenkelfehler. An Hand des Leerstellenmechanismus kann man sich leicht vorstellen, daß der Ionenstrom dem Fehlerstrom äquivalent ist. Da die Leitfähigkeit generell durch (Ze)(N/V)B definiert ist, kann die Temperaturabhängigkeit entweder von der *Ladungsträgerdichte* N/V oder von der *Beweglichkeit* B oder von beiden gleichzeitig herrühren. Da die Temperaturabhängigkeit der Fehlerdichte N/V bereits bekannt ist (Gln. (112) bzw. (113), Abschnitt 14.7), bleibt nur die von B zu erklären. Hierzu folgendes Modell:
Da die Gitterplätze voneinander durch Energiebarrieren (V) getrennt sind, kann ein Ion, das mit der Frequenz ν auf seinem Gitterplatz schwingt, in der Zeiteinheit durchschnittlich (vgl. Boltzmannscher e-Satz, Abschnitt 10.6)

$$\nu e^{-\frac{V}{kT}} \tag{143}$$

Sprünge in eine benachbarte Leerstelle ausführen. Genauso umgekehrt eine Leerstelle. Da nun die Teilchen umso beweglicher sind, je öfter sie pro Zeiteinheit springen, ist auch die Beweglichkeit B proportional der durchschnittlichen *Sprungfrequenz* (143):

$$B \sim \nu e^{-\frac{V}{kT}}. \tag{144}$$

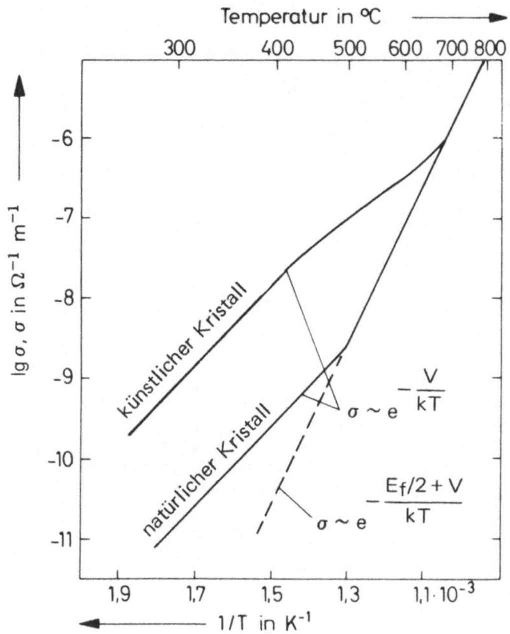

Bild 14.25
Temperaturabhängigkeit der spezifischen Leitfähigkeit von NaCl-Kristallen (künstlicher und natürlicher Kristall sind verschieden stark verunreinigt)

Die Temperaturabhängigkeit von σ in Ionenkristallen ist deshalb allgemein durch

$$\sigma = \sigma^0 \, e^{-\frac{E_f/2 + V}{kT}} \tag{145}$$

gegeben. Wie man am Beispiel des NaCl in Bild 14.25 sieht, bestimmt bei tiefen Temperaturen nur die *Schwellenenergie* V die Leitfähigkeit: Es überwiegen dort die irreversiblen, durch Verunreinigungen entstandenen Gitterfehler die im thermischen Gleichgewicht befindlichen.

Bei den Halbleitern ist die Beweglichkeit der elektronischen Ladungsträger nur sehr schwach temperaturabhängig,

$$B \sim T^{-\frac{2}{3}}, \tag{146}$$

so daß in der Leitfähigkeit der exponentielle Anteil der Elektronendichte (Gl. (88), Abschnitt 14.5) überwiegt (Bild 14.26a). Die Herleitung des $T^{-2/3}$-Gesetzes basiert auf der Annahme, daß die Elektronen an den Phononen gestreut werden (mit ihnen kollidieren), doch ist die exakte Herleitung nur mit viel quantenmechanischer Mühe möglich. Bei den Metallen schließlich ist die Elektronendichte konstant und die Temperaturabhängigkeit der Leitfähigkeit rührt nur von der Beweglichkeit der Elektronen her. Sie stammt ebenfalls primär von der Streuung an Phononen. Sind Fremdatome eingebaut (Legierungen), ist zusätzliche Streuung an diesen möglich und die Beweglichkeit bzw. Leitfähigkeit nimmt linear mit dem Zusatz ab (Bild 14.26b).

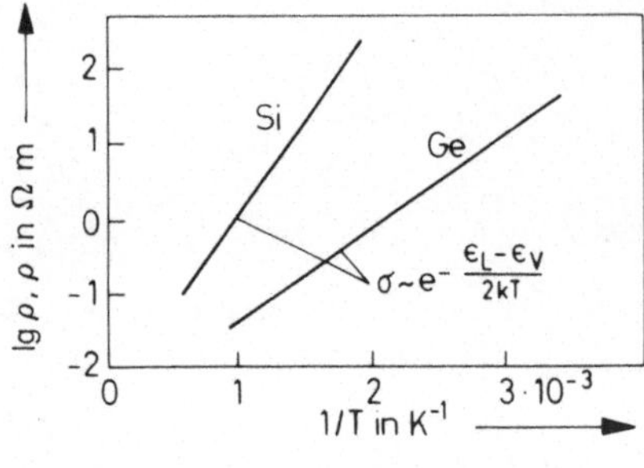

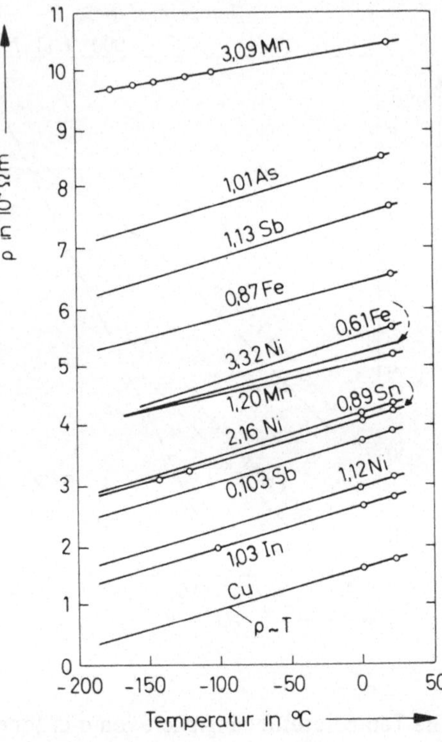

(a)

(b)

Bild 14.26

Temperaturabhängigkeit des spezifischen Wider-
standes von eigenleitendem Silizium und
Germanium (a) und von Kupfer (b) mit verschiedenen
Legierungszusätzen (in Atom %) *(J. O. Linde:* Ann.
Phys. 15 (1932) 219)

Rechenbeispiele

1. Berechnen Sie die Gitterenergien von LiBr und LiJ (Gitterkonstanten 5,49 und 6,0 Å) nach
   Gl. (21) und vergleichen Sie diese mit denen aus dem Born-Haberschen Kreisprozeß.

2. Die Coulombenergie von NaF (NaCl-Struktur) beträgt -1037 kJmol^{-1}. Berechnen Sie den kürze-
   sten Kation-Anionabstand und das Volumen der Elementarzelle.

3. Berechnen sie die Gitterenergie von MgO (NaCl-Struktur, Gitterkonstante 4,213 Å).

4. Erklären Sie an Hand eines V, r-Diagrammes (Anziehungs- und Abstoßungsteil der Gitterenergie,
   Kation-Anionabstand), warum allein schon die Coulombsche Anziehung fast die richtige Gitterenergie liefert.

5. Leiten Sie mit Hilfe der Abstoßungsenergie b/r^n einen Ausdruck für die Gitterenergie ab und
   berechnen Sie mit diesem (n = 8) die Gitterenergie für einige Alkalihalogenidkristalle. Vergleichen
   Sie das Ergebnis mit den Energien der Tabelle 14.1

6. Die Sublimationswärme von Graphit beträgt 710 kJmol^{-1}, die Anziehungsenergie einzelner
   Graphitschichten beträgt schätzungsweise 8 kJmol^{-1}. Berechnen Sie die C-C-Bindungsenergie.

7. Warum kann man auch Ionenkristallen wie KCl und nicht nur einatomigen Kristallen „Kraftkonstanten" zuschreiben?

8. Berechnen Sie die Atomabstände in den (100)-, (111)- und (110)-Ebenen eines Goldkristalles
   (a = 0,407 nm bei 25 °C). Berechnen sie außerdem den Durchmesser der „kugelförmigen" Gold-
   atome in der dichtest gepackten (111)-Ebene und vergleichen Sie diesen mit dem eines Atoms,
   das gerade auf einem Zwischengitterplatz untergebracht werden kann.

9. LiJ kristallisiert kubisch flächenzentriert und besitzt die Gitterkonstante a = 6,0 Å. Wie groß ist
   der J$^-$-Ionenradius, wenn sich die J$^-$-Ionen gerade berühren und wie groß darf der Li$^+$-Ionenra-
   dius höchstens sein, damit diese Annahme nicht verletzt wird? (vgl. Tabelle 14.2)

10. Gegeben ist der J^--Ionenradius mit 2,2 Å. Berechnen Sie den Radius von Na^+ in NaJ (Gitteronstante 6,46 Å) und dann mit diesem den Radius von Cl^- in NaCl (Gitterkonstante 5,62 Å).

11. Passen Sie die Eigenfrequenz für die Einsteinfunktion möglichst gut den beobachteten KCl-Molwärmen an. Vergleichen Sie dann den optimalen C_V-Wert mit dem einer Debyefunktion (Tabelle 14.4) und beurteilen Sie den Grad der Anpassung.

T (K)	10	20	30	40	60	80	100	140	180	220
C_V ($JK^{-1} mol^{-1}$)	0,008	0,71	1,99	3,56	6,31	8,16	9,31	10,52	11,1	11,4

12. Ermitteln Sie aus folgenden C_V-Daten von Ag den elektronischen Molwärmeanteil:

T (K)	C_V ($JK^{-1} mol^{-1}$)	T (K)	C_V ($JK^{-1} mol^{-1}$)	T (K)	C_V ($JK^{-1} mol^{-1}$)
1,35	0,0016	10	0,199	55,9	13,3
2	0,00262	12	0,347	74,6	16,9
3	0,00675	14	0,559	83,9	18,1
4	0,0127	16	0,845	103,1	20,07
5	0,0213	20	1,67	124,2	21,27
6	0,0373	28,6	4,30	144,4	22,48
7	0,0632	36,2	7,09	166,8	22,86
8	0,0987	47,1	10,8	190,2	205,3

13. Berechnen Sie die Fermienergie von verschiedenen Metallen unter der Voraussetzung, daß pro Atom ein bzw. zwei freie Elektronen vorhanden sind.

Kapitel 15
Flüssigkeiten

Jedes Mehrteilchensystem, z. B. aus N_A Atomen oder Molekülen, tritt je nach dem Verhältnis von potentieller (zwischenmolekularer) zu kinetischer (thermischer) Energie makroskopisch entweder als Gas, Flüssigkeit oder Festkörper in Erscheinung. Fehlt nämlich die zwischenmolekulare Anziehung ganz, so ist die kinetische Energie der Teilchen identisch mit ihrer Gesamtenergie und wir haben ein ideales Gas vor uns. Beginnen sich die Gasmoleküle auf Grund der noch zu erklärenden van der Waalswechselwirkungen gegenseitig anzuziehen, so ist die potentielle Energie nicht mehr Null, was sich in einem realen Gaszustand äußert. Bei ihm ist die potentielle Energie immer noch kleiner als die kinetische. Im umgekehrten Fall entsteht eine Flüssigkeit, und im Grenzfall verschwindender kinetischer Energie ein Festkörper. Da die potentielle Energie immer eine Funktion der Molekülabstände im System ist, wird durch sie die Struktur des Aggregatzustandes bestimmt. Diese ist also eine direkte Konsequenz der Molekülwechselwirkungen.

Während für den idealen Festkörper die (fast) starre periodische Anordnung seiner Gitterbausteine charakteristisch ist, ist diese bei den Flüssigkeiten weitgehend, aber nicht vollständig aufgehoben. In kleinen Bezirken besitzen die Flüssigkeitsmoleküle meist noch eine gewisse Ordnung, die man als Nahordnung bezeichnet. Diese läßt sich an Hand von Röntgenbeugungsaufnahmen sehr schön nachweisen. Was beim Übergang vom Kristall zur Flüssigkeit verschwindet ist die Fernordnung, die die Periodizität des Gitters über makroskopische Distanzen gewährleistet. Der Fernordnung entgegen wirkt die thermische Bewegung der Bausteine (Fluktuationen der Molekülpositionen). Aus der fast gleich großen Dichte von Festkörper und Flüssigkeiten folgt unmittelbar, daß der flüssige Zustand, außer in der Nähe des kritischen Punktes, dem festen näher als dem gasförmigen kommt. Trotzdem können auch Gasmodelle einige Flüssigkeitseigenschaften wie die Verdampfungsentropie zwanglos erklären. Alles in allem: Wir sind darauf angewiesen, Flüssigkeiten sowohl durch Gas- als auch durch Festkörpermodelle zu beschreiben.

Wie bei den Molekülkristallen und den realen Gasen sind die van der Waalswechselwirkungen für die Nahordnung in Flüssigkeiten verantwortlich und eine Hauptaufgabe dieses Kapitels ist die Gegenüberstellung theoretischer Ansätze und experimenteller Fakten. Wegen der größeren Moleküldichte kommen aber nicht nur Paarwechselwirkungen in Frage. Zentrale Größe bei der Beschreibung der Struktur ist die aus Kapitel 12 bekannte Paarverteilungsfunktion, die aus Röntgenbeugungsaufnahmen experimentell ermittelt werden kann. Sie kann auch zur Berechnung statistischer bzw. thermodynamischer Eigenschaften herangezogen werden. Für ihre physikalische Deutung müßte die potentielle Wechselwirkungsenergie explizit bekannt sein, doch erreicht man nur eine gewisse Annäherung an die realen Verhältnisse. Z. B. bei einatomigen Flüssigkeiten durch Verwendung der Lennard-Jonesenergie. Ihre Anziehungsenergie, die mit der 6ten Potenz des Molekülabstandes geht, läßt sich durch Dipol-Dipolwechselwirkungen von stationären und induzierten elektrischen Momenten erklären. Energetische Vergleiche können mit den Daten der Verdampfungsenergie angestellt werden, die man aus der Temperaturabhängigkeit des Dampfdruckes erhält.

In Ermangelung einer konkreten Berechenbarkeit der Paarverteilungsfunktion, die ein direktes Abbild der Molekülfluktuationen in einer Flüssigkeit darstellt, weicht man heute vielfach auf Computerexperimente aus. Diese simulieren entweder eine Maxwell-Boltzmannsche (moleküldynamische Verfahren) oder eine Gibbssche Verteilung (Monte-Carlo-Verfahren). Sie liefern zwar nur künstliche Flüssigkeitsstrukturen, sind aber doch so ausgereift, daß sie zu vernünftigen thermodynamischen Daten führen.

Bei allem Interesse für theoretische Flüssigkeitsmodelle dürfen aber zwei technologisch wichtige Flüssigkeitseigenschaften, die Viskosität und die Oberflächenspannung, nicht vergessen werden. Sie werden zum Abschluß dieses Kapitels besprochen, und zwar aus angewandter Sicht.

15.1 Flüssigkeitsstruktur und Röntgenbeugung

Röntgenbeugungsaufnahmen von Kristallen liefern Informationen über die Fernordnung, Aufnahmen von Flüssigkeiten geben Hinweise auf die Nahordnung. Ausgangspunkt hierfür ist die Beobachtung, daß die Röntgenreflexe ähnlich wie bei den amorphen Festkörpern diffus und verwaschen sind. Ziel dieses Abschnittes ist eine Auswertung der Reflexintensitäten hinsichtlich der Flüssigkeitsstruktur an Hand der Paarverteilungsfunktion. Analoges gilt für die Auswertung von Neutronenbeugungsbildern.

Man erinnere sich an die Herleitung der Reflexintensität I in Abschnitt 13.5, die von einer (hk$l$)-Gitterebene eines AB-Molekülkristalls stammt. Die bei der Beugung an einem Molekül AB auftretende Phasendifferenz der gestreuten Wellen betrug

$$|\phi_A - \phi_B| \equiv \frac{\delta}{\lambda} 2\pi = (hx + ky + lz)\, 2\pi \tag{1}$$

und die zugehörige Intensität

$$I_{hkl} \sim |f_A\, e^{2\pi i(hx_A + ky_A + lz_A)} + f_B\, e^{2\pi i(hx_B + ky_B + lz_B)}|^2. \tag{2}$$

Diese hängt bei fix gedachtem Atom A (Ortsvektor r_A) nur vom Ortsvektor r_B des B-Atoms ab und führte durch einen Vergleich berechneter und gemessener Intensitäten zur Lage von B. Wenn nun A und B nicht die Atome eines Kristallmoleküls, sondern zwei gleichartige Atome einer Kristallschmelze oder Flüssigkeit verkörpern, so beträgt die maximale Phasendifferenz bei variablem Atomabstand $|r_A - r_B|$ (Bild 15.1)

$$|\phi_A - \phi_B| \equiv \frac{\delta}{\lambda} 2\pi = \frac{4\pi}{\lambda}|r_A - r_B| \sin\frac{\theta}{2}. \tag{3}$$

Mit der Abkürzung (vgl. Wellenzahlvektor)

$$s = \frac{4\pi}{\lambda} \sin\frac{\theta}{2} \tag{4}$$

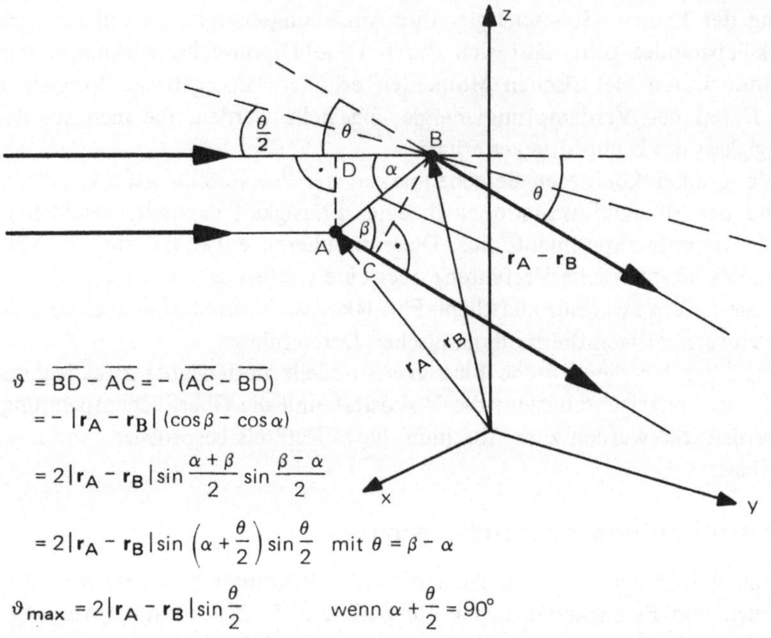

$$\vartheta = \overline{BD} - \overline{AC} = -\,(\overline{AC} - \overline{BD})$$

$$= -\,|r_A - r_B|\,(\cos\beta - \cos\alpha)$$

$$= 2\,|r_A - r_B|\sin\frac{\alpha+\beta}{2}\sin\frac{\beta-\alpha}{2}$$

$$= 2\,|r_A - r_B|\sin\left(\alpha+\frac{\theta}{2}\right)\sin\frac{\theta}{2}\quad \text{mit } \theta = \beta - \alpha$$

$$\vartheta_{max} = 2\,|r_A - r_B|\sin\frac{\theta}{2}\qquad \text{wenn } \alpha + \frac{\theta}{2} = 90°$$

Bild 15.1 Skizze zur Herleitung der Phasendifferenz der an zwei Flüssigkeitsatomen A und B gebeugten Strahlen

beträgt dann die Intensität der von beiden Atomen kommenden und interferierenden Wellen ($f_A = f_B = f(s)$).

$$I \sim |f(s)\,(e^{isr_A} + e^{isr_B})|^2$$

$$\sim f(s)^2\,(e^{isr_A} + e^{isr_B})\,(e^{-isr_A} + e^{-isr_B}) \tag{5}$$

$$\sim f(s)^2\,[2 + e^{is(r_A - r_B)} + e^{is(r_B - r_A)}] = f(s)^2\,[2 + 2\,e^{is(r_A - r_B)}]$$

und wenn N gleiche Atome vorhanden sind:

$$I \sim \left|f(s)\sum_{i=1}^{N} e^{isr_i}\right|^2 = \left|f(s)^2\sum_{i}\sum_{j}e^{is(r_i - r_j)}\right|. \tag{6}$$

Da die Positionen aller Flüssigkeitsatome und damit auch die Positionen r_i und r_j eines beliebigen Paares (ij) willkürlich schwanken, läßt sich die Doppelsumme nicht explizit ausrechnen. Es muß vielmehr an ihrer Stelle eine *Mittelwertbildung* durchgeführt werden. Dies geschieht am einfachsten durch das Einführen der *Paarverteilungsfunktion* $g(r)$, die angibt, wie groß die Wahrscheinlichkeit ist, daß irgendwo in der Flüssigkeit im Abstand $r = |r_i - r_j|$ von einem Atom i ein zweites Atom j anzutreffen ist (Abschnitt 12.5). Nachdem aber auch das Bezugsatom i seine Lage regellos verändert und ebenfalls nur mit einer gewissen Wahrscheinlichkeit am Ort r_i anzutreffen ist, muß $g(r)$ noch mit dieser multipliziert werden. Sie ist identisch mit der Teilchendichte (N/V) in der Flüssigkeit. Außerdem muß $(N/V)\,g(r)$ noch mit der Oberfläche des Volumenelementes $4\pi r^2\,dr$ multipliziert werden, um die Wahrscheinlichkeit für eine beliebige Raumrichtung zu erhalten (d. h. i am Ort r_i und j zwischen r und $r + dr$ in beliebiger Richtung). Man findet die gesamte Wahrscheinlichkeit durch Multiplizieren, weil auf Grund der Kombinatorikregeln die Wahrscheinlichkeit, daß mehrere Ereignisse gleichzeitig eintreffen, das Produkt aus den Einzelwahrscheinlichkeiten ist:

$$\left(\frac{N}{V}\right) g(r)\, 4\pi r^2 \ . \tag{7}$$

Mit Hilfe dieser *radialen Teilchendichteverteilung* läßt sich nun das Mitteln der Doppelsumme durchführen. Es liefert:

$$\sum_i \sum_j e^{is(r_i - r_j)} = \left[N + N \int\limits_{r=0}^{\infty} \left(\frac{N}{V}\right) g(r)\, e^{isr}\, 4\pi r^2\, dr \right]. \tag{8}$$

Der erste Term in der Klammer beträgt N, weil für $i = j$ der Exponentialausdruck gleich 1 wird und N solche Terme vorhanden sind. Der zweite Term berücksichtigt alle anderen, ungleich indizierten Beträge, denn $(N/V)\,g(r)\,4\pi r^2\,dr$ stellt nichts anderes als die Häufigkeit dar, mit der die ungleich indizierten Exponentialausdrücke auftreten. Damit geht die Doppelsumme in ein Integral über.

Die Intensität der an allen N Flüssigkeitsatomen gestreuten Strahlen ist folglich proportional dem Ausdruck (8),

$$I\,(s) \sim f\,(s)^2\, N \left[1 + \left(\frac{N}{V}\right) \int g(r)\, e^{isr}\, 4\pi r^2\, dr \right]$$

$$= I_0\,(s) \left[1 + \left(\frac{N}{V}\right) \int g(r)\, e^{isr}\, 4\pi r^2\, dr \right], \tag{9}$$

so daß für die um $I_0\,(s)$ (= Streulicht an isolierten Atomen) reduzierte relative Intensität folgt:

$$\frac{I\,(s) - I_0\,(s)}{I_0\,(s)} \equiv i\,(s) = \left(\frac{N}{V}\right) \int g(r)\, e^{isr}\, 4\pi r^2\, dr . \tag{10}$$

Gelingt es $g(r)$ explizit auszudrücken, so ermöglicht eine Messung der Intensität i in Abhängigkeit von s die Bestimmung der radialen Teilchendichteverteilung $(N/V)\,g(r)\,4\pi r^2$. Auf Grund der besonderen mathematischen Form von Gl. (9) führt eine Fouriertransformation (Anhang XIII) zum Ziel: Die radiale Verteilungsfunktion ist die Fouriertransformierte der Intensität $i\,(s)$. Allgemein gilt nämlich für eine Funktion $f\,(x)$ und ihre Transformierte $A\,(p)$:

$$f\,(x) = 2 \int\limits_{p=0}^{\infty} A\,(p) \sin\,(2\pi px)\, dp, \tag{11}$$

$$A\,(p) = 2 \int\limits_{x=0}^{\infty} f\,(x) \sin\,(2\pi px)\, dx. \tag{12}$$

Während z. B. die Elektronendichteverteilung $\rho(x,y,z)$ in Kristallen eine periodische Funktion mit den Perioden a, b, c und deshalb durch eine Fourierreihe darstellbar ist, muß für die unperiodische radiale Verteilung $(N/V)\,g(r)\,4\pi r^2$ eine Fouriertransformation gemacht werden:

$$\frac{N}{V}\,4\pi r^2\,g(r) \sim \int\limits_{s=0}^{\infty} i(s)\,\sin(rs)\,ds. \tag{13}$$

Aus den in Abhängigkeit von s bzw. vom Streuwinkel θ gemessenen Reflexintensitäten läßt sich damit auf elegante Weise die Teilchendichteverteilung bzw. die Paarverteilung ermitteln. In Bild 15.2 sind hierzu die Röntgenaufnahme von geschmolzenem Aluminium und die Debye-Scherreraufnahme von festem Aluminium gegenübergestellt. Im geschmolzenen Zustand verschwinden die meisten scharfen Debye-Reflexe und die restlichen sind stark verbreitert. Daß nicht überhaupt alle verschwinden, ist eine Folge der *Nahordnung*.

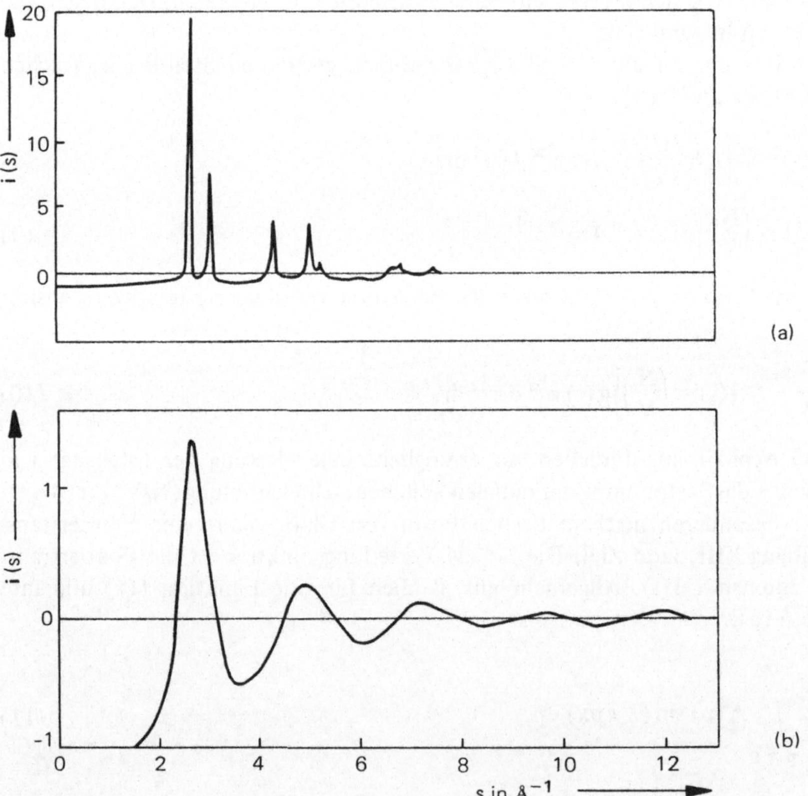

Bild 15.2 Reduzierte Intensität i(s) einer Beugungsaufnahme von festem Aluminium bei 650 °C (a) und von geschmolzenem Aluminium bei 670 °C (b) (*H. Ruppersberg, H. J. Seemann:* Z. Naturf. 20a (1965) 104 in *F. Kohler:* The Liquid State, Verlag Chemie, Weinheim, Bergstraße 1972)

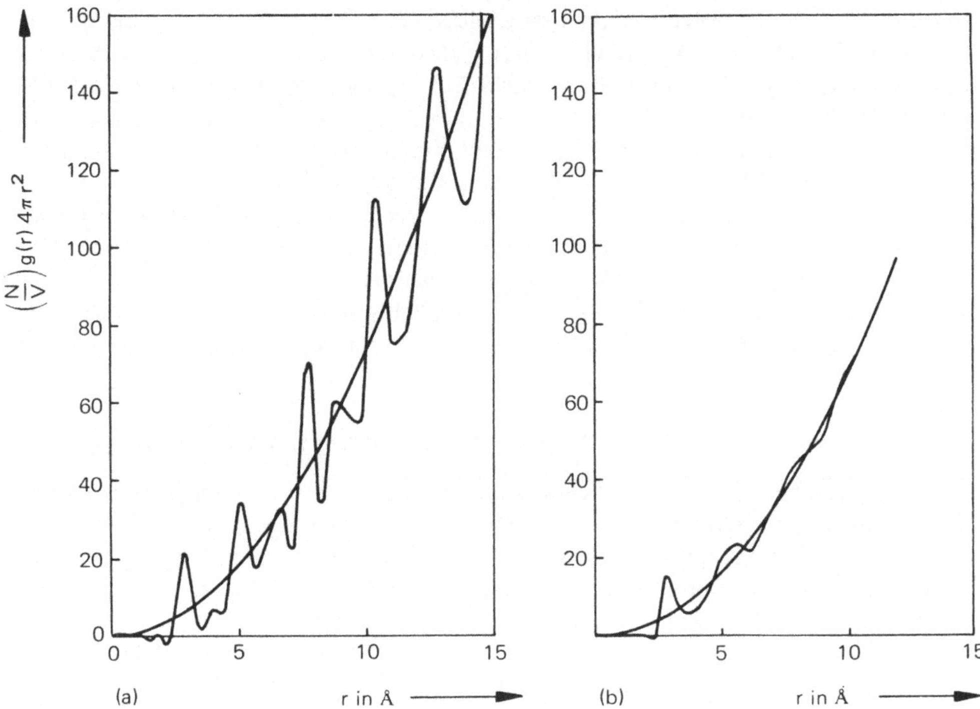

Bild 15.3 Teilchendichteverteilung (N/V) g (r) 4 πr² von festem Aluminium bei 650 °C (a) und von geschmolzenem Aluminium bei 670 °C (b)

Machen wir von den beiden Aufnahmen in Bild 15.2 eine (numerische) Fourier-transformation, so bekommen wir die in Bild 15.3 gezeichneten radialen Verteilungs-kurven. Es überrascht, daß sich beide Kurven bei kleinen Abständen (von einem fix gedachten Atom aus gemessen) sehr stark ähneln, obwohl die Ähnlichkeit mit zunehmendem Abstand rasch verschwindet. Das bedeutet aber andererseits, daß die unmittelbare Nachbarschaft eines Atoms im festen und im flüssigen Zustand nahezu gleich aussieht. In der nächsten Umgebung müssen sich ebensoviele Atome in ähnlicher symmetrischer Anordnung wie im kristallinen Zustand befinden. Makroskopisch kommt dieses Ergebnis am stärksten in der fast gleich großen Dichte und Kompressibilität von Flüssigkeiten und Festkörper zum Ausdruck.

Integriert man die radiale Verteilungskurve von r = 0 bis r = R (Abstand zum ersten Minimum), so erhält man die sogenannte *Koordinationszahl*, das ist die Zahl der nächsten Nachbarmoleküle:

$$\text{Koordinationszahl} = \left(\frac{N}{V}\right) \int\limits_{r=0}^{R} g(r)\, 4\pi r^2\, dr. \tag{14}$$

Aus allen Überlegungen dieses Abschnittes geht die zentrale Rolle der Paarverteilungsfunktion g (r) klar hervor. Sie enthält die gesamte Information über die Flüssigkeitsstruktur, die sich wie folgt charakterisieren läßt: Die nächste Umgebung irgendeines Flüssigkeitsmoleküls ist nahgeordnet (erstes g-Maximum) und die von ihm sehr weit entfernte ist völlig ungeordnet. D. h. in großer Entfernung „sieht" es an jedem Ort Moleküle mit gleich großer Wahrscheinlichkeit (regellose oder stochastische Verteilung). Wie sich erahnen läßt, muß durch die Paarverteilungsfunktion eine Beziehung zum Wechselspiel zwischen Anziehung und Abstoßung der Moleküle und ihrer Flüssigkeitsstruktur bestehen. Oder stärker formuliert: Die Struktur ist eine direkte Auswirkung der zwischenmolekularen Bindungen, wobei $g(r)$ die Brücke zwischen ihnen herstellt. Wenn aber $g(r)$ alle wichtigen Informationen enthält, so muß es über diese Brücke einen direkten Weg zu den statistischen bzw. thermodynamischen Flüssigkeitseigenschaften geben. Dieser Weg wird, ohne daß wir dabei auf spezielle Wechselwirkungen näher eingehen, im nächsten Abschnitt skizziert.

15.2 Paarverteilungsfunktion und thermodynamische Eigenschaften

Aus einer bekannten Paarverteilungsfunktion $g(r)$, die aus einem Beugungs- oder Computerexperiment (Abschnitt 12.7) stammt, lassen sich bei Kenntnis der Paarwechselwirkung $V(r)$ thermodynamische Flüssigkeitseigenschaften berechnen. Ausgangspunkt ist jeweils die statistische Formulierung der gesuchten Eigenschaft über die reale Zustandssumme. Wie wir aus Abschnitt 12.4 von der Behandlung realer Gase wissen, ist diese ein Produkt aus einer idealen kinetischen Summe Z_{ideal} und der Konfigurationszustandssumme Z_{Konfig}. Diese betrifft die potentielle Energie der zwischenmolekularen Anziehungen und ließ sich bei den realen Gasen relativ einfach durch eine Funktion von $V(r)$ ausdrücken. Der Grund dafür ist, daß sich die Zustandssumme bzw. das 3N-fache Zustandsintegral wegen der geringen Moleküldichte in ein Produkt von 3N Einfachintegralen aufspalten läßt. Der allgemeine Ansatz

$$Z_{Konfig} = \sum_r e^{-\frac{\Sigma V_{ij}}{kT}} \quad bzw. \quad \frac{1}{V^N} \int_{x_1} \dots \int_{z_N} e^{-\frac{\Sigma V_{ij}}{kT}} \, dx_1 \dots dz_N \tag{15}$$

führte zur freien Energie

$$F = -kT \ln Z_{real}$$

$$= -kT \ln Z_{ideal} + \frac{N^2 kT}{2V} \int_{r=0}^{\infty} \left(1 - e^{-\frac{V(r)}{kT}}\right) 4\pi r^2 \, dr \tag{16}$$

und wurde zur Herleitung einer Zustandsgleichung für reale Gase verwendet. Auf analoge Weise wollen wir hier bei den Flüssigkeiten vorgehen und die innere Energie U, den Druck p (bzw. Zustandsgleichung) und die freie Energie F als Funktion von $g(r)$ (in Gl. (16) identisch mit $e^{-V(r)/kT}$) suchen. Wegen der großen Moleküldichte lassen sich diese Größen jedoch nur allgemein als Funktion von $g(r)$ formulieren. Eine explizite Verknüpfung mit $V(r)$ wie in Gl. (16) ist nicht möglich.

Die *mittlere potentielle Energie* einer N-Teilchenflüssigkeit beträgt allgemein

$$\overline{V} = \frac{\int_{x_1} \dots \int_{z_N} (\Sigma V_{ij}) e^{-\frac{\Sigma V_{ij}}{kT}} \, dx_1 \dots dz_N}{V^N Z_{Konfig}} . \tag{17}$$

Das Integral im Zähler läßt sich durch Ausschreiben der Summe ΣV_{ij} über alle Paare in $N(N-1)/2$ Paarintegrale vom Typ

$$\int\limits_{x_1} \dots \int\limits_{z_2} V_{12}\left\{\int\limits_{x_3} \dots \int\limits_{z_N} e^{-\frac{\Sigma V_{ij}}{kT}}\, dx_3 \dots dz_N\right\} dx_1 \dots dz_2 \tag{18}$$

zerlegen, so daß

$$\overline{V} = \frac{N(N-1)}{2} \int\limits_{x_1} \dots \int\limits_{z_2} V_{12}\left\{\int\limits_{x_3} \dots \int\limits_{z_N} \frac{e^{-\frac{\Sigma V_{ij}}{kT}}}{V^N Z_{\mathrm{Konfig}}}\, dx_3 \dots dz_N\right\} dx_1 \dots dz_2\,. \tag{19}$$

Auf Grund folgender Überlegungen können wir den Ausdruck in der Klammer mit $g(r)$ verknüpfen bzw. identifizieren. Wir gehen dazu vom Integranden

$$\frac{e^{-\frac{\Sigma V_{ij}}{kT}}}{V^N Z_{\mathrm{Konfig}}} \tag{20}$$

aus und untersuchen, was seine Integration über die Koordinaten x_3 bis x_N bedeutet. Gl. (20) können wir als die Wahrscheinlichkeitsdichte auffassen, mit der eine bestimmte Molekülkonfiguration mit der Gesamtenergie ΣV_{ij} in der Flüssigkeit auftritt. Multiplizieren wir Gl. (20) mit $dx_1 \dots dz_N$, dann haben wir einen Ausdruck für die Wahrscheinlichkeit, daß sich das Teilchen 1 im Volumenelement $dx_1\, dy_1\, dz_1$ und gleichzeitig die Teilchen 2, usw. in den Volumenelementen $dx_2\, dy_2\, dz_2$, usw. befinden. Die Wahrscheinlichkeit dafür, daß sich *unabhängig* von den anderen die Teilchen 1 und 2 in den Volumenelementen dV_1 und dV_2 aufhalten, bekommen wir dann durch Integration über x_3 bis z_N. Da aber die Teilchen in Wirklichkeit nicht numeriert sind und wir sie nicht unterscheiden können, erhöht sich die Wahrscheinlichkeit um den Faktor $\binom{N}{2} = N(N-1)/2$:

$$W_{12} = \frac{N(N-1)}{2}\; \frac{dx_1\, dy_1\, dz_1\, dx_2\, dy_2\, dz_2 \displaystyle\int\limits_{x_3} \dots \int\limits_{z_N} e^{-\frac{\Sigma V_{ij}}{kT}}\, dx_3 \dots dz_N}{V^N Z_{\mathrm{Konfig}}}\,. \tag{21}$$

Multiplizieren wir W_{12} mit der Paarenergie V_{12} und integrieren wir über die Koordinaten x_1 bis z_2, so erhalten wir exakt Gl. (19), formuliert mit Hilfe der Wahrscheinlichkeit W_{12}:

$$\overline{V} = \frac{N(N-1)}{2} \int\limits_{x_1} \dots \int\limits_{z_2} V_{12}\, W_{12}\, dx_1 \dots dz_2\,. \tag{22}$$

Wir können die Integration über die Volumina V_1 und V_2 durch eine Integration über r, den Abstand zwischen den Teilchen 1 und 2 ($r = |r_1 - r_2|$), ersetzen, wenn wir dV_1 in den Koordinatenursprung verlegen und dV_2 gegen das Kugelschalenelement $4\pi r^2 dr$ austauschen. Aus Normierungsgründen müssen wir gleichzeitig durch das gesamte Volumen V dividieren:

$$\overline{V} = \frac{N-1}{2}\left(\frac{N}{V}\right) \int\limits_{r=0}^{\infty} V(r)\, g(r)\, 4\pi r^2\, dr\,. \tag{23}$$

Aus W_{12} (Funktion von x_1 bis z_2) entsteht auf diese Weise die Paarverteilungsfunktion $g(r)$ (Funktion des Teilchenabstandes r). Addition dieses Ausdrucks für die mittlere potentielle Energie zur mittleren kinetischen Energie $3/2\,NkT$ liefert dann die innere Energie:

$$U = \frac{3}{2} NkT + \frac{N-1}{2} \left(\frac{N}{V}\right) \int_{r=0}^{\infty} V(r)\, g(r)\, 4\pi r^2\, dr. \tag{24}$$

Um also aus einer vorliegenden $g(r)$-Funktion thermodynamische Eigenschaften wie die innere Energie berechnen zu können, muß außerdem $V(r)$, die Wechselwirkungsenergie zweier Flüssigkeitsmoleküle bekannt sein. Dies ist eine erste Aussage unserer statistischen Analyse.

Gemäß unserer ersten Aussage soll nun eine *Zustandsgleichung* für eine Flüssigkeit mit bekannter Paarverteilung $g(r)$ und Paarenergie $V(r)$ abgeleitet werden. Wir gehen dazu vom statistischen Ausdruck für den Druck

$$p = -\left(\frac{\partial F}{\partial V}\right)_T$$

$$= kT \frac{\partial}{\partial V} \ln Z_{real}$$

$$= kT \frac{\partial}{\partial V} \ln [Z_{ideal} \cdot Z_{Konfig}]$$

$$= \frac{NkT}{V} + kT \frac{\partial}{\partial V} \ln \left\{ \frac{1}{V^N} \int_{x_1} \cdots \int_{z_N} e^{-\frac{\Sigma V_{ij}}{kT}} dx_1 \ldots dz_N \right\} \tag{25}$$

aus und suchen zuerst nach einer anderen Formulierung der Klammer in Gl. (25). Dazu substituieren wir die Positionskoordinaten x_1 bis z_N durch neue (volumennormierte) Koordinaten $x_1 = x_1/V^{1/3}$ bis $z_N/V^{1/3}$. Dadurch wird auch die Konfigurationsenergie ΣV_{ij} eine Funktion der neuen Koordinaten und die Mehrfachintegration läuft von jeweils $x_i = 0$ bis 1:

$$Z_{Konfig} = \int_{x_1=0}^{1} \cdots \int_{z_N=0}^{1} e^{-\frac{\Sigma V_{ij}}{kT}} dx_1 \ldots dz_N. \tag{26}$$

Wegen der Identität

$$\frac{\partial V(x_{ij})}{\partial V} = \frac{\partial V(x_{ij})}{\partial x_{ij}} \frac{\partial x_{ij}}{\partial V} = \frac{1}{3V} r_{ij} \frac{\partial V(r_{ij})}{\partial r_{ij}}, \tag{27}$$

weil $r_{ij} = r_i - r_j$, $x_{ij} = x_i - x_j$, usw., entsteht aus Gl. (26) durch Ableitung nach dem Volumen V

$$\frac{\partial Z_{Konfig}}{\partial V} = -\frac{1}{3VkT} \sum_{Paare} \int_{x_i=0}^{1} \cdots \int_{z_N=0}^{1} r_{ij} \frac{\partial V_{ij}}{\partial r_{ij}} e^{-\frac{\Sigma V_{ij}}{kT}} dx_1 \ldots dz_N \tag{28}$$

und nach Wiedereinführen der alten Koordinaten

$$\frac{\partial Z_{Konfig}}{\partial V} = - \frac{1}{3VkTV^N} \sum_{Paare} \int_{x_1} \cdots \int_{z_N} r_{ij} \frac{\partial V_{ij}}{\partial r_{ij}} e^{-\frac{\Sigma V_{ij}}{kT}} dx_1 \ldots dz_N \ . \tag{29}$$

Da die Relation gilt

$$kT \frac{\partial}{\partial V} \ln Z = \frac{kT}{Z} \frac{\partial Z}{\partial V}, \tag{30}$$

wird aus dem zweiten Term von Gl. (25):

$$kT \frac{\partial}{\partial V} \ln Z_{Konfig} = \frac{1}{3V} \frac{-\sum\limits_{Paare} \int_{x_1} \cdots \int_{z_N} r_{ij} \frac{\partial V_{ij}}{\partial r_{ij}} e^{-\frac{\Sigma V_{ij}}{kT}} dx_1 \ldots dz_N}{Z_{Konfig}}$$

$$= \frac{1}{3V} \overline{\left(- \sum_{Paare} r_{ij} \frac{\partial V_{ij}}{\partial r_{ij}} \right)} \tag{31}$$

$$= \frac{1}{3V} \overline{vdW} \ .$$

Der Ausdruck $\overline{vdW}$ steht zur Abkürzung für *Virial der van der Waalswechselwirkungen*. Die Zustandsgleichung der N-Teilchenflüssigkeit lautet damit:

$$p = \frac{NkT}{V} + \frac{1}{3V} \overline{vdW}. \tag{32}$$

Bildet man wie früher mit der potentiellen Energie den Zusammenhang zwischen dem Virial $\overline{vdW}$ und $g(r)$, so findet man

$$\overline{vdW} = - \frac{N-1}{2} \left(\frac{N}{V} \right) \int_{r=0}^{\infty} r \frac{\partial V(r)}{\partial r} g(r) 4\pi r^2 dr, \tag{33}$$

so daß für die Zustandsgleichung als Funktion von $g(r)$

$$\frac{pV}{NkT} = 1 - \frac{1}{6kT} \left(\frac{N}{V} \right) \int_{r=0}^{\infty} r \frac{\partial V(r)}{\partial r} g(r) 4\pi r^2 dr \qquad (N - 1 \cong N) \tag{34}$$

folgt. Da alle thermodynamischen Funktionen, die man als Funktion von $g(r)$ direkt bilden kann, immer nur die partiellen Ableitungen von F bzw. G betreffen, lassen sich diese Größen nur durch eine Integration ermitteln. Z. B.:

$$F = F^\circ + \int_V pdV$$

$$= F^\circ + \int_V \left(\frac{NkT}{V} + \frac{1}{3V} \overline{vdW} \right) dV. \tag{35}$$

Das in diesem Abschnitt vorgestellte statistische Konzept dient heute vielfach zur Berechnung von computersimulierten Flüssigkeitseigenschaften. Die Computersimulation basiert auf plausiblen, aber angenommenen Wechselwirkungsenergien $V(r)$ und liefert $g(r)$. $V(r)$, $g(r)$ und $dV(r)/dr$ zusammen erlauben dann eine direkte Eigenschaftsberechnung und ihren Vergleich mit experimentellen Daten. Die Simulation von Flüssigkeiten wird in ihren Grundzügen in Abschnitt 15.6 besprochen, nachdem wir Näheres über konkrete Bindungsmodelle $V(r)$ erfahren haben.

15.3 van der Waalswechselwirkungen

Das einfachste Bindungsmodell, das wir uns bei neutralen Flüssigkeitsmolekülen vorstellen können, ist ein *Modell starrer Kugeln* (vgl. starre Ionenkugeln in Abschnitt 14.1). Fassen wir also die Moleküle als starre Kugeln mit dem Durchmesser σ auf, so ist die Wechselwirkungsenergie $V(r)$ bei Abständen größer als σ gleich Null und bei Abständen gleich oder kleiner σ unendlich groß (Abstoßung infolge Inkompressibilität der Kugeln). Bei $r = \sigma$ beginnt eine für die Moleküle undurchdringliche Energieschwelle; außerhalb dieser Schwelle sind sie frei beweglich (Bild 15.4a). Ein realistischeres Modell als dieses ist beispielsweise die sogenannte *Lennard-Jonesenergie,* die hier durch

$$V(r) = -D\left[2\left(\frac{r_0}{r}\right)^6 - \left(\frac{r_0}{r}\right)^{12}\right] \tag{36}$$

definiert wird (Bild 15.4b). Die gesamte Wechselwirkungsenergie besteht dann aus dem anziehenden Energieterm $-2D(r_0/r)^6$ und dem abstoßenden Term $D(r_0/r)^{12}$. r_0 ist der Gleichgewichtsabstand zweier Moleküle und $-D$ ist die Energie des Minimums, die Bin-

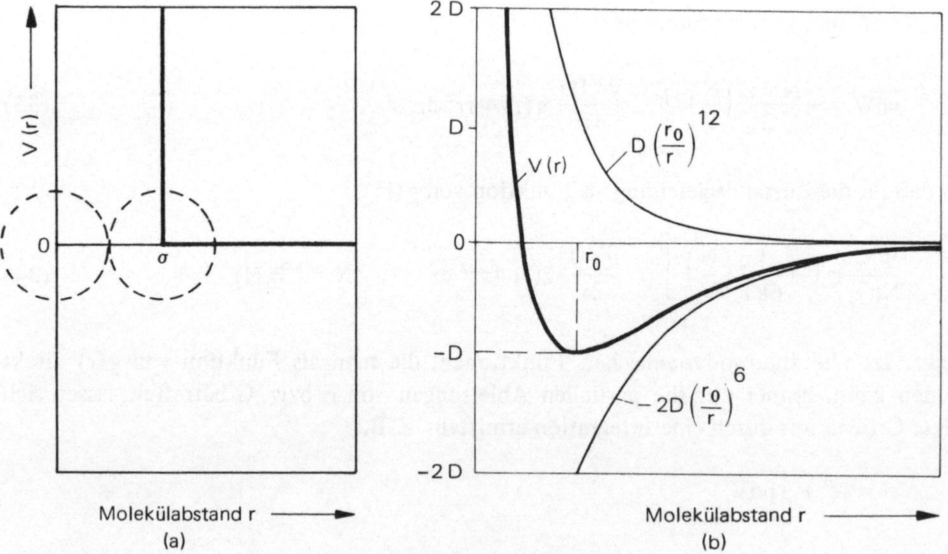

Bild 15.4 Bindungsmodelle für Flüssigkeitsmoleküle; potentielle Energie $V(r)$ bei starren Molekülkugeln (a) und bei Lennard-Jonesmolekülen (b) in Abhängigkeit vom Molekülabstand r

dungsenergie zweier Moleküle. Wie bei den realen Gasen (Bild 12.7) besitzt $V(r)$ ein Minimum. Verständlich, weil sich ja die Wechselwirkungen in Gasen und Flüssigkeiten nur graduell unterscheiden. Wir werden sehen, daß sich der anziehende 6er-Term mit Hilfe von Dipol-Dipolwechselwirkungen einwandfrei interpretieren läßt. Nicht jedoch der abstoßende 12er-Term, der zwar auch die Abstoßung der Elektronenwolken repräsentiert, aber rein empirisch eingeführt werden muß. Die Lennard-Jonesenergie (36) beschreibt ausgezeichnet flüssige Edelgase, also Flüssigkeitsatome ohne stationäres elektrisches Moment.

In Abschnitt 15.2 wurde angedeutet, daß die Paarverteilung $g(r)$ mit der Paarenergie $V(r)$ zusammenhängt. Eine eindeutige Verknüpfung zwischen diesen beiden Größen gelingt jedoch höchstens für reale Gase, weil dort die Moleküldichte klein im Vergleich zu Flüssigkeiten ist. Nach Gl. (16) gilt:

$$g(r) = e^{-\frac{V(r)}{kT}}. \tag{37}$$

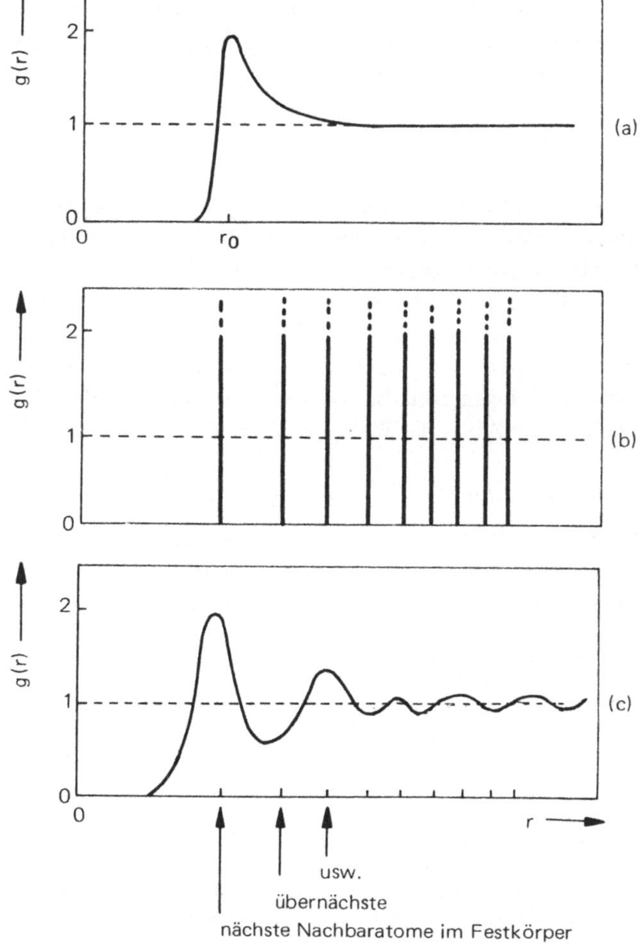

Bild 15.5
Schematische Paarverteilungsfunktionen $g(r)$ für ein Lennard-Jonesgas (a), für einen idealen Kristall (b) und für eine Flüssigkeit (c)

Berechnen wir $g(r)$ mit Gl. (36) für ein Lennard-Jonesgas, so erhalten wir die in Bild 15.5a schematisch gezeichnete Paarverteilungskurve. Sie hat in der Nähe des Gleichgewichtsabstandes $r = r_0$ ein Maximum, geht für $r \gg r_0$ gegen 1 und verschwindet für $r \ll r_0$. Verwenden wir hingegen für den Grenzfall eines Kristalls bei jedem Gitterpunkt eine große scharfe Aufenthaltswahrscheinlichkeit und summieren wir über alle Gitterpunkte in nächster, übernächster, usw. Entfernung, so ergibt sich die in Bild 15.5b dargestellte Verteilung. Sie besteht aus sehr vielen scharfen Peaks. Stellen wir uns nun einen Zustand zwischen diesen beiden Fällen vor, so gelangen wir zum $g(r)$-Bild einer Flüssigkeit (Bild 15.5c): Die Zahl der Peaks nimmt ab, sie werden wesentlich breiter und $g(r)$ nähert sich viel früher dem Grenzwert 1.

Der wirkliche Übergang eines Kristalles in seine Schmelze (bzw. Flüssigkeit) erfolgt aber keineswegs allmählich, sondern ganz abrupt bei der Schmelztemperatur. Die Fernordnung bricht plötzlich zusammen! Aus dieser bekannten Tatsache muß man schließen, daß die gesamte Kristallstruktur kooperativ zerstört wird, wenn einmal ungeordnete flüssige Bereiche entstanden sind. Zur Erklärung dieses Phänomens könnte man folgenden Modellversuch machen. Bildet man aus gleich großen Kugeln eine regelmäßige Struktur (dichteste Kugelpackung in der Ebene) und gruppiert man um eine beliebige Kugel (A) nicht sechs sondern nur fünf Kugeln, so ruft dies eine Störung der Struktur bis auf eine Entfernung von etwa 100 weiteren Kugeln hervor (Bild 15.6). Das bedeutet aber nicht, daß natürliche Kristalle nur ohne Gitterstörungen und Gitterfehler vorkommen, also nur existieren, wenn sie über makroskopische Entfernungen ideal und fehlerlos aufgebaut sind. Von den sechs Nachbarkugeln darf ruhig eine fehlen (Gitterleerstelle), ohne daß die periodizitätserhaltende Fernordnung zusammenbricht. Es dürfen die fünf Nachbarkugeln bloß nicht gleichverteilt angeordnet werden. Dieser einfache Modellversuch hilft vielleicht über die hier auftretenden Verständnisschwierigkeiten hinweg, wenn man zur Erklärung des Schmelzvorganges in realen Kristallen die immer vorhandenen Gitterfehler heranzieht.

Nachdem feststeht, daß die Lennard-Jonesflüssigkeit, definiert durch Gl. (36) ein halbwegs vernünftiges Modell darstellt, und auch schon gesagt wurde, daß der Anziehungsterm durch Dipol-Dipolwechselwirkungen erklärbar ist, wollen wir uns im folgenden damit beschäftigen. Man unterscheidet drei Arten der Wechselwirkung:

1. *Dipol-Dipolwechselwirkung zwischen stationären Dipolmomenten von Molekülen*

Moleküle mit stationären elektrischen Dipolmomenten üben aufeinander eine anziehende Wirkung aus, die von ihrer gegenseitigen Orientierung abhängt. Da jeder elektrische Dipol mit dem Moment μ_i und dem Ortsvektor r_i im Abstand r_{ij} ein elektrisches Feld

$$E = -\frac{1}{4\pi\epsilon_0 r_{ij}^3}\left[\mu_i - 3\frac{(\mu_i r_{ij})r_{ij}}{r_{ij}^2}\right] \quad (|r| = r) \tag{38}$$

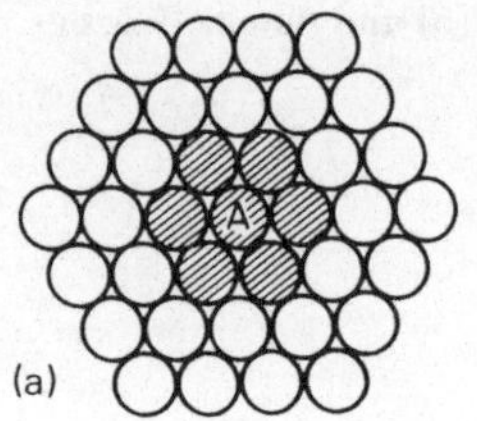

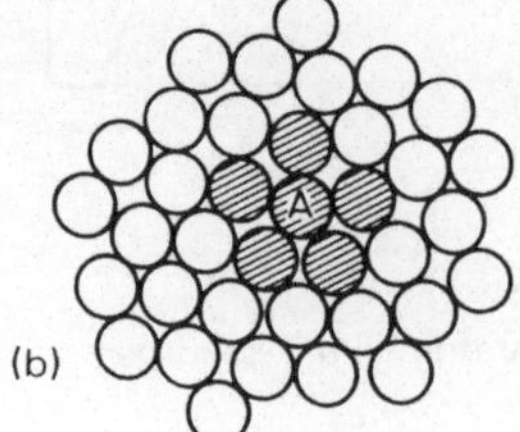

Bild 15.6
Kugelmodell zur Erläuterung
des Schmelzvorganges

erzeugt, besitzt ein weiterer Dipol mit dem Moment μ_j und dem Ortsvektor r_j ($r_{ij} = r_i - r_j$) in diesem Feld die potentielle Energie (Abschnitt 7.2)

$$V = - (\mu_j \cdot E) = \frac{1}{4\pi\epsilon_0 r_{ij}^3} \left[(\mu_i \mu_j) - 3 \frac{(\mu_i r_{ij})(\mu_j r_{ij})}{r_{ij}^2} \right]. \tag{39}$$

Im Grenzfall zweier antiparallel nebeneinander bzw. parallel hintereinander liegender Dipole beträgt die Wechselwirkungsenergie:

$$V = - \frac{|\mu_i||\mu_j|}{4\pi\epsilon_0 r_{ij}^3} \quad \text{bzw.} \quad -2 \frac{|\mu_i||\mu_j|}{4\pi\epsilon_0 r_{ij}^3}. \tag{40}$$

Wegen der thermischen Bewegung der Moleküle wird aber sowohl eine dauernde Parallel- als auch Antiparallelstellung verhindert, so daß die Wechselwirkungsenergie temperaturabhängig ist und mittlere Werte annimmt. Berücksichtigt man durch eine statistische Mittelwertbildung (ähnlich wie bei der Berechnung der Orientierungspolarisation in Abschnitt 7.3) alle möglichen Orientierungen der Flüssigkeitsdipole, so bekommt man für die mittlere potentielle Energie

$$\overline{V} = - \frac{2|\mu_i|^2|\mu_j|^2}{(4\pi\epsilon_0)^2 \, 3kT \, r_{ij}^6} \tag{41}$$

bzw. für die entsprechende Bindungsenergie

$$\overline{D}_{DD} = \frac{2|\mu_i|^2|\mu_j|^2}{(4\pi\epsilon_0)^2 \, 3kT r_{ij}^6}. \tag{42}$$

Die mittlere Dipol-Dipolenergie ist umso größer, je größer die Momente der beiden Moleküle sind und je kleiner die Temperatur ist. Handelt es sich um eine Flüssigkeit mit nur einer Molekülsorte (i = j), so geht Gl. (42) über in

$$\overline{D}_{DD} = \frac{2|\mu|^4}{(4\pi\epsilon_0)^2 \, 3kT r^6}. \tag{43}$$

2. *Dipol-Dipolwechselwirkungen zwischen stationären und induzierten Dipolmomenten von Molekülen*

Für Moleküle mit stationären Dipolmomenten besteht eine zusätzliche Möglichkeit der Wechselwirkung: Moleküle mit Momenten können in anderen Molekülen Momente induzieren, worauf dann das *stationäre* und das *induzierte* Moment in Wechselwirkung treten. Diese Energie ist bei kugelsymmetrischen Molekülen von der gegenseitigen Lage der Molekülmomente unabhängig. Das induzierte Moment μ_j ist nämlich direkt proportional dem vom stationären Moment μ_i erzeugten Feld E (Abschnitt 7.1)

$$\mu_j = 4\pi\epsilon_0 \alpha E. \tag{44}$$

α ist die Polarisierbarkeit des Moleküls und genau genommen ein Tensor; nur bei kugelsymmetrischen Molekülen ist α eine Konstante. Die potentielle Energie eines induzierten Dipols im Feld E ist aber nur halb so groß wie die eines stationären, weil die Ladungstrennung einen Arbeitsaufwand (Abschnitt 7.2) im Ausmaß von

$$V = - \frac{(\mu_j \cdot E)}{2} = - \frac{4\pi\epsilon_0 \alpha E^2}{2} \tag{45}$$

erfordert. Mit Gl. (38) beträgt daher die Induktionswechselwirkungsenergie

$$V = - \frac{2\alpha\mu_i^2}{4\pi\epsilon_0\, r_{ij}^6} \tag{46}$$

und die Bindungsenergie

$$D_{ind} = \frac{2\alpha\,|\mu|^2}{4\pi\epsilon_0\, r^6} \,. \tag{47}$$

3. *Die Londonsche Dispersionsenergie*

Außer der Dipol-Dipol- und Induktionswechselwirkung gibt es noch eine dritte Art, und zwar bei Molekülen ohne permanentes Moment. Vielmehr, es muß sie geben, denn sonst könnten z. B. Edelgase nicht verflüssigt werden. Diese Art der Wechselwirkung kann auf folgende Weise erklärt werden: Man stelle sich beispielsweise zwei H-Atome in genügend großer Entfernung (~ 5 Å) voneinander vor. Um eine chemische Bindung miteinander eingehen zu können, sind sie zu weit voneinander entfernt, und eine Dipol-Dipolkopplung kann es nicht geben, weil die H-Atome kein permanentes Moment besitzen. Macht man nun von jedem Atom eine Momentaufnahme, so kann man ein sehr „kurzlebiges" Moment, gebildet aus der Kern- und der Elektronenladung „sehen". Im Zeitmittel ist dieses natürlich nicht vorhanden. Über diese kurzlebigen Momente können die Atome wechselwirken, sich gegenseitig anziehen und einen weiteren Beitrag zur van der Waalsenergie liefern. Eine Berechnung gelingt allerdings nur auf quantenmechanischem Weg (Anhang XX) und führt zum Ergebnis

$$V = - \frac{3}{2} \frac{I_i I_j}{(I_i + I_j)} \frac{\alpha_i \alpha_j}{r^6} \tag{48}$$

bzw. für eine einzige Molekülsorte (i = j)

$$D_{London} = \frac{3}{4} I \frac{\alpha^2}{r^6} \,. \tag{49}$$

Die Energie ist proportional der Ionisierungsenergie I und dem Quadrat der Polarisierbarkeit α, sowie wiederum proportional r^{-6}. Zu Ehren *Londons*, der diese quantenmechanische Berechnung zum erstenmal durchgeführt hat, wird sie auch als *Londonsche Dispersionsenergie* bezeichnet.

Der Vollständigkeit halber müssen an dieser Stelle auch noch die *Wasserstoffbrückenbindungen* genannt werden. Sie liefern eine etwa gleich große Bindungsenergie wie die drei bisher genannten Dipolenergien, nämlich einige kJmol^{-1}. Eine Wasserstoffbrücke entsteht, wenn sich das partiell positiv geladene H-Atom einer OH-, FH- oder NH-Gruppe dem elektronenreichen Atom eines anderen Moleküls nähert (Bild 14.17). Obwohl diese Bindung weder rein kovalent noch rein ionischen Charakter besitzt, wird sie am einfachsten doch ionisch behandelt. Zwei Beispiele besonderer Art — und für unsere Existenz auf der Erde lebensnotwendig — bilden das Wasser und die Proteine. Der hohe Siedepunkt von Wasser im Vergleich zu H_2S sowie die geringere Dichte von Eis im Vergleich zu Wasser sind direkte Auswirkungen von Wasserstoffbrücken. Eis hat eine geringere Dichte, weil jedes O-Atom tetraedisch von H-Atomen umgeben ist (zwei H-Atome sind kovalent, die anderen zwei über Brücken gebunden). Im Wasser ist diese tetraedische

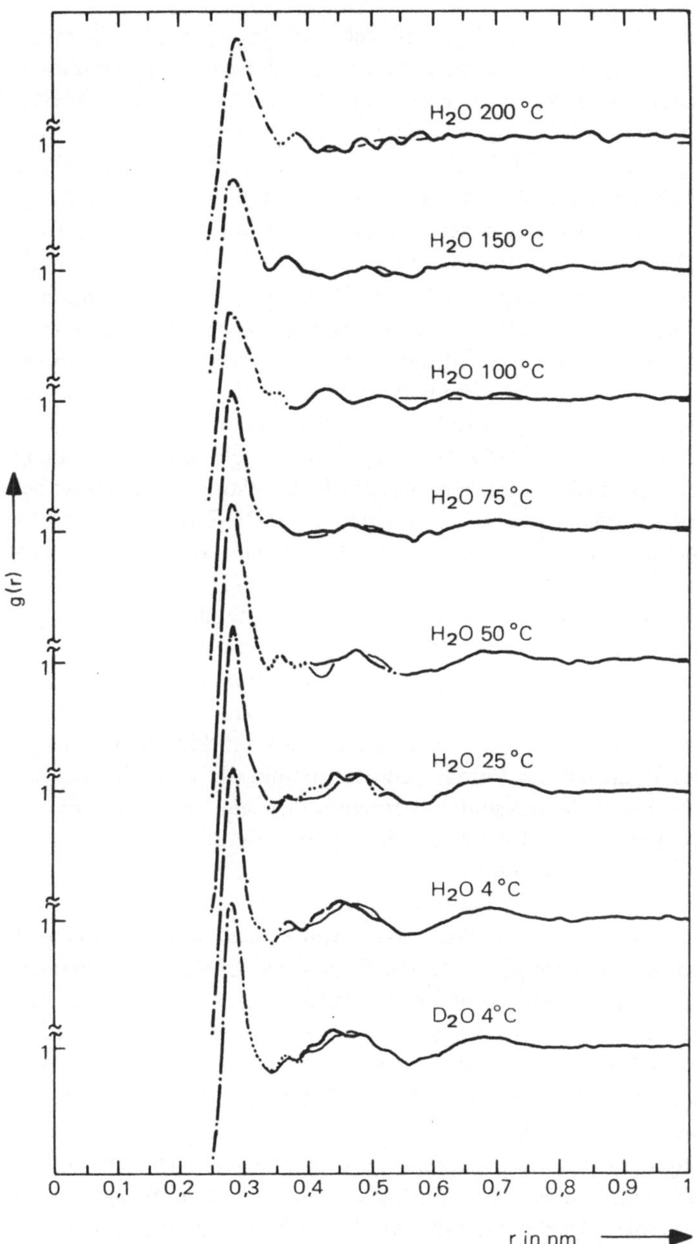

Bild 15.7 Gemessene (......) und berechnete (——) Paarverteilungskurven von Wasser bei verschiedenen Temperaturen; bis 100 °C bei 1 atm, darüber beim jeweiligen Dampfdruck (*A. H. Narten et al.:* Disc. Farad. Soc. 43 (1967) 97 in *W. J. Moore* und *D. O. Hummel:* Physikalische Chemie, Walter de Gruyter, Berlin 1973)

Struktur bis auf die Nahordnung aufgehoben, so daß sich dort die H_2O-Moleküle enger aneinander lagern können und eine größere Dichte als im Eis bedingen. Beugungsaufnahmen von Wasser bestätigen diese Struktur. In Bild 15.7 sind die berechneten und gemessenen radialen Paarverteilungskurven bei einigen Temperaturen wiedergegeben. Unterhalb von 2,5 Å verschwindet g(r), was einem Moleküldurchmesser von etwa 2,5 Å entspricht. Andererseits hat g(r) bereits bei 8 Å den Wert 1, so daß die Nahordnung auf den Bereich zwischen 2,5 Å und 8 Å eingegrenzt ist. Bei höheren Temperaturen nimmt dieser auf 2,5 bis 6 Å ab. Der Peak bei 2,9 Å liefert nach Integration über das Volumenelement $4\,\pi\,r^2$ dr eine Koordinationzahl von 4,4 in annähernder Übereinstimmung mit der tetraedischen Struktur (bei exakter Tetraederstruktur sollte die Koordinationszahl natürlich den Wert vier haben). Während auch die übrigen Peaks mit der Tetraederstruktur übereinstimmen, läßt sich der schwache Peak bei 3,5 Å tetraedrisch nicht erklären. Er entsteht möglicherweise durch Wassermoleküle auf Zwischengitterplätzen, die mit zunehmender Temperatur häufiger besetzt werden (*Fehlordnung*). Dadurch würde sich zwanglos eine Begründung für die Dichteänderung beim Schmelzen ergeben. Welche Rolle Wasserstoffbrücken bei den Proteinen spielen, wurde bereits in Abschnitt 14.6 diskutiert. Die Zusammenlagerung von Polypeptiden zu Proteinen ist energetisch nur möglich, wenn Wasserstoffbrücken gebildet werden.

Das experimentelle Kriterium für die van der Waalsschen Energien, einschließlich der Wasserstoffbrückenbindungen, verkörpert die *Verdampfungsenthalpie*. Das ist die Energie, die bei konstantem Druck aufgebracht werden muß, um eine Flüssigkeit zu verdampfen (Abschnitt 15.3). Hierbei muß die zwischenmolekulare Anziehung in der Flüssigkeit überwunden und andererseits den Molekülen im Gasraum kinetische Energie mitgegeben werden. Da der Hauptteil der Verdampfungsenthalpie zur Überwindung der Anziehung dient, läßt sich mit Hilfe bekannter Verdampfungsdaten das Konzept der Dipol-Dipolenergien überprüfen. Es wird beobachtet, daß die Verdampfungsenthalpie mit zunehmender Temperatur abnimmt und bei Annäherung an den kritischen Punkt gegen Null geht (im kritischen Punkt läßt sich Dampf von Flüssigkeit nicht unterscheiden!). Das erscheint plausibel im Rahmen des Dipol-Dipolkonzeptes, denn mit zunehmender Temperatur werden die temperaturabhängigen van der Waalsschen Energieterme kleiner. Außerdem dehnt sich die Flüssigkeit aus, wodurch der mittlere Molekülabstand größer und auch die anderen Energieterme kleiner werden. Im Grenzfall des idealen Gases ist dann der mittlere Molekülabstand so groß, daß die restliche zwischenmolekulare Anziehung gegen die Translation keine Rolle mehr spielt. Spielt sie dennoch eine Rolle, so haben wir einen realen Gaszustand vor uns.

Wie gut das Dipol-Dipolkonzept nun wirklich paßt, zeigt Tabelle 15.1, in der die einzelnen Anteile zu einer gesamten van der Waalsschen Energie zusammengerechnet und der Verdampfungsenthalpie gegenübergestellt wurden. Obwohl hierbei nur je ein Molekülpaar berücksichtigt worden ist, stimmen sie doch größenordnungsmäßig mit den gemessenen Werten überein. Dies beweist auch, daß die eingangs empirisch eingeführte Lennard-Jonesenergie mit der r^{-6}-Abhängigkeit vernünftig gewählt worden ist. Sie bekommt dadurch einen reellen physikalischen Hintergrund. Durch Hinzunehmen von Wechselwirkungen mit mehr als zwei Molekülen würde die Übereinstimmung natürlich noch besser werden. Da aber daraus keine wesentlich neuen physikalischen Erkenntnisse resultieren, können wir auf eine solche, noch dazu sehr komplizierte Behandlung verzichten. Rückblickend erscheint auch das van der Waalssche Vorgehen bei der Korrek-

Tabelle 15.1: Vergleich van der Waalssche Bindungsenergie — Verdampfungsenthalpie für Molekülpaare von einigen Flüssigkeiten bei 25 °C

Molekül	Abstand = Molekül- durchmesser	Polarisierbarkeit α m^3	Ionisierungsenergie I eV	Dipolmoment μ Cm	$\overline{D}_{DD} + D_{ind} + D_{Lond.}$ kJ mol^{-1}	ΔH_{Verd} kJ mol^{-1}
He	2,7	$0,2 \cdot 10^{-30}$	24,5	0	0,18	0,09
A	2,9	$1,6 \cdot 10^{-30}$	15,7	0	4,9	6,6
CCl$_4$	5,5	$10,5 \cdot 10^{-30}$	14,1	0	4,0	30
H$_2$O	2,9	$1,5 \cdot 10^{-30}$	12,6	$6,14 \cdot 10^{-30}$	22,2	39,4
NH$_3$	3,1	$2,2 \cdot 10^{-30}$	11,2	$5,0 \ \cdot 10^{-30}$	10,0	23,3

tur des idealen Gasgesetzes zur Anwendung auf reale Gase in einem vernünftigen atomistischen Licht: Da die Dipol-Dipolenergien vom mittleren Abstand abhängen (die Potenz spielt bei dieser Überlegung nur eine untergeordnete Rolle), wirkt sich dies sowohl auf den Druck als auch auf das Volumen aus.

15.4 Dampfdruck und Verdampfungsenthalpie

Eine makroskopische Eigenschaft, die bei der Untersuchung von Flüssigkeiten eine tragende Rolle spielt, ist der *Gleichgewichtsdampfdruck* oder einfach *Dampfdruck* der Flüssigkeit. Er ist der Druck, der sich im thermischen Gleichgewicht über der flüssigen Phase einstellt und ist deshalb einer thermodynamischen Behandlung zugänglich. Diese führt zu Daten der Verdampfungsenthalpie und -entropie und diese beiden Größen sind wiederum Kriterien für molekulare Modelle von Flüssigkeiten.

Wie Bild 15.8 zeigt, ist der Dampfdruck sehr stark temperaturabhängig. Diese Temperaturabhängigkeit läßt sich thermodynamisch beschreiben. Thermisches Gleichgewicht zwischen einer flüssigen und einer dampfförmigen Phase (vgl. Phasengleichgewicht Kapitel 16) verlangt, daß die molare freie Flüssigkeitsenthalpie gleich groß wie die molare freie Dampfenthalpie ist:

$$G_l = G_g \tag{50}$$

Für eine differentielle Änderung der freien Enthalpie, was einer Verdampfung von dn mol entspricht, gilt dann:

$$dG_l = dG_g. \tag{51}$$

Mit dem totalen Differential von G (Abschnitt 11.6)

$$dG = \left(\frac{\partial G}{\partial p}\right)_T dp + \left(\frac{\partial G}{\partial T}\right)_p dT$$

$$= V\,dp - S\,dT, \tag{52}$$

angewendet auf die Flüssigkeit (Index: *l*) und den Dampf (Index: g) ergibt sich:

$$V_l dp - S_l dT = V_g\,dp - S_g.dT. \tag{53}$$

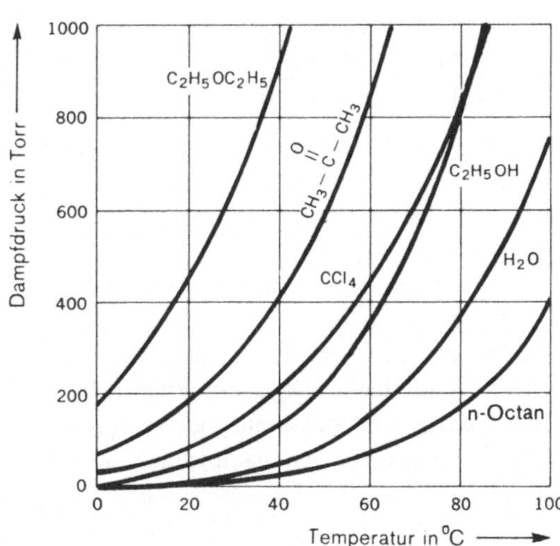

Bild 15.8 Temperaturabhängigkeit des Dampfdruckes von einigen Flüssigkeiten

Für die Änderung des Druckes mit der Temperatur folgt daraus:

$$\frac{dp}{dT} = \frac{S_g - S_l}{V_g - V_l}. \tag{54}$$

Die Entropiedifferenz $S_g - S_l$ ist die molare *Verdampfungsentropie* ΔS_{Verd}; sie steht mit der Verdampfungsenthalpie ΔH_{Verd} in folgendem Zusammenhang:

$$\Delta S_{Verd} = S_g - S_l = \int\limits_{n=0}^{1} \frac{\Delta H_{Verd}}{T}\, dn = \frac{\Delta H_{Verd}}{T}. \tag{55}$$

Substituiert man deshalb in Gl. (54) $S_g - S_l$ durch $\Delta H_{Verd}/T$ und schreibt man ΔV_{Verd} für die Molvolumendifferenz $V_g - V_l$, so resultiert:

$$\frac{dp}{dT} = \frac{\Delta H_{Verd}}{T\Delta V_{Verd}}. \tag{56}$$

Dieser Ausdruck ist bei entsprechender Indizierung der Terme ΔH und ΔV auch auf andere Phasenumwandlungen anwendbar.

Bei Temperaturen unter der kritischen Temperatur ist das Molvolumen der Flüssigkeit vernachlässigbar klein gegen das Molvolumen des Dampfes, so daß sich Gl. (56) zu

$$\frac{dp}{dT} = \frac{\Delta H_{Verd}}{TV_g} \tag{57}$$

vereinfacht. Behandelt man außerdem den Dampf wie ein ideales Gas, so gilt für das Dampfvolumen $V_g = RT/p$ und Gl. (57) geht in

$$\frac{dp}{dT} = \frac{\Delta H_{Verd}}{RT^2}\, p \tag{58}$$

bzw.

$$\frac{d\ln p}{d(1/T)} = -\frac{\Delta H_{Verd}}{R} \tag{59}$$

über. Diese Differentialgleichung wird *Clausius-Clapeyronsche Gleichung* genannt. Verhält sich ΔH_{Verd} temperaturunabhängig, was über einen kleinen Temperaturbereich sicher der Fall ist, so folgt daraus durch Integration:

$$\ln p = -\frac{\Delta H_{Verd}}{RT} + const \quad bzw. \quad p = const\, e^{-\frac{\Delta H_{Verd}}{RT}}. \tag{60}$$

Werden die bei verschiedenen Temperaturen gemessenen Dampfdrücke logarithmisch gegen $1/T$ in einem Diagramm aufgetragen, so sollten die Meßpunkte Gl. (60) zufolge auf einer Geraden mit der Steigung $-\Delta H_{Verd}/R$ liegen. Eine solche Auftragung wurde für die in Bild 15.8 gemessenen Dampfdrücke in Bild 15.9 vorgenommen. Wie man sieht, wird die geforderte Linearität im wesentlichen bestätigt; Abweichungen von ihr gehen zu Lasten der bei der Ableitung gemachten Vereinfachungen.

Die *Dampfdruckgleichung* (60) läßt sich auch mit Hilfe gaskinetischer Vorstellungen verstehen, was hier qualitativ skizziert werden soll. Ihrer Ableitung liegt ein *dynamisches*

Gleichgewicht zugrunde, in dem ein ständiger Austausch von Molekülen der flüssigen Phase mit der dampfförmigen erfolgt. Im Zeitmittel treten gleich viele Moleküle in den Dampfraum und umgekehrt über. In den Dampfraum gelangen aber nur die Moleküle, die genug thermische Energie besitzen, um die zwischenmolekulare Anziehung in der Flüssigkeit überwinden zu können. Dieser Bruchteil ist näherungsweise proportional dem Boltzmannschen Ausdruck (Abschnitt 10.6)

$$e^{-\frac{V(r)}{kT}}. \tag{61}$$

$V(r)$ soll hier die Wechselwirkungsenergie eines Moleküls mit all seinen Nachbarn sein. Da der Dampfdruck diesem Bruchteil proportional ist, lautet die Temperaturabhängigkeit des Dampfdruckes:

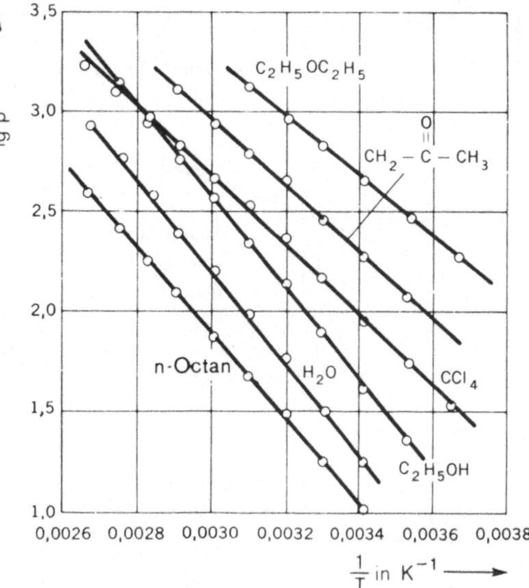

Bild 15.9 Logarithmische Darstellung der Dampfdruckdaten aus Bild 15.8

$$p \sim e^{-\frac{V(r)}{kT}} = \text{const}\, e^{-\frac{\Delta H_{Verd}}{RT}}. \tag{62}$$

Der Hauptteil der Verdampfungsenergie bzw. -enthalpie besteht zwar aus $V(r)$, doch wird zusätzlich etwas Energie zur Ausdehnung in den Gas- bzw. Dampfraum benötigt ($p\Delta V$). Die Verdampfungsenthalpie selbst kann entweder direkt kalorimetrisch oder indirekt durch Auswertung der Dampfdruckkurven bestimmt werden. Tabelle 15.2 gibt einige Beispiele wieder. Man erkennt, daß ΔH_{Verd} von der Temperatur abhängt und bei Annäherung an den kritischen Punkt gegen Null geht. Deshalb, weil im kritischen Punkt

Tabelle 15.2: Verdampfungsenthalpie ΔH_{Verd} einiger Flüssigkeiten bei verschiedenen Temperaturen (*International Critical Tables* 5, McGraw-Hill Book Co., New York, 1926–1930)

Temperatur °C	ΔH_{Verd} in kJ mol^{-1}			
	H_2O	C_2H_5OH	$(C_2H_5)_2O$	CCl_4
0	44,8	42,4	28,8	33,5
25	44,01			
40	43,2	41,5	25,7	
80	41,6	39,2	22,3	29,8
100	40,67			
120	39,7	35,1	18,9	27,2
160	37,4	30,0	13,6	24,6
200	34,8	22,1		21,1
240		7,4		16,5
280				6,7

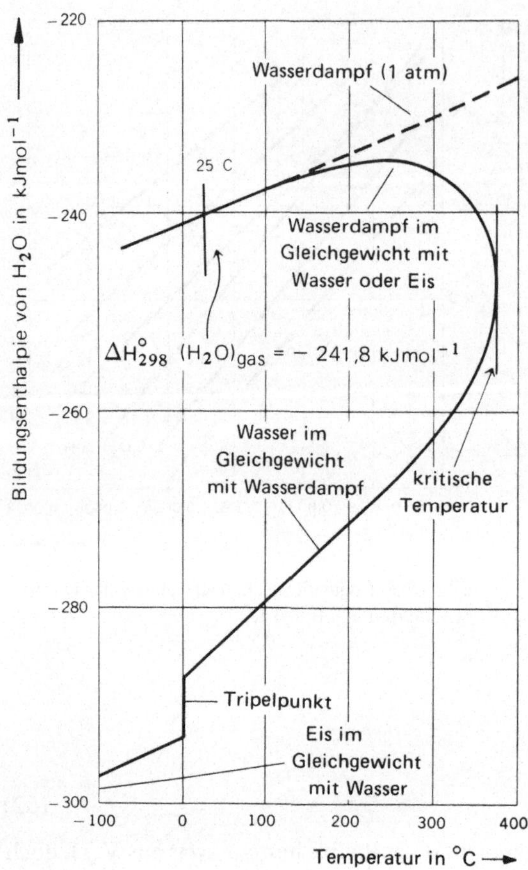

Bild 15.10
Temperaturabhängigkeit der H_2O-Bildungsenthalpie (Differenz der Bildungsenthalpien von Wasserdampf und Wasser = Verdampfungsenthalpie)

Flüssigkeit und Dampf nicht mehr unterschieden werden können (Bild 15.10). Thermodynamisch ist die Temperaturabhängigkeit der Verdampfungsenthalpie wie die Temperaturabhängigkeit einer Reaktionsenthalpie (Abschnitt 19.4) durch

$$(\Delta H_{Verd})_T = (\Delta H_{Verd})_{298} + \int_{298}^{T} \Delta C_p \, dT \tag{63}$$

gegeben. Dabei ist $\Delta H_{Verd} = H_g - H_l$ und $\Delta C_p = C_{p,g} - C_{p,l}$.

15.5 Verdampfungsentropie und Gasmodell

Berechnet man nach Gl. (55) die Verdampfungsentropie für verschiedene Flüssigkeiten, und zwar aus der Verdampfungsenthalpie beim Siedepunkt, so bekommt man Werte, die um den Durchschnittswert 90 $JK^{-1} \, mol^{-1}$ streuen (Tabelle 15.3). Das bedeutet, daß die Verdampfungsentropie im Mittel gleich groß und unspezifisch ist (*Troutonsche Regel*). Diese Regel und davon abweichende Beobachtungen lassen sich molekular interpretieren. Dies ist u. a. der Inhalt dieses Abschnittes.

Tabelle 15.3: Siedepunkt (1 atm), Verdampfungsenthalpie ΔH_{Verd} und Verdampfungsentropie ΔS_{Verd} einiger Flüssigkeiten

Flüssigkeit	Siedepunkt °C	ΔH_{Verd} J mol^{-1}	$\Delta S_{Verd} = \Delta H_{Verd}/T$ JK^{-1} mol^{-1}
CH_3COOH	118,2	24 390	62
HCOOH	100,8	21 100	64
N_2	− 195,5	5 560	72
C_4H_{10} (n-Butan)	− 1,5	22 260	82
$C_{10}H_8$ (Naphtalin)	218	40 460	82
CH_4	− 161,4	9 720	83
$(C_2H_5)_2O$	34,6	25 980	84
C_6H_{12} (Cyclohexan)	80,7	30 080	85
CCl_4	76,7	30 000	86
$SnCl_4$	112	33 050	86
C_6H_6 (Benzol)	80,1	30 760	87
$CHCl_3$	61,5	29 500	88
H_2S	− 59,6	18 800	88
Hg	356,6	59 270	94
NH_3	− 33,4	23 260	97
CH_3OH	64,7	35 270	104
H_2O	100,0	40 670	109
C_2H_5OH	78,5	38 570	110

Alle Verbindungen mit Verdampfungsentropien über $90\ JK^{-1}\ mol^{-1}$ sind im flüssigen Zustand über Wasserstoffbrücken assoziiert (z. B. H_2O). Da assoziierte Moleküle weniger Bewegungsfreiheit als nicht assoziierte besitzen, hat dies eine kleinere Flüssigkeitsentropie und damit größere Verdampfungsentropie zur Folge. Anders gesehen: Die Flüssigkeitsstruktur ist bei Vorhandensein von Wasserstoffbrücken geordneter. Verbindungen mit Verdampfungsentropien unter $90\ JK^{-1}\ mol^{-1}$ sind nicht nur in der Flüssigkeit, sondern auch in der Dampfphase assoziiert (z. B. dimere Komplexe von organischen Säuren). Die kleinere Verdampfungsentropie rührt daher, daß zur Berechnung ihrer Werte nach Gl. (55) nicht die Molmasse der Molekülkomplexe, sondern die einfache Molmasse verwendet wurde. Dies bedingt eine um den Faktor 2 zu große Entropie.

Nun aber zum Troutonschen Regelfall mit Verdampfungsentropien um $90\ JK^{-1}\ mol^{-1}$, in dem diese vom speziellen Molekülaufbau unabhängig ist. Er kann aus molekularer Sicht an Hand eines einfachen *Gasmodells* der Flüssigkeiten verstanden werden. Das Gasmodell wird durch folgende experimentelle Tatsachen gestützt: Das Schwingungsspektrum von Molekülen in der flüssigen Phase unterscheidet sich kaum von dem in der dampfförmigen. Dasselbe gilt für die Molekülrotationen, z. B. ersichtlich aus den Konturen der Absorptionsbande von DCl in der Dampfphase und in einer Lösung von CCl_4 (Bild 15.11). Das diskrete und wohldefinierte Rotationsspektrum tritt zwar in der flüssigen Phase nicht auf, doch kann man aus den Konturen den Schluß ziehen: Die Moleküle rotieren und schwingen in beiden Phasen auf sehr ähnliche Weise. Wesentliche energetische und entropische Änderungen bei der Verdampfung müssen deshalb die Translation betreffen. Wenn dies aber der Fall ist, muß die Flüssigkeit die Charakteristika

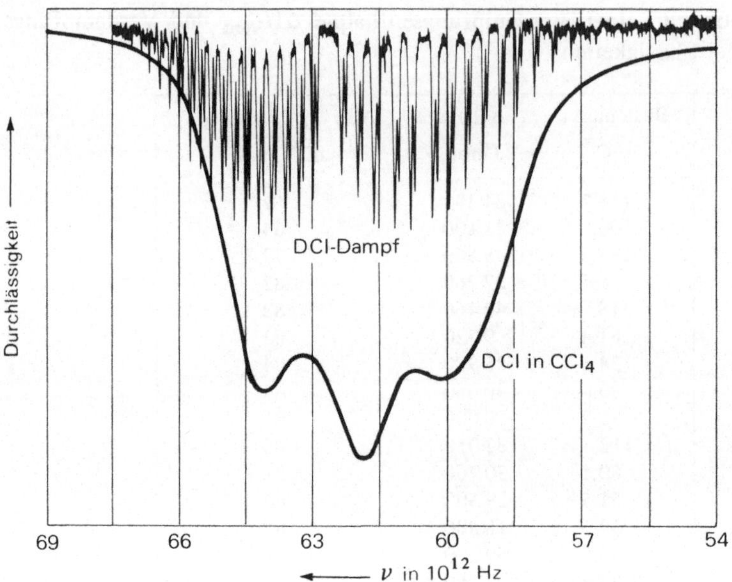

Bild 15.11 Schwingungsspektrum von gasförmigem und von in CCl$_4$ gelöstem DCl

eines komprimierten Gases aufweisen. Bei einem Gasmodell geht es deshalb primär darum zu zeigen, daß den Flüssigkeitsmolekülen ebenfalls ein freier Raum zur Ausführung aller Bewegungen, insbesondere der Translation zur Verfügung steht.

Die Translationsenergie und -entropie von idealen Gasen wurde in Kapitel 10 mit Hilfe des Energieschemas der Translation berechnet. Es zeigte sich, daß die mittlere Energie eines Gases volumenunabhängig ist, obwohl bei einer Volumenänderung der Abstand der Translationseigenwerte variiert. Die Translationsentropie hängt dagegen mit $R \ln V$ direkt vom Volumen ab. Dieses freie Volumen wird natürlich in der flüssigen Phase sehr stark eingeschränkt und am besten mit einem fluktuierenden *Käfig* aus Nachbarmolekülen verglichen. Da die Moleküle diesen Käfig auch verlassen können, ist das Potential bzw. die Energie an seinen Grenzen sicher nicht unendlich hoch, also alles in allem eine sehr komplizierte Funktion des Molekülabstandes. Nichtsdestoweniger soll das Potential dieses Käfigs einmal mehr durch einen unendlich hohen, rechteckigen Potentialtopf approximiert werden. Mit anderen Worten: Wir behandeln die Flüssigkeit wie ein Gas und die Verdampfung wie die Expansion eines Gases. Der den Flüssigkeitsmolekülen zur Verfügung stehende freie Raum, im folgenden *freies Volumen* genannt, ist natürlich sehr viel kleiner als das Volumen gewöhnlicher Gasbehälter. Die Abstände der Translationsniveaus werden deshalb für die Flüssigkeit größer als für den Dampf sein. Bild 15.12 soll schematisch die räumlichen und energetischen Verhältnisse veranschaulichen.

Bezeichnen wir das freie Molvolumen mit V_f und das Molvolumen des Dampfes mit V_g, so beträgt die Verdampfungsentropie

$$\Delta S_{\text{Verd}} = S_g - S_l = R \ln \frac{V_g}{V_f}. \tag{64}$$

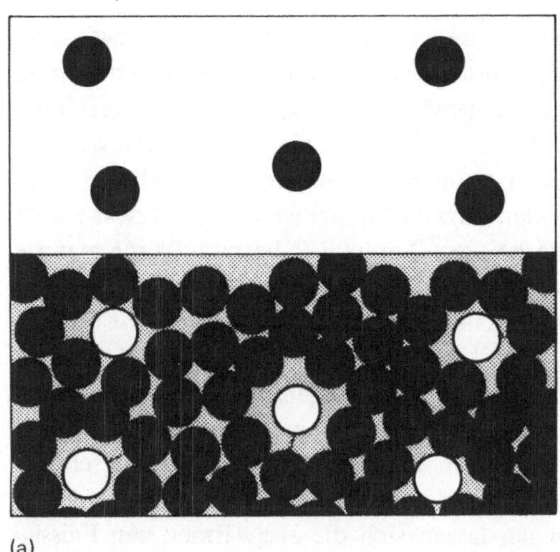
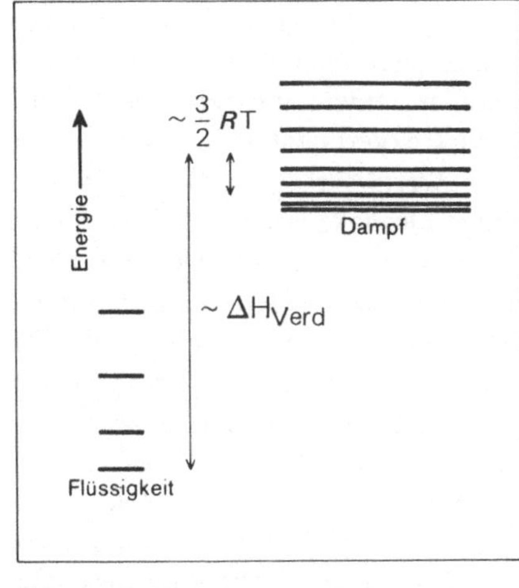

(a) (b)

Bild 15.12 Zur Veranschaulichung des Gasmodelles einer Flüssigkeit: Käfige mit freiem Volumen zur Molekültranslation (a) und Molekülenergie (b)

Statt nun V_f auf irgendeine Weise abzuschätzen, um damit die Verdampfungsentropie zu berechnen, wollen wir umgekehrt diese mit $90\ JK^{-1}\ mol^{-1}$ vorgeben und das freie Volumen ermitteln:

$$90 = R \ln \frac{V_g}{V_f} \tag{65}$$

bzw.

$$V_f \cong \frac{V_g}{10000}. \tag{66}$$

Setzen wir näherungsweise $V_g = 10000\ cm^3\ mol^{-1}$, so ergibt sich das freie Molvolumen zu $1\ cm^3\ mol^{-1}$. Das ist $1\,\%$ des Flüssigkeitsvolumens, wenn man dieses zu $100\ cm^3$ annimmt. Wendet man also das Gasmodell auf Flüssigkeiten an, so steht N_A Flüssigkeitsmolekülen für ihre Translation ein Raum von etwa $1\ cm^3$ zur Verfügung. Dieses Resultat wird auch auf andere Weise bestätigt.

15.6 Die Molwärme

In Kapitel 12 wurde festgestellt, daß die innere Energie realer Gase vom Volumen abhängt. Dafür wurden zwischenmolekulare Wechselwirkungen verantwortlich gemacht und diese in Abschnitt 15.3 als Dipol-Dipolwechselwirkungen (einschließlich Wasserstoffbrücken) identifiziert. Da diese mit $1/r^6$ vom Molekülabstand abhängen, ist auch die Volumenabhängigkeit plausibel. Verständlich ist deshalb auch, daß die Molwärme dasselbe Verhalten aufweist. In Kapitel 12 wurde außerdem die Möglichkeit skizziert, die Molwärmedifferenz $C_p - C_V$ mit dem thermischen Ausdehnungskoeffizienten α und der Kompressibilität κ zu verknüpfen:

$$C_p - C_V = \frac{\alpha^2 V^0 T}{\kappa}. \tag{67}$$

Da sich die Flüssigkeiten von den realen Gasen nur im Verhältnis thermischer zu zwischenmolekularer Energie unterscheiden, soll dieser Ausdruck auch für die Flüssigkeiten gelten.
Auch aus einem anderen Grund kommt ihm eine gewisse Bedeutung zu: Einerseits kann
nur C_p experimentell gemessen und andererseits nur C_V molekular interpretiert werden.
Werte für die in Gl. (67) vorkommenden Größen wurden in der Tabelle 15.4 für
einige Flüssigkeiten zusammengestellt. Sie sollen kurz diskutiert werden, und zwar zuerst
die Molwärme von flüssigem Quecksilber, die bei 25 °C etwa $3\,R$ beträgt. Würde man sie
nach dem Gasmodell aus drei Translationsfreiheitsgraden berechnen, so käme man nur
auf $3/2\,R$. Fassen wir dagegen das flüssige Quecksilber als einen einatomigen Festkörper
auf, so beträgt die Molwärme im klassischen Fall $3\,R$. Wie man sieht, ist hier ein Fest-
körpermodell angebrachter als ein Gasmodell. Bei mehratomigen Flüssigkeitsmolekülen
kommen außerdem Rotationsfreiheiten hinzu, die bei unbehinderter Rotation einen
Molwärmebeitrag von $1/2\,R$ je Freiheitsgrad liefern. Bei behinderter Rotation (schwin-
gungsähnliche Bewegung verursacht durch die Molekülumgebung) kann der Beitrag bis
auf R anwachsen. Mit derartigen Überlegungen lassen sich die Molwärmen von Flüssigkeiten abschätzen (Tabelle 15.5).

Tabelle 15.4: Molwärme C_P und C_V, Ausdehnungskoeffizient α, Kompressibilität κ
und Molvolumen V° verschiedener Flüssigkeiten

Flüssigkeit	C_p $JK^{-1}mol^{-1}$	$\alpha = \dfrac{1}{V^\circ}\left(\dfrac{\partial V}{\partial T}\right)_p$ K^{-1}	$\kappa = -\dfrac{1}{V^\circ}\left(\dfrac{\partial V}{\partial p}\right)_T$ $m^2\,N^{-1}$	V° m^3	$C_p - C_V$ $JK^{-1}mol^{-1}$	C_V $JK^{-1}mol^{-1}$
H_2O	75,5	$2{,}35\cdot10^{-4}$	$46\cdot10^{-11}$	$18\cdot10^{-6}$	0,63	74,9
Hg	27,8	1,81	3,4	14,8	4,25	23,6
CS_2	75,7	12,4	96	60	28,6	47,1
CCl_4	131,7	12,5	107	97	42,2	89,5
C_6H_6	134,3	12,5	97	89	42,7	91,6
$CHCl_3$	116,3	13,3	97	80	43,5	72,8

Tabelle 15.5: Abschätzung der Molwärme C_V in $JK^{-1}\,mol^{-1}$ (25 °C)

	Hg		CS_2		CCl_4	
Translation	$3R = 24{,}9$		$3R = 24{,}9$		$3R = 24{,}9$	
Schwingung	0		10,3		45,1	
	unbehindert	behindert	unbehindert	behindert	unbehindert	behindert
Rotation	0	0	$R = 8{,}3$	$2R = 16{,}6$	$\frac{3}{2}R = 12{,}5$	$3R = 24{,}9$
C_V (berechnet)	24,9	24,9	43,5	51,8	82,5	94,9
C_V (gemessen)		23,6		47,1		89,5

15.7 Computersimulation

Wie bereits in Abschnitt 15.2 angedeutet beschäftigt sich die Computersimulation mit der statistischen Berechnung von thermodynamischen Eigenschaften über die Paarverteilungsfunktion $g(r)$. Zu ihrer Berechnung wird über eine große Anzahl von repräsentativen Molekülkonfigurationen gemittelt. Das Computermodell einer Flüssigkeit besteht aus einem hypothetischen Behälter, in dem sich einige hundert Moleküle befinden; diesen wird eine plausible Wechselwirkungsenergie $V(r)$ zugeordnet. Um Oberflächeneffekte durch die Behälterwände zu vermeiden, führt man periodische Behälterrandbedingungen ein, und zwar in der Weise, daß ein Molekül, das den Behälter auf einer Seite verläßt, durch die gegenüber liegende Behälterwand wieder eintritt. Die Beschränkung auf einige hundert Moleküle hat ihren Grund in der Rechenzeit, die nicht beliebig lange ausdehnbar ist. In einem Computerexperiment werden die Moleküle aus einer willkürlichen Startposition „aufeinander losgelassen" und ihre Positionen bzw. Energien nach der Einstellung eines stationären Zustandes (thermisches Gleichgewicht) untersucht. Aus den zugehörigen fluktuierenden Molekülkonfigurationen wird dann $g(r)$ ermittelt. Die bedeutendsten Computersimulationen gründen sich auf *moleküldynamische Verfahren* und *Monte Carloverfahren*; diese simulieren entweder eine MB-sche teilchenbezogene oder Gibbssche systembezogene Verteilung der Konfigurationsenergie ΣV_{ij}.

Bei moleküldynamischen Verfahren werden die klassischen Bewegungsgleichungen für die einzelnen Moleküle numerisch gelöst. Wird die gesamte potentielle Energie von N Flüssigkeitsmolekülen durch die Summe über alle Paarenergien

$$V(r_1 \ldots r_N) = \sum_{\text{Paare}} V(r_{ij}) \tag{68}$$

dargestellt, dann beträgt die Kraft, die auf ein einzelnes Molekül wirkt:

$$F_i = - \sum_{i \neq j}^{N} \nabla V(r_{ij}). \tag{69}$$

Die r_i sind die Positionskoordinaten der Moleküle und die r_{ij} ihre Abstände voneinander. Die Bewegungsgleichung des i-ten Moleküls mit der Masse m lautet dann:

$$\frac{d^2 r_i}{dt^2} = \frac{F_i}{m}; \tag{70}$$

sie ist wegen Gl. (69) über F_i an die Positionen der anderen Moleküle bzw. an deren Bewegungsgleichungen gekoppelt. Die Lösung dieses mathematischen Problems wird dem Computer überlassen. Wird zur Lösung z. B. der *Verletsche Algorithmus* verwendet, dann wird auf folgende Weise vorgegangen: Der Positionsvektor r_i wird in eine Taylorreihe entwickelt (Anhang VIII) und diese nach dem quadratischen Term abgebrochen:

$$r_i(t + \Delta t) = r_i(t) + v_i(t)\,\Delta t + \frac{1}{2}\,a_i(t)\,\Delta t^2 + \ldots \tag{71}$$

Approximiert man weiterhin die Molekülgeschwindigkeit v_i durch

$$v_i(t) = \frac{r_i(t + \Delta t) - r_i(t - \Delta t)}{2\Delta t} \tag{72}$$

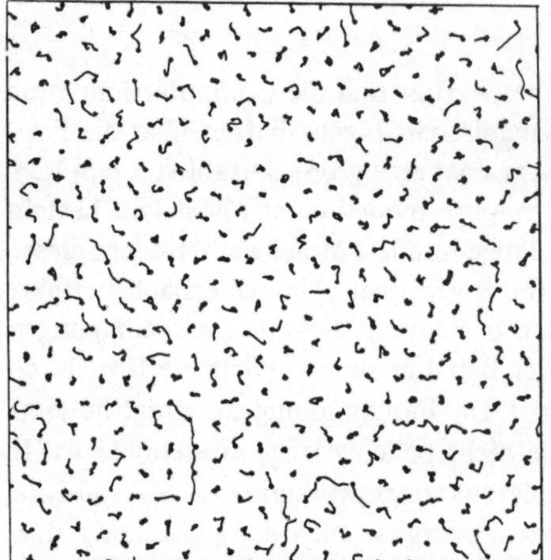

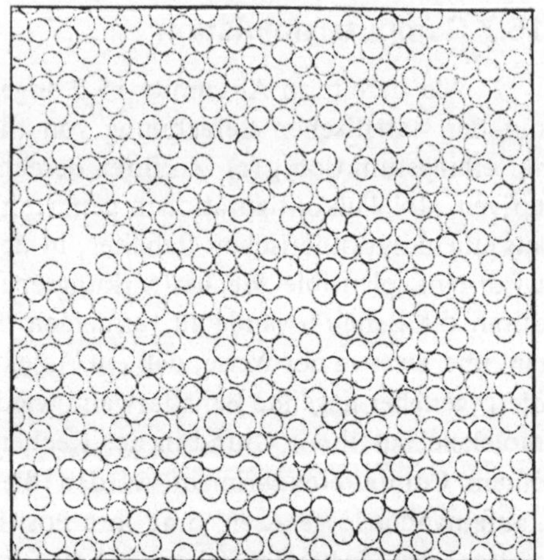

Bild 15.13 Trajektorien einer zweidimensionalen Modellflüssigkeit

Bild 15.14 Momentanstruktur (Konfiguration) einer zweidimensionalen Modellflüssigkeit aus einatomigen Molekülen (nach *C. A. Emeis, P. L. Fehder:* J. Am. Soc. 92 (1970) 2246 in *A. F. Barton:* The dynamic liquid state, Longman Inc., New York, 1974)

und setzt in Gl. (71) ein, so erhält man die Verletschen Grundgleichungen, in denen v_i nicht mehr explizit vorkommt:

$$r_i(t + \Delta t) = 2r_i(t) - r_i(t - \Delta t) + a_i(t)\,\Delta t^2. \tag{73}$$

Die Lösungen der Bewegungsgleichungen erscheinen in der Form (73) und können in Zeitabständen von Δt notiert bzw. gezeichnet werden. Trajektorien der Molekülpositionen in einer zweidimensionalen Lennard-Jonesflüssigkeit sind z. B. in Bild 15.13 zu sehen. Die kleinen Kreise markieren die Anfangspositionen, die unregelmäßigen, stochastischen Spuren sind die zurückgelegten Molekülwege nach $2 \cdot 10^{-12}$ s. Die jeweiligen momentanen Flüssigkeitsstrukturen (Molekülkonfigurationen) dieser zweidimensionalen Modellflüssigkeit sehen wie die „Momentaufnahme" in Bild 15.14 aus; sie besitzen auch relativ große Leerstellen (vgl. Käfig beim Gasmodell in Abschnitt 15.5) mit einer langen Lebensdauer.

Die Ermittlung von $g(r)$ und damit von thermodynamischen Daten erfolgt durch eine zeitliche Mittelwertbildung über die verschiedenen Molekülkonfigurationen. Je nach vorgegebener kinetischer Energie sprich Temperatur schwanken diese wie in einer wirklichen Flüssigkeit (vgl. Brownsche Molekularbewegung). Denn im Zeitmittel besitzt ja jedes Molekül nach dem Gleichverteilungssatz dieselbe mittlere kinetische Energie $3mv^2/2 = 3kT/2$. Während das moleküldynamische Verfahren im großen und ganzen bewegte Einzelmoleküle betrachtet und Zeitmittelwerte berechnet, wird beim zweiten aktuellen Verfahren, der Monte Carlomethode ein Scharmittel aus statischen Molekülkonfigurationen gebildet.

Das Monte Carloverfahren beruht auf der Mittelwertbildung mit Hilfe einer Gibbsschen Verteilung der potentiellen Energie V einer N-Teilchen-Flüssigkeit (Abschnitt 10.4):

$$f = \frac{e^{-\frac{V(r_1 \dots r_N)}{kT}}}{\int\limits_{r_1} \dots \int\limits_{r_N} e^{-\frac{V(r_1 \dots r_N)}{kT}} \, dr_1 \dots dr_N} \quad . \tag{74}$$

Im einfachsten Fall müßten dazu für sehr viele Konfigurationen N Zufallsvektoren bzw. -positionen genommen, $e^{-V/kT}$ berechnet und nach Gl. (74) die am häufigsten auftretende Konfiguration zur Ermittlung von f oder von g(r) berechnet werden. Das Verwenden von reinen Zufallspositionen wäre aber wegen des Auftretens von vielen Hochenergiekonfigurationen sehr unökonomisch. Deshalb führten *Metropolis et al.* 1953 eine Verbesserung durch, die diese Konfigurationen vermeidet, ohne daß die simulierte Flüssigkeit ihre kanonische Eigenart verliert. Die Verbesserung basiert auf einem Algorithmus, der garantiert, daß die Wahrscheinlichkeit eines Überganges zwischen zwei Konfigurationen

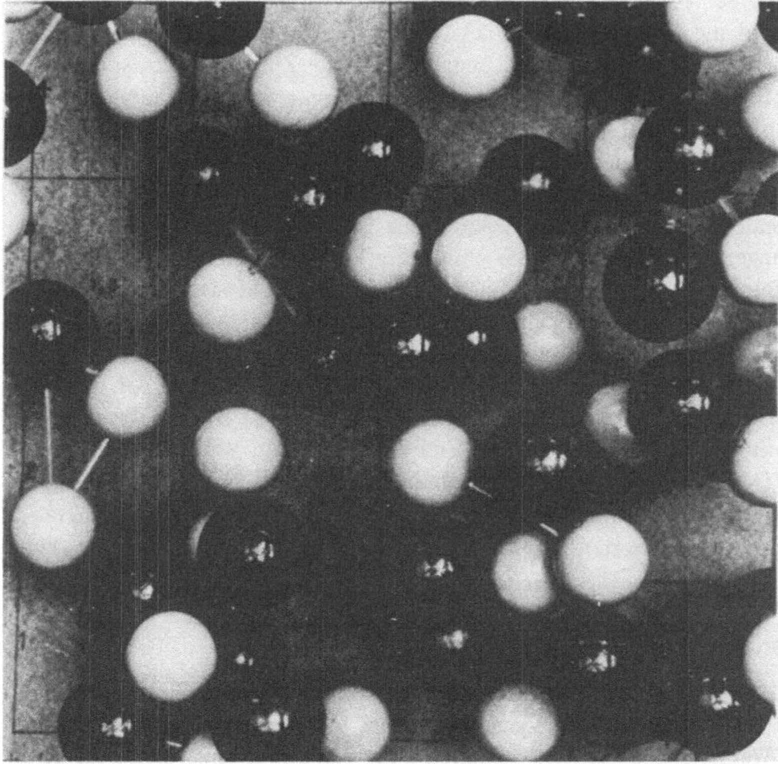

Bild 15.15 Modell von geschmolzenem KCl nach molekulardynamischen Berechnungen (*L. V Woodcock:* Nature Phys. 232 (1971) 63 in *A. F. Barton:* The dynamic liquid state, Longman Inc., New York, 1974)

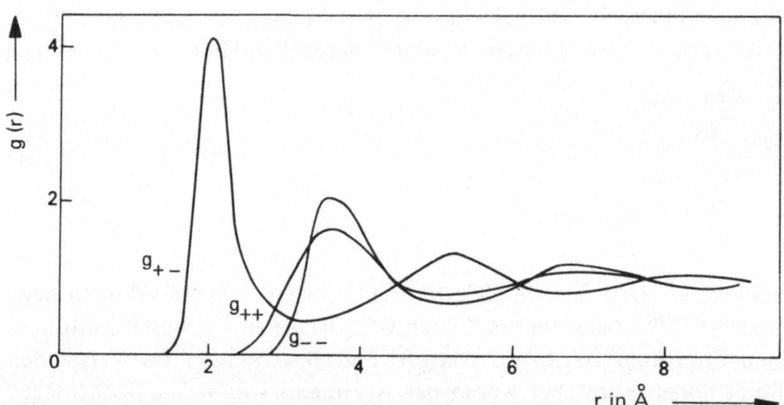

Bild 15.16 Paarverteilungsfunktionen von geschmolzenem LiCl aus molekulardynamischen Berechnungen (*L. V. Woodcock:* Chem. Phys. Letters 10 (1971) 257 in *A. F. Barton:* The dynamic liquid state, Longman Inc., New York, 1974)

proportional $e^{-\Delta V/kT}$ ist. Im einzelnen: Erster Schritt ist die Auswahl eines Moleküls i des Ensembles und seine Verrückung um einen zufälligen Betrag in einer zufälligen Richtung. Dann wird die Energiedifferenz ΔV und $e^{-\Delta V/kT}$ berechnet. Wenn $e^{-\Delta V/kT}$ kleiner als eine zwischen 0 und 1 liegende, rechteckverteilte Zufallszahl ist, so wird das herausgegriffene Molekül auf seine ursprüngliche Position zurückgesetzt und die neue Konfiguration nicht berücksichtigt. Die einzelnen Schritte werden so lange wiederholt, bis das Scharmittel, abgesehen von statistischen Fluktuationen, konvergiert.

Computersimulationen wurden nicht nur für einfache einatomige Flüssigkeiten wie flüssiges Argon, sondern auch schon für geschmolzene Salze mit sehr starken weitreichenden Wechselwirkungen durchgeführt. Dazu einige Ergebnisse in den Bildern 15.15 und 15.16. Im ersten Bild ist die Photographie eines makroskopischen Modelles von geschmolzenem KCl zu sehen, das nach moleküldynamischen Berechnungen gebaut wurde. Das zweite Bild zeigt die berechneten Paarverteilungsfunktionen (g_{+-}, g_{++} und g_{--}) von flüssigem LiCl. Die Funktionen g_{++} und g_{--} unterscheiden sich sehr von der Funktion g_{+-} (bzw. g_{-+}): Im ersten Fall sind die nächsten Nachbarionen sehr viel weiter als im zweiten Fall entfernt – plausibel, wie wir von den Ionenkristallen wissen. Als Paarwechselwirkungsenergie $V(r)$ wurden in diesen Beispielen die Coulombenergie, eine exponentielle Abstoßungsenergie, Dipol-Dipol- und Dipol-Quadrupolenergien verwendet, alles Energien, die man auch zu einer verfeinerten Gitterenergieberechnung von Kristallen heranziehen muß.

15.8 Die Viskosität und das Hagen-Poiseuillesche Gesetz

Eine Flüssigkeitseigenschaft, die eine direkte Konsequenz der inneren Molekülanziehung ist, ist die Viskosität, denn jene muß beim Strömen einer Flüssigkeit überwunden werden. Wenn eine Flüssigkeit strömen soll, dann muß eine treibende Kraft vorhanden sein, die der durch die Molekülanziehung verursachten Reibungskraft entgegengerichtet ist und sie übertrifft. Ähnlich wie bei der Diffusion in Ionenkristallen hat man sich vorzustellen, daß an einander vorbeigleitende Moleküle eine Energieschwelle

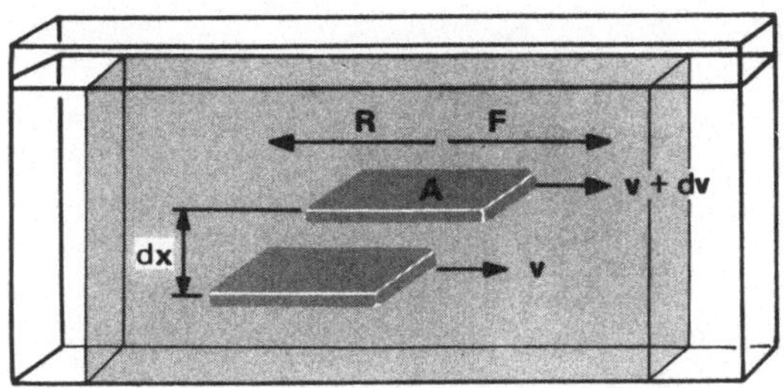

Bild 15.17
Schematische Darstellung der Strömungsverhältnisse zweier Flüssigkeitsschichten

zu überwinden haben. Da nur ein Bruchteil der Moleküle diese oder eine höhere Energie
besitzt, kann insgesamt von der Flüssigkeit pro Zeiteinheit nur eine bestimmte Entfernung zurückgelegt werden. Die Strömungsgeschwindigkeit einer Flüssigkeit ist daher
direkt proportional dem Boltzmannschen e-Satz. Empirisch wird festgestellt, daß die
Schwellenenergie etwa ein Drittel der Verdampfungsenthalpie ausmacht. Das ist ein
Drittel der Energie, die man benötigt, um ein Molekül ganz aus seiner Umgebung zu
entfernen.

Eine quantitative Definition des Begriffes *Viskosität* liefert Bild 15.17, das die
Strömungsverhältnisse einer Flüssigkeit makroskopisch beschreibt: Zwei Flüssigkeitsschichten im Abstand ds voneinander sollen sich mit den Geschwindigkeiten v und
v + dv in der angegebenen Richtung bewegen. Der Geschwindigkeitsgradient senkrecht
zur Strömungsrichtung betrage dv/dx. Die treibende Kraft **F** muß ebenso groß wie die
Reibungskraft **R** sein, die durch die Molekülanziehung verursacht wird. Diese ist um so
größer, je größer die Schicht A und der (negative) Gradient dv/dx sind, so daß (Abschnitt 25.4)

$$\mathbf{R} = \eta A \frac{dv}{dx} \frac{\mathbf{v}}{v} . \tag{75}$$

Durch die Proportionalitätskonstante η ist dann der *Viskositätskoeffizient* oder einfach
die Viskosität festgelegt (*Newtonsches Reibungsgesetz* für v = v(x)). Dickflüssige Stoffe
haben hohe Viskositäten, dünnflüssige niedere.

Vielen verschiedenen Bestimmungsmethoden der Viskosität liegt das *Hagen-Poiseuillesche Gesetz* zugrunde. Es stellt eine Beziehung zwischen der Durchflußgeschwindigkeit
und der Viskosität bei vorgegebenem Rohrdurchmesser und Druckdifferenz dar, wenn
eine Flüssigkeit durch ein Rohr strömt. Zu seiner Herleitung betrachten wir ein Rohr
mit der Länge *l* und mit dem Durchmesser 2R. Das Druckgefälle längs des Rohres betrage
$p_2 - p_1$ (Bild 15.18a). Greifen wir eine zylindrische Flüssigkeitsschicht mit dem Radius r
heraus, so wirkt auf sie die Reibungskraft

$$\mathbf{R} = \eta \, (2\pi r l) \frac{dv}{dr} \frac{\mathbf{v}}{v} \tag{76}$$

Sie ist der durch das Druckgefälle verursachten treibenden Kraft

$$\mathbf{F} = (p_2 - p_1) \, \pi r^2 \frac{\mathbf{v}}{v} \qquad (|\mathbf{v}| = v) \tag{77}$$

entgegengerichtet und gleich groß:

$$- \eta \, (2\pi r l) \frac{dv}{dr} = (p_2 - p_1) \, \pi r^2 . \tag{78}$$

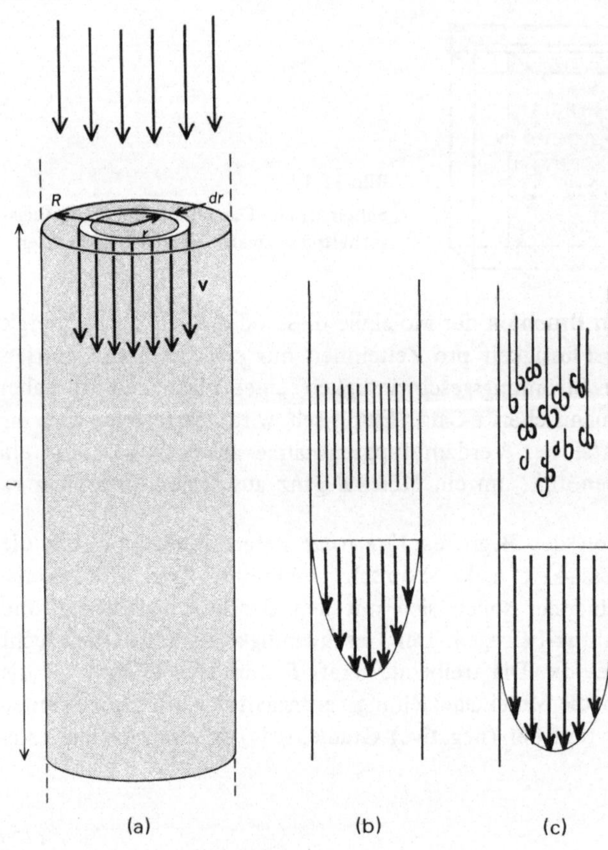

Bild 15.18
Skizze zur Herleitung des
Hagen-Poiseuilleschen Gesetzes
(a) sowie Geschwindigkeitsprofil und Stromlinien bei
laminarer (b) und turbulenter
Strömung (c)

Daraus folgt:

$$dv = - \frac{(p_2 - p_1)}{2\eta l}\, r\, dr. \tag{79}$$

Die Lösung dieser Differentialgleichung mit den Randbedingungen $v = 0$ bei $r = R$ (Rohrwand) und v bei r ergibt die Strömungsgeschwindigkeit v als Funktion von r:

$$v = - \frac{(p_2 - p_1)}{2\eta l} \int_{r=R}^{r} r\, dr = \frac{(p_2 - p_1)}{4\eta l}\, (R^2 - r^2). \tag{80}$$

Sie ist dem Quadrat des Durchmessers der Flüssigkeitsschicht direkt proportional. In Bild 15.18b ist diese Abhängigkeit durch ein Profildiagramm anschaulich dargestellt. Die Spitzen der Geschwindigkeitsvektoren liegen auf einem Paraboloid. Strömungen mit einem parabolischen Geschwindigkeitsprofil bezeichnet man allgemein als *laminare* Strömungen. Sie treten bei relativ kleinem Rohrdurchmesser und kleiner Durchflußge-schwindigkeit auf. Sind diese beiden Parameter hingegen wesentlich größer, so ist das Geschwindigkeitsprofil nicht mehr parabolisch (Bild 15.18c); die Strömungen sind dann *turbulent.* Unter welchen Bedingungen laminare oder turbulente Strömung auftritt, ist nur empirisch, und zwar mit Hilfe der dimensionslosen *Reynoldszahl,* feststellbar:

$$\text{Reynoldszahl} = \frac{2\,R\bar{v}d}{\eta}. \tag{81}$$

$2\,R$ ist der Rohrdurchmesser, $\bar{v}$ die mittlere Strömungsgeschwindigkeit, d die Dichte und η die Viskosität der Flüssigkeit. Strömungen mit Reynoldsschen Zahlen unter 2000 sind immer laminar, über 4000 immer turbulent. Viskositätsmessungen müssen immer mit laminaren Strömungen durchgeführt werden, weil sonst das Hagen-Poiseuillesche Gesetz nicht mehr gilt.

Man bekommt dieses Gesetz, wenn man mit Hilfe von Gl. (80) die *Durchfluß-geschwindigkeit,* also das pro Zeiteinheit durch den Rohrquerschnitt $\pi\,R^2$ strömende Flüssigkeitsvolumen berechnet:

$$\frac{V}{t} = \int_{r=0}^{R} (2\pi r)\,v\,dr = \int_{r=0}^{R} (2\pi r)\,\frac{(p_2-p_1)}{4\eta l}\,(R^2-r^2)\,dr = \frac{\pi(p_2-p_1)R^4}{8\eta l}. \tag{82}$$

Setzt man die gemessene Durchflußgeschwindigkeit V/t in das Hagen-Poiseuillesche Gesetz (82) ein, so kann bei bekanntem Rohrdurchmesser R, bekannter Rohrlänge *l,* sowie bekanntem Druckgefälle $(p_2 - p_1)$ die Viskosität η ausgerechnet werden. Einige Meßdaten sind in Bild 15.19a graphisch dargestellt: mit zunehmender Temperatur werden die Flüssigkeiten dünnflüssiger, d. h. die Viskosität nimmt exponentiell mit der Temperatur ab. Trägt man die Viskositätsdaten logarithmisch gegen 1/T auf (Bild 15.19b), so erhärtet sich die eingangs vermutete Vorstellung, daß der Boltzmannsche e-Satz für die Temperaturabhängigkeit verantwortlich ist. Wenn nämlich die Strömungsgeschwindigkeit dem Boltzmannbruchteil $e^{-E_a/kT}$ proportional ist, dann muß die Viskosität diesem indirekt proportional sein:

$$\eta \sim e^{\frac{E_a}{kT}}. \tag{83}$$

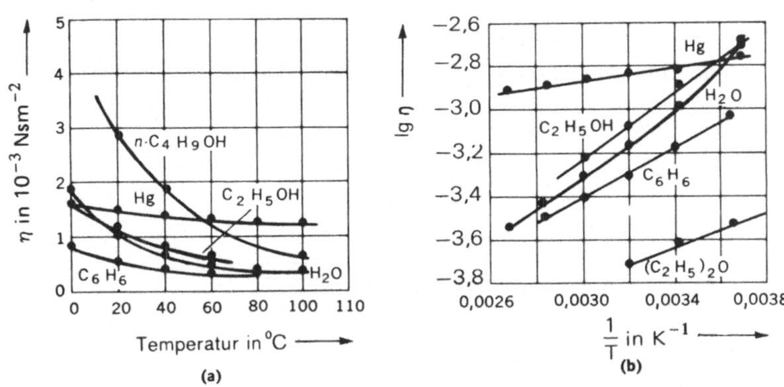

Bild 15.19 Temperaturabhängigkeit der Viskosität einiger Flüssigkeiten (a) und ihre logarithmische Darstellung in einem lgη, 1/T-Diagramm (b)

Tabelle 15.6: Aktivierungsenergie E_a für laminare Strömung (Viskosität) und Verdampfungsenthalpie ΔH_{Verd} einiger Flüssigkeiten (*R. H. Ewell, H. Eyring: J. Chem. Phys.* 5 (1937) 726

Flüssigkeit	E_a $kJ\,mol^{-1}$	ΔH_{Verd} $kJ\,mol^{-1}$
CCl_4	10,5	27,6
C_6H_6	10,6	27,9
CH_4	3,0	7,6
N_2	1,9	5,1
O_2	1,7	6,1
$CHCl_3$	7,4	27,8
$(C_2H_5)_2O$	6,7	23,8
Aceton	6,9	26,8
Hg	2,5	54
Na (bei 500 °C)	6,1	98
Pb (bei 700 °C)	11,7	178

In Tabelle 15.6 sind so ermittelte Aktivierungsenergien den Verdampfungsenthalpien einiger Flüssigkeiten gegenübergestellt.

15.9 Die Oberflächenspannung

Eine Flüssigkeitseigenschaft, die in den Gaseigenschaften kein Gegenstück besitzt, ist die *Oberflächenspannung*. Sie ist die Kraft, die der Vergrößerung einer Flüssigkeitsoberfläche entgegenwirkt, weil die Moleküle in ihr nun eine einseitige, nach dem Inneren gerichtete Anziehung durch die anderen erfahren. Diese Kräfteverhältnisse an der Oberfläche und im Inneren sind in Bild 15.20a anschaulich dargestellt. Daraus folgt auch, daß die Molekülenergie an der Oberfläche und im Inneren unterschiedlich groß ist. Die Oberflächenspannung wird an Hand von Bild 15.20b definiert. Zwischen dem Bügel und dem Rahmen aus Draht, vergleichbar mit einem zweidimensionalen Kolben und einem Zylinder, befindet sich eine Flüssigkeitslamelle. Die zur Dehnung der Lamelle notwendige Kraft ist proportional der doppelten Drahtbügellänge, weil die Lamelle zwei Oberflächen besitzt:

$$F = \sigma\, 2l. \tag{84}$$

Die Proportionalitätskonstante σ wird als Oberflächenspannung bezeichnet. Sie entspricht der Kraft, die dem expandierenden Bügel entgegenwirkt, wenn die Länge des Bügels $\frac{1}{2}$ m beträgt.

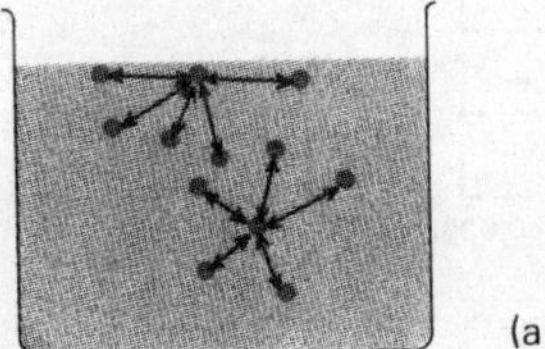

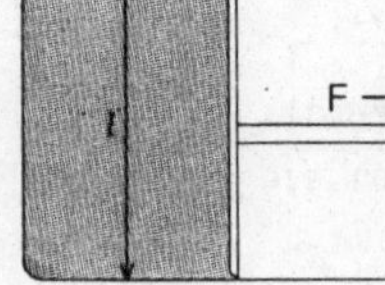

(b)

Bild 15.20 Anschauliche Darstellung der Molekülanziehung an der Flüssigkeitsoberfläche und im Flüssigkeitsinneren (a) und Skizze zur Definition der Oberflächenspannung (b)

Um den Bügel um die Strecke dx zu verschieben, braucht man die Energie

$$F \, dx = \sigma \, 2l \, dx. \tag{85}$$

Da $2l\,dx$ identisch mit der Größe der neugeschaffenen Oberfläche ist, ist σ auch identisch mit der pro Oberflächeneinheit aufzuwendenden Energie:

$$\sigma = \frac{F\,dx}{2l\,dx}. \tag{86}$$

Um diesen Energiebetrag besitzen die Moleküle in 1 m² Oberfläche mehr Energie als eine vergleichbare Anzahl von Molekülen im Flüssigkeitsinneren. Da jedes System in den Zustand minimaler Energie überzugehen trachtet, und Kugeln von allen geometrischen Körpern die kleinste Oberfläche haben, sind Flüssigkeitstropfen immer kugelförmig.

Von den zahlreichen Methoden zur Bestimmung von Oberflächenspannungen sei hier die *Kapillarmethode* genannt. Taucht man eine Glaskapillare in einen Behälter mit glasbenetzender Flüssigkeit, von der die Oberflächenspannung bestimmt werden soll, so steigt diese in der Kapillare in einer dünnen Schicht an der Wand empor: Die Wand wird benetzt, wodurch eine Oberflächenvergrößerung erfolgt. Die Flüssigkeit wirkt dem entgegen, indem sie gegen die Schwerkraft in der Kapillare nach oben steigt. Dort bildet sie eine konkave, fast halbkugelförmige Oberfläche aus, da dies die kleinste erreichbare Oberfläche für die Flüssigkeit ist. Die gesamte Oberfläche besteht jetzt aus der sichtbaren konkaven Meniskusoberfläche und der dünnen Wandschicht oberhalb des Meniskus (Bild 15.20). Gegen die zum Krümmungsmittelpunkt gerichtete Oberflächenspannung wirkt die Gravitationskraft, also das Gewicht der hochgestiegenen Flüssigkeit. Energieminimum ist dann gegeben, wenn Kräftegleichgewicht zwischen der Oberflächenspannung und dem Gewicht herrscht. Da die Oberflächenspannung zum Krümmungsmittelpunkt hin gerichtet ist, muß eigentlich ihre Komponente in senkrechter Richtung der Gravitationskraft gleichgesetzt werden. Sie beträgt

$$2\pi r \sigma \cos\vartheta. \tag{87}$$

ϑ ist der Winkel zwischen der Flüssigkeitsoberfläche und der Rohrwand. Da ϑ für sehr viele Flüssigkeiten nur sehr kleine Werte besitzt, kann man in erster Näherung $\cos\vartheta = 1$ setzen. Das Gewicht der Flüssigkeitssäule bis zur Höhe h beträgt:

$$dg\,\pi\,r^2\,h. \tag{88}$$

d ist die Dichte der Flüssigkeit und g die Erdbeschleunigung. Im Energieminimum bzw. Kräftegleichgewicht sind beide Kräfte gleich groß,

$$2\pi r \sigma = \pi r^2 h \, dg, \tag{89}$$

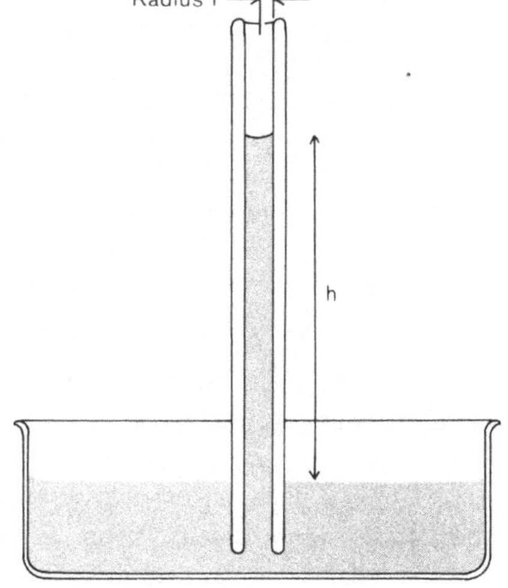

Bild 15.21 Skizze zur Ableitung des Kapillaranstieges

Tabelle 15.7: Oberflächenspannung σ einiger Flüssigkeiten bei
verschiedenen Temperaturen in Nm^{-1}

Flüssigkeit	20 °C	60 °C	100 °C
H_2O	0,07275	0,06618	0,05885
C_2H_5OH	0,0223	0,0223	0,0190
C_6H_6	0,0289	0,0237	
$(C_2H_5)_2O$	0,0170		0,0800
Hg	0,480 bei 0 °C		
Ag	0,800 bei 970 °C		
NaCl	0,094 bei 1080 °C		
AgCl	0,125 bei 452 °C		

so daß sich für die Oberflächenspannung der betreffenden Flüssigkeit

$$\sigma = \frac{r\,d\,g\,h}{2} \tag{90}$$

ergibt. Benetzt die Flüssigkeit Glas nicht, so tritt der gegenteilige Effekt ein, eine *Niveaudepression*. Bei nichtbenetzenden Flüssigkeiten ist die Anziehung zwischen den Molekülen in der Flüssigkeit größer als zwischen den Molekülen der Flüssigkeit und dem Glas, so daß das System eine möglichst geringe Glasberührung anstrebt. Die Flüssigkeit zieht sich noch weiter zusammen und senkt das Niveau in der Kapillare. Eine Depression zeigen Flüssigkeiten mit sehr großen Oberflächenspannungen, wie z. B. Quecksilber oder geschmolzene Metalle (Tabelle 15.7).

Die Oberflächenspannung nimmt zwar mit steigender Temperatur ab, doch ist die Abnahme nicht so stark wie bei der Viskosität. Um sie gesetzmäßig zu erfassen, wurden empirische Beziehungen aufgestellt. Eine solche von *McLeod* verknüpft z. B. die Oberflächenspannung mit der Dichte der Flüssigkeit (d_l) und der Dichte des Dampfes (d_g)

$$\sigma = c\,(d_l - d_g)^4. \tag{91}$$

Die Konstante c ist für Flüssigkeiten spezifisch. Die 4. Potenz der Dichte liefert hierin eine passende Annäherung an die wirkliche Temperaturabhängigkeit der Oberflächenspannung. Durch Multiplikation von Gl. (91) mit der Molmasse (M^4) gelangt man zur Definition einer ähnlichen Größe, dem *Parachor*,

$$M\,c^{\frac{1}{4}} = \frac{M\,\sigma^{\frac{1}{4}}}{(d_l - d_g)}, \tag{92}$$

der ein Maß für das Molekülvolumen darstellt. Er kann zwar mit der Molekülstruktur in Zusammenhang gebracht werden, spielt aber für Strukturbestimmungen heute keine Rolle mehr.

Obwohl nach diesen Ausführungen die Oberflächenmoleküle eine größere Energie und damit andere Eigenschaften als die Moleküle im Flüssigkeitsinneren besitzen, wirkt sich das normalerweise auf die Flüssigkeitseigenschaften nicht aus. Die Zahl der Oberflächenmoleküle, bezogen auf die Gesamtmolekülzahl, ist unter gewöhnlichen Umständen viel zu klein. Nur bei sehr fein verteilten Flüssigkeiten, also Tröpfchen, mit insgesamt großer Oberfläche ist dieses Verhältnis bemerkenswert. Es wirkt sich dann z. B. auf den Dampfdruck aus. Da die freie Enthalpie von „ebener" und „tröpfchenförmiger" Flüssigkeit verschieden ist, bedingt dies einen unterschiedlichen Dampfdruck. Wird mit p_0 der Dampfdruck der ebenen und mit p der Dampfdruck der tröpfchenförmigen Flüssigkeit bezeichnet, so beträgt der freie Enthalpieunterschied

$$\Delta G = \Delta n\, RT \ln \frac{p}{p_0}. \tag{93}$$

Für eine differentielle Änderung der freien Enthalpie beim Übergang von dn mol Substanz von der Flüssigkeit auf die Tröpfchen gilt daher:

$$dG = dn\, RT \ln \frac{p}{p_0}. \tag{94}$$

Jede Vergrößerung der Oberfläche eines kugelförmigen Tröpfchens ist andererseits mit dem Anbau einer Kugelschale vom Volumenelement $4\pi r^2\, dr$ verbunden. Sollen in dieser Kugelschale dn mol Substanz Platz finden, so wird dafür ein Volumen von $(M/d)\,dn$ benötigt. Durch das Hinzufügen von dn mol resultiert aber eine Vergrößerung des Radius um dr, die sich aus

$$\frac{M}{d}\, dn = 4\pi r^2\, dr \tag{95}$$

zu

$$dr = \frac{M}{4\pi r^2\, d}\, dn \tag{96}$$

ergibt. Bei einer Radiusvergrößerung um dr ändert sich aber auch die Oberfläche und damit die Oberflächenenergie, die

$$dG = \sigma 4\pi (r + dr)^2 - \sigma 4\pi r^2 \simeq 8\pi\sigma r\, dr \tag{97}$$

beträgt. Setzt man hierin den Ausdruck für dr ein, so folgt:

$$dG = 8\pi\sigma r\, \frac{M}{4\pi r^2\, d}\, dn = \frac{2\sigma M}{rd}\, dn. \tag{98}$$

Gleichsetzen von Gl. (94) und Gl. (98) liefert schließlich

$$dn\, RT \ln \frac{p}{p_0} = \frac{2\sigma M}{rd}\, dn \tag{99}$$

und

$$\ln \frac{p}{p_0} = \frac{2\sigma M}{rd\, RT}. \tag{100}$$

Diese Beziehung verknüpft den Dampfdruck von Flüssigkeitströpfchen mit ihrem Radius. In welchem Ausmaß der Dampfdruck vom Radius abhängt, zeigt Tabelle 15.8. Die Abhängigkeit des Dampfdruckes vom Radius bringt es mit sich, daß der Vorgang der Kondensation von Dampf beim Gleichgewichtsdruck speziell erklärt werden muß. Die Kondensation kann nämlich nicht mit der Ausbildung kleinster Tröpfchen beginnen; diese würden ja auf Grund ihres höheren Dampfdruckes sofort wieder verdampfen. Man muß sich des-

Tabelle 15.8: Der Dampfdruck von Wassertröpfchen mit verschiedenen Radien bei 25 °C (p_0 = 23,76 Torr)

r in cm	p/p_0
10^{-4}	1,001
10^{-5}	1,011
10^{-6}	1,111

halb vorstellen, daß die erste Kondensation immer an kleinen Staubkörnchen oder ähnlichen Stellen (*Keimen*) einsetzt, wo der größere Dampfdruck nicht zustande kommt. Sind überhaupt keine Keime vorhanden, kondensiert der Dampf nicht; er ist *übersättigt*. Ähnliche Überlegungen hat man auch bei der Umkehrung der Kondensation, der Verdampfung, anzustellen, die mit der Ausbildung kleinster Dampfblasen beginnen sollte.

Rechenbeispiele

1. Der Dampfdruck von Wasser bei 25 °C beträgt 23,76 Torr. Berechnen Sie mit Hilfe der Clausius-Clapeyronschen Gleichung die Verdampfungswärme und die Verdampfungsentropie.

2. n-Hexan siedet bei 69 °C. Setzen Sie voraus, daß die Troutonsche Regel gilt, und berechnen Sie den Dampfdruck bei 25 °C.

3. Wie verhält sich die Volumenarbeit bei der Verdampfung von Wasser zur gesamten Verdampfungswärme (100 °C und 1 atm)?

4. Folgende Dampfdruckdaten von Neon sind gegeben:

T (°C)	−228,7	−233,6	−240,2	−243,7	−245,7	−247,3	−248,5
p (Torr)	19800	10040	3170	1435	816	486	325

Bestimmen Sie die Verdampfungswärme und -entropie.

5. Wo liegt der Siedepunkt von Wasser bei 500 Torr?

6. Dipole aus je zwei Einheitsladungen im Abstand 1 und 5 Å sind parallel und antiparallel zueinander orientiert.
   a) Berechnen Sie ihre Energie, wenn Sie voneinander den Abstand 5 bzw. 10 Å haben.
   b) Berechnen Sie mit Hilfe der MB-Verteilung den Bruchteil der Dipole, der die höherenergetische Lage einnimt.
   c) Berechnen Sie die mittlere Energie von N_A Dipolen (1 bzw. 5 Å Ladungsabstand) bei 25 °C und einem mittleren Dipolabstand von 10 Å.

7. Glycerin besitzt bei − 20, 0, 20 und 30 °C die Viskosität 134, 121, 1,49 und 0,63 Nsm^{-2}. Wie groß ist die Schwellenenergie, die bei laminarer Strömung überwunden werden muß?

8. Wasser fließt mit einer Geschwindigkeit von 100 l min^{-1} durch ein Rohr mit dem Durchmesser 1 cm. Ist die Strömung laminar oder turbulent?

9. Die Viskosität von Chlorbenzol beträgt bei 20 °C 0,8 · 10^{-3} Nsm^{-2}, der Siedepunkt liegt bei 1 atm bei 132 °C. Wie groß ist die Viskosität bei 100 °C?

10. Ein Nebeltröpfchen besitzt eine Masse von 10^{-12} g. Wie groß ist sein Dampfdruck im Vergleich zu Wasser bei 20 °C?

11. Flüssiges Äthanol besitzt bei 20 °C einen thermischen Ausdehnungskoeffizienten von 1,12 · 10^{-3} K^{-1}, eine Kompressibilität von 1,1 · 10^{-9} m^{2}N^{-1} und eine Dichte von 0,789 gml^{-1}. Wie groß ist die Molwärmedifferenz $C_p - C_V$?

12. Die Lennard-Jonesenergieparameter von N_2 betragen D = 1,28 · 10^{-21} J und r_0 = 3,69 Å. Zeichnen Sie die Lennard-Jonesenergie V (r) und die Paarverteilung g (r) = exp (− V/kT).

13. Der Siedepunkt von Benzol liegt bei 1 atm bei 80,1 °C und Benzol genügt der Troutonschen Regel. Ermitteln Sie den Benzoldampfdruck bei 25 °C.

14. Der Dampfdruck von CCl_4 besitzt folgende Temperaturabhängigkeit:

$T\,(°C)$	0	10	20	30	40	50	60	70	80	90	100
$p\,(Torr)$	33	56	91	143	216	317	451	622	843	1122	1463

Wo liegt der Siedepunkt bei 1 atm und wie groß ist die Verdampfungswärme?

15. Bei welcher Temperatur siedet Wasser, wenn der Luftdruck 0,66 atm beträgt?

16. Die Clausius-Clapeyronsche Gleichung wurde in Abschnitt 15.4 unter der Voraussetzung abgeleitet, daß die Verdampfungswärme temperaturunabhängig ist. Berechnen Sie die Temperaturabhängigkeit des Wasserdampfdruckes unter Berücksichtigung der spezifischen Wärmen.

Kapitel 16
Systeme aus mehreren chemischen Komponenten und Phasen

In den bisherigen Kapiteln wurde der strukturelle Aufbau von reinen Gasen, Flüssigkeiten und Festkörpern sowie ihre statistische bzw. thermodynamische Behandlung nahegebracht. Letztere gipfelt in der Aussage, daß sich der energetische Zustand eines reinen chemischen Stoffes im thermischen Gleichgewicht mit seiner Umgebung nur durch seine freie Energie bzw. Enthalpie charakterisieren läßt. Im allgemeinen besteht jedoch ein System nicht nur aus einer einzigen chemischen Komponente in einer einzigen Phase, sondern aus mehreren Komponenten in verschiedenen Phasen. Man denke z. B. an eine Flüssigkeit oder an eine Lösung, über der sich immer Dampf ausbildet. Zu den bisher benötigten Zustandsvariablen Druck und Temperatur muß notgedrungen die Zusammensetzung einer Phase als weitere Variable hinzukommen. Bestehen Phasen aus mehreren chemischen Komponenten, so spricht man von Mischphasen. Ihre thermodynamische Beschreibung mit der Zusammensetzung als neuer Variabler führt zum Begriff chemisches Potential μ. Dies gilt im besonderen für die Behandlung nichtidealer Mischungen und Lösungen, bei denen die freie Systementhalpie G eine Funktion der chemischen Potentiale aller Komponenten ist.

Mit Hilfe des chemischen Potentials läßt sich auch die Existenz mehrerer Phasen in einem System begründen: Mehrere Phasen im thermischen Gleichgewicht (Phasengleichgewicht) existieren dann, wenn die Potentiale der Komponenten in allen Phasen gleich groß sind. An Hand dieser Bedingung gelangt man zu einer quantitativen, thermodynamischen Formulierung von Phasenumwandlungen bzw. von Zustandsdiagrammen. Wie wir bereits aus Kapitel 12 wissen, werden die verschiedenen Phasen eines Systems am übersichtlichsten in Form von zwei- und dreidimensionalen Darstellungen der Zustandsgleichungen wiedergegeben; diese werden als Zustandsdiagramme bezeichnet. Da man die Zustandsgleichungen meist nicht explizit kennt, ist man auf die reine Wiedergabe von Zustandsdaten in Form solcher Diagramme angewiesen. Wir werden in diesem Kapitel die wichtigsten Typen ein-, zwei- und dreikomponentiger Systeme besprechen und soweit es in diesem Rahmen möglich ist, eine molekulare Interpretation geben. Sie wird die Grundlage zur Erklärung von Ordnungs-Unordnungserscheinungen in festen Mischphasen (Legierungen) bilden.

16.1 Phasen, Komponenten und Freiheiten

Drei Begriffe eines zusammengesetzten Systems: Phase, Komponente und Freiheit sind für eine thermodynamische Behandlung neu zu definieren. Zwischen ihnen gibt es eine Beziehung, die gewöhnlich als Phasenregel bezeichnet wird, und die ein wertvolles Kriterium bei der Diskussion von Zustandsdiagrammen verkörpert. Ihre Herleitung ist das Ziel dieses Abschnittes.

Eine *Phase* ist der Teil eines Systems, der bis in molekulare Bereiche homogen aufgebaut ist. Dazu einige erläuternde Beispiele: Eis in Form eines großen Blockes stellt eine einzige Phase dar (einheitliche Kristallstruktur). Auch homogene Mischungen zweier verschiedener chemischer Stoffe bilden eine einzige Phase, eine sogenannte *Mischphase*, selbst wenn diese keine einheitliche Zusammensetzung besitzt. Das Kriterium für eine Phase oder Mischphase ist ihr mikroskopisch einheitliches Aussehen, gleichgültig, ob sie nur aus einem oder aus mehreren chemischen Stoffen zusammengesetzt ist. In jedem System kann es immer nur eine einzige gasförmige Phase geben, da Gase bis in molekulare Bereiche vollkommen mischbar sind. Unter den Flüssigkeiten gibt es mischbare und unmischbare. Unmischbare Flüssigkeiten trennen sich in zwei reine Phasen, die miteinander im thermischen Gleichgewicht stehen. Bei Festkörpern ist die Kristallstruktur das Kriterium, ob sie aus einer oder mehreren Phasen bestehen. Jede feste Substanz mit einer einzigen Kristallstruktur, Mischkristalle eingeschlossen, stellt eine einzige Phase dar.

Der chemische Aufbau eines Systems wird durch den Begriff *Komponente* beschrieben. Jede chemische Verbindung in einem System ist ursächlich eine Komponente, doch wird ihre Zahl definitionsgemäß eingeschränkt: Die Zahl der Komponenten eines Systems ist die kleinste Zahl von unabhängigen Verbindungen, die zur Beschreibung der Zusammensetzung aller Phasen gebraucht werden. Eine wäßrige Zuckerlösung besteht aus zwei Komponenten in einer Mischphase, aus Zucker und Wasser. Kühlt man sie tief genug ab, so beginnt Zucker auszukristallisieren und es entsteht eine reine feste Zuckerphase und eine Zuckerlösung mit einem niedrigerem Zuckergehalt. Das System besteht dann aus zwei Phasen, aber nach wie vor aus zwei Komponenten.

Wenn unter den verschiedenen chemischen Stoffen chemische Gleichgewichte (Kapitel 20) vorliegen, muß die Abzählung der Komponenten mit Vorsicht vorgenommen werden. Essigsäure dissoziiert beispielsweise in Wasser in Acetat- und H^+-Ionen, die mehr oder weniger hydratisiert sind und für sich eine neue Molekülart darstellen:

$$HAc \rightleftharpoons H^+ + Ac^-$$
$$H^+ + H_2O \rightleftharpoons H_3O^+.$$

Man könnte daher vermuten, daß die Komponentenzahl nicht 2 (Essigsäure + Wasser), sondern 3 oder noch größer ist. Da aber die Konzentrationen der verschiedenen hydratisierten Ionen über die Gleichgewichtskonstanten miteinander verknüpft sind, erscheinen sie nicht unabhängig und die Komponentenzahl bleibt 2. Ähnliches gilt für Salzlösungen, aber auch für Gleichgewichte zwischen zwei Phasen; das Auflösen von Salz oder eine Phasenumwandlung hat keine Erhöhung der Komponentenzahl zur Folge. Ein weiteres signifikantes Beispiel: In Gegenwart eines geeigneten Katalysators stellt sich zwischen H_2O, H_2 und O_2 das Gleichgewicht

$$2\,H_2O \rightleftharpoons 2\,H_2 + O_2$$

sehr schnell ein. In diesem besitzt das System 2 Komponenten, da die dritte über die Gleichgewichtskonstante festgelegt ist. Ohne Katalysator stellt sich jedoch das Gleichgewicht so langsam ein, daß man praktisch 3 unabhängige Komponenten hat. Die Drücke bzw. Konzentrationen aller 3 Komponenten lassen sich unabhängig voneinander variieren. Im Gegensatz zu thermodynamisch stabilen, im Gleichgewicht befindlichen Systemen, werden solche Systeme *metastabil* genannt. Es hängt also auch von den äußeren Umständen ab, wieviele Komponenten man einem System zuzuordnen hat.

Um die *Freiheiten* eines Systems zu definieren, benötigt man den Begriff *intensive Eigenschaft*. Das sind solche Systemeigenschaften wie Druck, Temperatur, Konzentration, Brechungsindex, usw., die von der Menge unabhängig sind. Eigenschaften wie Masse, Volumen, usw. hängen dagegen von der Menge ab und werden *extensive Eigenschaften* genannt. Zur Beschreibung eines Systems müssen aber nicht all seine intensiven Eigenschaften aufgezählt werden. Erfahrungsgemäß reichen dazu bei einem reinen Gas oder einer reinen Flüssigkeit (je eine Komponente) zwei davon aus, z. B. der Druck und die Temperatur. Alle übrigen intensiven Eigenschaften sind Funktionen des Druckes und der Temperatur. Umgekehrt können statt Druck und Temperatur natürlich auch zwei andere Eigenschaften herangezogen werden.

Während man zur Charakterisierung eines einkomponentigen Systems zwei unabhängige intensive Eigenschaften oder Variablen benötigt, braucht man zur Beschreibung mehrkomponentiger Systeme mehr als zwei intensive Variablen. Die Variablen, die man insgesamt benötigt, werden Freiheiten genannt. Ihre Zahl ist die Zahl der Variablen, die unabhängig voneinander variiert werden können, ohne daß sich dabei die Zahl der Phasen ändert.

Gesucht wird nun der Zusammenhang zwischen der Zahl der Komponenten und der Freiheiten eines einphasigen Systems. Wie früher empirisch festgestellt wurde, beträgt die Zahl der Freiheiten 2, so daß man die Verknüpfung

$$F = K + 1 \tag{1}$$

herstellen kann. F ist die Zahl der Freiheiten und K die Zahl der Komponenten. Haben wir dagegen ein zweikomponentiges System (z. B. Alkohol/Wassergemisch), so lehrt die Erfahrung, daß 3 intensive Variable (z. B. Druck p, Temperatur T und Zusammensetzung n) erforderlich sind, um alle anderen festzulegen. Jede weitere läßt sich wiederum als Funktion dieser drei ausdrücken:

$$X = f(p, T, n) \tag{2}$$

Im Moment interessieren uns aber nicht die Funktionen $f(p, T, n)$, sondern bloß die Zahl der Freiheiten. Wie leicht zu überprüfen ist, gilt die vorhin aufgestellte Regel (1) auch für zweikomponentige Systeme mit einer Phase. Wären für die Systemeigenschaften außerdem äußere elektrische oder magnetische Felder oder auch Strahlungsfelder maßgebend, müßte die Phasenregel (1) auf $F = K + 2$, $F = K + 3$, usw. erweitert werden.

Die Zahl der Freiheiten (F) eines K-komponentigen, P-phasigen Systems soll gefunden werden. Wir nehmen an, daß die K Komponenten mit den Konzentrationen $c_1 \dots c_K$ auf die Phasen 1 bis P verteilt sind. Zur Herleitung der *Phasenregel* für dieses System gehen wir so vor: Zunächst zählen wir ab, wieviele intensive Variable zur Beschreibung jeder einzelnen, getrennten Phase notwendig sind und subtrahieren die Zahl derjenigen Variablen, die durch *Gleichgewichtsbeziehungen* zwischen den Phasen festgelegt sind. Für eine jede Phase sind $K - 1$ Angaben der Zusammensetzung (Konzentrationsangaben) erforderlich, sofern man diese in Mol- oder Gew.% ausdrückt. Da P Phasen zu beschreiben sind, braucht man insgesamt $P(K - 1)$ Angaben. Dazu kommen noch der Druck und die Temperatur, so daß sich $P(K - 1) + 2$ Variable ergeben. Da es aber für eine Komponente i, die auf P Phasen verteilt ist, $P - 1$ Gleichgewichtsbeziehungen der Art

$$\text{Gleichgewichtskonstante} = \frac{c_i \, (\text{in Phase 1})}{c_i \, (\text{in Phase 2})}, \text{ usw.} \tag{3}$$

gibt, sind es für K Komponenten insgesamt $K(P-1)$. Diese Variablenzahl wird von $P(K-1)+2$ abgezogen, so daß

$$F = P(K-1)+2-K(P-1)$$
$$= K-P+2. \tag{4}$$

Ist eine Komponente gar nicht, d. h. nur in vernachlässigbar kleiner Konzentration in irgendeiner Phase vorhanden, dann fällt eine Gleichgewichtsbeziehung und eine Freiheit aus. Daraus folgt unmittelbar, daß die Phasenregel (4) auf beliebige Systeme anwendbar ist, gleichgültig, ob in allen Phasen dieselben Komponenten vorhanden sind oder nicht: Die Phasenregel ist diesbezüglich invariant. Wie sich in den folgenden Abschnitten herausstellen wird, stellt sie ein wertvolles Kriterium bei der qualitativen Diskussion der Zustandsdiagramme dar.

Bei der Aufstellung von Zustandsdiagrammen sollten die Konzentrationsmaße zur Angabe der Zusammensetzung (n) zweckmäßig gewählt werden. Von den im Tabellenanhang zusammengestellten Einheiten sind die *Molarität* und die *Molalität* immer dann sinnvoll, wenn eine Komponente in großem Überschuß vorhanden ist, also als *Lösungsmittel* fungiert. Die darin befindlichen anderen Komponenten werden als *gelöste Stoffe* bezeichnet. Die Molalität ist an sich ein besseres Maß als die Molarität, weil diese über das Lösungsvolumen von der Dichte und damit von der Temperatur abhängt.

Sind die Komponenten hingegen in vergleichbaren Konzentrationen vorhanden, so wird die Zusammensetzung zweckmäßig in *Molenbrüchen* oder mit 100 multipliziert in *Mol %* angegeben. Die Molenbrüche der Komponenten A und B eines zweikomponentigen Systems sind wie bekannt durch

$$x_A = \frac{n_A}{n_A + n_B}, \quad x_B = \frac{n_B}{n_A + n_B} \tag{5}$$

definiert. Ihre Summe ist immer 1. n_A und n_B sind die *Molzahlen* der Komponenten:

$$n_A = \frac{M_A}{\mathcal{M}_A}, \quad n_B = \frac{M_B}{\mathcal{M}_B}. \tag{6}$$

M_A, M_B sind die Massen und $\mathcal{M}_A$, $\mathcal{M}_B$ sind die Molmassen der Komponenten. Unter Umständen geeignete Konzentrationseinheiten sind *Volumen-* und *Gewichts %*. Gew. % finden besonders bei Schmelzdiagrammen Verwendung. Umrechnungsfaktoren der verschiedenen Einheiten sind ebenfalls im Tabellenanhang zu finden.

16.2 Das chemische Potential von Komponenten in Mischphasen

Bestehen Phasen aus mehreren Komponenten, so spricht man von Mischphasen. Ihre thermodynamische Beschreibung unterscheidet sich von der reiner einkomponentiger Phasen, die nach dem bisher mitgeteilten Konzept erfolgen kann (vgl. Abschnitt 11.1). Für Mischphasen muß dieses erweitert werden, und zwar im besonderen für nichtideale Mischungen und Lösungen. Die Erweiterung besteht in der Hinzunahme der Zustandsvariablen *Zusammensetzung* zu Druck und Temperatur und führt zu einem neuen partiellen Differential der freien Enthalpie, dem sogenannten *chemischen Potential*.

Das totale Differential der freien Enthalpie eines einkomponentigen Systems lautet:

$$dG = \left(\frac{\partial G}{\partial p}\right)_T dp + \left(\frac{\partial G}{\partial T}\right)_p dT. \tag{7}$$

Es reicht zur Beschreibung von Druck- und Temperaturänderungen aus. Ändert sich aber auch die Menge der chemischen Komponente, so ändert sich zusätzlich der Wert von G. Besteht das System aus n mol Substanz und ändert sich die Molzahl differentiell, so muß Gl. (7) um diese Änderung ergänzt werden:

$$dG = \left(\frac{\partial G}{\partial p}\right)_{T,n} dp + \left(\frac{\partial G}{\partial T}\right)_{p,n} dT + \left(\frac{\partial G}{\partial n}\right)_{T,p} dn. \tag{8}$$

Das Symbol n bekommt so den Charakter einer neuen Zustandsvariablen. Geht man weiter zu einem mehrkomponentigen System, muß Gl. (8) abermals erweitert werden, denn G hängt jetzt von den Molzahlen *aller* Komponenten ab:

$$dG = \left(\frac{\partial G}{\partial p}\right)_{T,n_1,n_2,n_3,\dots} dp + \left(\frac{\partial G}{\partial T}\right)_{p,n_1,n_2,n_3,\dots} dT + \left(\frac{\partial G}{\partial n_1}\right)_{T,p,n_2,n_3,\dots} dn_1$$
$$+ \left(\frac{\partial G}{\partial n_2}\right)_{T,p,n_1,n_3,\dots} dn_2 + \dots . \tag{9}$$

Alle Terme mit dn_1, dn_2, ... usw. fallen in diesem Ausdruck weg, wenn die Molzahlen bei einer Zustandsänderung gleich bleiben. Etwa dann, wenn nur der Druck oder nur die Temperatur verändert werden. In der Thermodynamik von Mischphasen interessieren nun weniger Druck- und Temperaturänderungen als Molzahländerungen bei konstanter Temperatur und konstantem Druck. Das totale Differential lautet dann:

$$dG = \sum_i^m \left(\frac{\partial G}{\partial n_i}\right)_{T,p,\text{alle n bis auf } n_i \text{ konstant}} dn_i. \tag{10}$$

Die partiellen Differentiale $(\partial G/\partial n_i)$ usw. haben eine ganz spezielle Bedeutung: Sie charakterisieren die Abhängigkeit von G mit der Zusammensetzung der Mischphase und werden *chemische Potentiale* genannt (vgl. Abschnitt 10.9). Sie werden generell mit dem Symbol μ bezeichnet:

$$dG = \sum_i^m \mu_i dn_i. \tag{11}$$

Wenn die Zusammensetzung der Mischphase, die aus n_1 bis n_m mol einzelnen Komponenten 1 bis m besteht, konstant bleibt und nur die Gesamtmenge variiert wird, läßt sich Gl. (11) integrieren und liefert:

$$G = \sum_{i=1}^m \mu_i n_i. \tag{12}$$

Handelt es sich bei der Mischphase um eine ideale Mischung (kein Auftreten von Mischungswärme, Abschnitt 16.5), so können wir statt μ auch die molaren freien Enthalpien G_i der einzelnen Komponenten nehmen:

$$G = \sum_{i=1}^m n_i G_i. \tag{13}$$

Die freie Enthalpie einer idealen Mischphase setzt sich additiv aus der Summe der freien Enthalpien der Einzelbestandteile zusammen.

Besteht das System zusätzlich aus mehreren Phasen (I, II, III, ..., usw.), so beträgt seine freie Enthalpie bei konstanter Temperatur und konstantem Druck:

$$G = \sum_i {}^I\mu_i \, {}^I n_i + \sum_i {}^{II}\mu_i \, {}^{II} n_i + \dots . \tag{14}$$

Die Änderung von G bei einer *Phasenumwandlung* ergibt sich daher zu

$$dG = \sum_i {}^I\mu_i \, {}^I dn_i + \sum_i {}^{II}\mu_i \, {}^{II} dn_i + \dots . \tag{15}$$

Gehen dabei dn_1 mol der Komponente 1 aus der Phase I in die Phase II über, so muß ${}^I dn_1 = - {}^{II} dn_1$ sein. Denn was aus der einen Phase verschwindet, muß in der anderen auftauchen. Außerdem muß $dG = 0$ sein, wenn die beiden Phasen I und II nebeneinander im thermischen Gleichgewicht vorliegen. Bleiben dabei die anderen Molzahlen konstant, so wird aus Gl. (15) für einen solchen Phasenübergang

$$dG = {}^I\mu_i \, {}^I dn_i - {}^{II}\mu_i \, {}^{II} dn_i = 0 \tag{16}$$

oder

$${}^I\mu_i = {}^{II}\mu_i . \tag{17}$$

Das Ergebnis dieser Überlegung in Worten: Bei Gleichgewichten mit Mischphasen muß das chemische Potential einer jeden Komponente in jeder Phase denselben Wert aufweisen. Von dieser Gleichgewichtsbedingung werden wir bei der Behandlung realer Systeme Gebrauch machen. In idealen Systemen (z. B. ideale Gasgemische oder flüssige Mischungen) sind die chemischen Potentiale gleich den molaren freien Enthalpien der reinen Komponenten, so daß dann für das Phasengleichgewicht geschrieben werden kann:

$${}^I G_i = {}^{II} G_i . \tag{18}$$

Von einem Grenzfall des Mischphasengleichgewichts (eine einzige Komponente) war bereits in Abschnitt 15.4 die Rede.

16.3 Zustandsdiagramme einkomponentiger Systeme

Die Phasen eines einkomponentigen Systems werden am übersichtlichsten in einem p, T-Diagramm dargestellt. Zum Beispiel ist in Bild 16.1a das p, T-Diagramm von H_2O bei niederen Drücken zu sehen. Welche Bedeutung den einzelnen durch die p (T)-Kurven abgegrenzten Flächen, diesen Kurven selbst und einzelnen Punkten dabei zukommt, wird im folgenden untersucht.

Die Kurve $\overline{TC}$ ist nichts anderes als die Dampfdruckkurve p (T) von Wasser. Entlang dieser Kurve befinden sich Wasser und Wasserdampf miteinander im thermischen Gleichgewicht. Zu ihrer linken Seite liegt ausschließlich Wasser, zu ihrer rechten Wasserdampf vor. Der Phasenübergang beim Überschreiten der Kurve von links nach rechts entspricht einer Verdampfung und der Phasenübergang von rechts nach links einer Kondensation. Eine Verdampfung kann sowohl durch eine Temperaturerhöhung bei konstantem Druck

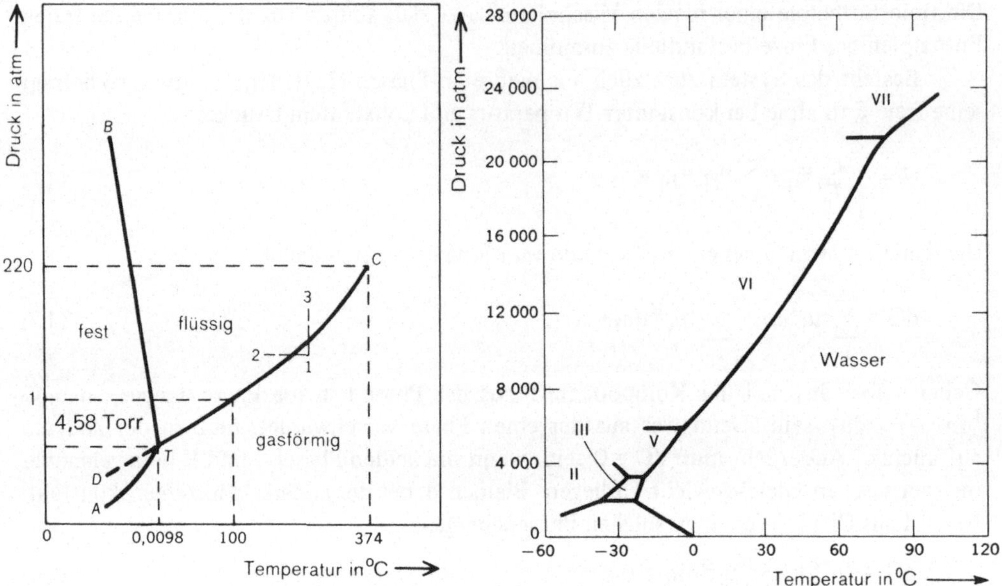

Bild 16.1 Zustandsdiagramm von H_2O bei niederen (a) und hohen Drücken (b)

$(2 \to 1)$, als auch durch eine Druckerniedrigung bei konstanter Temperatur $(3 \to 1)$ und Kondensation durch Umkehrung dieser Prozesse durchgeführt werden. Druck und Temperatur können dabei aber auch gleichzeitig geändert werden. Die Kurve $\overline{TA}$ repräsentiert die Dampfdruckkurve von Eis; dabei sind Eis und Wasserdampf im thermischen Gleichgewicht. Links von ihr liegt Eis und rechts von ihr Wasserdampf vor. Die Kurve $\overline{TB}$ schließlich gibt den Schmelzpunkt in Abhängigkeit vom Druck wieder; hierbei sind Eis und Wasser im Gleichgewicht.

Bild 16.1a zeigt aber nur einen Teil des Zustandsdiagrammes von Wasser. Bei höheren Drücken (Bild 16.1b) gibt es eine Reihe von weiteren festen Phasen, jede gekennzeichnet durch eine eigene Kristallstruktur. Die Existenz von mehreren festen Phasen bezeichnet man allgemein als *Polymorphie*. Beim Betrachten des Bildes 16.1b fällt auf, daß die Phase IV fehlt. Dies kommt bloß daher, weil man ursprünglich glaubte, eine neue Phase entdeckt zu haben; sie stellte sich aber als nicht existent heraus und die Bezeichnung der anderen Phasen wurde in der Folge nicht mehr geändert.

An Hand der Phasenregel soll nun das Zustandsdiagramm von Wasser diskutiert werden. Wie bei allen Zustandsdiagrammen einkomponentiger Systeme ist auch hier der Existenzbereich einzelner Phasen durch abgegrenzte Flächen gekennzeichnet. Innerhalb dieser Flächen können sowohl der Druck als auch die Temperatur beliebig variiert werden, ohne daß dadurch (Phasenumwandlung) eine neue Phase auftritt. Dies bedeutet zwei Freiheiten, was die Phasenregel bestätigt: $F = K - P + 2 = 1 - 1 + 2 = 2$. Zweiphasengebiete in Diagrammen einkomponentiger Systeme werden durch die Phasengrenzkurven beschrieben. Ist der Druck vorgegeben, gibt es nur eine ganz bestimmte Temperatur, bei der zwei Phasen nebeneinander im Gleichgewicht vorliegen können. Dies entspricht einer Freiheit: $F = K - P + 2 = 1 - 2 + 2 = 1$.

Sind schließlich drei Phasen in einem einkomponentigen System gleichzeitig vorhanden, so gibt es keine Freiheit mehr. Das heißt, alle drei Phasen können miteinander nur bei einer ganz bestimmten Temperatur und bei einem ganz bestimmten Druck existieren. Dieser Zustand des Systems entspricht im Diagramm einem Punkt, *Tripelpunkt* genannt. Er ist für das betreffende chemische System *spezifisch*. Wie man den Bildern 16.1a und 16.1b entnimmt, kann es mehrere Tripelpunkte geben. Der wichtigste Tripelpunkt von H_2O ist aber der, bei dem Eis, Wasser und Wasserdampf im Gleichgewicht sind (Punkt T). Da Tripelpunkte eindeutig definiert sind, und der von Wasser außerdem einfach realisierbar ist, wird dieser auch als Bezugspunkt für die Temperaturskala verwendet (Kapitel 1).

In Bild 16.1a ist eine weitere Zweiphasenkurve ($\overline{TD}$) gestrichelt gezeichnet; sie beschreibt den Dampfdruck von *unterkühltem* Wasser (*metastabiler* Zustand). Unterkühlungen treten dann auf, wenn die Kristallisation von Wasser trotz Temperaturerniedrigung verhindert wird, weil z.B. in reinstem Wasser keine Kristallisationskeime vorkommen.

Wie das Entstehen der Zustandsdiagramme einkomponentiger Systeme thermodynamisch erklärt werden kann, veranschaulichen die Bilder 16.2a und 16.2b. Im ersten Bild wurde die freie Enthalpie eines Systems als Funktion von Druck und Temperatur für den festen, flüssigen und dampfförmigen Zustand schematisch gezeichnet. Sie wird jeweils durch eine Energiefläche dargestellt, denn für eine jede Phase gilt je mol Substanz

$$dG = \left(\frac{\partial G}{\partial p}\right)_T dp + \left(\frac{\partial G}{\partial T}\right)_p dT \qquad (19)$$

bzw.

$$G = \int\limits_{p=0}^{p} V dp - \int\limits_{T=0}^{T} S dT + G_0^0 \cdot \qquad (20)$$

Da normalerweise die Bedingungen

$$V(\text{Dampf}) \gg V(\text{Flüssigkeit}) > V(\text{Festkörper}) \qquad (21)$$

und

$$S(\text{Dampf}) > S(\text{Flüssigkeit}) > S(\text{Festkörper}) \qquad (22)$$

gelten, sind die einzelnen Energieflächen zueinander immer in der gleichen Weise geneigt. (Eine Ausnahme davon bildet z.B. H_2O.) Bringt man nun jeweils zwei Flächen miteinander zum Schnitt (Gleichgewichtsbedingung (18)) und projeziert man die Schnitte auf die p,T-Ebene, so entstehen die Phasengrenzkurven. Sie repräsentieren im Fall Flüssigkeit/Dampf die bereits in Abschnitt 15.4 abgeleitete Dampfdruckkurve einer Flüssigkeit:

$$\ln p = -\frac{\Delta H_{Verd}}{RT} + \text{const.} \qquad (23)$$

Analoge Beziehungen gelten auch für die Grenzkurven zwischen den anderen Phasen.

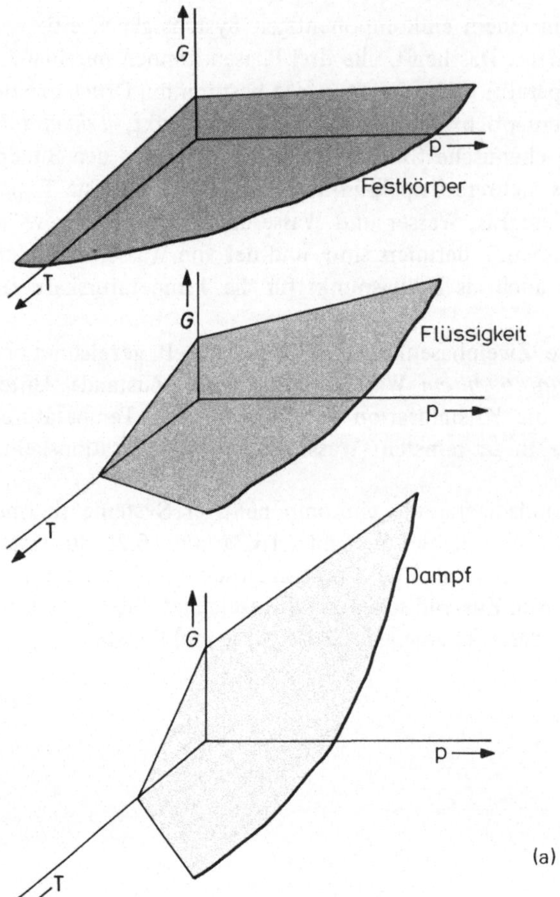

(a)

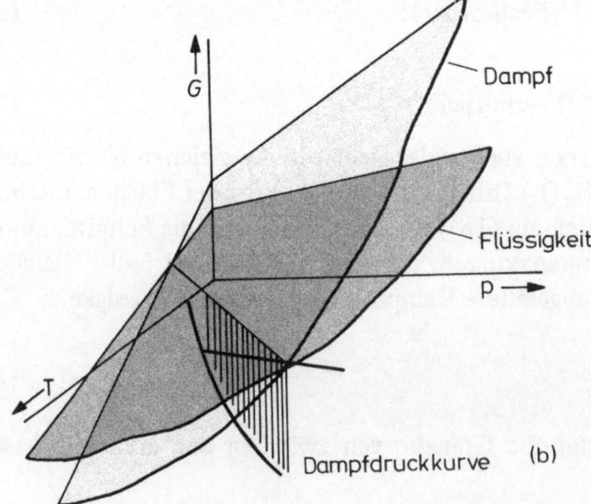

(b)

Bild 16.2
Schematische Darstellung der freien
Enthalpie $G = G$ (p, T) für den festen,
flüssigen und dampfförmigen Zustand
eines einkomponentigen Systems (a)
und Projektion des Schnittes zweier
freier Enthalpieflächen auf die p, T-
Ebene (b)

16.4 Zustandsdiagramme zweikomponentiger flüssiger Systeme

Zur eindeutigen Beschreibung zweikomponentiger Systeme braucht man drei Zustandsvariable, den Druck, die Temperatur und die Zusammensetzung. Eine vollständige graphische Darstellung der Zustandsgebiete wie in Abschnitt 16.3 gelingt deshalb nur in einem dreidimensionalen Bild. Gewöhnlich verzichtet man aber auf eine Variable und hält entweder den Druck oder die Temperatur konstant. Das ist gleichbedeutend mit einem Schnitt durch das dreidimensionale Zustandsdiagramm mit den Achsen p, T und n bzw. x. Wesentlichster „chemischer" Unterschied gegenüber den einkomponentigen Diagrammen ist hier das Auftreten von *Mischphasen* im festen und flüssigen Zustand. Die Beschreibung fester Phasen durch sogenannte Schmelzdiagramme werden wir etwas zurückstellen und uns hier nur mit den flüssigen Phasen und der Dampfphase beschäftigen.

Wie bei den einkomponentigen Flüssigkeiten stellt sich auch über flüssigen Mischphasen ein ganz bestimmter *Gleichgewichtsdampfdruck* ein. Er hängt von der Zusammensetzung der Mischphase ab und wird durch das *Raoultsche Gesetz* beschrieben. Zu seiner Ableitung gehen wir vom Daltonschen Gesetz für Mischungen idealer Gase aus (Kapitel 1). Danach setzt sich der Gesamtdruck additiv aus den Partialdrücken zusammen, was auf das Fehlen jeglicher van der Waalsscher Molekülanziehung zurückführbar ist (weder zwischen eigenen noch zwischen fremden Molekülen). Da Flüssigkeiten aber überhaupt nur wegen solcher Wechselwirkungen existieren, kann der ideale flüssige Zustand nicht analog durch das Fehlen aller Wechselwirkungen definiert werden! Wir betrachten deshalb eine flüssige Mischung dann als ideal, wenn die Wechselwirkungen zwischen den fremden Molekülen ebenso stark wie zwischen den gleichartigen sind, also ihre *Mischungswärme Null* ist (vgl. Abschnitt 16.5 und 16.9).

Messen wir den Gesamtdruck über flüssigen Mischungen, so machen wir folgende Erfahrung: Die Partialdrücke der einzelnen Komponenten ändern sich linear mit der Zusammensetzung, und der Gesamtdruck setzt sich aus ihnen additiv zusammen:

$$p_A = x_A \, p_A^o \, , \tag{24}$$

$$p_B = x_B \, p_B^o \, , \tag{25}$$

$$p \ \ = p_A + p_B \, . \tag{26}$$

p_A und p_B sind die Partialdrücke der Komponenten A und B über der Mischung, p ist der Gesamtdruck; p_A^o und p_B^o sind die Dampfdrücke der reinen Komponenten und x_A und x_B sind die Molenbrüche der in der Mischung vorkommenden Komponenten. Obige Beziehungen bezeichnet man allgemein als Raoultsches Gesetz. Es stellt ein weiteres Kriterium für eine ideale Mischung dar, z. B. Benzol/Toluolgemische (Bild 16.3). Nichtideale Mischungen weichen von diesem Gesetz ab und ihre Gesamtdruckkurven besitzen entweder ein Minimum oder ein Maximum (Bild 16.4).

Für ideale Mischungen kann die Zusammensetzung des Dampfes sehr einfach mit Hilfe des Raoultschen Gesetzes ermittelt werden. Da nämlich die Partialdrücke den Molenbrüchen in der Dampfphase direkt proportional sind,

$$^g x_A = \frac{p_A}{p_A + p_B} \, , \tag{27}$$

$$^g x_B = \frac{p_B}{p_A + p_B} \, , \tag{28}$$

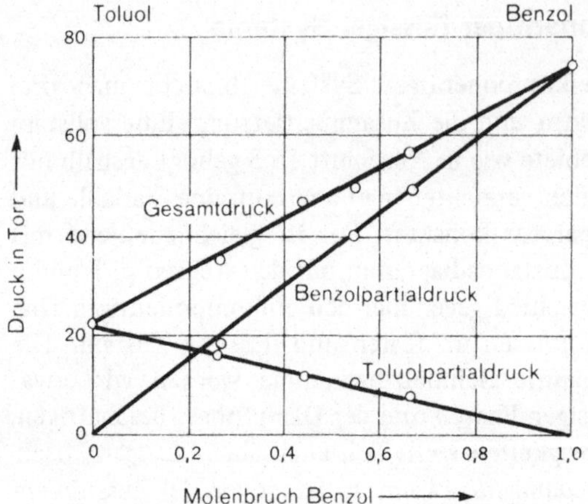

Bild 16.3

Gesamtdruck und Partialdrücke des ideal mischbaren Systems Toluol/Benzol bei 20 °C (*R. Bell, T. Wright*: J. Phys. Chem. 31 (1927) 1884)

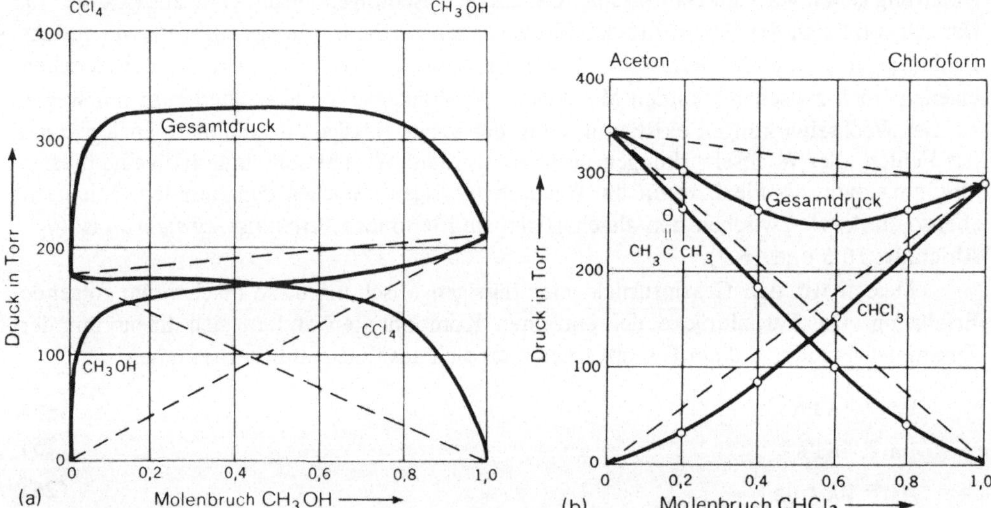

Bild 16.4 Gesamtdruck und Partialdrücke zweier nicht ideal mischbarer Systeme: CCl₄/CH₃OH bei 35 °C (a) und Aceton/Chloroform bei 35 °C (b) (*R. Timmermans:* Physicochemical Constants of Binary Systems, 2, Interscience Publ., Inc., New York, 1959 und *J. van Zawidzki:* Z. Physik. Chem. 35 (1900) 129)

erhält man mit den Gln. (24) bis (26)

$$g_{x_A} = \frac{x_A p_A^o}{p}, \tag{29}$$

$$g_{x_B} = \frac{x_B p_B^o}{p}, \tag{30}$$

und somit für das Verhältnis der Molenbrüche:

$$\frac{g_{x_A}}{g_{x_B}} = \frac{x_A}{x_B} \frac{p_A^o}{p_B^o}. \tag{31}$$

Suchen wir uns die Dampfdrücke p_A^o und p_B^o der reinen Komponenten bei den betreffenden Temperaturen aus Tabellenwerken heraus, können wir aus den Gln. (29) und (30) die Dampfzusammensetzung für beliebige Mischungen berechnen. Aus Gl. (31) folgt außerdem, daß der Dampf immer reicher an der flüchtigeren Komponente ist (die flüchtigere Komponente hat bei derselben Temperatur den höheren Dampfdruck). Diese Erkenntnis hat eine grundlegende Bedeutung für die Trennung von Gemischen durch Destillation.

Zeichnet man die so ermittelte Dampfzusammensetzung und die Zusammensetzung der Mischung bei dem zugehörigen Dampfdruck in ein Diagramm ein (= *Dampfdruckdiagramm*), so grenzen die Flüssigkeits- und Dampfzusammensetzungskurven ein Zweiphasengebiet ab. In diesem existieren Dampf und flüssige Mischung nebeneinander im Gleichgewicht (= flüssig-gasförmige Mischphase) (Bild 16.5a).

Geben wir z. B. von dem in Bild 16.5a gezeichneten System die Zusammensetzung x_0 vor, so besteht es bei 40 Torr aus Dampf der Zusammensetzung x_2 und aus einer flüssigen Mischung mit der Zusammensetzung x_1. Erniedrigen wir den Druck, beginnend bei etwa 80 Torr, so entsteht beim Erreichen des Zweiphasengebietes Dampf mit der Zusammensetzung x_3, während die Mischung noch die Zusammensetzung x_0 hat. Erniedrigen wir den Druck noch weiter, so ändert sich die Zusammensetzung der Mischung entlang der Kurve a und die des Dampfes entlang von b. Beim Erreichen des Druckes 30 Torr ist schließlich die ganze Mischung verdampft und der Dampf besitzt die ursprüngliche Zusammensetzung der Mischung x_0. Charakteristisch für das Verdampfen durch Druckerniedrigung ist also das Durchschreiten des Zweiphasengebietes. Bei Druckerhöhung wird umgekehrt der Prozeß als Kondensation durchlaufen.

Interessiert uns, wieviel Dampf der Zusammensetzung x_1 und wieviel Flüssigkeit der Zusammensetzung x_2 im Punkt x_0 bei 40 Torr nebeneinander vorliegen, so kön-

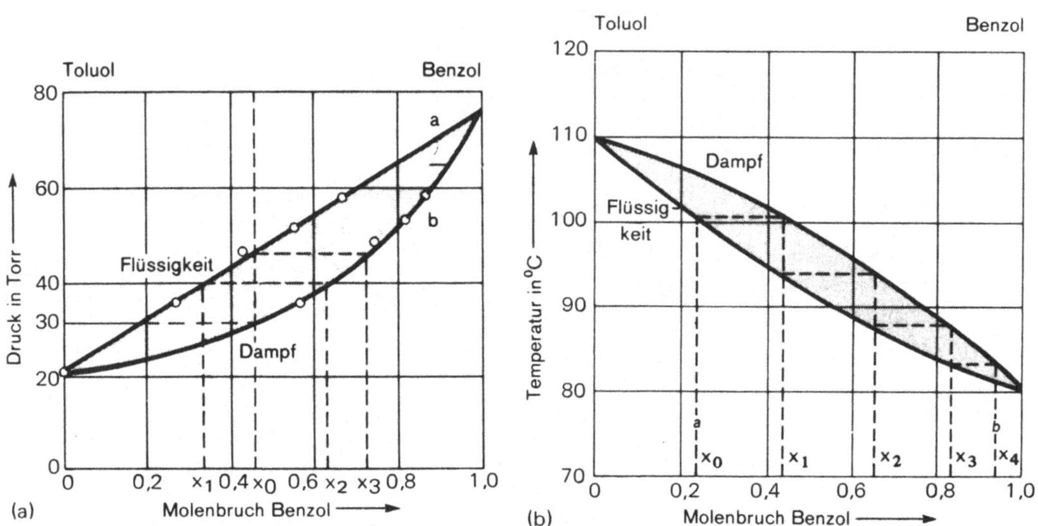

Bild 16.5 Dampfdruck- (a) und Siedediagramm (b) des idealen Systems Toluol/Benzol bei 20 °C bzw. bei 1 atm (Daten aus Bild 16.3)

nen wir das Mengenverhältnis mit Hilfe des sogenannten *Hebelgesetzes* bestimmen: Wenn ursprünglich eine Mischung mit der Zusammensetzung x_0 und der Gesamtmenge n_0 mol vorliegt und die getrennten Phasen die Gesamtmengen n_1 und n_2 mol besitzen, so muß gelten

$$n = n_1 + n_2 \tag{32}$$

und

$$x_0 n_0 = x_1 n_1 + x_2 n_2, \tag{33}$$

weil die Mengen n_0 und $x_0 n_0$ invariant sind. Formen wir Gl. (33) um, so erhalten wir

$$\frac{n_1}{n_2} = \frac{x_2 - x_0}{x_0 - x_1}. \tag{34}$$

Das Mengenverhältnis von flüssiger Mischung und Dampf ist durch das Streckenverhältnis $(x_2 - x_0)/x_0 - x_1)$ gegeben. In Analogie zur Mechanik kann man sich die Punkte 1 und 2 mit den Mengen n_1 und n_2 belegt denken, sowie den Punkt 0 versehen mit einer Drehachse. Kräftegleichgewicht dieses „Waagebalkens" herrscht dann, wenn $n_1 (x_0 - x_1) = n_2 (x_2 - x_0)$ ist.

Während wir zum Aufstellen der Dampfdruckdiagramme von idealen Mischungen (und Lösungen) die Partialdrücke nicht zu messen brauchen, da sie über das Raoultsche Gesetz berechnet werden können, müssen wir dies bei nichtidealen Mischungen tun. Ihre Partialdrücke sind der Zusammensetzung x keineswegs direkt proportional. Sind p_A- und p_B-Daten einmal gemessen worden, können wir mit Hilfe von Gl. (29) und (30) die Dampfzusammensetzung berechnen. Eine solche Berechnung wurde für die Systeme Aceton/Chloroform und Tetrachlorkohlenstoff/Methylalkohol mit den Partialdrücken aus Bild 16.4 durchgeführt und danach in Bild 16.6 Dampfdruckdiagramme gezeichnet. Die Kurven der Dampfzusammensetzung liegen immer unter der der Mischungszusammensetzung und berühren diese in den Punkten der Extrema.

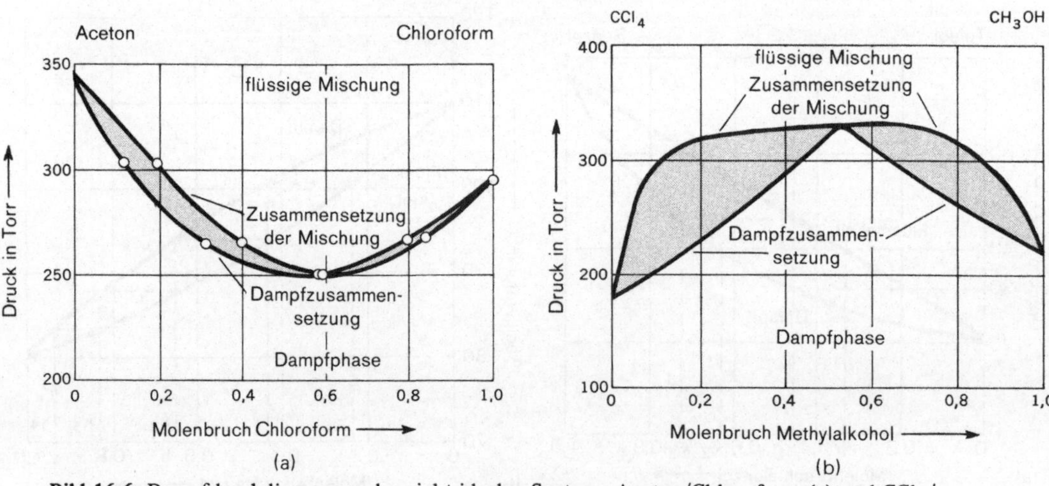

Bild 16.6 Dampfdruckdiagramme der nicht idealen Systeme Aceton/Chloroform (a) und CCl$_4$/Methanol (b) bei 35 °C (*International Critical Tables*, McGraw Hill Book Co., New York, 1926–1930)

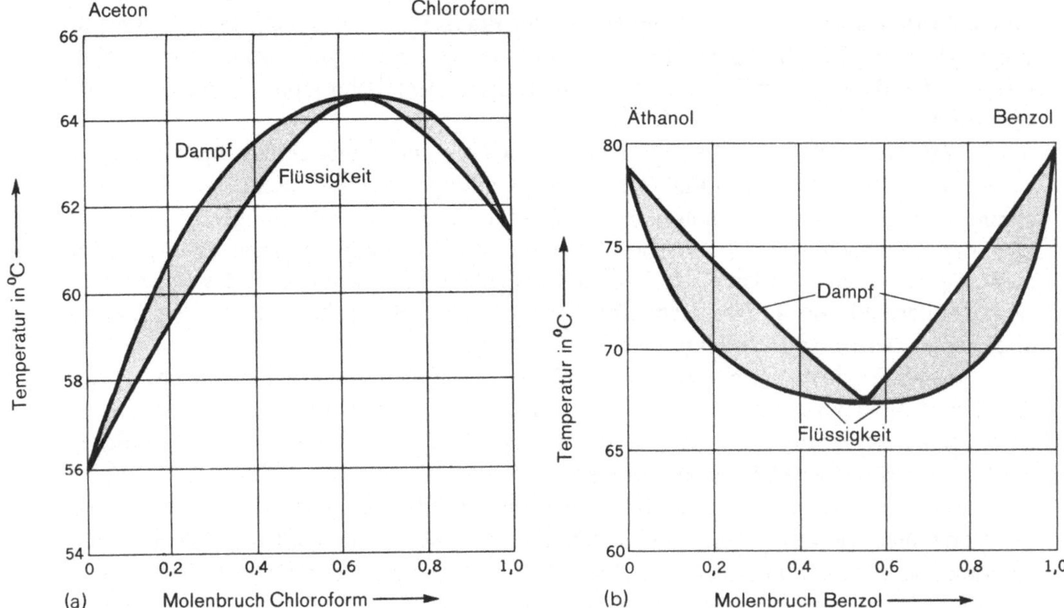

Bild 16.7 Siedediagramme der nicht idealen Systeme Aceton/Chloroform (a) und Äthanol/Benzol (b) bei 1 atm bzw. 750 Torr

Von größerer praktischer Bedeutung als Dampfdruckdiagramme sind *Siedediagramme* bei konstantem Druck, weil Destillationen meist bei konstantem Druck durchgeführt werden. Zwischen der Siedetemperatur und der Zusammensetzung gibt es jedoch leider keine so einfachen Beziehungen wie für die Dampfdrücke, nicht einmal bei idealen Mischungen. Sie sind systemspezifisch und müssen experimentell bestimmt werden. In den Siedediagrammen liegt die Kurve der Dampfzusammensetzung immer über der der Mischung (Bild 16.5b). Beide grenzen wiederum das Zweiphasengebiet Mischung/Dampf ab. Siedediagramme nichtidealer Mischungen sind in Bild 16.7 zu sehen. Auch sie besitzen Minima und Maxima, doch entspricht nun ein Siedemaximum einem Dampfdruckminimum und umgekehrt. Mischungen mit der Zusammensetzung bei den Extrema werden *azeotrope* Mischungen oder kurz *Azeotrope* genannt.

An Hand der Siedediagramme erkennen wir, daß beim Sieden einer Mischung mit der Zusammensetzung x_0 der Dampf an flüchtigerer Komponente reicher ist als die Mischung. Er besitzt nämlich die Zusammensetzung x_1. Wird nun Dampf dieser Zusammensetzung kondensiert, so hat man bereits einen gewissen Trenneffekt erzielt (= *einfache Destillation*). Wird das Kondensat erneut zum Sieden erhitzt, so besitzt der Dampf die Zusammensetzung x_2. Der Dampf des Kondensats ist wiederum reicher an flüchtigerer Komponente, usw.

Eine solche *stufenweise* oder *fraktionierte Destillation* könnte zwar bis zur vollständigen Trennung der beiden Komponenten getrieben werden, doch nur mit einem großen Nachteil: Die Ausbeute ist wegen des Hebelgesetzes sehr klein. Um sie zu vergrößern, müßten die einzelnen Stufen mit immer neuer Ausgangsmischung sehr oft durchschritten werden. Man geht deshalb in der Praxis so vor, daß die getrennten Operationen (Verdampfung-Kondensation, usw.) in einer Operation gleichzeitig durchgeführt werden. Zu diesem Zweck wird mit mehrstufigen Destillationsapparaten (*Kolonnen*) gearbeitet.

Fährt man eine Kolonne mit einer Benzol/Toluolmischung der Zusammensetzung x_0 an, wartet bei 100 % Rückfluß (keine Kondensatabnahme) thermisches Gleichgewicht ab und findet man bei einer Analyse des Kondensats die Zusammensetzung x_4, so schreibt man der Kolonne soviel theoretische Böden zu, als man Stufen zwischen x_0 und x_4 im Siedediagramm zeichnen kann. Im Falle der Benzol/Toluolmischung gibt das eine theoretische Bodenzahl von 4. Der Trenneffekt bei 100 % Rückfluß kommt also dem Trenneffekt einer vierfachen Destillation gleich.

In der Praxis entspricht ein Boden nicht ganz einem theoretischen Boden, da das Kondensat nicht vollständig in die Kolonne zurückkehrt, sondern abgezweigt wird. Der Trenneffekt wird schlechter und es bleibt der Wirtschaftlichkeit überlassen, welches Rückflußverhältnis wirklich eingestellt wird.

Alles was bisher über Destillationen gesagt wurde, gilt allerdings *nur* für ideale zweikomponentige Mischungen. Ihre Trennung in die Komponenten ist im Prinzip durch fraktionierte Destillation vollständig durchführbar. Dies gilt nicht für reale Mischungen mit Extrema in den Siedediagrammen. Gleichgültig von welcher Zusammensetzung man bei ihnen ausgeht, eine vollständige Trennung ist nicht zu erreichen. Bei Mischungen mit Siedeminimum besitzt das Kondensat und bei Mischungen mit Siedemaximum der Rückstand die azeotrope Zusammensetzung. Eine Trennung ist also grundsätzlich nur bis zu dieser Zusammensetzung möglich. Z. B. ändert sich bei der fraktionierten Destillation eines Äthanol/Benzolgemisches die Zusammensetzung des Dampfes entlang der Siedekurve bis zur azeotropen Zusammensetzung; dann destilliert das Azeotrop bei konstanter Temperatur über.

Ein technisches Beispiel ist die fraktionierte Destillation von Äthanol/Wassergemischen zur Herstellung von reinem Alkohol. Das Siedediagramm von Alkohol/Wasser besitzt ein Minimum bei 96 % Alkohol, so daß durch fraktioniertes Destillieren nur ein Gemisch dieser Zusammensetzung gewonnen werden kann. Im Rückstand bleibt reines Wasser übrig. Reinen Alkohol bekommt man entweder durch anschließende Destillation über gebranntem Kalk, der das Wasser chemisch bindet, oder durch fraktioniertes Destillieren nach Zugabe einer dritten Komponente wie Benzol. Das durch Zugabe von Benzol entstehende dreikomponentige System ist ein neues Azeotrop (19 Gew.% Alkohol, 74 Gew.% Benzol und 7 Gew.% Wasser) und destilliert bei 65 °C solange über, bis alles Wasser weg ist. Danach geht bei 68 °C ein Azeotrop aus 32 Gew.% Alkohol und 68 Gew.% Benzol über, bis im Rückstand reiner Alkohol verbleibt. Auf ähnliche Weise lassen sich auch andere konstantsiedende azeotrope Gemische trennen.

16.5 Thermodynamik idealer und realer flüssiger Mischungen

Ideale flüssige Mischungen sind dadurch ausgezeichnet, daß sie dem Raoultschen Gesetz gehorchen und ihre Mischungswärmen Null sind. Für sie wird in diesem Abschnitt die Konzentrationsabhängigkeit des chemischen Potentials abgeleitet und die resultierende Beziehung dazu verwendet, um die freie Mischungsenthalpie zu berechnen. Dabei wird sich herausstellen, daß die Mischungswärme oder Mischungsenthalpie tatsächlich den Wert

Null hat, obiges Kriterium also vernünftig gewählt worden ist. Die Konzentrationsabhängigkeit realer Mischungen kommt danach zur Sprache.

Eine flüssige Mischung bestehe aus m chemischen Stoffen, gegeben durch die Molenbrüche x_1 bis x_m. Sie befinde sich im thermischen Gleichgewicht mit ihrem Dampf. Für die i-te Komponente gilt dann nach Gl. (17):

$$^l\mu_i = {}^g\mu_i. \tag{35}$$

Analoge Ausdrücke gelten für die anderen Komponenten. Verhält sich der Dampf wie ein ideales Gas, dann ist das chemische Potential der i-ten Komponente in der Dampfphase durch

$$^g\mu_i = {}^g\mu_i^{\ddot o} + RT\ln p_i \tag{36}$$

festgelegt. Gl. (36) entspricht der in Abschnitt 11.6 abgeleiteten Beziehung

$$G_i = G_i^o + R T\ln p_i, \tag{37}$$

wenn man μ_i mit G_i identifiziert. $^g\mu_i^o$ ist das chemische *Standardpotential* der Dampfkomponente i beim Standarddruck $p_i = 1$ atm. Setzt man Gl. (36) in Gl. (35) ein, so gelangt man zum chemischen Potential der i-ten Komponente in der flüssigen Mischphase:

$$^l\mu_i = {}^g\mu_i^o + R T\ln p_i. \tag{38}$$

Handelt es sich um eine ideale Mischung, so gehorcht der Dampfdruck p_i dem Raoultschen Gesetz

$$p_i = x_i p_i^{\ddot o} \tag{39}$$

und aus Gl. (38) resultiert:

$$^l\mu_i = {}^g\mu_i^o + R T\ln p_i^o + R T\ln x_i. \tag{40}$$

Die beiden ersten Terme sind für eine bestimmte Temperatur konstant und von der Zusammensetzung unabhängig. Sie können zu einem Standardpotential $^l\mu_i^o$ der Komponente i in der Flüssigkeit zusammengefaßt werden. Das chemische Potential der i-ten Komponente in der idealen Mischung lautet dann:

$$^l\mu_i = {}^l\mu_i^o + R T\ln x_i. \tag{41}$$

Das Standardpotential $^l\mu_i^o$ ist aber andererseits nichts anderes als die freie Enthalpie G_i^o von 1 mol reiner flüssiger Komponente. Gl. (41) stellt damit das Gegenstück zu Gl. (36) dar. Sie gibt an, wie sich das chemische Potential μ mit dem Molenbruch x_i ändert.

Mit Gl. (41) lassen sich die energetischen Änderungen beim Zusammenmischen von reinen Komponenten exakt beschreiben. Mischen wir n_1 mol der Komponente 1, n_2 mol der Komponente 2, usw. zusammen, dann beträgt die freie Enthalpie nach dem Mischungsvorgang:

$$G_{nachher} = \sum_{i=1}^{m} \mu_i n_i = \sum_i \mu_i^{\ddot o} n_i + R T \sum_i n_i \ln x_i. \tag{42}$$

Dividieren wir Gl. (42) durch die Gesamtmolzahl $\sum_i n_i$, so erhalten wir die mittlere freie Enthalpie je mol Mischung:

$$\overline{G}_{\text{nachher}} = \frac{G_{\text{nachher}}}{\sum\limits_i n_i} = \sum_i \mu_i^{\,\mathring{o}}\, x_i + R\,T \sum_i x_i \ln x_i. \tag{43}$$

Da die freie Enthalpie der reinen Komponenten vor dem Zusammenmischen

$$G_{\text{vorher}} = \sum_{i=1}^{m} \mu_i^{\,\mathring{o}}\, n_i \tag{44}$$

ausmacht, beträgt diese, wiederum auf 1 mol bezogen,

$$\overline{G}_{\text{vorher}} = \sum_i \mu_i^{\,o}\, x_i. \tag{45}$$

Die Differenz $\overline{G}_{\text{nachher}} - \overline{G}_{\text{vorher}}$ nennt man *freie Mischungsenthalpie* ΔG_{Misch} je mol Mischung:

$$\Delta G_{\text{Misch}} = R\,T \sum_i x_i \ln x_i. \tag{46}$$

Für zwei Komponenten lautet der Ausdruck

$$\Delta G_{\text{Misch}} = R\,T\,(x_1 \ln x_1 + x_2 \ln x_2). \tag{47}$$

ΔG_{Misch} beträgt bei 25 °C 1720 J, wenn die Mischung aus je 1/2 mol Komponenten besteht (Tabelle 16.1). Da die Molenbrüche immer kleiner als 1 sind, haben die freien Mischungsenthalpien immer *negative* Werte. Das heißt die Mischung der reinen Komponenten erfolgt *spontan*. Wie unten gezeigt wird, ist sie ausschließlich auf die dabei erfol-

Tabelle 16.1: Mischungsentropie und freie Mischungsenthalpie idealer zweikomponentiger Mischungen bei 25 °C

Molenbrüche		$x_1 R \ln x_1$	$x_2 R \ln x_2$	ΔS_{Misch}	ΔG_{Misch}	$T\Delta S_{\text{Misch}}$
x_1	x_2	J	J	$JK^{-1}\,mol^{-1}$	in $J\,mol^{-1}$	
1	0	0	0	0	0	0
0,9	0,1	$-0,79$	$-1,91$	2,70	-805	805
0,8	0,2	$-1,48$	$-2,68$	4,16	-1240	1240
0,7	0,3	$-2,08$	$-3,00$	5,08	-1510	1510
0,6	0,4	$-2,55$	$-3,05$	5,60	-1670	1670
0,5	0,5	$-2,88$	$-2,88$	5,76	-1720	1720
0,4	0,6	$-3,05$	$-2,55$	5,60	-1670	1670
0,3	0,7	$-3,00$	$-2,08$	5,08	-1510	1510
0,2	0,8	$-2,68$	$-1,48$	4,16	-1240	1240
0,1	0,9	$-1,91$	$-0,79$	2,70	-805	805
0	0	0	0	0	0	0

gende Entropiezunahme zurückzuführen (vgl. Mischungsentropie von idealen Gasen, Abschnitt 10.8).

Nach Abschnitt 11.6 gilt allgemein $\Delta G = \Delta H - T\,\Delta S$ und daher auch für den Zusammenhang zwischen der freien Mischungsenthalpie und der Mischungsentropie:

$$\Delta G_{Misch} = \Delta H_{Misch} - T\,\Delta S_{Misch}. \tag{48}$$

Außerdem gilt für die Temperaturabhängigkeit von ΔG bzw. ΔG_{Misch}

$$\frac{\partial}{\partial T}\left(\frac{\Delta G_{Misch}}{T}\right)_p = -\frac{\Delta H_{Misch}}{T^2}. \tag{49}$$

Da nun wegen Gl. (47) $\Delta G_{Misch}/T$ temperaturunabhängig, d.h. $\partial(\Delta G_{Misch}/T)/\partial T = 0$ ist, muß die Mischungsenthalpie Null sein! Dies ist die exakte Begründung dafür, daß ideale Mischungen thermodynamisch durch die Mischungswärme Null definierbar sind. Damit folgt unmittelbar:

$$\Delta S_{Misch} = -\frac{\Delta G_{Misch}}{T} = -R\sum_i x_i \ln x_i. \tag{50}$$

Die Mischungsentropie ist deswegen auch unabhängig vom speziellen Aufbau der beteiligten Moleküle. Ob Mischungen, mit denen man zu tun hat, wirklich ideal sind, muß von Fall zu Fall experimentell geprüft werden. Eine graphische Darstellung der idealen Verhältnisse ist in Bild 16.8 zu sehen. Sowohl die freie Mischungsenthalpie als auch die

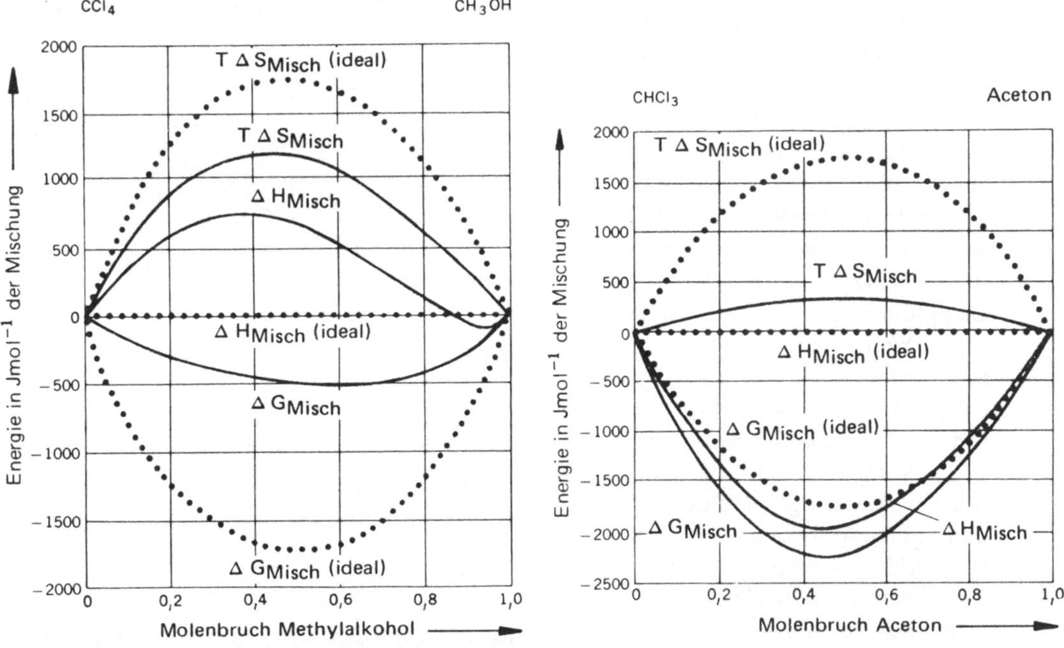

Bild 16.8 Mischungsenthalpien der nicht ideal mischbaren Systeme CCl_4/CH_3OH (a) und Chloroform/Aceton (b) bei 25 °C (*I. Prigogine, R. Defay:* Thermodynamique chimique, Desoer, Liege 1950)

Mischungsentropie besitzen Extremwerte, wenn die beiden Komponenten in gleicher Menge vorhanden sind.

Will man mit demselben Konzept auch reale *Mischungen* beschreiben, so hat man die Molenbrüche durch geeignet definierte „aktive" Molenbrüche bzw. *Aktivitäten* zu ersetzen. Aus der Grundgleichung (41) wird dann

$$\mu_i = \mu_i^0 + R\,T \ln a_i. \tag{51}$$

a_i ist nun die Aktivität der i-ten Komponente in der Mischphase und Korrekturfaktor gegenüber dem Molenbruch ist der Aktivitätskoeffizient

$$\gamma_i = \frac{a_i}{x_i}. \tag{52}$$

Er geht gegen 1, wenn der Standardzustand $(a_i = 1)$ mit der reinen Komponente identisch wird (Bild 16.9),

$$\lim_{x_i \to 1} \gamma_i = 1, \tag{53}$$

und beschreibt thermodynamisch die Abweichung vom Idealzustand (vgl. Fugazitätskoeffizient in Abschnitt 12.7). Abweichungen vom Idealzustand drücken sich makroskopisch durch eine Nichtbefolgung des Raoultschen Gesetzes und durch eine endliche Mischungsenthalpie aus.

Wie wir schon wissen, lassen sich zwei reale Mischungstypen unterscheiden: 1. Mischungen mit Dampfdrücken unter den Raoultschen Werten und 2. Mischungen mit Dampfdrücken darüber; sie entsprechen negativen bzw. positiven Mischungsenthalpien. Dieses reale Verhalten kann molekular durch gegenseitige Molekülanziehung unter Ausbildung von Assoziaten erklärt werden. Beim ersten Typ besitzen die ungleichen Moleküle eine größere Anziehung als die gleichen, denn es wird beim Zusammenmischen Wärme frei. Durch die

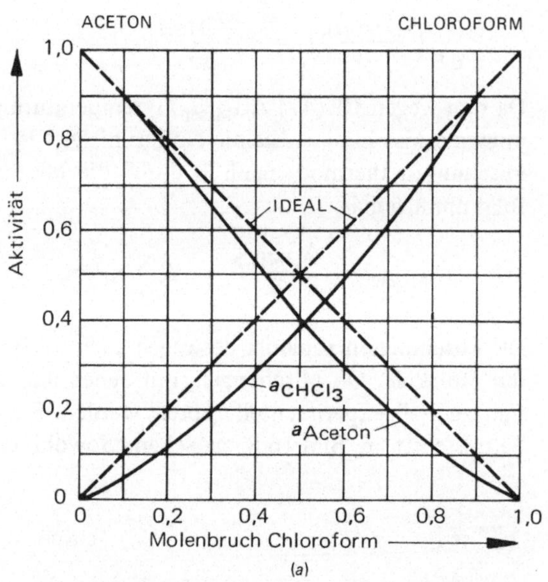

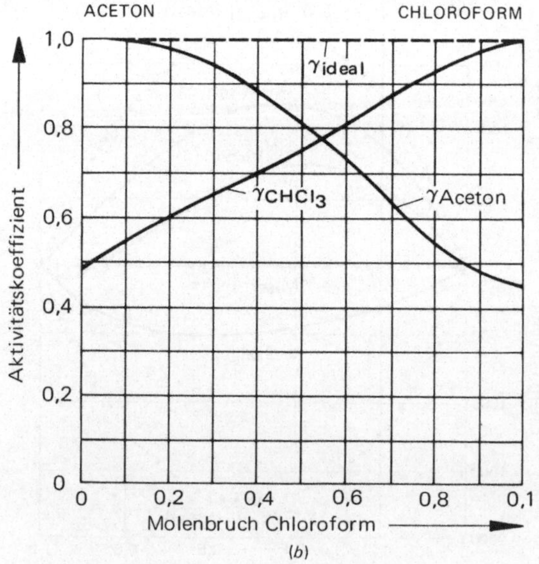

Bild 16.9 Aktivitäten (a) und Aktivitätskoeffizienten (b) von Aceton und Chloroform in Mischungen bei 25 °C (berechnet aus Daten des Bildes 16.4b)

Tabelle 16.2: Aktivitäten und Aktivitätskoeffizienten verschiedener zweikomponentiger Mischungen (*R. Bell, T. Wright:* J. Phys. Chem. 31 (1972) 1884; *J. von Zawidski:* Z. Phys. Chem. 35 (1900) 129; *J. Timmermanns:* Physico-chemical Constants of Binary Systems, 2, Interscience Publ., Inc., New York)

Lösungsmittel Benzol (gelöster Stoff Toluol, 20 °C)			Lösungsmittel Toluol (gelöster Stoff Benzol, 20 °C)		
Molenbruch x	Aktivität a	Aktivitätskoeffizient x_γ	Molenbruch x	Aktivität a	Aktivitätskoeffizient x_γ
1,00	1,00	1,00	1,00	1,00	1,00
0,67	0,65	0,97	0,77	0,78	1,01
0,55	0,54	0,98	0,57	0,55	1,07
0,43	0,46	1,07	0,45	0,47	1,04

Lösungsmittel Aceton (gelöster Stoff $CHCl_3$, 35 °C)			Lösungsmittel $CHCl_3$ (gelöster Stoff Aceton, 35 °C)		
x	a	x_γ	x	a	x_γ
1,00	1,00	1,00	1,00	1,00	1,00
0,94	0,94	1,00	0,92	0,91	0,99
0,88	0,87	0,99	0,81	0,76	0,94
0,73	0,70	0,96	0,66	0,55	0,83
0,63	0,57	0,90	0,58	0,48	0,83
0,51	0,42	0,82	0,49	0,38	0,78

Lösungsmittel CH_3OH (gelöster Stoff CCl_4, 35 °C)			Lösungsmittel CCl_4 (gelöster Stoff CH_3OH, 35 °C)		
x	a	x_γ	x	a	x_γ
1,00	1,00	1,00	1,00	1,00	1,00
0,91	0,95	1,04	0,98	0,99	1,01
0,79	0,88	1,11	0,87	0,97	1,11
0,66	0,84	1,27	0,64	0,94	1,47
0,49	0,80	1,63	0,51	0,92	1,80
0,36	0,78	2,16	0,34	0,87	2,56

Ausbildung von *Assoziaten*, z. B. über Wasserstoffbrücken wird auch der niedrigere Dampfdruck verständlich; die Moleküle werden sozusagen in der Lösung zurückgehalten. Assoziationen beeinflussen aber auch die Entropie, denn sie schränken die Unordnung der Flüssigkeitsstruktur ein (Aufbau von Nahordnung). Die Entropie der Mischphase muß folglich kleiner als die der ungemischten sein. Dem zweiten Typ liegen hingegen stärkere Wechselwirkungen der eigenen Moleküle zugrunde; diese werden beim Mischen aufgehoben, was eine Energiezufuhr erfordert (positive Mischungsenthalpie).

In Tabelle 16.2 sind für einige bereits bekannte Systeme die Aktivitätskoeffizienten der Komponenten bei verschiedenen Zusammensetzungen angegeben; ihrer Berechnung liegen die Dampfdruckdiagramme zugrunde. Je nachdem, ob es sich um Systeme mit positiver oder negativer Mischungswärme handelt, sind die Koeffizienten größer oder kleiner als 1, dem Wert, der ideales Verhalten kennzeichnet. Mit Hilfe der sogenannten

Gibbs-Duhemschen Gleichung können Relationen zwischen den Aktivitäten bzw. Koeffizienten einzelner Komponenten formuliert werden, was von großer praktischer Bedeutung sein kann.

Die Gibbs-Duhemsche Gleichung lautet

$$\sum_i n_i \, d\mu_i = 0$$

bzw.

$$\frac{1}{\sum\limits_i n_i} \sum_i n_i \, d\mu_i = \sum_i x_i \, d\mu_i = 0 \tag{54}$$

und wird wie folgt abgeleitet (Abschnitt 16.2): Ändern sich infolge einer Zuständsänderung außer den Komponentenmolzahlen auch die chemischen Potentiale eines realen Systems, dann beträgt die gesamte freie Enthalpieänderung (Variation von G)

$$dG = \sum_{i=1}^m \mu_i \, dn_i + \sum_{i=1}^m d\mu_i \, n_i. \tag{55}$$

Andererseits muß immer Gl. (11) (totales Differential von G)

$$dG = \sum_{i=1}^m \mu_i \, dn_i \tag{56}$$

gelten, so daß

$$\sum_{i=1}^m d\mu_i \, n_i = 0. \tag{57}$$

Setzt man Gl. (51) in Gl. (57) ein, so resultiert die gewünschte Gibbs-Duhemsche Beziehung in der Form

$$\sum_i x_i \, d\ln a_i = 0. \tag{58}$$

Für die Relation zwischen den Aktivitäten einer zweikomponentigen Mischung ergibt sich damit

$$d\ln a_1 = -\frac{x_2}{x_1} \, d\ln a_2. \tag{59}$$

Um eine solche für die zugehörigen Aktivitätskoeffizienten herzuleiten, setzen wir $a_1 = \gamma_1 x_1$ und $a_2 = \gamma_2 x_2$ in Gl. (59) ein und berücksichtigen, daß $x_1 \, d\ln x_1 + x_2 \, d\ln x_2 = 0$:

$$x_1 \, d\ln \gamma_1 = -x_2 \, d\ln \gamma_2. \tag{60}$$

Bei Kenntnis der Abhängigkeit der Aktivität a_2 bzw. des Koeffizienten γ_2 von der Zusammensetzung können wir nach Gl. (59) bzw. (60) a_1 bzw. γ_1 berechnen. Dazu ist jedoch meist eine graphische Integration erforderlich; in Bild 16.10 ist eine solche zu sehen. Gegeben ist die Wasseraktivität einer Rohrzuckerlösung als Funktion des Molen-

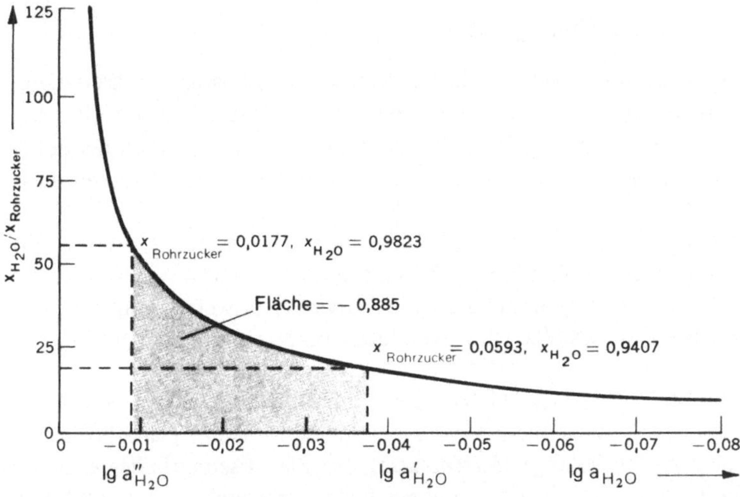

Bild 16.10 Graphische Ermittlung der Rohrzuckeraktivität aus der gemessenen Wasseraktivität bei 0 °C (nach Tabelle 16.3)

Tabelle 16.3: Aktivitäten des Rohrzuckers und des Wassers verschieden konzentrierter Rohrzuckerlösungen bei 0 °C (*The International Critical Tables*, III, 293, McGraw Hill Book Co., New York, 1928)

Molalität des Rohrzuckers	Molenbrüche Rohrzucker	Wasser	Dampfdruck des Wassers Torr	a_{H_2O}	$a_{Rohrzucker}$
0	0	1,000	4,579	1,000	0
0,2	0,0036	0,996	4,562	0,996	0,0036
0,5	0,0089	0,991	4,536	0,990	0,0089
1,0	0,0177	0,982	4,489	0,980	0,019
3,5	0,059	0,941	4,195	0,916	0,146
4,5	0,075	0,925	4,064	0,888	0,238
5,0	0,082	0,918	3,994	0,872	0,292
6,0	0,098	0,902	3,867	0,845	0,403

bruchverhältnisses x_{H_2O}/x_{Zucker} aus Messungen des Wasserdampfdruckes. Die Fläche unter der Kurve zwischen den Punkten $\lg a'$ und $\lg a''$ beträgt

$$\lg \frac{a'_{Zucker}}{a''_{Zucker}} = -\int_{\lg a''}^{\lg a'} \frac{x_{H_2O}}{x_{Zucker}} \, d\lg a_{H_2O} \tag{61}$$

und liefert direkt das Verhältnis der Zuckeraktivitäten mit a' und a''. Da wir aber auf diese Weise nur das Verhältnis zweier Aktivitäten bekommen, muß zusätzlich die Aktivität eines Referenzzustandes bekannt sein. Wir können dafür z. B. den Zustand $a_{Zucker} = x_{Zucker}$ der ideal verdünnten Mischung wählen und von diesem Punkt aus integrieren. Ergebnisse solcher Integrationen sind in der Tabelle 16.3 für 0 °C enthalten.

16.6 Unvollständig mischbare Flüssigkeiten

Einfach aussehende Zustandsdiagramme haben Systeme mit flüssigen Phasen dann, wenn sie bei konstantem Druck innerhalb eines gewissen Konzentrationsbereiches unmischbar und außerhalb dieses vollständig mischbar sind. Sie besitzen natürlich bei tiefen Temperaturen auch feste Phasen und bei hohen auch eine Gasphase, doch sollen diese erst später besprochen werden.

Drei charakteristische Typen von zweikomponentigen, flüssigen Systemen kennt man. Die Zustandsdiagramme dreier Beispiele dafür sind in Bild 16.11 zu sehen. Bei allen Beispielen grenzen die stark ausgezogenen Phasengrenzkurven ein Zweiphasengebiet, wo die Flüssigkeiten miteinander unmischbar sind, von dem Einphasengebiet vollständiger Mischbarkeit ab.

An Hand von Bild 16.11a soll das Gebiet der Unmischbarkeit näher untersucht werden. Gibt man z. B. bei 60 °C zu reinem Wasser portionsweise Isobutylalkohol zu, so mischen sich beide Flüssigkeiten solange (*Mischphase*), bis die Mischbarkeitsgrenze im Punkt a erreicht ist. Geht man umgekehrt von reinem Isobutylalkohol aus und gibt man Wasser zu, so ist die Grenze im Punkt c erreicht. Wollte man dazwischenliegende, mischbare Zusammensetzungen herstellen, so gelingt dies nicht. Gibt man z. B. die Systemzusammensetzung b vor, so entstehen immer zwei getrennte flüssige Mischphasen mit den Zusammensetzungen a und c. Ihre Mengenverhältnisse hängen von der vorgegebenen Systemzusammensetzung ab. Innerhalb der Phasengrenzkurve sind also beide Flüssigkeiten nur teilweise (Zweiphasengebiet), außerhalb vollkommen mischbar (Einphasengebiet = Mischphase). Die Anwendung der Phasenregel auf Zweiphasengebiete liefert $F = K - P + 2 = 2 - 2 + 2 = 2$. Hält man den Druck und die Temperatur fest, so gibt es keine Freiheit. Das heißt, innerhalb des Zweiphasengebietes findet man immer zwei Phasen mit denselben Zusammensetzungen. Nur ihr Mengenverhältnis ändert sich bei einer Änderung der Systemzusammensetzung.

Gibt man die Systemzusammensetzung $x_0 = b$ bei 60 °C vor und erhöht man die Temperatur (entlang der senkrechten, gestrichelt gezeichneten Linie), so ändert sich die

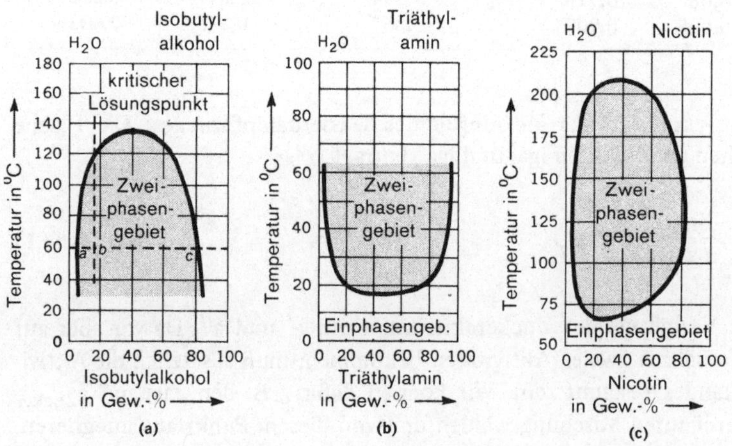

Bild 16.11 Zustandsdiagramme zweier unvollständig mischbarer Flüssigkeiten bei 1 atm

Zusammensetzung der beiden flüssigen Mischphasen nach dem Hebelgesetz, denn es ändern sich ja mit zunehmender Temperatur auch die Streckenverhältnisse. In diesem speziellen Fall (Zusammensetzung b) nimmt dem Hebelgesetz zufolge die wasserreichere Mischphase auf Kosten der anderen an Isobutylalkohol zu. Beim Überschreiten der Phasengrenzkurve gehen schließlich beide Mischphasen in eine einzige über. Wählt man von vornherein eine Zusammensetzung des Systems, die dem Maximum der Phasengrenzkurve entspricht, so sind zuletzt beide Mischphasen in gleicher Menge vorhanden, bevor sie sich in eine einzige Mischphase umwandeln. Der Punkt im Maximum wird als *kritischer Lösungs-* oder *Entmischungspunkt* bezeichnet.

Die beiden anderen Zustandsdiagramme in Bild 16.11 sind zwei weitere ausgesuchte Beispiele für zweikomponentige flüssige Systeme. Das Zustandsdiagramm von Wasser/ Triäthylamin besitzt eine Phasengrenzkurve, die im Gegensatz zu der des Systems Wasser/ Isobutylalkohol zur Abszisse hin konvex gekrümmt ist. Dies bedeutet, daß die Mischbarkeit bei tieferen Temperaturen, entgegen normalen Vorstellungen, größer ist als bei höheren. Die zwischenmolekularen Wechselwirkungen sind offensichtlich bei tieferen Temperaturen wirksamer. Die Phasengrenzkurve des Systems Wasser/Nikotin ist schließlich in sich geschlossen. Das von ihr umschlossene Gebiet wird als *Mischungslücke* bezeichnet.

Nun zu einer Destillationsmethode, die sich in der organischen Chemie großer Beliebtheit erfreut, der *Wasserdampfdestillation*. Bei dieser Destillationsart bilden verschiedene Mischungen von Wasser und organischen Verbindungen das System. Mischt man z. B. Wasser und Isobutylalkohol innerhalb der Mischungslücke zusammen, so bekommt man zwei getrennte Mischphasen mit verschiedener Zusammensetzung. Jede Mischphase besitzt ihren eigenen Partialdruck; die Partialdrücke setzen sich additiv zum Gesamtdruck zusammen. Solange zwei Mischphasen vorhanden sind, muß der Gesamtdruck konstant bleiben, da sich die Partialdrücke ja nur dann ändern, wenn sich die Zusammensetzung der beiden Mischphasen ändert. Es muß folglich auch der Siedepunkt und die Zusammensetzung der Dampfphase konstant bleiben. Da normalerweise ein äußerer Gesamtdruck von 1 atm vorgegeben wird, die zwei Mischphasen aber kleinere Partialdrücke besitzen, liegt der Siedepunkt des Systems niedriger als die Siedepunkte beider Komponenten. Dies alles geht aus dem Siedediagramm in Bild 16.12 auch hervor. Alle Zweiphasenmischungen sieden bei der Temperatur T_M und besitzen im Gleichgewicht

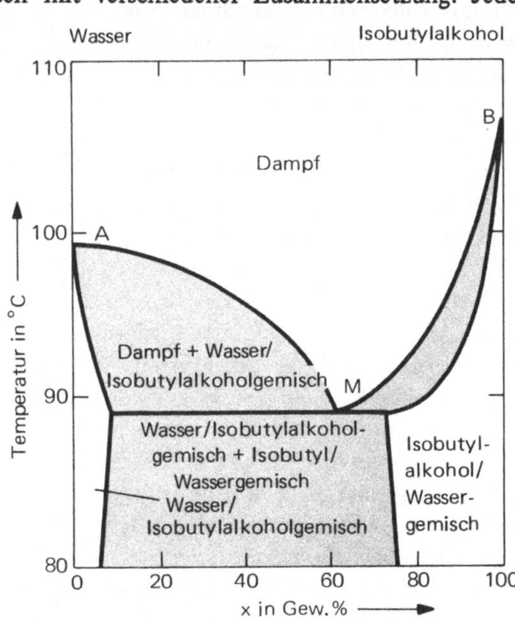

Bild 16.12 Siedediagramm des Systems Wasser/Isobutylalkohol bei 1 atm (*L. P. Hamett:* Introduction to the Study of Physical Chemistry, McGraw Hill Book Co., New York, 1952)

eine Dampfphase mit der Zusammensetzung x_M. Wesentliche Erkenntnis: Durch Zugabe von Wasser wird der Siedepunkt erniedrigt.

Sehr viele organische Substanzen zersetzen sich bevor sie sieden und können daher durch Fraktionieren nicht voneinander getrennt werden. Die Herabsetzung des Siedepunktes durch Zugabe von Wasser ist nun der eigentliche Grund, weshalb man überhaupt mit Wasserdampf destilliert. Hierzu wird das organische Gemisch mit Wasser vermengt und erwärmt, oder es wird direkt Wasserdampf eingeblasen. Die Destillation erfolgt bei Temperaturen unter 100 °C. Das Kondensat besteht dann aus unmischbarer organischer Substanz und Wasser mit einer Zusammensetzung, die dem Dampfdruck proportional ist. Der Trennung durch Wasserdampfdestillation ist aber auch eine praktische Grenze gesetzt. Sehr hoch siedende organische Stoffe mit hohem Molekulargewicht haben sehr kleine Dampfdrücke und ihr Anteil im Kondensat ist deshalb nur gering.

16.7 Schmelzdiagramme

Untersucht man zweikomponentige Systeme auch nach tieferen Temperaturen hin, so bekommt man in den Zustandsdiagrammen, jetzt *Schmelzdiagramme* genannt, flüssige und feste Phasen. Besonders einfache Schmelzdiagramme haben Systeme, deren Komponenten in der Schmelze (Mischphase) vollkommen mischbar sind, während die festen Phasen aus einem Gemenge reiner Kristalle bestehen. Ein Beispiel dafür ist das System Benzol/Naphthalin (Bild 16.13). Die Phasengrenzkurven $\overline{AE}$ und $\overline{BE}$ (*Schmelzkurven*) geben die Temperatur an, bei der sich Schmelzen (verschiedener Zusammensetzung) im Gleichgewicht mit einer festen Phase befinden. Die durch E gehende, horizontale Linie

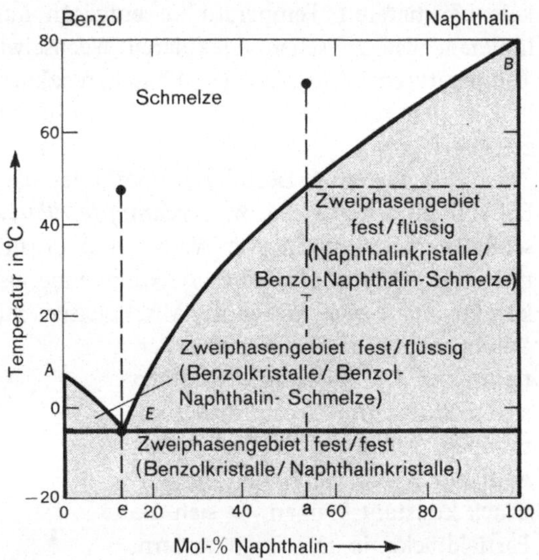

Bild 16.13 Schmelzdiagramm des Systems Benzol/Naphthalin bei 1 atm (mit Eutektikum)

grenzt gemeinsam mit den Kurven $\overline{AE}$ und $\overline{EB}$ ein fest-flüssiges Zweiphasengebiet ab, während unterhalb der horizontalen Linie ein fest-festes Zweiphasengebiet existiert.

Was wird beobachtet, wenn man Benzol/Naphthalingemische verschiedener Zusammensetzung abkühlt und die Temperatur des Systems in Abhängigkeit von der Zeit mißt? Trägt man die Temperatur gegen die Zeit in einem Diagramm auf, bekommt man sogenannte *Abkühlungskurven*. Solche Abkühlungskurven stellen u. a. die experimentelle Grundlage für die Zustandsdiagramme dar. Daneben werden meist noch Röntgenstruktur- und Schliffbilduntersuchungen angestellt.

In Bild 16.14 sind die Abkühlungskurven für verschiedene Benzol/Naphthalingemische zu sehen, darunter die Abkühlungskurve, die der Zusammensetzung $x_0 = a$ in Bild 16.13 entspricht. Das flüssige System kühlt sich zunächst schnell bis zu einer bestimmten Temperatur ab, wo dann eine Verzögerung der Abkühlungsgeschwindigkeit

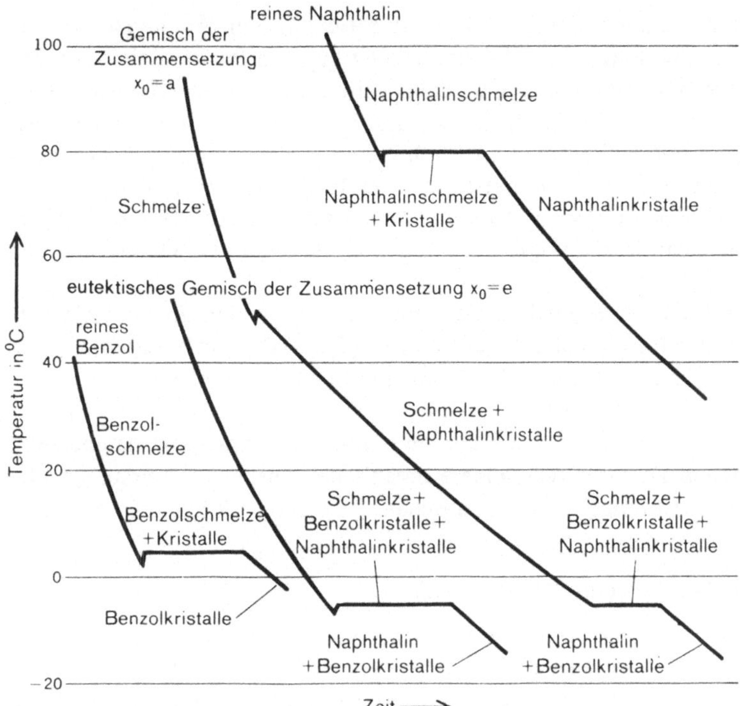

Bild 16.14 Schematische Abkühlungskurven von verschiedenen Benzol/Naphthalingemischen

eintritt. Diese Temperatur ist durch die Phasengrenzkurve $\overline{BE}$ gegeben. Beim Unterschreiten dieser Temperatur beginnt Naphthalin auszukristallisieren (Eintritt in das Zweiphasengebiet). Bei weiterem Abkühlen ändert sich die Zusammensetzung der Schmelze entlang der Kurve $\overline{BE}$, ihre Masse nach dem Hebelgesetz. Es kristallisiert immer mehr Naphthalin aus, bis die Schmelze die Zusammensetzung $x = e$ erreicht; sie wird folglich immer benzolreicher.

Da während der Kristallisation von Naphthalin die Kristallisationswärme (Gitterenergie) frei wird, kühlt sich das System langsamer als vorher ab. Diese Verzögerung der Abkühlungsgeschwindigkeit macht sich im Auftreten eines *Knies* in der Abkühlungskurve bemerkbar. Erreicht das System die Temperatur im Punkt E (Zusammensetzung der Schmelze $x = e$), kristallisieren Benzol und Naphthalin gleichzeitig aus. Da die Temperatur des Systems nicht eher absinken kann, bevor nicht alles Benzol und Naphthalin auskristallisiert ist, bekommt man in der Abkühlungskurve einen sogenannten *Haltepunkt*.

Weil während des Abkühlungsvorganges fortlaufend Naphthalin auskristallisiert und neue Substanz immer an bereits vorhandenen Naphthalinkristallen anwächst, entsteht ein Gemenge von großen Naphthalinkristallen und kleinen Benzolkristallen. Das gesamte Benzol muß nämlich beim Erreichen der Temperatur im Punkt E, der eutektischen Temperatur, auf einmal auskristallisieren. Dadurch entstehen sehr viele Kristallisationskeime, auf die überall gleichviel Benzol aufwächst. Das Schliffbild einer festen Mischung zeigt daher große Naphthalinkristalle, eingebettet in kleine Benzolkristalle.

Führt man den Abkühlungsvorgang mit einer Mischung der Anfangszusammensetzung $x_0 = e$ durch, so kühlt sich die Schmelze schnell bis zum Punkt E ab, ohne daß Naphthalin oder Benzol auskristallisiert. Erst beim Unterschreiten der Temperatur im Punkt E kristallisieren Benzol und Naphthalin gleichzeitig aus. Ein Schliffbild muß daher ein Gemenge von gleich großen Benzol- und Naphthalinkristallen zeigen. Die Mischung mit der Zusammensetzung $x_0 = e$ ist die tiefstschmelzende Mischung aller Benzol/Naphthalinmischungen; sie wird *eutektische* Mischung (*Eutektikum*) genannt. Das Eutektikum erkennt man sowohl an den Abkühlungskurven (nur ein Haltepunkt), als auch an den Schliffbildern.

Kühlt man schließlich die Schmelzen der reinen Komponenten ab, so bleibt die Abkühlungsgeschwindigkeit bis zu den Schmelzpunkten gleich. Der Schmelzpunkt selbst gibt sich in der Abkühlungskurve ebenfalls durch einen Haltepunkt zu erkennen.

Dem Schmelzdiagramm in Bild 16.13 entnimmt man, daß der Schmelzpunkt von Naphthalin durch Zugabe von Benzol bis zur eutektischen Temperatur herabgesetzt werden kann. Dasselbe gilt auch für viele andere organische Substanzen. Darauf gründet sich letztlich die Reinheitsprüfung von organischen Präparaten durch eine Schmelzpunktbestimmung.

Schmelzdiagramme mit Eutektika und Mischkristallen

Etwas modifiziert wird das Schmelzdiagramm mit Eutektikum, wenn bei der Abkühlung nicht die reinen Substanzen, sondern feste Lösungen beider Komponenten auskristallisieren (Mischkristalle = Mischphase). Hierzu das Beispiel Silber/Kupfer (Bild 16.15). Die Mischkristallbildung äußert sich im Schmelzdiagramm im Auftreten zweier neuer Mischphasengebiete, die durch die zwei Phasengrenzkurven $\overline{AC}$ und $\overline{DB}$ abgegrenzt werden. Die Abkühlungskurven sehen ähnlich wie früher aus; das eutektische Gemisch besteht nun aber aus einem Gemenge von zwei Mischkristallarten.

Schmelzdiagramme mit Eutektika und Verbindungen

Eine andere Gruppe von zweikomponentigen Systemen besitzt Schmelzdiagramme, die durch *Verbindungsbildung* ausgezeichnet sind. Besitzen die zwei Komponenten unter bestimmten Bedingungen die Tendenz, eine Verbindung (Legierung, Anlagerungsverbindung, usw.) einzugehen, so entstehen Schmelzdiagramme, wie sie die Bilder 16.16a und b zeigen. Verbindungsbildung tritt bei ganz bestimmten Molverhältnissen der Komponenten ein. Beim Abkühlen einer Schmelze kristallisieren dann die beiden Komponenten nicht rein aus, auch nicht in Form von Mischkristallen, sondern als reine Kom-

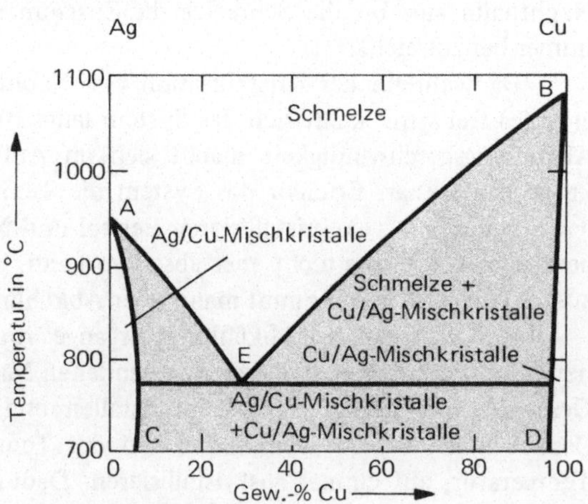

Bild 16.15 Schmelzdiagramm des Systems Ag/Cu bei 1 atm (mit Eutektikum und Mischkristallbildung)

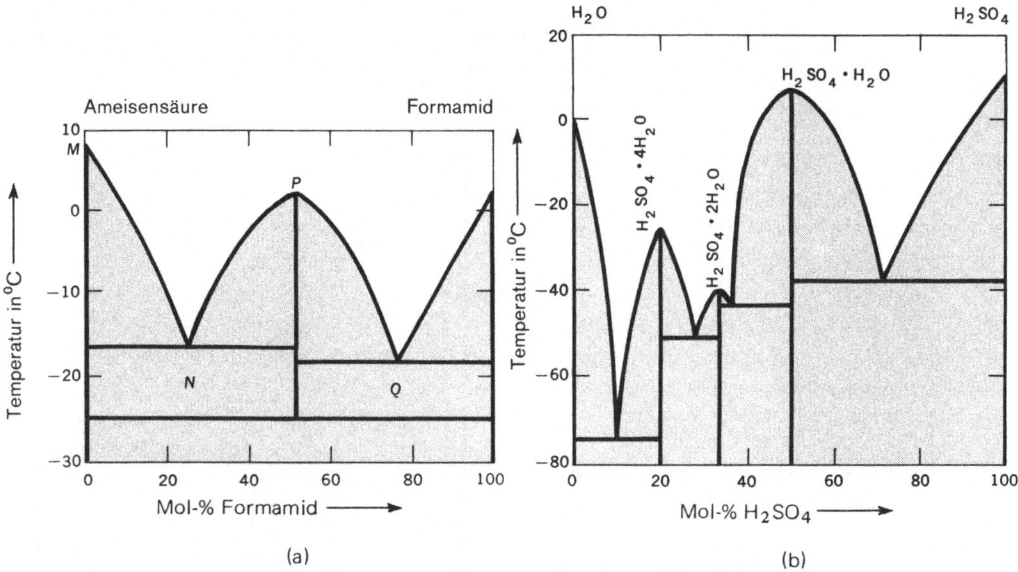

Bild 16.16 Schmelzdiagramm der Systeme Ameisensäure/Formamid (a) und H_2O/H_2SO_4 (b) bei 1 atm (*L. P. Hamett:* Introduction to the Study of Physical Chemistry, McGraw Hill Book Co., New York, 1952) (mit Verbindungsbildung)

ponenten oder Mischkristalle und Kristalle der Verbindung. Das gesamte Schmelzdiagramm setzt sich daher formal aus mehreren Schmelzdiagrammen mit Eutektika zusammen.

Kühlt man z. B. eine Ameisensäure/Formamidschmelze mit Zusammensetzungen zwischen x_M und x_N sowie zwischen x_R und x_Q ab, so kristallisiert zuerst reine Ameisensäure bzw. Formamid aus. Beim Abkühlen im Bereich zwischen x_P und x_N, sowie zwischen x_P und x_Q kristallisiert zuerst die Anlagerungsverbindung von einem Molekül Ameisensäure und einem Molekül Formamid aus. Das Eutektikum bei N besteht aus einem Gemenge von Ameisensäure- und Verbindungskristallen, das bei Q aus Verbindungs- und Formamidkristallen. Besonders häufig sind auch Verbindungsbildungen bei wäßrigen Lösungen von Säuren und Salzen zu beobachten. Die Verbindungen sind Hydrate mit mehr oder weniger Wassermolekülen (Bild 16.16b).

Schmelzdiagramme mit inkongruent schmelzenden Verbindungen

Etwas komplizierter sehen Schmelzdiagramme aus, wenn die Verbindungen nicht bis zu ihrem Schmelzpunkt stabil sind, sondern schon vorher in reine Kristalle einer Komponente und in eine Lösung beider Komponenten zerfallen. Dies wird an Hand eines konkreten Beispiels, des Systems $CaF_2/CaCl_2$ (Bild 16.17) leichter verständlich. Geht man von dem Doppelsalz $CaF_2 \cdot CaCl_2$ als Verbindung aus und erwärmt dieses, so zerfällt es bei 737 °C in eine Schmelze der Zusammensetzung x_B und in feste CaF_2-Kristalle. Zerfälle dieser Art bezeichnet man als *inkongruentes Schmelzen* oder als *peritektische Reaktion*. Die in Bild 16.17 gestrichelt gezeichnete Kurve soll andeuten, wie das Schmelzdiagramm aussehen würde, wäre die Verbindung stabil; sie ist für die Praxis ohne Bedeutung.

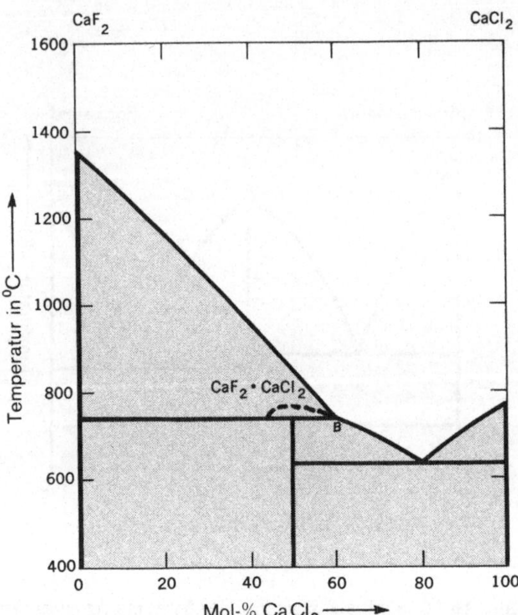

Bild 16.17

Schmelzdiagramm des Systems CaF$_2$/CaCl$_2$ bei 1 atm (inkongruentes Schmelzen der Verbindung) (*International Critical Tables,* IV, McGraw Hill Book Co., New York, 1927)

Schmelzdiagramme mit Mischkristallen

Zum Abschluß dieses Abschnittes über Schmelzdiagramme zweikomponentiger Systeme ein Typ, bei dem nur eine einzige feste Phase, eine Mischphase, in Erscheinung tritt. Bei dieser Phase handelt es sich um eine feste Lösung beider Komponenten (*Mischkristalle*). Daß nur eine einzige feste Phase auftritt, ist eine Folge der vollständigen Mischbarkeit beider Komponenten im festen Zustand.

Partielle Mischbarkeit im festen Zustand (z. B. beim System Kupfer/Silber) tritt auf, wenn das Grundgitter einer Komponente die Atome der anderen bis zu einem gewissen Ausmaß auf Zwischengitterplätze einbauen kann. Man spricht dann von *Einlagerungsmischkristallen*. Vollkommene Mischbarkeit ergibt sich hingegen dann, wenn zwei Atomsorten ungefähr gleichen Ionenradius besitzen und sich im regulären Gitter gegenseitig vertreten können. Mischkristalle dieser Art werden *Substitutionsmischkristalle* genannt.

Das System Kupfer/Nickel bildet Substitutionsmischkristalle (Bild 16.18). Durch die Liquidus- und Solidus-Kurve wird ein Zweiphasengebiet abgegrenzt, in dem Schmelze

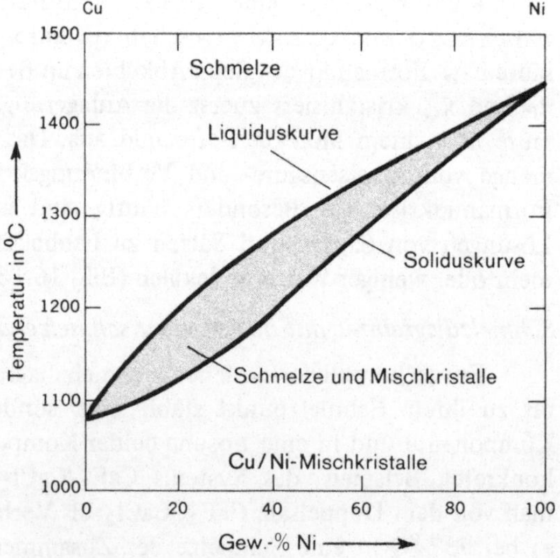

Bild 16.18 Schmelzdiagramm des Systems Cu/Ni (vollständige Mischbarkeit im festen Zustand) (*International Critical Tables,* II, 433, McGraw Hill Book Co., New York, 1927)

und Mischkristalle nebeneinander vorkommen. Die Mischkristalle sind immer reicher an der höherschmelzenden Komponente, wie man aus dem Diagramm leicht abliest. Für die Abkühlung von Schmelzen ist in diesem Fall charakteristisch, daß sich innerhalb des Zweiphasengebietes auch die Zusammensetzung der Mischkristalle laufend ändern muß. Wird eine Schmelze schnell abgekühlt, im Grenzfall abgeschreckt, entstehen Mischkristalle, die nicht homogen aufgebaut sind. Auf die zuerst entstandenen Mischkristalle wachsen Schichten mit Zusammensetzungen auf, die sich nicht im thermischen Gleichgewicht mit der Schmelze befanden.

16.8 Zustandsdiagramme dreikomponentiger Systeme

Zur empirischen Beschreibung der Phasen von Systemen mit drei Komponenten braucht man insgesamt vier intensive Variable. Um zweidimensionale Zustandsdiagramme zeichnen zu können, muß man sich daher auf zwei Variablen beschränken, und die beiden anderen konstant halten. Meist werden der Druck und die Temperatur konstant gehalten und Zustandsdiagramme mit zwei Koordinaten der Zusammensetzung gezeichnet. Die dritte Koordinate der Zusammensetzung ist durch die zwei übrigen festgelegt.

Für solche Zustandsdiagramme wird gewöhnlich ein schiefwinkeliges Koordinatensystem benutzt, bei dem die Koordinatenachsen miteinander Winkel von 60° einschließen (Bild 16.19). Da die Koordinaten bei jeweils 100 % der Komponenten enden, ergibt sich ein gleichseitiges Dreieck. Jeder Punkt in diesem Dreieck gibt dann die Zusammensetzung des dreikomponentigen Systems an. Interessiert man sich außerdem für die Temperaturabhängigkeit, so kann senkrecht zu diesem zweidimensionalen Diagramm noch eine Temperaturachse hinzugenommen werden (vgl. Bild 16.22).

Das Zustandsdiagramm eines dreikomponentigen flüssigen Systems bei konstanter Temperatur

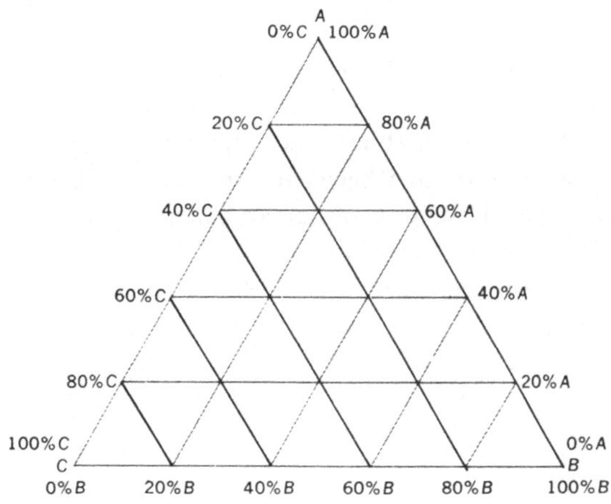

Bild 16.19 Koordinatensystem für ein dreikomponentiges System bei konstanter Temperatur und konstantem Druck

ähnelt den Diagrammen zweikomponentiger Systeme, nur sind hier drei Komponenten in gewissen Bereichen der Zusammensetzung miteinander mischbar, in anderen unmischbar. Im unmischbaren Bereich trennen sie sich in zwei Mischphasen. Das System Essigsäure/Chloroform/Wasser ist z. B. im Bereich großer Essigsäurekonzentrationen vollkommen mischbar (Bild 16.20). Die Verbindungslinien im Zweiphasengebiet verknüpfen die Zusammensetzungen der zwei getrennten Phasen. Sie verlaufen aber nicht wie früher bei den zweikomponentigen Systemen horizontal. Gibt man z. B. die Systemzusammensetzung $x_0 = b$ vor, so zerfällt das System in die zwei Phasen mit den Zusammensetzungen $x_1 = a$ und $x_2 = c$. Der Punkt d auf der Zweiphasenkurve ist der kritische,

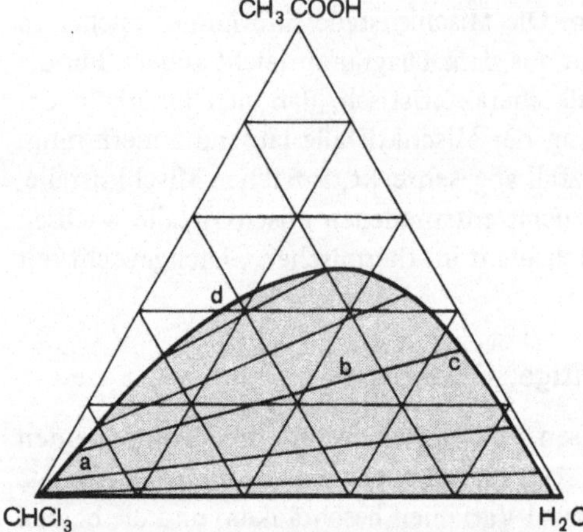

Bild 16.20

Zustandsdiagramm des Systems Essigsäure/ Chloroform/Wasser bei 18 °C und 1 atm (*R. H. Perry, C. H. Chilton, S. D. Kirkpatrick:* Chemical Engineers's Handbook, 2nd ed., McGraw Hill Book Co., New York, 1941)

isotherme Lösungs- oder Entmischungspunkt. Er ist mit dem Lösungs- bzw. Entmischungspunkt bei zweikomponentigen Systemen vergleichbar.

Die Anwendung der Phasenregel auf das Zweiphasengebiet liefert: $F = K - P + 2 = 3 - 2 + 2 = 3$, also drei Freiheiten. Druck, Temperatur und eine Zusammensetzung könnten unabhängig voneinander variiert werden, ohne daß man das Zweiphasengebiet verläßt.

Ein dreikomponentiges System aus zwei Salzen und Wasser zeigt Bild 16.21. Die Phasengrenzkurven $\overline{DF}$ und $\overline{FE}$, sowie $\overline{BF}$ und $\overline{CF}$ grenzen vier Phasengebiete ab: Eine vollkommen mischbare Lösung der beiden Salze in Wasser (Einphasengebiet), zwei Lösungen im Gleichgewicht mit jeweils einem reinen festen Stoff (Zweiphasengebiet) und eine Lösung, gesättigt an beiden Salzen im Gleichgewicht mit beiden festen Salzen (Dreiphasengebiet).

Anschaulicher wird dieses Verhalten beim Betrachten der Verbindungslinien, die von B und C ausgehen. Alle Mischungen mit Systemzusammensetzungen entlang dieser

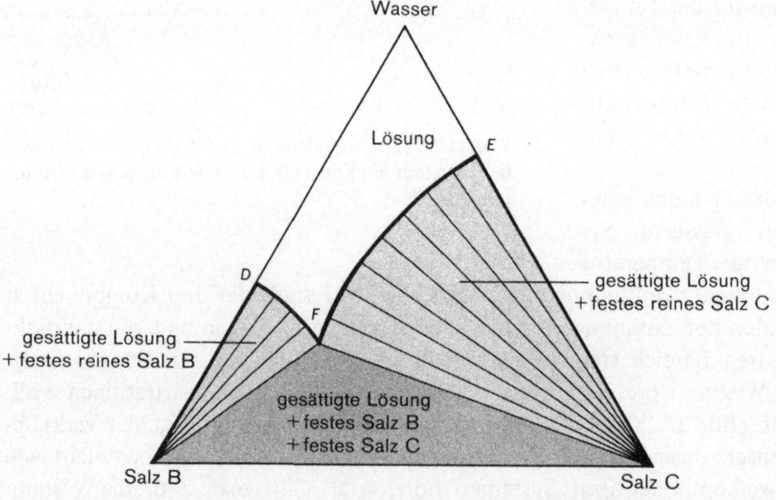

Bild 16.21 Schematisches Zustandsdiagramm von Wasser und zwei Salzen B und C bei konstanter Temperatur und konstantem Druck (Einphasengebiet ohne Raster, Zweiphasengebiet hell und Dreiphasengebiet dunkel gerastert)

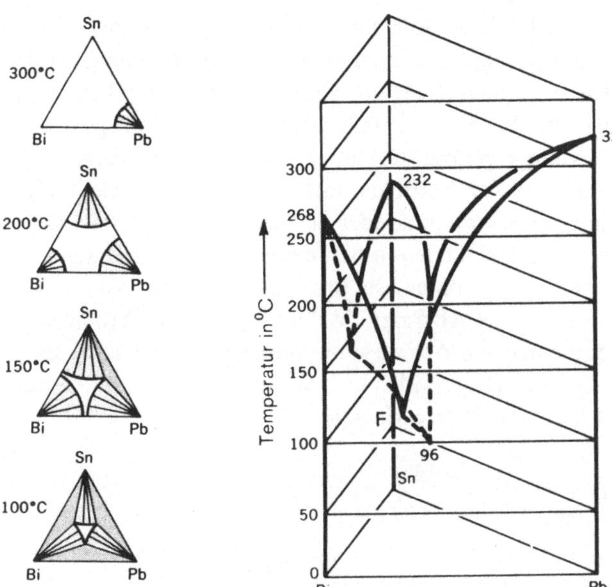

Bild 16.22

Schmelzdiagramm des Systems Pb/Sn/Bi bei 1 atm mit isothermen Schnitten

Linien zerfallen in reines festes Salz B oder C und gesättigte Lösungen an B und C, mit Zusammensetzungen, die auf den Phasengrenzkurven abgelesen werden können. Im Punkt F ist gesättigte Lösung im Gleichgewicht mit beiden festen Salzen vorhanden. Entzieht man einer solchen Lösung Wasser, so bleibt die Konzentration der Lösung erhalten bis alles Wasser entzogen ist. Dabei kristallisieren die Komponenten B und C aus.

Das Zustandsdiagramm eines dreikomponentigen Systems mit Temperaturabhängigkeit, das sich formal aus drei Schmelzdiagrammen mit Eutektika zusammensetzt, ist in Bild 16.22 gezeichnet. Es ist das Zustandsdiagramm bzw. Schmelzdiagramm von Blei/ Zinn/Wismuth. Es gilt für den Druck 1 atm. Isotherme Schnitte durch dieses dreidimensionale Diagramm sind im gleichen Bild daneben dargestellt.

Wird eine Schmelze mit 32 Gew.% Pb, 15 Gew.% Sn und 53 Gew.% Bi (diese Zusammensetzung entspricht dem Punkt F) abgekühlt, so kristallisieren bei 90 °C gleichzeitig Pb, Sn und Bi nebeneinander in reinem Zustand aus. Der Punkt F ist daher ein *ternärer eutektischer Punkt*. Die Phasenregel liefert für ihn zwar eine Freiheit, $F = K - P + 2 = 3 - 4 + 2 = 1$, doch ist diese Freiheit durch den konstanten Druck bereits vergeben.

16.9 Freie Enthalpie und Stabilität von Mischkristallen

In Abschnitt 16.5 haben wir flüssige Mischphasen thermodynamisch durch die freie Mischungsenthalpie beschrieben und festgestellt, daß ideale Systeme keine Mischungsenthalpie besitzen. Im Gegensatz dazu stehen die realen Systeme wegen ihrer Wechselwirkungen zwischen den fremden Komponentenmolekülen. Obwohl wir jene nicht quantitativ erfassen können, lassen sich mit Hilfe statistischer Überlegungen doch einige allgemeine Erkenntnisse gewinnen, die sich auf das energetische Bild der Schmelzdiagramme beziehen.

Wir gehen dazu von einem System aus, das aus den Komponenten A und B in den Konzentrationen x_A und $x_B = 1 - x_A$ besteht. Wir nehmen weiter an, daß A und B

Atome sind und jeweils s Nachbaratome besitzen (z. B. s = 8 für raumzentrierte und s = 12 für flächenzentrierte kubische Struktur). In einer festen Mischung (Mischphase) ist daher die Wahrscheinlichkeit, daß irgendein A-Atom einen bestimmten Gitterplatz besetzt, proportional x_A bzw. daß ein B-Atom denselben Platz besetzt proportional $1 - x_A$. Nehmen wir weiterhin eine völlig regellose Verteilung aller Atome an. Regellos in dem Sinne, daß sich diese unabhängig von der Nachbarschaft eines Atoms einstellt. Egal welches Atom (A oder B) wir dann betrachten, ein jedes besitzt im Durchschnitt sx A- und $s(1 - x)$ B-Nachbaratome (wegen der einfacheren Schreibweise setzen wir $x_A = x$). Fassen wir die Nachbaratome paarweise zusammen, so sind das insgesamt $Nsx^2/2$ AA-Paare, $Ns(1 - x)^2/2$ BB-Paare und $Nsx(1 - x)$ AB-Paare. N soll die Zahl aller Atome sein. Setzen wir voraus, daß zwischen den einzelnen Atompaaren immer nur Anziehung stattfindet (Bindungsenergien D_{AA}, D_{BB} und D_{AB} positiv), dann beträgt die gesamte Bindungsenergie der festen Mischung bzw. die innere Energie des Systems bei T = 0 (vgl. Abschnitt 14.1):

$$U_0 = \frac{Nsx^2}{2} D_{AA} + \frac{Ns(1 - x)^2}{2} D_{BB} + Nsx(1 - x) D_{AB}$$

$$= \frac{Ns}{2} \left[xD_{AA} + (1 - x) D_{BB} + 2x(1 - x) \left(D_{AB} - \frac{D_{AA} + D_{BB}}{2} \right) \right]. \tag{62}$$

Da die Gitterenergie eines A-Kristalls $(Ns/2) D_{AA}$ und die eines B-Kristalls $(Ns/2)D_{BB}$ beträgt, entsprechen die ersten zwei Terme auf der rechten Seite von Gl. (62) gerade der Energie eines Gemenges aus x Teilen A- und $(1 - x)$ Teilen B-Kristallen. Der dritte Term (Mischungsenergie) im Ausmaß von $2x(1 - x)$ betrifft die möglichen fremdatomigen Wechselwirkungen. Da die Funktion $x(1 - x)$ zwischen x = 0 und x = 1 nur positive Werte mit einem Maximum bei x = 1/2 besitzt, hat der dritte Term dasselbe Vorzeichen wie $D_{AB} - (D_{AA} + D_{BB})/2$. Wir können deshalb drei energetische Grenzfälle unterscheiden: (a) Mischungswärme bzw. Mischungsenergie positiv $D_{AB} > (D_{AA} + D_{BB})/2$, (b) Mischungsenergie Null $D_{AB} = (D_{AA} + D_{BB})/2$ und (c) Mischungsenergie negativ $D_{AB} < (D_{AA} + D_{BB})/2$. Um die innere Systemenergie bei einer beliebigen Temperatur zu finden, haben wir Gl. (62) um einen $\int C_V dT$-Term zu ergänzen. Nehmen wir dazu an, daß sich die spezifische Wärme des Gemenges und der Mischung nicht wesentlich unterscheiden ($C_v = x_A C_{V,A} + x_B C_{V,B}$)

$$U = \frac{Ns}{2} \left[(xD_{AA} + (1 - x) D_{BB} + 2x(1 - x) \left(D_{AB} - \frac{D_{AA} + D_{BB}}{2} \right) \right] + \int\limits_{T=0}^{T} C_V dT. \tag{63}$$

Für den Entropieunterschied zwischen dem Gemenge und der Mischung läßt sich die bekannte Formel für die Mischungsentropie von Gasen bzw. Flüssigkeiten verwenden (Abschnitte 10.8 und 16.5):

$$\Delta S_{Misch} = - Nk \left[x \ln x + (1 - x) \ln(1 - x) \right]. \tag{64}$$

Warum, soll kurz begründet werden. Wir erinnern uns dazu an die Herleitung des Entropiezuwachses beim Verteilen von atomaren Gitterfehlern in Abschnitt 14.8 und verteilen nun nicht Leerstellen, sondern A- bzw. B-Atome. Besitzt das Gitter N Plätze und werden darauf Nx A- bzw. $N(1-x)$ B-Atome verteilt, so ergibt sich für die Zahl aller Anordnungsmöglichkeiten:

$$W = \binom{N}{Nx} \equiv \binom{N}{N(1-x)} = \frac{N!}{(Nx)! \, [N(1-x)]!} \tag{65}$$

und nach Anwendung der Stirlingschen Formel:

$$W = \left[\frac{1}{x^x (1-x)^{1-x}} \right]^N . \tag{66}$$

Daraus folgt mit $S = k\ln W$ direkt Gl. (64).

Vernachlässigen wir bei der folgenden Berechnung von $G = U + pV - TS$ den pV-Term, so bekommen wir für die freie Enthalpie des zweiatomigen Systems:

$$G \cong U_0 + NkT \left[x\ln x + (1-x)\ln(1-x) \right] - T \int_{T=0}^{T} \frac{C_p}{T} \, dT . \tag{67}$$

In Bild 16.23 wurde $G(x)$ für die drei Grenzfälle $D_{AB} \gtrless (D_{AA} + D_{BB})/2$ schematisch skizziert. In allen drei Fällen beginnt G bei $x = 0$ bzw. 1 steil abzufallen, weil dort der logarithmische Term der Mischungsentropie alle anderen Energieterme überwiegt. Die gestrichelte Gerade, die die Punkte $G(0)$ und $G(1)$ verbindet, verkörpert die freie Systementhalpie von Gemengen aus A- und B-Kristallen. Sie wird nur im Grenzfall (a) von $G(x)$ geschnitten, d. h. nur hier gibt es Gemenge als stabile Phasen. In den Fällen (b) und (c) sind nur feste Lösungen (Legierungen) stabil, weil $G(x)$ immer unterhalb der Gemengegeraden liegt.

Bleiben wir noch etwas bei Bild 16.23a und untersuchen wir, was passiert, wenn wir ein Gemenge aus zwei homogenen Phasen der Zusammensetzung x_1 und x_2 (G_1 und G_2) vorlegen. Weil G_1 und G_2 zwei stabile Phasen repräsentieren, können wir durch Zusammenmischen jede beliebige Zusammensetzung zwischen x_1 und x_2 realisieren. Die freie Enthalpie ist dabei durch die Verbindungsgerade $\overline{G_1 G_2}$ gegeben und beschreibt ein Zweiphasengebiet. Im Bereich $x < x_1$ und $x > x_2$ existiert jeweils nur eine stabile Mischphase. Maßgebend für Zusammensetzungen $x_1 < x < x_2$ ist also nicht die gestrichelte, sondern die punktierte Gerade. $G(x)$ in Bild 16.23a ist genaugenommen eine Summenkurve aus zwei einzelnen Phasenkurven und wenn wir z. B. ein Schmelzdiagramm mit Mischkristallen energetisch beschreiben wollen, dann müssen wir zuerst je eine G-Kurve für die Schmelze und die feste Phase getrennt

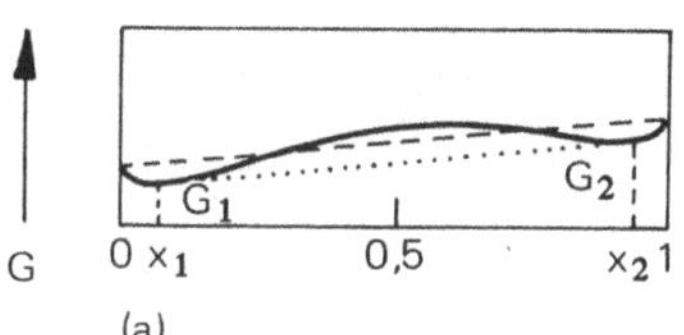

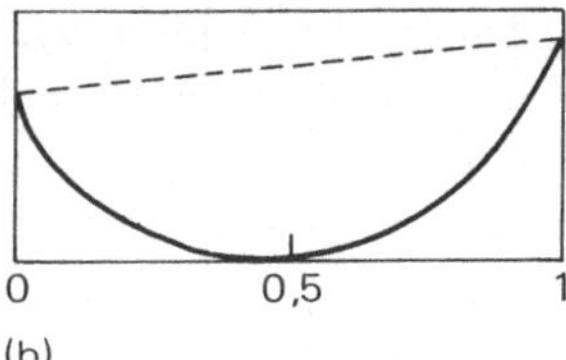

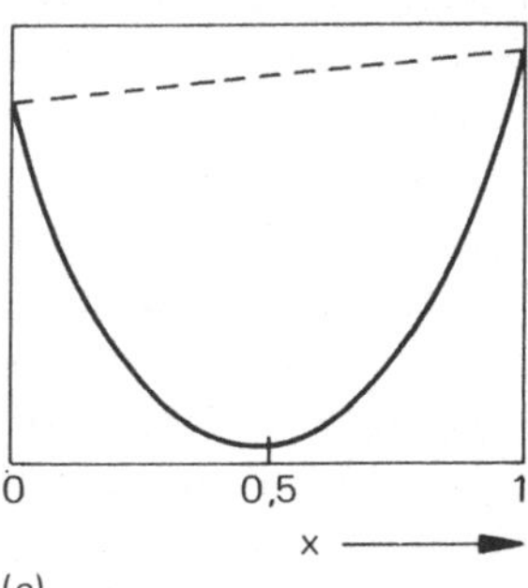

Bild 16.23 Freie Enthalpie eines zweikomponentigen Systems mit den Grenzfällen:

$D_{AB} > (D_{AA} + D_{BB})/2$ (a)
$D_{AB} = (D_{AA} + D_{BB})/2$ (b)
$D_{AB} < (D_{AA} + D_{BB})/2$ (c)

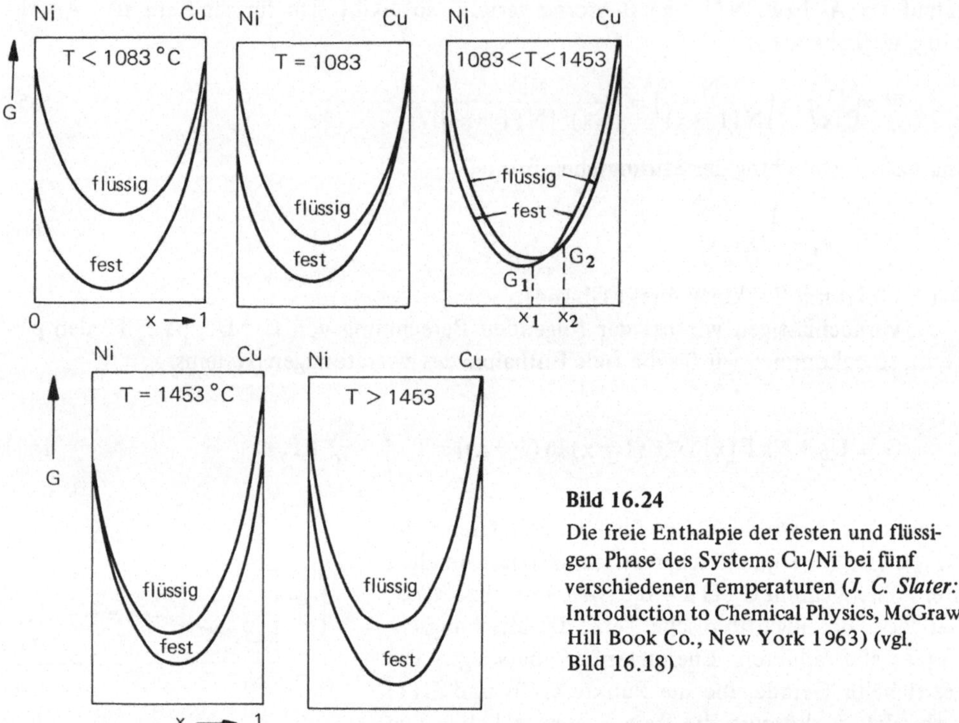

Bild 16.24
Die freie Enthalpie der festen und flüssigen Phase des Systems Cu/Ni bei fünf verschiedenen Temperaturen (*J. C. Slater: Introduction to Chemical Physics*, McGraw Hill Book Co., New York 1963) (vgl. Bild 16.18)

zeichnen. Betrachten wir das Cu/Ni-System; Cu sei die Komponente A und Ni die Komponente B ($x = 0$ bedeutet reines Ni und $x = 1$ reines Cu). Wie sich empirisch herausstellt, entspricht dieses System dem Grenzfall (b) in Bild 16.23; die Bindungsenergie zwischen den Cu- und Ni-Atomen ist etwa das Mittel aus den Cu-Cu und Ni-Ni-Energien. Mit anderen Worten: Die Cu- und Ni-Atome verhalten sich chemisch sehr ähnlich und ihre Mischungsenergie bzw. -enthalpie ist Null (Idealfall). Die freie Enthalpie wird daher nur durch die Mischungsentropie und den $T \int C_p/T\, dT$-Term geprägt. Wenn wir also die freie Enthalpie von reinem Cu und Ni sowie den C_p-Verlauf kennen, sind wir in der Lage, G-Kurven für flüssiges und festes Cu sowie Ni zu zeichnen. Dies ist in Bild 16.24 geschehen. Alle Kurven für Temperaturen unter dem Schmelzpunkt von 1083 °C für Cu sehen analog aus. Beim Schmelzpunkt selbst berühren einander die G-Kurven bei $x = 1$ und bei Temperaturen zwischen den Schmelzpunkten schneiden sich die Solidus- und die Liquiduskurve. Ziehen wir eine Tangente zwischen den Punkten G_1 und G_2, so haben wir einen zu Bild 16.23a analogen Fall: Zwischen G_1 und G_2 entsteht ein Zweiphasengebiet, in diesem Fall aus Schmelze mit der Zusammensetzung x_2 und festen Mischkristallen mit der Zusammensetzung x_1.

16.10 Phasenumwandlungen zweiter Ordnung

Gewöhnliche Phasenumwandlungen erfolgen bei einem vorgegebenen äußeren Druck nur bei einer ganz bestimmten, eindeutigen Temperatur. Alle thermodynamischen Eigenschaften eines chemischen Stoffes besitzen dort Diskontinuitäten, was sich in latenten Umwandlungswärmen manifestiert (Schmelzwärme, Verdampfungswärme, usw.). Es gibt allerdings Fälle, in denen die Phasenänderung nicht diskontinuierlich und „schlagartig", sondern innerhalb eines gewissen Temperaturbereiches stetig und „langsam" erfolgt. In diesem Bereich nimmt die spezifische Wärme abnorm hohe Werte an und es gibt keine latente Wärme. Man nennt die diskontinuierlichen Phasenänderungen *Umwandlungen erster* und die stetigen *Umwandlungen zweiter Ordnung*. Diese treten bei festen Phasen auf, obwohl man sich schwer vorstellen kann, daß es zwischen zwei verschiedenen, definierten Kristallstrukturen so etwas wie einen kontinuierlichen Übergang geben soll. Das ist auch nicht der Fall; es gibt sie nur bei gleichbleibender Struktur, wobei Veränderungen innerhalb dieser die genannten anomalen Effekte hervorrufen.

Das wohl bekannteste Beispiel hierzu bieten die Ferromagnetika: Ihr magnetischer Zustand wechselt bei hohen Temperaturen zu einem unmagnetischen, ohne daß die Kristallstruktur geändert wird. Die Magnetisierung nimmt kontinuierlich auf Null ab. Je näher das System seiner Curietemperatur kommt, umso schneller erfolgt zwar die Demagnetisierung, jedoch niemals schlagartig. Ein weiteres Beispiel betrifft Kristalle wie NH_4Cl, in denen bei höheren Temperaturen Rotationen der NH_4^+-Tetraeder vorkommen. Die Änderung vom Normalzustand ohne Rotationen in den mit Rotationen erfolgt innerhalb eines begrenzten Temperaturbereiches und ist mit einer anomal hohen spezifischen Wärme (ohne Freiwerden von latenter Wärme) verbunden. Als drittes Beispiel sollen hier die Ordnungs-Unordnungsumwandlungen von Legierungen genannt werden und mit diesen wollen wir uns im folgenden eingehender beschäftigen.

Eines der best untersuchten Systeme mit einer derartigen Umwandlung stellt die β-Phase des *Messings* (Cu-Zn-Legierung) mit Zusammensetzungen um 50 Mol% dar (Bild 16.25). Die β-Phase kristallisiert kubisch-raumzentriert. Von der Raumerfüllung her gesehen lassen sich die Gitterplätze in zwei Sorten einteilen: In 50 % Eck- und 50 % Zentralplätze. Nachdem beide Sorten miteinander im Raum vertauschbar sind, können wir folgende geordnete Strukturen realisieren: Entweder alle Cu-Atome in den Zentren und alle Zn-Atome an den Ecken oder umgekehrt. Im völlig ungeordneten Zustand sind die beiden Atomarten regellos auf alle Plätze verteilt. Während bei völliger Ordnung jedes Cu-Atom von 8 Zn-Atomen und umgekehrt umgeben ist, besitzt es bei völliger Unordnung

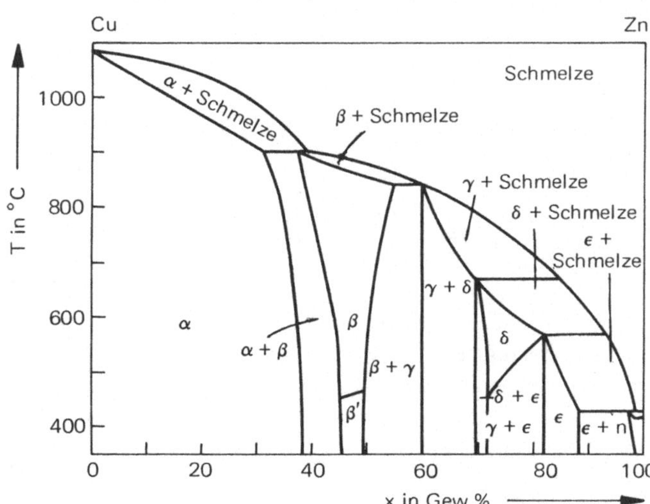

Bild 16.25 Das Zustandsdiagramm des Systems Cu/Zn (nach *J. C. Slater:* Introduction to Chemical Physics, McGraw Hill Book Co., N.Y. 1963)

im Durchschnitt 4 weitere Cu- und 4 Zn-Atome als Nachbarn. Wir wollen versuchen, die freie Energie und die spezifische Wärme dieser Phase bei der Ordnungs-Unordnungs-umwandlung zu berechnen. Wir gehen dabei wie in Abschnitt 16.9 vor und ermitteln zuerst die innere Energie U_0. Wir nehmen auch wie dort an, daß sich die gesamte potentielle Energie additiv aus Paarenergien zusammensetzt. Unser Problem besteht nun darin, alle Paare AA, BB und AB zu finden, um die Energie aufaddieren zu können. Wir führen dazu einen *Ordnungsparameter* w ein. Nennen wir die Eckplätze α und die anderen β; es soll w = 1 sein, wenn alle A-Atome auf α- und alle B-Atome auf β-Plätzen sind. Außerdem w = $-$ 1, wenn alle A auf β und alle B auf α sind, sowie w = 0, wenn Gleichverteilung herrscht. w = $\pm$ 1 bedeutet also völlige Ordnung und w = 0 völlige Unordnung.

Werden insgesamt N Atome, also N/2 einer jeden Art, auf N Gitterplätze beim Ordnungsgrad w verteilt, so gibt es

$$\frac{(1+w)\,N}{4} \quad \text{A-Atome auf } \alpha\text{-Plätzen,}$$

$$\frac{(1-w)\,N}{4} \quad \text{A-Atome auf } \beta\text{-Plätzen,}$$

$$\frac{(1-w)\,N}{4} \quad \text{B-Atome auf } \alpha\text{-Plätzen und}$$

$$\frac{(1+w)\,N}{4} \quad \text{B-Atome auf } \beta\text{-Plätzen.} \tag{68}$$

Die Zahl aller AA-Paare beträgt:

$$\frac{(1+w)\,N}{4}\;\frac{8}{\dfrac{N}{2}}\;\frac{(1-w)\,N}{4} = N\,(1-w^2). \tag{69}$$

Die Zahl aller BB-Paare ist gleich groß wie die der AA-Paare und die Zahl der AB-Paare beträgt:

$$N\,(1+w)^2 + N\,(1-w)^2 = 2\,N\,(1+w^2). \tag{70}$$

Wir multiplizieren die Bindungsenergie D_{AA} mit der Zahl der AA-Paare, usw. und summieren zur inneren Energie U_0 auf:

$$U_0 = N\,(1-w^2)\,(D_{AA} + D_{BB}) + 2\,N\,(1+w^2)\,D_{AB}. \tag{71}$$

Um eine zu Gl. (62) analoge Formelstruktur zu erhalten, wird die Zusammensetzung x (= 1/2) eingeführt und Gl. (71) entsprechend umgeformt:

$$U_0 = 4\,N\left[x D_{AA} + (1-x)\,D_{BB} + 2x\,(1-x)\left(D_{AB} - \frac{D_{AA} + D_{BB}}{2}\right)\right] + 8\,N x^2 w^2 \left(D_{AB} - \frac{D_{AA} + D_{BB}}{2}\right)$$

$$\tag{72}$$

Für w = 0 (ungeordnete Struktur) geht Gl. (72) richtig in Gl. (62) über. Um U zu erhalten, müssen wir noch einen temperaturabhängigen C_V-Term addieren und nehmen dazu näherungsweise die Molwärme des ungeordneten Zustandes, so daß

$$U = U_0 + \int_0^T C_V \, dT. \tag{73}$$

Nun zur Entropie. Zur Verteilung von $(1 + w)N/4$ A- und $(1 - w)N/4$ B-Atomen auf α-Plätzen sowie von $(1 - w)N/4$ A- und $(1 + w)N/4$ B-Atomen auf β-Plätzen gibt es

$$\left\{ \frac{\left(\frac{N}{2}\right)!}{\left[(1 + w)\frac{N}{4}\right]!\left[(1 - w)\frac{N}{4}\right]!} \right\}^2 \tag{74}$$

Möglichkeiten, wobei α- und β-Plätze gleich viel beitragen (deshalb das Quadrat!). Mit Hilfe von $S = k\ln W$ folgt daraus die Entropie

$$S = -Nk\left(\frac{1 + w}{2}\ln\frac{1 + w}{2} + \frac{1 - w}{2}\ln\frac{1 - w}{2}\right) + \int_0^T \frac{C_p}{T}\,dT$$

$$= Nk\ln 2 - \frac{Nk}{2}\Big[(1 + w)\ln(1 + w) + (1 - w)\ln(1 - w)\Big] + \int_0^T \frac{C_p}{T}\,dT. \tag{75}$$

Herrscht völlige Unordnung ($w = 0$), dann verschwindet der zweite Term von Gl. (75) und übrig bleibt $S = Nk\ln 2$. Ein Ergebnis, das auch aus Gl. (64) mit $x = 1/2$ resultiert. Bei völliger Ordnung hingegen ($w = \pm 1$) wird die Entropie, so wie es sein soll, Null.

Berechnen wir mit Hilfe der inneren Energie (72) und der Entropie (75) die freie Enthalpie (wie in Abschnitt 16.9) und tragen wir sie gegen den Ordnungsparameter w in einem Diagramm auf, so erhalten wir je nach gewählter Temperatur unterschiedliche Kurvenformen (Bild 16.26). Da gleiche positive und negative w-Werte denselben Zuständen entsprechen, sind die G-Kurven symmetrisch bezüglich der G-Achse. Die G-Kurven wurden unter der Voraussetzung $D_{AB} < (D_{AA} + D_{BB})/2$ berechnet, was dem Grenzfall (c) in Bild 16.23 entspricht (AB-Anziehung schwächer als AA- oder BB-Anziehung). Nur wenn dieser Grenzfall vorliegt, erwarten wir, daß der geordnete Zustand stabiler als der

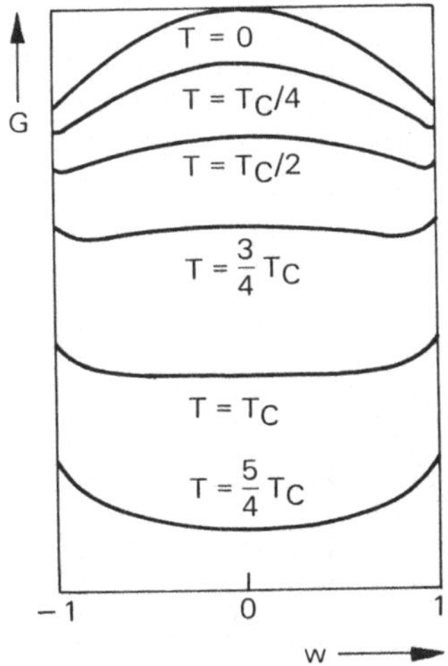

Bild 16.26 Die freie Enthalpie der β-Messingstruktur als Funktion des Ordnungsgrades w

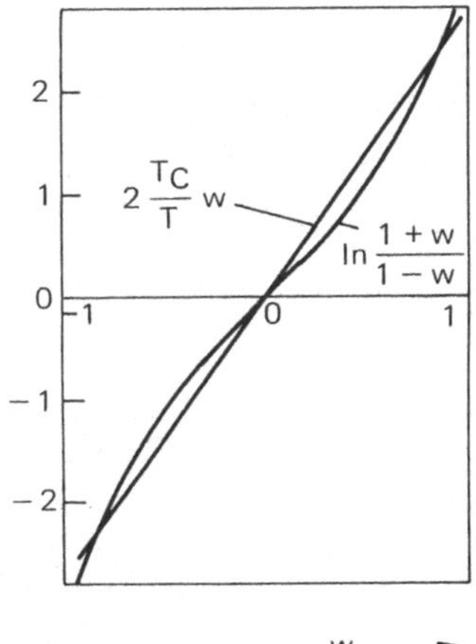

Bild 16.27 Graphische Lösung der transzendenten Gleichung (78)

ungeordnete ist. (Würde der Grenzfall (a) vorliegen, müßten zwei Phasen entstehen). Wir sehen in Bild 16.26, daß bei tiefen Temperaturen die geordnete Phase bei w = 1 stabil ist und daß mit zunehmender Temperatur die G-Minima (Stabilitätskriterium) nach innen zu w = 0 wandern. Bei der Temperatur T_C (*Curietemperatur*) gehen diese in ein einziges Minimum über. Um die Minima der G-Kurve bezüglich der Temperatur zu finden, differenzieren wir die G-Funktion $G \cong U_o - TS$ nach w und setzen die Ableitung Null:

$$4\,Nw\left(D_{AB} - \frac{D_{AA} + D_{BB}}{2}\right) + \frac{NkT}{2}\ln\frac{1+w}{1-w} = 0. \tag{76}$$

Da Gl. (76) transzendent ist, wollen wir sie graphisch lösen. Dazu formen wir sie um,

$$\ln\frac{1+w}{1-w} = w\left[-\frac{8}{kT}\left(D_{AB} - \frac{D_{AA}+D_{BB}}{2}\right)\right] = \left(2\,w\,\frac{T_C}{T}\right), \tag{77}$$

und tragen die Ausdrücke der linken und rechten Seite in einem Diagramm gegen w auf (Bild 16.27). Die beiden Ausdrücke schneiden sich in drei Punkten: Bei w = 0, was dem Maximum der G-Kurve in Bild 16.26 entspricht, und in zwei zu w = 0 symmetrisch liegenden Punkten bei etwa w = 0,9. Führen wir solche Lösungen für verschiedene Temperaturen durch und tragen wir die w-Werte gegen T_C/T auf, so erhalten wir die in Bild 16.28a gezeichnete Temperaturabhängigkeit des Ordnungsparameters w: In der Nähe des Curiepunktes T_C = T beginnt die Unordnung sehr stark zuzunehmen.

Nachdem wir nun w (T) kennen, läßt sich auch der durch die Unordnung zunehmende C_p-Anstieg quantitativ formulieren. Der über dem normalen C_p-Verlauf vorhandene „C_p-Überschuß" beträgt:

$$C_p = \left(\frac{\partial U}{\partial w}\right)_T\left(\frac{dw}{dT}\right) = T\left(\frac{\partial S}{\partial w}\right)_T\left(\frac{dw}{dT}\right)$$

$$= -\frac{NkT}{2}\ln\frac{1+w}{1-w}\left(\frac{dw}{dT}\right)$$

$$= -NkT_C\,w\left(\frac{dw}{dT}\right). \tag{79}$$

dw/dT läßt sich aus Bild 16.28a ablesen und damit C_p (T) zeichnen, was in Bild 16.28b geschehen ist. Die Ordnungs-Unordnungsumwandlung beginnt demnach bereits bei T = 0, obwohl sie sich „praktisch" erst in der Nähe der Curietemperatur bemerkbar macht.

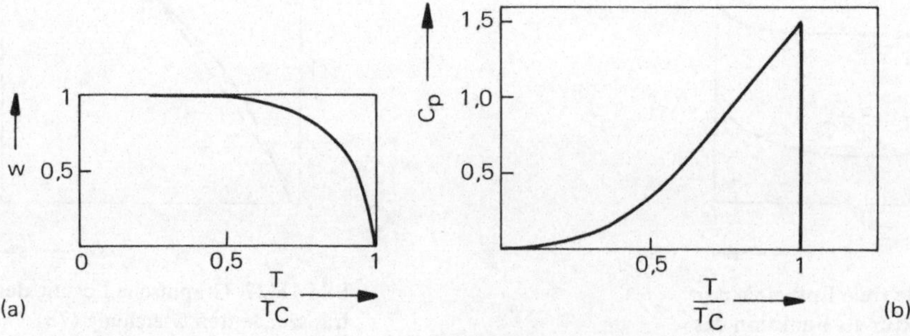

Bild 16.28 Temperaturabhängigkeit des Ordnungsgrades w (a) und der spezifischen Wärme C_p (b)

Rechenbeispiele

1. $NH_4CO_2NH_2$ besitzt im Gleichgewicht eine Dampfphase aus CO_2 und NH_3, NH_4Cl eine aus HCl und NH_3. Wie groß ist die Zahl der Komponenten des Systems, das entsteht, wenn man $NH_4CO_2NH_2$ und NH_4Cl zusammenmischt? Wieviele Phasen und Freiheiten besitzt dieses System?

2. Wieviele Phasen besitzen die folgenden Systeme:

   a) Eine zugeschmolzene Ampulle, die an Luft mit Wasser halbvoll gefüllt wurde,

   b) ein 1 l-Kolben, in dem sich 2 g Wasser bei 100 °C (ohne Luft) befindet,

   c) eine Dispersion von Öl in Wasser?

3. Wieviele Komponenten besitzen die folgenden Systeme:

   a) $N_2(g) + O_2(g)$,

   b) $N_2(g) + O_2(g)$ mit Katalysator, der Oxydation zu mehreren Stickoxyden katalysiert,

   c) $NaCl(s)$ + gesättigte Lösung an $NaCl$ + HCl,

   d) Steinsalz + Wasser,

   e) Steinsalz + Wasser + Metallhydroxyd?

4. Bei Temperaturen um 1000 °C stellen sich die beiden Reaktionsgleichgewichte $FeO(s) + H_2(g)$ $\rightleftharpoons Fe(s) + H_2O(g)$ und $FeO(s) + CO(g) \rightleftharpoons Fe(s) + CO_2(g)$ ein. Wieviele Komponenten, Phasen und Freiheiten besitzt das System, wenn ein Reaktor mit $FeO(s)$, $H_2(g)$ und $CO(g)$ beaufschlagt wird?

5. Stellen Sie sich einen Katalysator vor, der Kohlenstoff und Wasserstoff mit allen möglichen Kohlenwasserstoffen schnell ins Gleichgewicht bringt. Wieviele Komponenten besitzt dann das System Graphit + H_2, das System H_2 + CH_4 und die Systeme H_2 + CH_4 + Äthylen?

6. Wieviele intensive Variable oder Freiheiten besitzen die folgenden Systeme:

   a) $H_2O(l)$ und $H_2(g)$ im thermischen Gleichgewicht bei 1 atm,

   b) $H_2O(g)$ und $H_2(g)$ im Gleichgewicht mit $O_2(g)$,

   c) $J_2(s)$ verteilt in Wasser und Chloroform bei 1 atm,

   d) $NH_3(g)$, $N_2(g)$ und $H_2(g)$ im Gleichgewicht,

   e) eine wäßrige Lösung mit H_3PO_4 und NaOH bei 1 atm,

   f) H_2SO_4 in wäßriger Lösung im Gleichgewicht mit $H_2SO_4 \cdot 2 H_2O$ bei 1 atm?

7. Beschreiben Sie an Hand von Bild 16.11 die Phasenänderungen bei portionsweiser Zugabe von Nikotin zu einer kleinen Menge Wasser und die Phasenänderungen einer 60 %igen Nikotinlösung beim Erwärmen von 50 auf 250 °C.

8. Zeichnen Sie ein p, T-Zustandsdiagramm (wie Bild 16.1a) von CO_2 mit Hilfe folgender Daten:

   a) $CO_2(s)$ sublimiert bei 1 atm und $-78,2$ °C.

   b) Der Tripelpunkt liegt bei 73 atm und 31,1 °C.

   c) Die (temperaturunabhängige) Dichte von $CO_2(l)$ und $CO_2(s)$ beträgt 1,11 bzw. 1,56 gml^{-1}.

   Wie groß sind die Verdampfungs-, Sublimations- und Schmelzwärme?

9. Bei welcher Temperatur (1 atm) befinden sich rhombischer und monokliner Schwefel im thermischen Gleichgewicht?

10. Zeichnen Sie an Hand von Bild 16.15 die Zahl der Freiheiten des Systems Ag/Cu bei 800 °C als Funktion der Gew.% Cu sowie als Funktion der Temperatur bei 50 Gew.% Cu.

11. Berechnen Sie an Hand von Bild 16.13 die Mengenverhältnisse von Schmelze und fester Phase beim Abkühlen von 100 g Schmelze der Zusammensetzung a.

12. Beschreiben Sie an Hand von Bild 16.15 die Phasen beim Abkühlen einer Schmelze von 20 Gew.% Cu sowie die Phasenänderungen, die bei Zugabe von Silber zu einer Schmelze von 40 % Cu entstehen.

13. Bei 737 °C besitzt das System $CaCl_2/CaF_2$ mit einer Zusammensetzung von 60 % $CaCl_2$ einen peritektischen Punkt (Bild 16.17). Wenden Sie auf diesen die Phasenregel (bei konstantem Druck) an und diskutieren Sie die Phasenänderungen, die beim Erwärmen von festem $CaCl_2 \cdot CaF_2$ von 400 auf 1400 °C auftreten.

14. Zeigen Sie, daß die Summe der Lote von einem beliebigen Punkt des dreikomponentigen Zustandsdiagrammes (wie Bild 16.19) auf die Dreieckseiten gleich der Höhe des Dreieckes ist.

15. Berechnen Sie die Löslichkeit von Naphtalin in Benzol bei 25 °C und vergleichen Sie den berechneten Wert mit dem gemessenen (69 %).

16. Berechnen Sie den Molenbruch, die Aktivität und den Koeffizienten von H_2O bei 100 °C in folgenden Lösungen:

   a) 11,8 g NaCl + 100 g H_2O, p = 708 Torr,
   b) 35,4 g NaCl + 100 g H_2O, p = 585 Torr.

17. Folgende Daten über die Dampfzusammensetzung und über den Dampfdruck von CCl_4/Acetonitrilgemischen bei 45 °C sind gegeben:

$x^l_{CCl_4}$	0,0347	0,1914	0,3752	0,4790	0,6049	0,8069	0,9609
$x^g_{CCl_4}$	0,1801	0,4603	0,5429	0,5684	0,5936	0,6470	0,8001
p in Torr	248,0	336,0	346,6	369,6	371,1	362,8	314,4

   Die Dampfdrücke der reinen Komponenten betragen 258,8 bzw. 208,4 Torr. Zeichnen Sie ein Dampfdruckdiagramm und diskutieren Sie an Hand dieses Diagrammes die fraktionierte Destillation hochprozentiger Mischungen.

18. Berechnen Sie mit Hilfe der in Beispiel 17 angegebenen Daten die Aktivitäten und Koeffizienten beider Komponenten. Tragen Sie dann in einem Diagramm die Aktivitäten beider Komponenten (Bezugszustand reine Komponente) gegen die Zusammensetzung auf. Wie müßte das Diagramm für eine ideale Mischung aussehen?

19. Folgende Werte wurden für die Mischungswärme von CCl_4 und CH_3CN bei 45 °C gemessen:

x_{CCl_4}	0,128	0,317	0,407	0,419	0,631	0,821
ΔH_{Misch} (J)	414	745	862	858	930	736

   Berechnen Sie aus diesen Daten ΔG_{Misch} und $T\Delta S_{Misch}$ und tragen Sie diese Größen zusammen mit ΔH_{Misch} gegen die Zusammensetzung auf.

20. Prüfen Sie, ob die in Tabelle 16.2 angegebenen Daten der Aktivitäten der Gibbs-Duhemschen Gleichung genügen.

21. Folgende Dichten von CCl_4/cyclo-Hexan-Mischungen wurden bei 30 °C gemessen:

x_{CCl_4}	Dichte (g cm^{-3})	x_{CCl_4}	Dichte (g cm^{-3})
1,0000	1,5748	0,3751	1,0487
0,8725	1,4604	0,2520	0,9543
0,7485	1,3528	0,1303	0,8636
0,6511	1,2707	0,0000	0,7692
0,4978	1,1456		

   Berechnen Sie aus diesen Daten das partielle molare Volumen der Komponenten und zeichnen Sie ein Diagramm: Volumen, Zusammensetzung.

22. Folgende Dampfdruckdaten von $SiCl_4$/CCl_4-Gemischen wurden bei 25 °C gemessen:

x_{SiCl_4} im Gemisch	0	0,266	0,472	0,632	1,00
x_{SiCl_4} im Dampf	0	0,436	0,648	0,773	1,00
Gesamtdruck (Torr)	115	153	179	199	238

   Zeichnen Sie ein Dampfdruckdiagramm (wie Bild 16.3); verhält sich dieses System ideal?

23. Berechnen Sie an Hand von Bild 16.20 die Massen der drei Komponenten im Punkt d (Systemmasse 100 g). Berechnen Sie außerdem die Zusammensetzung und die Massen der zwei Phasen im Punkt a.

24. Beschreiben Sie die Phasenänderungen, die bei Zugabe von Wasser zu einer anfänglich wasserlosen Mischung aus 5 % Salz B und 95 % Salz C auftreten (Bild 16.21).

25. Berechnen Sie den Gleichgewichtsdampfdruck und die Gleichgewichtszusammensetzung des Dampfes einer Mischung von 0,4753 mol CCl_4 in 0,5247 mol Cyclohexan bei 40 °C, unter der Voraussetzung, daß sich diese Mischung ideal verhält. Die Dampfdrücke von reinem CCl_4 und Cyclohexan sind 213,34 Torr bzw. 184,61 Torr bei 40 °C. Vergleichen Sie die berechneten Werte mit den gemessenen ($p^o_{CCl_4}$: 203,45 Torr und $x^g_{CCl_4}$ = 0,5116).

26. Der Siedepunkt einer Mischung aus 65,89 Mol% Benzol und 34,11 Mol% Toluol beträgt bei 1 atm 88,0 °C. Bei dieser Temperatur sind die Partialdrücke 957 Torr und 379,5 Torr. Wie lautet die Dampfzusammensetzung?

27. Bei 55 °C besitzt eine Mischung von 22,05 Mol% Äthanol und 77,95 Mol% Cyclohexan einen Gesamtdruck von 368,0 Torr und eine Dampfzusammensetzung von 56,45 Mol% Äthanol und 43,55 Mol% Cyclohexan. Die Dampfdrücke der reinen Substanzen sind 279,9 Torr und 168,1 Torr. Zeichnen Sie mit diesen Angaben ein Dampfdruckdiagramm.

28. Benzol und Äthanol sind in einer Kolonne bei 750 Torr (100 % Rückfluß) im thermischen Gleichgewicht. Die Blase enthält 5 Mol% und der Rückfluß 50 Mol% Benzol. Wieviel theoretische Böden hat diese Kolonne und wie sind die Temperaturen in der Blase und am Kopf der Kolonne?

29. Beschreiben Sie die bei der Erwärmung eines 40%igen Isobutylalkohol/Wassergemisches von 50 °C auf 100 °C auftretenden Phasenänderungen an Hand von Bild 16.12. Was passiert bei der Umkehrung dieses Prozesses?

Kapitel 17
Kolligative Eigenschaften von Lösungen

Ganz allgemein sprechen wir von Lösungen, wenn die Konzentration einer Komponente (Lösungsmittel) die Konzentration anderer Komponenten (gelöste Stoffe) in einer flüssigen oder festen Mischphase weit überwiegt. Wurde zur thermodynamischen Beschreibung von Mischphasen im letzten Kapitel als Bezugszustand der Zustand der reinen Komponenten gewählt, so ist es für Lösungen vernünftiger, den hypothetischen Zustand der unendlich verdünnten (idealen) Lösung zu wählen. Denn bei Lösungen handelt es sich meist um Systeme, bei denen die gelösten Stoffe im reinen Zustand fest oder gasförmig sind. Während nun die Eigenschaften der reinen Komponenten ganz erheblich differieren, sind diese in gelöster Form weitgehend verwischt und unabhängig von anderen gelösten Stoffen. Die Ursache für dieses weitgehende energetische Nivellieren ist die Solvatation (Hydratation in Wasser). Der Standardzustand, definiert bei der Einheit der benutzten Konzentration, ist daher wie bei den realen Gasen nicht realisierbar. Während die Konzentration (Zusammensetzung) von idealen und realen Mischungen zweckmäßig in Molenbrüchen angegeben wird, verwendet man als Konzentrationsangabe von gelösten Stoffen die Molarität und Molalität. Die Aktivitäten und Aktivitätskoeffizienten nichtidealer Lösungen müssen dementsprechend neu formuliert werden.

In diesem Kapitel werden Phasengleichgewichte zwischen Lösungen und reinen Nachbarphasen untersucht. Rein heißt hier, daß das Lösungsmittel oder der gelöste Stoff in der Nachbarphase praktisch nicht nachweisbar ist. Die Anwendung der Phasengleichgewichtsbedingung führt dann zu einer Reihe von makroskopisch beobachtbaren Eigenschaften, die kolligative Eigenschaften genannt werden. Sie hängen nur von der Konzentration der Stoffe, nicht aber von deren molekularem Aussehen ab. Ursache dafür ist die bereits genannte energetische Nivellierung durch die Solvatation. Damit ist andererseits klar, daß aus ihnen keine Aussagen über die Struktur von Lösungen gewonnen werden können. Diese Erkenntnis ist aber nichts Neues: Thermodynamische Ergebnisse sind immer strukturinvariant. Den spezifischen Aufbau von Lösungen, im speziellen von Elektrolyt- und Makromoleküllösungen werden wir hinterher in Kapitel 18 behandeln.

Wir unterscheiden kolligative Eigenschaften von Systemen, bei denen nur das Lösungsmittel und solche, bei denen nur der gelöste Stoff in beiden Phasen vorhanden ist. Die ersteren beschreiben die Dampfdruckerniedrigung, die Gefrierpunktserniedrigung und den osmotischen Druck; die letzteren die Löslichkeit von Gasen und Festkörpern in Lösungsmitteln. Da all diese Effekte nur von der Konzentration der gelösten Stoffe abhängen, können sie zur Konzentrations- bzw. Molmassenbestimmung herangezogen werden. Ein thermodynamisches Kriterium für die Löslichkeit ist die Lösungswärme; sie wird im Anschluß an die kolligativen Eigenschaften besprochen.

17.1 Dampfdruckerniedrigung

Wird ein fester Stoff in einem Lösungsmittel gelöst, so beobachtet man eine Erniedrigung des Lösungsmitteldampfdruckes. Dabei wird angenommen, daß der Austausch des gelösten Stoffes zwischen der Lösung und dem Dampf vernachlässigbar klein ist. Diese Voraussetzung ist fast immer erfüllt, da Festkörper nur unmeßbar kleine Dampfdrücke besitzen. Die Dampfphase ist also als eine reine Phase anzusehen und besteht nur aus Lösungsmittelmolekülen. Bevor wir nun die Konzentrationsabhängigkeit der Dampfdruckerniedrigung thermodynamisch berechnen, soll eine Zusammenstellung der Definitionen des chemischen Potentials für Lösungen gegeben werden.

Will man die Gültigkeit der bisherigen Beziehungen des chemischen Potentials für Lösungen erhalten, so hat man die Molenbrüche (Gl. (51) in Abschnitt 16.5) durch Aktivitäten zu ersetzen,

$$\mu_i = \mu_i^o + RT \ln a_i, \tag{1}$$

wobei sich diese jetzt aber auf den Bezugszustand *ideal (unendlich) verdünnte Lösung* beziehen. μ_i^o ist das Standardpotential der ideal verdünnten Lösung bei der Konzentrationseinheit und druck- und temperaturabhängig. Im Gegensatz zu Gl. (53) in Abschnitt 16.5 ist der Aktivitätskoeffizient von Lösungen durch

$$\lim_{x_i \to 0} {}^x\gamma_i = \lim_{x_i \to 0} \frac{a_i}{x_i} = 1 \tag{2}$$

definiert. Er soll den Grenzwert 1 haben, wenn der Molenbruch des gelösten Stoffes gegen Null geht. Es ist sehr wichtig, zwischen dem Bezugszustand für Mischungen und dem für Lösungen zu unterscheiden! Je nach Wahl der Konzentrationseinheit, dem *Molenbruch* x (dimensionslos), der *Molarität* c (mol l^{-1}) oder der *Molalität* m (mol kg^{-1}) gelten dann folgende Konzentrationsabhängigkeiten des chemischen Potentials:

$$\begin{aligned}
\text{mit Molenbruch:} \quad & \mu_i = {}^x\mu_i^o + RT \ln({}^x\gamma_i x_i) \\
\text{mit Molarität:} \quad & \mu_i = {}^c\mu_i^o + RT \ln({}^c\gamma_i c_i) \\
\text{mit Molalität:} \quad & \mu_i = {}^m\mu_i^o + RT \ln({}^m\gamma_i m_i),
\end{aligned} \tag{3}$$

wobei die Aktivitätskoeffizienten durch

$$\begin{aligned}
{}^x\gamma_i &\to 1 \quad \text{für } x_i \to 0 \\
{}^c\gamma_i &\to 1 \quad \text{für } c_i \to 0 \qquad ({}^x\gamma_i \neq {}^c\gamma_i \neq {}^m\gamma_i) \\
{}^m\gamma_i &\to 1 \quad \text{für } m_i \to 0
\end{aligned} \tag{4}$$

definiert sind. Meist werden in der Praxis die Molarität und die Molalität als Konzentrationsmaße verwendet. Auch die numerischen Werte der Aktivitätskoeffizienten hängen vom Konzentrationsmaß ab und nur in sehr verdünnten Lösungen (m $\cong$ c $<$ 0,1) werden sie annähernd gleich. Beim Rechnen mit Aktivitäten bzw. ihren Koeffizienten ist daher Vorsicht am Platz; es ist immer ihre Definition zu beachten. Zur Symbolik eine Anmerkung: Das Lösungsmittel wird künftig mit 1 und der gelöste Stoff mit 2 indiziert. Eigenschaften von Lösungen (Mischphasen) erhalten den Index I und die reiner Nachbarphasen den Index II.

Mit dieser Symbolik lautet dann die Bedingung für das Gleichgewicht zwischen der Lösung und der Dampfphase (Gl. (17) in Abschnitt 16.2):

$$^{\mathrm{I}}\mu_1 = {}^{\mathrm{II}}\mu_1 \, . \tag{5}$$

Führt man für das chemische Potential des Lösungsmittels in der Lösung den Ausdruck

$$^{\mathrm{I}}\mu_1 = {}^{\mathrm{I}}\mu_1^\circ + RT \ln a_1 \tag{6}$$

ein, so erhält man die Gleichgewichtsbedingung

$$^{\mathrm{II}}\mu_1 = {}^{\mathrm{I}}\mu_1^\circ + RT \ln a_1 \, . \tag{7}$$

Ein differentieller Stoffaustausch des Lösungsmittels zwischen der Lösung und der Dampfphase führt dann zu einer differentiellen Änderung der Potentiale:

$$d \, (^{\mathrm{II}}\mu_1) = d \, (^{\mathrm{I}}\mu_1^\circ + RT \ln a_1) = d \, {}^{\mathrm{I}}\mu_1^\circ + RT \, d\ln a_1 \, . \tag{8}$$

Da die Dampfdruckänderung in Abhängigkeit von der Aktivität bei konstanter Temperatur gesucht ist, hat man die Variation des Potentials bezüglich des *Druckes* auszuführen. Allgemein gelten für die partiellen molaren Eigenschaften dieselben Beziehungen wie für die entsprechenden extensiven Eigenschaften, so daß für die Variation des chemischen Potentials bei konstanter Temperatur und Lösungsmittelaktivität folgt:

$$d \, {}^{\mathrm{II}}\mu_1 = \left(\frac{\partial \, {}^{\mathrm{II}}\mu_1}{\partial p} \right)_{T,a_1} dp = {}^{\mathrm{II}}v_1 \, dp \tag{9}$$

und

$$d \, {}^{\mathrm{I}}\mu_1^\circ = \left(\frac{\partial \, {}^{\mathrm{I}}\mu_1^\circ}{\partial p} \right)_{T,a_1} dp = {}^{\mathrm{I}}v_1^\circ \, dp. \tag{10}$$

$^{\mathrm{I}}v_1^\circ$ ist das *partielle molare Volumen des reinen Lösungsmittels* und identisch mit dem Molvolumen $^{\mathrm{I}}V_1$ des Lösungsmittels. $^{\mathrm{II}}v_1$ ist das *partielle molare Volumen des Dampfes* und entspricht dem Molvolumen $^{\mathrm{II}}V_1$ des Lösungsmittels in der Dampfphase beim Gleichgewichtsdruck p. Mit den Gln. (9) und (10) bekommt man dann für die Gleichgewichtsbedingung

$$^{\mathrm{II}}V_1 \, dp = {}^{\mathrm{I}}V_1 \, dp + RT \, d\ln a_1 \tag{11}$$

bzw.

$$\frac{dp}{d\ln a_1} = \frac{RT}{{}^{\mathrm{II}}V_1 - {}^{\mathrm{I}}V_1} \, . \tag{12}$$

Diese Differentialgleichung beschreibt die Änderung des Dampfdruckes p des Lösungsmittels mit der Änderung der Aktivität a_1 des Lösungsmittels bei konstanter Temperatur. Sie kann etwas vereinfacht werden, wenn man das Molvolumen des Lösungsmittels gegen das Molvolumen des Dampfes vernachlässigt und $^{\mathrm{II}}V_1 = RT/p$ setzt, also den Dampf als ideales Gas betrachtet:

$$\frac{dp}{d\ln a_1} = p \tag{13}$$

bzw.

$$d\ln p = d\ln a_1 \, . \tag{14}$$

Integration in den Grenzen von $p = p_1^o$ bis $p = p_1$ und von $a_1 = 1$ (Aktivität des reinen Lösungsmittels) bis $a_1 = a_1$,

$$\int_{p_1 = p_1^o}^{p_1} d\ln p = \int_{a_1 = 1}^{a_1} d\ln a_1 \tag{15}$$

liefert

$$\ln \frac{p_1}{p_1^o} = \ln a_1 \tag{16}$$

bzw.

$$\frac{p_1}{p_1^o} = a_1 \, . \tag{17}$$

In Worten: Die Aktivität des Lösungsmittels ist proportional dem Dampfdruck über der Lösung und kann durch Dampfdruckmessungen bestimmt werden.

Bei ideal verdünnten Lösungen ist $a_1 = x_1$ und man erhält aus Gl. (17) als Grenzgesetz das Raoultsche Gesetz, das bisher als empirisches Gesetz galt:

$$\frac{p_1}{p_1^o} = x_1 \, . \tag{18}$$

Mit $x_1 = 1 - x_2$ umgeformt lautet dieses:

$$\Delta p \equiv p_1^o - p_1 = p_1^o x_2 \tag{19}$$

Die Dampfdruckerniedrigung Δp ist direkt proportional dem Molenbruch des gelösten Stoffes x_2. Proportionalitätskonstante ist der Dampfdruck des reinen Lösungsmittels (Abschnitt 15.4). Aus Gl. (19) erkennt man auch, daß tatsächlich eine *Erniedrigung* des Dampfdruckes stattfindet: p_1 ist immer kleiner als p_1^o, da x_2 nur positiv sein kann (Bild 17.1).

17.2 Siedepunkterhöhung

Während sich das Auflösen eines festen Stoffes bei konstanter Temperatur in einer Dampfdruckerniedrigung äußert, wird umgekehrt bei konstantem Druck die Siedetemperatur erhöht. Dies geht ebenfalls anschaulich aus dem Zustandsdiagramm in Bild 17.1 hervor. Da die Dampfdruckkurve einer Lösung immer unterhalb der Dampfdruckkurve des Lösungsmittels verläuft, muß bei konstantem Druck die Siedetemperatur ansteigen, damit beide Phasen im thermischen Gleichgewicht sind. Die Abhängigkeit der Siedetemperatur von der Konzentration des gelösten Stoffes soll berechnet werden.

Es wird wiederum von der Gleichgewichtsbedingung (7)

$$^{II}\mu_1 = {}^{I}\mu_1^o + RT \ln a_1 \tag{20}$$

ausgegangen. Sie lautet anders geschrieben:

$$\frac{^{II}\mu_1}{T} = \frac{^{I}\mu_1^o}{T} + R \ln a_1 \, . \tag{21}$$

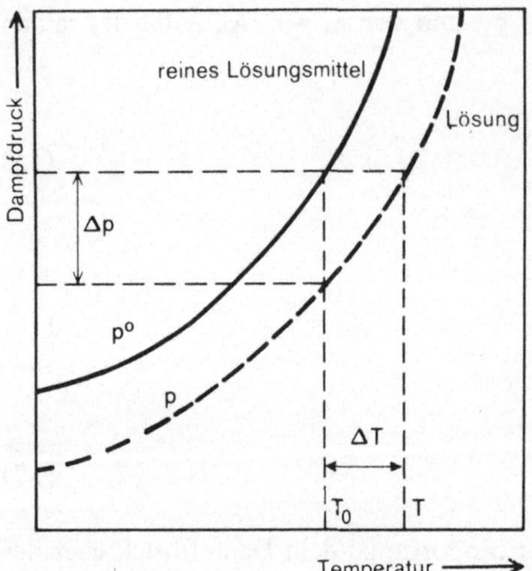

Bild 17.1

Dampfdruckerniedrigung Δp und Siedepunkterhöhung ΔT einer Lösung im p, T-Diagramm

Nun ist die Variation der Potentiale nicht bezüglich des Druckes, sondern bezüglich der
Temperatur bei konstantem Druck und konstanter Aktivität a_1 durchzuführen:

$$d\left(\frac{{}^{II}\mu_1}{T}\right)_{p,a_1} = d\left(\frac{{}^{I}\mu_1^o}{T}\right)_{p,a_1} + R\,d(\ln a_1)_p. \tag{22}$$

Mit dem totalen Differential von μ/T bei konstantem Druck (analog G/T Abschnitt 11.6)

$$d\left(\frac{\mu_i}{T}\right)_p = -\left(\frac{h_i}{T^2}\right) dT, \tag{23}$$

bekommt man dann für die Gleichgewichtsbedingung:

$$-\frac{{}^{II}h_1}{T^2}\,dT = -\frac{{}^{I}h_1^o}{T^2}\,dT + R\,d\ln a_1. \tag{24}$$

Durch Umformen ergibt sich daraus die Differentialgleichung

$$\frac{dT}{d\ln a_1} = -\frac{RT^2}{({}^{II}h_1 - {}^{I}h_1^o)}. \tag{25}$$

${}^{II}h_1 - {}^{I}h_1^o$ ist die Differenz der *partiellen molaren Enthalpie des Dampfes* und des *reinen
Lösungsmittels* und kann der Verdampfungsenthalpie ΔH_{Verd} gleichgesetzt werden:

$$\frac{dT}{d\ln a_1} = -\frac{RT^2}{\Delta H_{Verd}}. \tag{26}$$

Diese Differentialgleichung gibt an, wie sich die Siedetemperatur der Lösung mit
der Aktivität des Lösungsmittels ändert. Integriert man sie in den Grenzen von $T = T_0$
(Siedepunkt des reinen Lösungsmittels) bis T (Siedepunkt der Lösung) und von $a_1 = 1$
bis a_1, so erhält man:

$$\ln a_1 = -\frac{\Delta H_{Verd}(T - T_0)}{R\,T\,T_0}. \tag{27}$$

Dabei wurde vorausgesetzt, daß a_1 und ΔH_{Verd} innerhalb des Temperaturbereiches von T_0 bis T temperaturunabhängig sind.

Für verdünnte Lösungen kann man weiterhin $\ln a_1 \cong \ln(1-x_2) \cong -x_2$ setzen und $T_0 T$ durch T_0^2 approximieren:

$$x_2 = \frac{\Delta H_{Verd}(T-T_0)}{R T_0^2}. \tag{28}$$

Aus Gl. (28) sieht man, daß $T > T_0$ sein muß, also die Siedetemperatur erhöht wird. Schreibt man für $(T-T_0)$ das Symbol ΔT und formt um, so bekommt man die Abhängigkeit der Siedepunkterhöhung ΔT von x_2 (Molenbruch des gelösten Stoffes):

$$\Delta T = \frac{R T_0^2}{\Delta H_{Verd}} x_2. \tag{29}$$

In Worten: Die Siedepunkterhöhung ΔT ist dem Molenbruch des gelösten Stoffes x_2 direkt proportional.

In der Praxis verwendet man statt des Molenbruchs besser die Molalität. Rechnet man deshalb den Molenbruch x_2 mit dem im Tabellenanhang angegebenen Umrechnungsfaktor in die Molalität m_2 um, so ergibt sich für sehr verdünnte Lösungen ($n_1 \gg n_2$):

$$\Delta T = \left[\frac{R T_0^2 M_1}{\Delta H_{Verd}} \right] m_2 = K_e m_2. \tag{30}$$

Die in Klammer gesetzten Größen werden meist zur *ebullioskopischen Konstanten* K_e zusammengefaßt. Ist $m_2 = 1$, erhält man für ΔT einen Wert, der der ebullioskopischen Konstanten entspricht. K_e ist die Siedepunkterhöhung für die Konzentration 1 mol gelöster Stoff in 1 kg Lösungsmittel. Gemessene und berechnete ebullioskopische Konstanten von einigen Lösungsmitteln sind in Tabelle 17.1 angegeben. Eine Anordnung zur experimentellen Bestimmung von Siedepunkterhöhungen zeigt Bild 17.2. Apparaturen wie diese sind immer so konstruiert, daß das Thermometer mit siedender Lösung umspült wird. Gl. (30) kann auch zur Molmassenbestimmung gelöster Stoffe benutzt werden. Aber besser als mit Hilfe der Siedepunkterhöhung bestimmt man die Molmasse mit Hilfe der Gefrierpunkterniedrigung, die im nächsten Abschnitt diskutiert wird.

Tabelle 17.1: Experimentelle und berechnete ebullioskopische Konstanten K_e von einigen Lösungsmitteln in $K\,kg\,mol^{-1}$

Lösungsmittel	Siedepunkt in °C	K_e (experimentell)	K_e (berechnet)
Wasser	100,0	0,51	0,51
Äthylalkohol	78,4	1,22	1,20
Benzol	80,1	2,53	2,63
Äthyläther	34,6	2,02	2,11
Chloroform	61,3	3,63	3,77

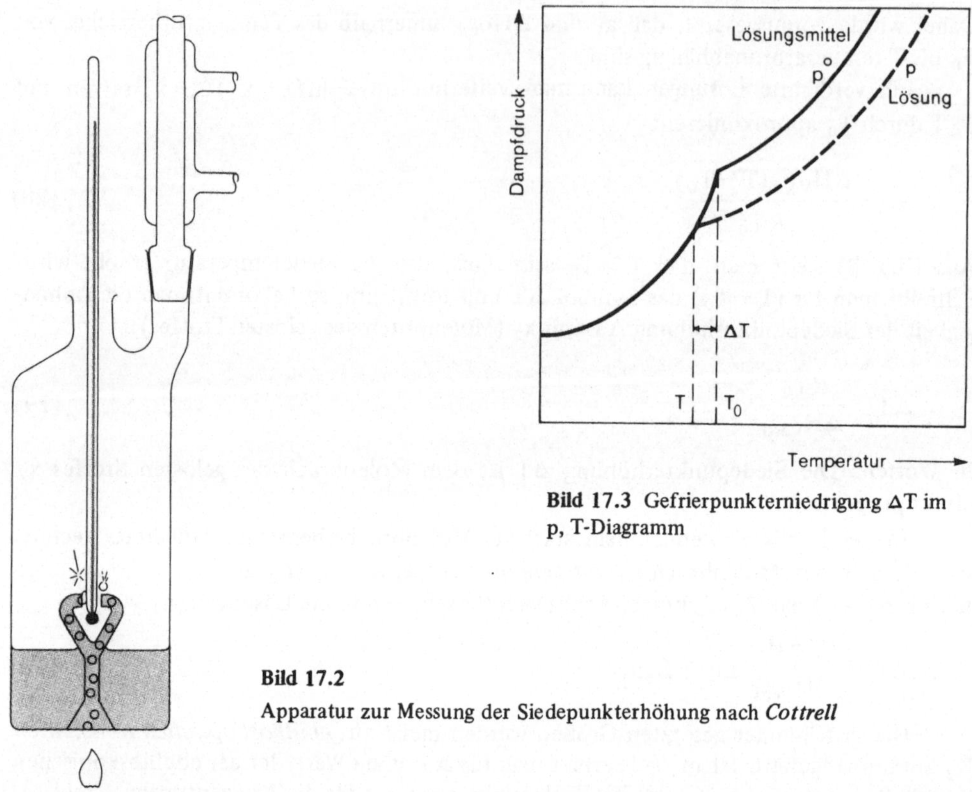

Bild 17.3 Gefrierpunkterniedrigung ΔT im p, T-Diagramm

Bild 17.2
Apparatur zur Messung der Siedepunkterhöhung nach *Cottrell*

17.3 Gefrierpunkterniedrigung

Der Gefrierpunkt einer Lösung liegt dort, wo sich die Dampfdruckkurven der Lösung und des reinen festen Lösungsmittels schneiden (Bild 17.3). Er liegt etwas tiefer als der Gefrierpunkt des reinen Lösungsmittels, da die Dampfdruckkurve der Lösung unter der des reinen Lösungsmittels verläuft. Die Differenz der beiden Gefrierpunkte bezeichnet man als Gefrierpunkterniedrigung. Ihre Abhängigkeit von der Aktivität des gelösten Stoffes soll thermodynamisch berechnet werden.

Ausgangspunkt für diese Berechnung ist ebenfalls die Gleichgewichtsbedingung (21). Der Index II bezieht sich nun auf das reine Lösungsmittel im festen Zustand, während der Index I wiederum die Lösung kennzeichnet. Die Nachbarphase ist also jetzt eine reine *feste Phase*. Im Gegensatz zu früher muß jetzt sowohl die Temperatur- als auch die Druckabhängigkeit bei der Variation der Potentiale berücksichtigt werden. Mit Druck- und Temperaturvariation geht

$$\frac{^{II}\mu_1}{T} = \frac{^{I}\mu_1^{\circ}}{T} + R\ln a_1 \tag{31}$$

über in

$$\left(\frac{\partial \frac{^{II}\mu_1}{T}}{\partial T}\right)_p dT + \left(\frac{\partial \frac{^{II}\mu_1}{T}}{\partial p}\right)_T dp = \left(\frac{\partial \frac{^{I}\mu_1^\circ}{T}}{\partial T}\right)_p dT + \left(\frac{\partial \frac{^{I}\mu_1^\circ}{T}}{\partial p}\right)_T dp + R\,d\ln a_1 \tag{32}$$

und

$$-\frac{^{II}h_1}{T^2}\,dT + \frac{^{II}v_1}{T}\,dp = -\frac{^{I}h_1^\circ}{T^2}\,dT + \frac{^{I}v_1^\circ}{T}\,dp + R\,d\ln a_1 . \tag{33}$$

Durch Umformen erhält man weiter:

$$d\ln a_1 = \frac{^{I}h_1^\circ - {}^{II}h_1}{RT^2}\,dT + \frac{^{II}v_1 - {}^{I}v_1^\circ}{RT}\,dp. \tag{34}$$

$({}^{I}h_1^\circ - {}^{II}h_1)$ ist nun mit der *Schmelzenthalpie* des reinen Lösungsmittels $\Delta H_{Schmelz}$ identisch und ${}^{II}v_1 - {}^{I}v_1^\circ$ ist gleich der Differenz der Molvolumina der festen und flüssigen reinen Phase des Lösungsmittels. Diese Volumendifferenz ist aber bei kondensierten Phasen meist so klein, daß der zweite Term auf der rechten Seite von Gl. (34) überhaupt vernachlässigt werden kann:

$$\frac{dT}{d\ln a_1} = \frac{RT^2}{\Delta H_{Schmelz}}. \tag{35}$$

Gl. (35) beschreibt die Schmelzpunktänderung mit der Änderung der Aktivität a_1 und entspricht bis auf das entgegengesetzte Vorzeichen formal Gl. (26). Integriert man diese Differentialgleichung in den Grenzen von $T = T_0$ bis T sowie von $a_1 = 1$ bis a_1 und macht dieselben Vereinfachungen wie in Abschnitt 17.2, so bekommt man als Resultat dieser Berechnung:

$$T - T_0 \equiv \Delta T = -\frac{RT_0^2}{\Delta H_{Schmelz}}\,x_2 . \tag{36}$$

In Worten: Die Gefrierpunkterniedrigung ΔT ist proportional dem Molenbruch des gelösten Stoffes x_2.

Durch Umrechnen von x_2 in die Molalität m_2 ergibt sich:

$$\Delta T = \left[-\frac{RT_0^2 M_1}{\Delta H_{Schmelz}}\right] m_2 = K_k\,m_2 . \tag{37}$$

Die durch die Klammer zusammengefaßten Größen wurden durch die *kryoskopische Konstante* K_k ersetzt. Sie entspricht der Gefrierpunkterniedrigung einer Lösung von 1 mol Stoff in 1 kg Lösungsmittel. Wie die Siedepunkterhöhung hängt auch die Gefrierpunkterniedrigung von idealen Lösungen nur von der Konzentration des gelösten Stoffes und nicht von dessen chemischem Aufbau ab. Verschiedenartige Salze in derselben Konzentration liefern immer gleich große Erniedrigungen. Diese Aussage über die Konzentrationsabhängigkeit ist für alle kolligativen Eigenschaften charakteristisch.

Gefrierpunkterniedrigungen sind einfacher als Siedepunkterhöhungen zu messen (Bild 17.4). Die Badtemperatur des in Bild 17.4 dargestellten Apparates liegt etwas unter der des erwarteten Gefrierpunktes, so daß die im innersten Rohr befindliche Lösung nur langsam abkühlt. Um Unterkühlungen zu vermeiden, wird die Lösung dauernd gerührt und der zeitliche Temperaturverlauf gemessen. Beginnt das Lösungsmittel auszukristallisieren, so entsteht in der Abkühlungskurve ein Knie, auf das ein Haltepunkt folgt, weil Kristallisationswärme frei wird (vgl. Abschnitt 16.7). Kryoskopische Konstanten von einigen Lösungsmitteln wurden in der Tabelle 17.2 zusammengestellt.

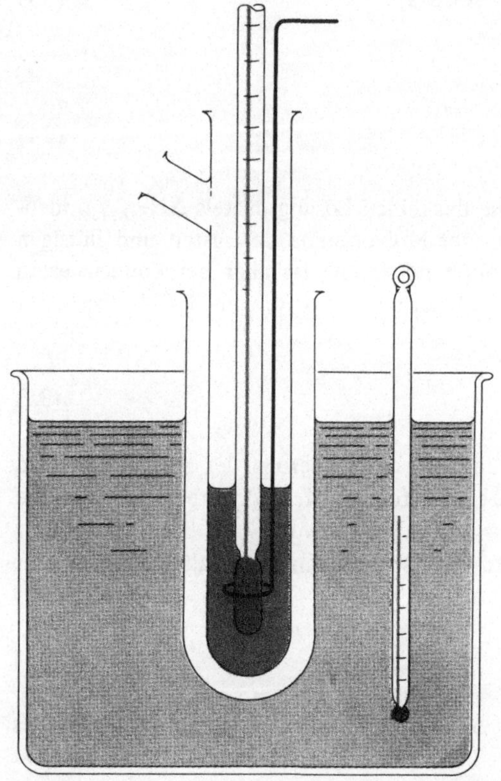

Bild 17.4
Apparatur zur Messung der Gefrierpunkterniedrigung nach *Beckmann*

Tabelle 17.2: Kryoskopische Konstanten K_k von einigen Lösungsmitteln

Lösungsmittel	Gefrierpunkt °C	K_k $K\,kg\,mol^{-1}$
Wasser	0,00	− 1,86
Essigsäure	16,6	− 3,90
Benzol	5,5	− 5,12
Bromoform	7,8	−14,4
Cyclohexan	6,5	−20
Campher	173	−40

Gefrierpunktsmessungen können auch zur Molmassenbestimmung dienen. Denn aus Gl. (37) folgt durch Umformen:

$$M_2 = -\frac{K_k}{\Delta T} \cdot \frac{\text{Masse gelöster Stoff}}{\text{Masse Lösungsmittel}} . \tag{38}$$

Diese Bestimmungsmethode wird vielfach in der organischen Chemie angewandt, wenn es die Molmassen neu synthetisierter Verbindungen festzustellen gilt. Natürlich müssen dazu solche Lösungsmittel ausgesucht werden, die mit der Verbindung nicht reagieren. Ganz allgemein gilt: Je größer die kryoskopische Konstante des ausgesuchten Lösungsmittels ist, umso größer ist die Gefrierpunkterniedrigung und umso genauer läßt sich die Molmasse angeben.

17.4 Der osmotische Druck

Trennt man ein reines Lösungsmittel und eine Lösung durch eine halbdurchlässige Membran, die nur für Lösungsmittelmoleküle durchlässig ist, so hat man nebeneinander eine reine flüssige Phase und eine flüssige Mischphase (Lösung) vorliegen. Lösungsmittel dringt dann solange aus der reinen flüssigen Phase in die Lösung ein, bis sich thermodynamisches Gleichgewicht eingestellt hat. Gleichgewicht heißt in diesem Fall Gleichheit der chemischen Potentiale des Lösungsmittels in beiden Phasen. Damit es zum Potentialausgleich kommt, muß sich zwischen den flüssigen Phasen eine Druckdifferenz aufbauen. Wie groß diese Druckdifferenz, *osmotischer Druck* genannt, sein muß, und wie diese von der Konzentration des gelösten Stoffes abhängt, gilt zu berechnen.

Im thermodynamischen Gleichgewicht sei ^{II}p der Druck, unter dem das reine Lösungsmittel und $^I p$ der Druck, unter dem die Lösung steht. Der osmotische Druck ist definitionsgemäß die Druckdifferenz (Bild 17.5):.

$$\pi = {}^I p - {}^{II} p . \tag{39}$$

Steht das Lösungsmittel von vornherein unter dem Druck ^{II}p und die Lösung unter dem Druck $^I p$, so findet keine Wanderung von Lösungsmittelmolekülen statt. Andernfalls findet solange eine Wanderung statt, bis sich der chemische Potentialausgleich einstellt und demzufolge das System den Druckunterschied $^I p - {}^{II} p$ selbst aufbaut. Wenn das chemische Potential des reinen Lösungsmittels beim Druck ^{II}p

$$^{II}\mu_1 = {}^{II}\mu_1^{\circ} \tag{40}$$

und das des Lösungsmittels in der Lösung beim Druck $^I p$

$$^I\mu_1 = {}^I\mu_1^{\circ} + R T \ln a_1 \tag{41}$$

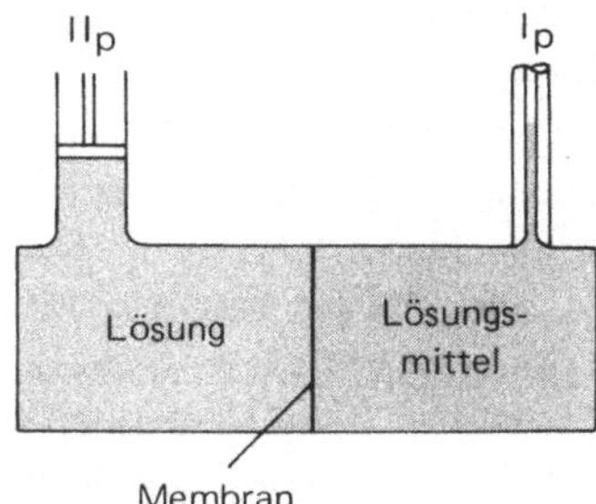

Bild 17.5

Apparatur zur Messung des osmotischen Druckes (schematisch)

beträgt, dann gilt im thermodynamischen Gleichgewicht:

$$^{II}\mu_1^o = {}^{I}\mu_1^o + RT \ln a_1 \tag{42}$$

bzw.

$$^{II}\mu_1^o - {}^{I}\mu_1^o = RT \ln a_1 \, . \tag{43}$$

Der Ausdruck auf der linken Seite ist aber gleich

$$^{II}\mu_1^o - {}^{I}\mu_1^o = \int\limits_{^{I}p}^{^{II}p} \left(\frac{\partial\mu_1^o}{\partial p}\right)_T dp = \int\limits_{^{I}p}^{^{II}p} v_1^o \, dp$$

$$= v_1^o \, (^{II}p - {}^{I}p) = v_1^o \, (-\pi) = - V_1 \, \pi, \tag{44}$$

weil die beiden Standardpotentiale nichts anderes als das Standardpotential μ_1^o bei verschiedenen äußeren Drücken sind.

v_1^o ist das Molvolumen des reinen Lösungsmittels und ändert sich nur wenig mit dem Druck. Die Integration konnte daher mit praktisch konstantem v_1^o durchgeführt werden. Damit folgt aus Gl. (43) und Gl. (44)

$$V_1 \, \pi = - RT \ln a_1 \, . \tag{45}$$

Für sehr verdünnte Lösungen gilt wiederum $\ln(1 - x_2) \cong - x_2$, so daß

$$V_1 \, \pi = R T x_2 \tag{46}$$

und

$$\pi = \frac{RT}{V_1} x_2 \, . \tag{47}$$

In Worten: Der osmotische Druck π verdünnter Lösungen ist dem Molenbruch x_2 des gelösten Stoffes proportional. Wie alle anderen kolligativen Eigenschaften hängt er nur von der Konzentration und nicht von der Molekülart ab. Führen wir für den Molenbruch x_2 in Gl. (46) den Ausdruck $x_2 = n_2/(n_1 + n_2)$ ein und vernachlässigen wir n_2 gegen n_1, so folgt mit $n_1 V_1 = V$ das Grenzgesetz

$$\pi V = n_2 \, RT, \tag{48}$$

das in seiner Form mit dem idealen Gasgesetz übereinstimmt (*vant'Hoffsches Gesetz*).

Wichtigster Bestandteil einer Apparatur zur Messung des osmotischen Druckes (Bild 17.5) ist die halbdurchlässige Membran. Sie soll nur Lösungsmittelmoleküle und keine gelösten Stoffe durchlassen. Membranen aus Cellophan oder aus Proteinen sind z. B. nur wasserdurchlässig. Membranen aus hochpolymeren Verbindungen wirken ganz allgemein wie mechanische Filter oder Siebe, lassen kleinere Moleküle durch und halten größere zurück. Aber wie immer der Mechanismus des „Filterns" auch aussehen mag, von Bedeutung ist nur, daß sich ein *osmotisches Gleichgewicht* einstellen kann. Die schematische Meßanordnung in Bild 17.5 besteht aus einer Kammer, die durch die Membran in zwei Hälften geteilt wird. In der einen Hälfte befindet sich unter dem Druck ^{II}p die Lösung, in der anderen das Lösungsmittel unter dem Gleichgewichtsdruck ^{I}p (Meßgröße). Tabelle 17.3 gibt als Beispiel den gemessenen $(^{II}p - {}^{I}p)$ und den berechneten osmotischen Druck von verschiedenen Rohrzuckerlösungen an.

Tabelle 17.3: Experimenteller und berechneter osmotischer Druck π von verschiedenen Rohrzuckerlösungen bei 20 °C (*A. Findlay:* Osmotic Pressure, Longmans, Green & Co., Inc., New York, 1919)

Molalität mol kg^{-1}	Molarität mol l^{-1}	π (experimentell) atm	π (berechnet) nach Gl. (47)	nach Gl. (48)
0,1	0,098	2,59	2,40	2,36
0,2	0,192	5,06	4,81	4,63
0,3	0,282	7,61	7,21	6,80
0,4	0,370	10,14	9,62	8,90
0,5	0,453	12,75	12,00	10,9
0,6	0,533	15,39	14,4	12,8
0,7	0,610	18,13	16,8	14,7
0,8	0,685	20,91	19,2	16,5
0,9	0,757	23,72	21,6	18,2
1,0	0,825	26,64	24,0	19,8

So wie die Gefrierpunkterniedrigung wird auch der osmotische Druck hauptsächlich zur Molmassenbestimmung, und zwar im besonderen von hochpolymeren Verbindungen verwendet. Umformen von Gl. (48) liefert nämlich:

$$M = \frac{RT}{\pi} \, \text{d}. \tag{49}$$

Diese Beziehung gilt aber genau genommen nur für den ideal verdünnten Fall, so daß eine Extrapolation auf die Dichte Null (d → 0) angebracht ist:

$$M = \lim_{d \to 0} \frac{RT}{\pi} \, \text{d}. \tag{50}$$

Werden gemäß Gl. (49) die gemessenen π-Druckwerte durch die Dichte der Lösung dividiert und in einem Diagramm gegen die Dichte aufgetragen, so liefert der Ordinatenabschnitt RT/M, woraus M berechnet werden kann. Bild 17.6 zeigt eine solche Auftragung für Lösungen von Polyisobutylen in Benzol und Cyclohexan. Die graphische Extrapolation der in Tabelle 17.4 zusammengestellten Meßwerte liefert für π/d den Wert 0,097 atm dm^{3}kg^{-1}, woraus sich die Molmasse zu 250 kg mol^{-1} ergibt. Dem Bild 17.6 entnimmt man auch, daß die Messungen für Konzentrationen um 10^{-5} mol l^{-1}

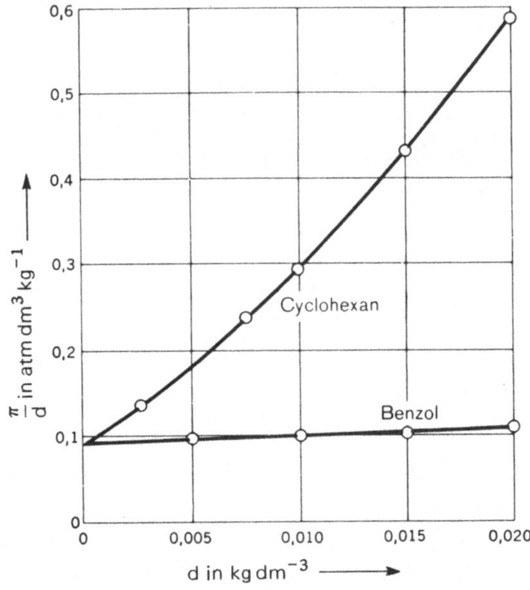

Bild 17.6 π/d, d-Diagramm für Polyisobutylen gelöst in Benzol und in Cyclohexan (Daten aus Tabelle 8.4)

durchgeführt wurden. Das sind für Siedepunkterhöhungen und Gefrierpunkterniedrigungen viel zu kleine Konzentrationen, als daß mit ihnen eine Molmassenbestimmung in Frage kommen könnte.

Tabelle 17.4: **Der osmotische Druck π und die Größe π/d von Polyisobutylenlösungen in Benzol und Cyclohexan (*P. J. Flory:* J. Am. Chem. Soc. 65 (1943) 372)**

Konzentration kg dm^{-1}	π in atm		$\frac{\pi}{d}$ in atm dm^3 kg^{-1}	
	in Benzol	in Cyclohexan	in Benzol	in Cyclohexan
0,0200	0,00208	0,0117	0,104	0,585
0,0150	0,00152	0,0066	0,101	0,44
0,0100	0,00099	0,0030	0,099	0,30
0,0075		0,00173		0,23
0,0050	0,00049	0,00090	0,098	0,18
0,0025		0,00035		0,14

17.5 Löslichkeit von Gasen und festen Stoffen

Gase sind in Flüssigkeiten bis zu einem gewissen Grad löslich; ihre Löslichkeit hängt nur von der Temperatur und dem Druck ab. Gegeben sei eine schwer flüchtige Flüssigkeit, so daß ihr Dampfdruck vernachlässigt werden kann. Die Gleichgewichtsbedingung (chemisches Potential des Gases = chemisches Potential des gelösten Gases) lautet demnach

$$^{II}\mu_2 = {}^{I}\mu_2 , \tag{51}$$

wobei für die Lösung (Mischphase) geschrieben werden kann:

$$^{I}\mu_2 = {}^{I}\mu_2^{\circ} + RT \ln a_{s,2} . \tag{52}$$

$a_{s,2}$ ist die sogenannte *Sättigungsaktivität* des Gases in der Lösung. Als Bezugszustand wurde die ideal verdünnte Lösung gewählt, so daß $^{I}\mu_2^{\circ}$ das Standardpotential des gelösten Gases verkörpert; es ist druck- und temperaturabhängig. Im Gleichgewicht gilt dann:

$$^{II}\mu_2 = {}^{I}\mu_2^{\circ} + RT \ln a_{s,2} \tag{53}$$

und

$$\ln a_{s,2} = \frac{^{II}\mu_2 - {}^{I}\mu_2^{\circ}}{RT} \tag{54}$$

bzw.

$$a_{s,2} = e^{\frac{^{II}\mu_2 - {}^{I}\mu_2^{\circ}}{RT}} = K. \tag{55}$$

Bei konstantem Druck und konstanter Temperatur hat die Sättigungsaktivität einen ganz bestimmten Wert und chemisch indifferente Zusätze zur Lösung haben auf sie keinen Einfluß. Das gilt nicht für die Sättigungskonzentration $c_{s,2}$ bzw. für den Molenbruch $x_{s,2}$, denn Zusätze zur Lösung verändern den Aktivitätskoeffizienten, so daß sich bei konstanter Aktivität die Konzentration ändern muß.

Um die Druckabhängigkeit der Sättigungsaktivität zu finden, müssen wir Gl. (54) bezüglich des Gasdruckes variieren:

$$\left(\frac{\partial \ln a_{s,2}}{\partial p}\right)_T dp = \left(\frac{\partial \left(\frac{^{II}\mu_2 - ^I\mu_2^{\,o}}{RT}\right)}{\partial p}\right)_T dp = \frac{^{II}v_2 - ^Iv_2^{\,o}}{RT}\, dp. \tag{56}$$

Mit $^Iv_2^{\,o} \ll {}^{II}v_2$ und $^{II}v_2 = RT/p$ (ideales Verhalten des Gases) folgt daraus:

$$\left(\frac{\partial \ln a_{s,2}}{\partial p}\right)_T = \frac{1}{p}. \tag{57}$$

Gl. (57) wird in den Grenzen von $p = 1$ bis p integriert,

$$\int_{a_{s,2}(p=1)}^{a_{s,2}(p)} d\ln a_{s,2} = \int_{p=1}^{p} \frac{dp}{p}, \tag{58}$$

und liefert

$$\ln a_{s,2}(p) - \ln a_{s,2}(p = 1) = \ln p. \tag{59}$$

$a_{s,2}(p = 1)$ ist die Sättigungsaktivität beim Standarddruck $p = 1$ atm; sie hängt nur von der Temperatur ab und ist deshalb konstant (K):

$$\frac{a_{s,2}}{K} = p. \tag{60}$$

Bei idealem Verhalten des Gases in der Lösung kann außerdem $a_{s,2}$ durch $x_{s,2}$ ersetzt werden, so daß

$$x_{s,2} = Kp \tag{61}$$

resultiert. In Worten: Die Löslichkeit $x_{s,2}$ eines Gases in einer Flüssigkeit ist proportional seinem Druck p über der Lösung (*Henrysches Gesetz*). Das Henrysche Gesetz gilt auch für ideale Gasmischungen: Die Löslichkeit einer Gaskomponente ist proportional ihrem Partialdruck über der Lösung. Ein Beispiel zur Löslichkeit, nämlich die von O_2 in Wasser ist in Tabelle 17.5 und in Bild 17.7 zu sehen.

Tabelle 17.5: Druckabhängigkeit der Sättigungsmolalität m_s und der Sättigungsaktivität a_s $(\text{mol\,kg}^{-1})$ von O_2 in Wasser bei 26 °C

Druck atm	m_s	a_s	$\gamma = a_s/m_s$
1	0,00117	0,00117	1,000
2	0,00233	0,00233	1,000
4	0,00462	0,00467	1,013
6	0,00683	0,00701	1,027
8	0,00894	0,00935	1,046
10	0,01095	0,01169	1,068
12	0,01284	0,01403	1,093

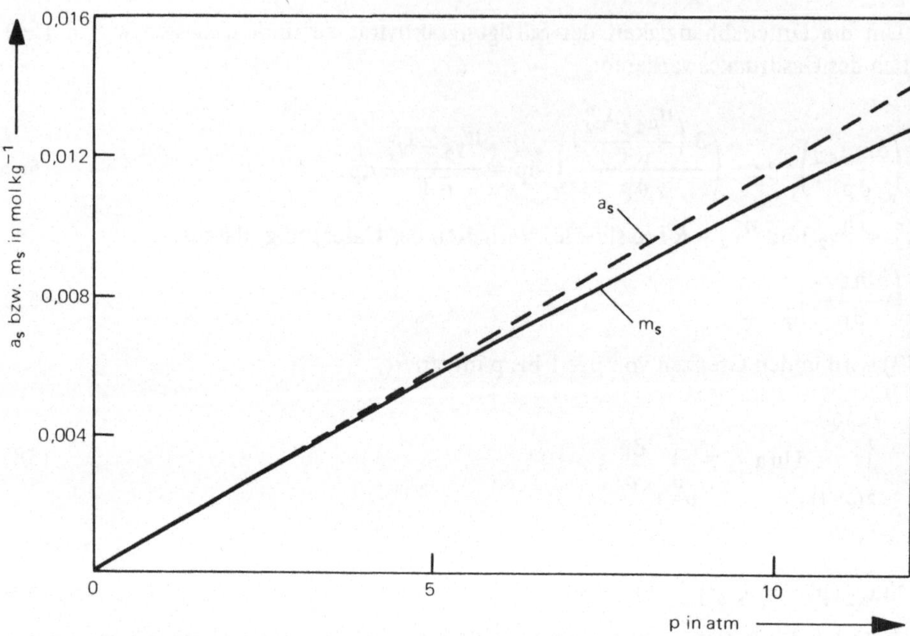

Bild 17.7 Löslichkeit von O_2 in Wasser

Ist die Nachbarphase einer Lösung ein fester Stoff und nicht wie früher ein Gas oder eine Flüssigkeit, so gilt für das Gleichgewicht zwischen der reinen festen Phase (II) und der Lösung (I)

$$^{II}\mu_2 = {}^{I}\mu_2 \,,$$
$$^{II}\mu_2^\circ = {}^{I}\mu_2^\circ + RT \ln a_{s,2} \tag{62}$$

und bei konstantem Druck und konstanter Temperatur

$$a_{s,2} = e^{\dfrac{^{II}\mu_2^\circ - {}^{I}\mu_2^\circ}{RT}} = \text{const.} \tag{63}$$

Gl. (63) besagt, daß die Aktivität des gelösten Stoffes solange konstant ist, als fester Stoff (Bodenkörper) als Nachbarphase vorhanden ist. Diese Aktivität heißt wieder *Sättigungs-aktivität*; sie ist von anderen gleichzeitig in der Lösung vorhandenen (gelösten) Stoffen unabhängig.

Dies gilt aber nur für die Aktivität und nicht etwa für die Konzentration oder den Aktivitätskoeffizienten. Diese beiden Größen hängen sehr wohl von der Konzentration der anderen Komponenten ab. Bei Zugabe anderer löslicher Stoffe nimmt der Aktivitäts-koeffizient ab. Da $a_{s,2}$ konstant ist, muß m_2 größer werden, also die Löslichkeit zuneh-men (*Einsalzen*). Umgekehrt nimmt die Löslichkeit von Nichtelektrolyten beim Auflösen von Fremdsalzen ab (*Aussalzen*).

Die Temperaturabhängigkeit der Sättigungsaktivität folgt aus der Temperaturvariation der Gleichgewichtsbedingung (62):

$$d\left(\frac{^{II}\mu_2^o}{T}\right) = d\left(\frac{^{I}\mu_2^o}{T}\right) + R\,d\ln a_{s,2}\,, \tag{64}$$

$$-\frac{^{II}h_{2,\text{fest}}^o}{T^2}\,dT = -\frac{^{I}h_2^o}{T^2}\,dT + R\,d\ln a_{s,2}\,. \tag{65}$$

$^{I}h_2$ ist die partielle molare Enthalpie des Stoffes in der Lösung und in einer· idealen Lösung gleich $^{I}h_2^o$ (unendliche Verdünnung). $^{II}h_{2,\text{fest}}^o$ ist die partielle molare Enthalpie des reinen festen Stoffes und gleich der molaren Enthalpie $^{II}H_{2,\text{fest}}^o$. Die Differenz $(^{I}h_2^o - {}^{II}h_{2,\text{fest}}^o) = \Delta h_2^o$ ist die sogenannte *erste Lösungswärme* (Abschnitt 17.6). Die Integration von Gl. (65) führt zu

$$\ln a_{s,2} = -\frac{\Delta h_2^o}{RT} + \text{const} \tag{66}$$

bzw.

$$a_{s,2} = \text{const}\,e^{-\frac{\Delta h_2^o}{RT}}\,. \tag{67}$$

Ist die erste Lösungswärme temperaturunabhängig, so nimmt die Sättigungsaktivität exponentiell mit der Temperatur zu. Trägt man daher die Sättigungsaktivität logarithmisch gegen die reziproke absolute Temperatur auf, so bekommt man aus der Steigung der Geraden die erste Lösungswärme.

17.6 Lösungswärmen

Die Gesamtenthalpie (H) einer Lösung aus n_1 mol Lösungsmittel und n_2 mol gelöstem Stoff beträgt:

$$H = n_1 h_1 + n_2 h_2\,. \tag{68}$$

$$h_1 = \left(\frac{\partial H}{\partial n_1}\right)_{n_2,T,p} \quad\text{und}\quad h_2 = \left(\frac{\partial H}{\partial n_2}\right)_{n_1,T,p} \tag{69}$$

sind die partiellen molaren Enthalpien des Lösungsmittels und des gelösten Stoffes in der Lösung. Die Absolutwerte dieser partiellen molaren Enthalpien h_1 und h_2 sind aber grundsätzlich nicht bekannt. Es ist deshalb notwendig, diese Größen auf bestimmte Standardwerte zu beziehen, also mit Enthalpiedifferenzen zu rechnen.

Für das *Lösungsmittel* wird zweckmäßig als Standardenthalpie die (ebenfalls unbekannte) molare Enthalpie des reinen Lösungsmittels H_1^o genommen. H_1^o und h_1^o sind dann identisch. Für den *gelösten Stoff* bezieht man die partielle molare Enthalpie h_2 auf die partielle molare Enthalpie bei unendlicher Verdünnung h_2^o. h_2^o ist zwar identisch mit der molaren Enthalpie H_2^o, aber verschieden von der Standardenthalpie des Stoffes in seiner *reinen* Phase. Je nachdem, ob ein Gas, eine Flüssigkeit oder ein fester Körper gelöst werden, ist der Standardzustand der reinen Phase entweder das ideale Gas, die reine Flüssigkeit oder der reine feste Stoff. Die zugehörigen Standardenthalpien werden durch den zusätzlichen Index gas, flüss oder fest gekennzeichnet.

Die Differenzen der partiellen molaren Enthalpien h und der Standardenthalpien bei unendlicher Verdünnung h° der Komponenten 1 und 2 in Lösung

$$l_1 = h_1 - h_1^\circ,$$
$$l_2 = h_2 - h_2^\circ, \tag{70}$$

sind nunmehr thermodynamisch exakt definiert. Man bezeichnet sie als *relative Enthalpien*. l_1 und l_2 gehen gegen Null, wenn die Lösung immer verdünnter wird. Sie verkörpern also direkt den Unterschied zwischen einer realen und idealen Lösung. Es ist aber nicht sinnvoll, die Standardenthalpien selbst Null zu setzen. Denn bei einer solchen Festlegung wären bei einer anderen Temperatur die Standardenthalpien von Null verschieden, der Standardzustand also von der Temperatur abhängig.

Die relative Enthalpie der Lösung (L) ist nun die Differenz der Enthalpie H der Lösung und der Enthalpie der Komponenten in den Standardzuständen:

$$L = H - (n_1 h_1^\circ + n_2 h_2^\circ). \tag{71}$$

Mit den Gln. (68) und (70) lautet diese:

$$L = (n_1 h_1 + n_2 h_2) - (n_1 h_1^\circ + n_2 h_2^\circ) = n_1 l_1 + n_2 l_2. \tag{72}$$

Die relative Enthalpie L der Lösung ist aber noch nicht die Lösungswärme; die (*integrale*) Lösungswärme ΔH_L ist vielmehr die Enthalpieänderung (vgl. Reaktionsenthalpie in Kapitel 19) folgender Lösungsreaktion:

$$n_1 \text{ mol Lösungsmittel} + n_2 \text{ mol fester Stoff} \rightarrow \text{Lösung.}$$

Endprodukt dieser Lösungsreaktion ist die Lösung, Ausgangsprodukte sind der feste Stoff (oder auch ein Gas oder eine Flüssigkeit) und das Lösungsmittel. Die Enthalpieänderung lautet deshalb:

$$\Delta H_L = [H_{\text{Lösung}}] - [H_{\text{Lösungsmittel}} + H_{\text{fester Stoff}}]. \tag{73}$$

In dieser Gleichung stehen die absoluten Enthalpien der End- und Ausgangsprodukte. Alle diese Enthalpien werden nun auf den früher festgelegten Standardzustand der idealen Lösung und des reinen Lösungsmittels bezogen, d.h. in relative Enthalpien übergeführt:

$$\Delta H_L = [L] - [L_{\text{Lösungsmittel}} + L_{\text{fester Stoff}}]$$
$$= [(n_1 h_1 + n_2 h_2) - (n_1 h_1^\circ + n_2 h_2^\circ)] - [(n_1 h_1 - n_1 h_1^\circ) + (n_2 h_{2,\text{fest}}^\circ - n_2 h_2^\circ)] \tag{74}$$

$h_{2,\text{fest}}^\circ$ ist die molare Enthalpie des festen Stoffes in seiner reinen Phase. Im zweiten Term von Gl. (74) ist h_1 gleich h_1°, da es sich beim Ausgangsprodukt um das reine Lösungsmittel handelt. Damit wird

$$\Delta H_L = n_1 (h_1 - h_1^\circ) + n_2 (h_2 - h_{2,\text{fest}}^\circ). \tag{75}$$

Schreibt man

$$\Delta h_1 = h_1 - h_1^\circ,$$
$$\Delta h_2 = h_2 - h_{2,\text{fest}}^\circ, \tag{76}$$

so lautet Gl. (75)

$$\Delta H_L = n_1 \Delta h_1 + n_2 \Delta h_2. \tag{77}$$

Δh_1 nennt man auch die *differentielle Verdünnungswärme*, weil sie die Enthalpieänderung der Lösung angibt, wenn bei konstant gehaltenem n_2 die Lösungsmittelmenge n_1 infinitesimal geändert wird. Analoges gilt für Δh_2, die *differentielle Lösungswärme*. Sie ist auf Grund ihrer Definition unabhängig von der Wahl des Standardzustandes.

Zur Illustration von Gl. (77) denke man sich zu einer Lösung, die n_1 mol H_2O und n_2 mol NaCl gelöst enthält, eine geringe Menge dn_2 NaCl zugesetzt; n_1 werde konstant gehalten ($dn_1 = 0$). Nach Gl. (77) muß sich dann die integrale Lösungswärme um

$$d(\Delta H_L) = \Delta h_1\, dn_1 + \Delta h_2\, dn_2 = \Delta h_2\, dn_2 \tag{78}$$

ändern. Daraus folgt für die differentielle Lösungswärme

$$\left(\frac{\partial \Delta H_L}{\partial n_2}\right)_{n_1} = \Delta h_2 . \tag{79}$$

Damit ist ein Weg aufgezeigt, wie differentielle Lösungswärmen experimentell bestimmt werden können. Man mißt sie, indem man schrittweise Δn_2 verändert und die auftretenden Wärmeänderungen kalorimetrisch feststellt (Kapitel 19). Trägt man diese dann in einem Diagramm gegen Δn_2 auf und extrapoliert auf $\Delta n_2 \to 0$, so liefert der Ordinatenabschnitt Δh_2° die differentielle Lösungswärme bei unendlicher Verdünnung. Sie wird *erste Lösungswärme* genannt und entspricht der relativen Enthalpie des festen Stoffes. Für NaCl erhält man auf diese Weise $\Delta h_2^\circ = 4{,}3$ kJ bei 25 °C. Erste Lösungswärmen für andere Stoffe sind in Tabelle 17.6 angegeben. Sie haben relativ kleine Werte und sind positiv oder negativ.

Mit dem Wert für Δh_2° und den jeweiligen Werten für Δh_2 bekommt man dann nach

$$l_2 = \Delta h_2 - \Delta h_2^\circ \tag{80}$$

(aus den Gln. (70) und (76)) Daten für die relativen Enthalpien l_2, welche gewöhnlich tabelliert werden. Die l_2-Werte für NaCl sind in Tabelle 17.7 zusammengestellt; sie sind

Tabelle 17.6: Erste Lösungswärmen Δh_2° von einigen gasförmigen und festen Stoffen in Wasser bei 25 °C in kJ mol^{-1}

	F^-	Cl^-	Br^-	J^-
H^+	$-48{,}5$	$-75{,}1$	$-83{,}5$	$-80{,}4$
Li^+	$4{,}2$	$-35{,}1$	$-47{,}0$	$-61{,}7$
Na^+	$2{,}5$	$4{,}3$	$0{,}4$	$-5{,}2$
K^+	$-15{,}1$	$17{,}2$	$19{,}8$	$21{,}8$
Rb^+	$-24{,}3$	$18{,}4$	$24{,}9$	$27{,}2$
Cs^+	$-36{,}0$	$19{,}9$	$28{,}2$	$34{,}5$
Ag^+	$-14{,}2$	$66{,}1$	$84{,}0$	$111{,}8$
Tl^+		$42{,}3$	$54{,}4$	$73{,}3$
Mg^{++}	$-11{,}6$	$-150{,}2$	$-181{,}2$	$-208{,}4$
Zn^{++}		$-65{,}4$	$-62{,}8$	$-47{,}3$
Cd^{++}		$-12{,}6$	$-3{,}2$	$4{,}0$
Hg^{++}		$13{,}2$	$6{,}7$	
Cr^{++}		$77{,}8$		
Mn^{++}		$66{,}9$	$66{,}9$	

Tabelle 17.7: Relative Enthalpien l_1 und l_2 von verdünnten NaCl-Lösungen bei 25 °C in J (*G. N. Lewis, M. Randall:* Thermodynamics, McGraw Hill Book Co., New York, 1961)

Molalität in mol kg^{-1}	l_1	l_2
0	0	0
0,278	0,84	289
0,370	1,26	176
0,555	3,77	− 113
0,793	10,0	− 640
1,110	16,7	−1038
2,13	46,0	−1975
3,47	83,7	−2795
4,63	89,5	−2845
6,12 (gesättigt)	48,1	−2456

natürlich konzentrationsabhängig. Auf ähnliche Weise wie die differentielle Lösungswärme kann auch die differentielle Verdünnungswärme Δh_1 gemessen werden. Wegen der Wahl des Standardzustandes ist sie identisch mit der relativen Enthalpie l_1 (vgl. Tabelle 17.7 für NaCl). Außerdem: Bei Kenntnis von l_2 in Abhängigkeit von n_1 und n_2 bzw. x_2/x_1 kann mit Hilfe der Gibbs-Duhemschen Gleichung (Abschnitt 16.5)

$$x_1\, dl_1 + x_2\, dl_2 = 0 \tag{81}$$

l_1 durch eine (graphische) Integration

$$l_1 = -\int_0^{x_2} \frac{x_2}{x_1}\, dl_2 \tag{82}$$

ermittelt werden.

Bild 17.8 zeigt eine anschauliche graphische Darstellung der verschiedenen Lösungswärmen.

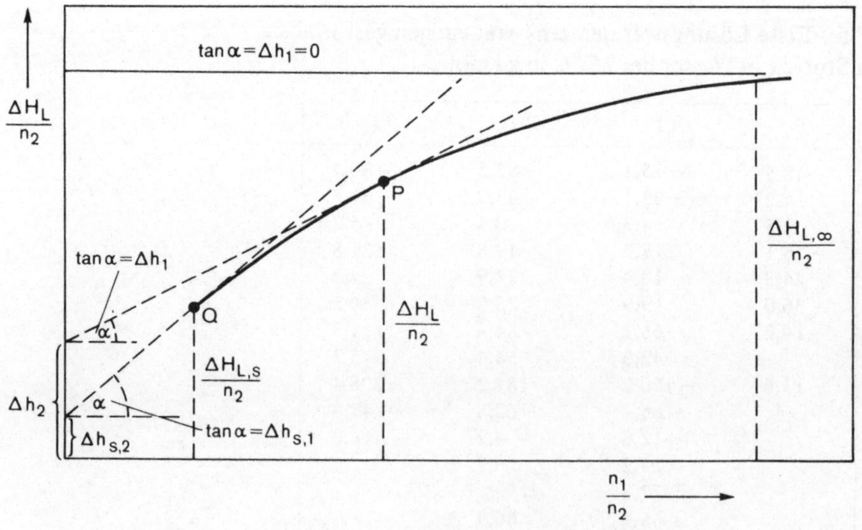

Bild 17.8 Integrale molare Lösungswärme in Abhängigkeit von der Verdünnung (schematisch)

In ihr ist $\Delta H_L/n_2$, definiert durch

$$\frac{\Delta H_L}{n_2} = \frac{n_1}{n_2}\,\Delta h_1 + \Delta h_2\,, \tag{83}$$

gegen n_1/n_2 aufgetragen. $\Delta H_L/n_2$ nennt man auch die *integrale molare Lösungswärme*, das Verhältnis n_1/n_2 *Verdünnung*. Legt man bei einer bestimmten Zusammensetzung der Lösung (etwa im Punkt P) die Tangente an die Kurve der integralen molaren Lösungswärme, so ist nach Gl. (83) der Ordinatenabschnitt gleich der differentiellen Lösungswärme Δh_2, während die Steigung der Tangente unmittelbar die differentielle Verdünnungswärme Δh_1 angibt. Außerdem sieht man, daß für die unendlich verdünnte Lösung $(n_1/n_2 \to \infty)$ die Verdünnungswärme Null ist und die differentielle Lösungswärme gleich der integralen molaren Lösungswärme wird (horizontale Tangente). Die bei der Sättigungskonzentration im Punkt Q gelegte Tangente gibt als Abschnitt auf der Ordinate $\Delta h_{s,2}$,die sogenannte *letzte Lösungswärme*, bzw. als Steigung die *letzte Verdünnungswärme*. Die integrale molare Lösungswärme bei der Sättigungskonzentration heißt *ganze Lösungswärme*.

Bei Kenntnis der relativen partiellen molaren Größen l_1 und l_2 in Abhängigkeit von der Zusammensetzung kann die relative Enthalpie jeder beliebigen Lösung berechnet werden. Dies sei an einem Beispiel unter Verwendung der Tabelle 17.7 (3,47 molare NaCl-Lösung) gezeigt:

$$L = n_1 l_1 + n_2 l_2 = \frac{1}{0{,}018}\,83{,}7 + 3{,}47\,(-2795) = -5048\text{ J}. \tag{84}$$

Die integrale Lösungswärme hingegen ergibt sich aus den Gln. (77) und (80) zu

$$\Delta H_L = n_1\,\Delta h_1 + n_2\,\Delta h_2 = n_1 l_1 + n_2\,(\Delta h_2^{\circ} + l_2)$$

$$= \frac{1}{0{,}018}\,83{,}7 + 3{,}47\,(4270 - 2795) = 9768\text{ J}. \tag{85}$$

Die Lösungswärmen können auch aus den Bildungs- und Standardbildungsenthalpien (Kapitel 19) des festen Stoffes, des Lösungsmittels und der Lösung berechnet werden. Das heißt, es wird der Enthalpienullpunkt so gewählt, daß die Elemente, die die Lösung aufbauen, die Enthalpie Null haben. Dies ist für die Praxis von Vorteil, denn für viele Systeme sind die Bildungs- und Standardbildungsenthalpien tabelliert.

17.7 Nernstsches Verteilungsgesetz

Für die Verteilung eines gelösten Stoffes zwischen zwei nichtmischbaren Lösungsmitteln bei konstanter Temperatur und konstantem Druck gilt einmal mehr die Gleichgewichtsbedingung $^I\mu_i = {}^{II}\mu_i$. Bezeichnet man nun den gelösten Stoff mit dem Index 3 und mit I und II die beiden flüssigen Phasen, dann lautet sie:

$$^I\mu_3^{\circ} + RT\ln{}^I a_3 = {}^{II}\mu_3^{\circ} + RT\ln{}^{II} a_3\,. \tag{86}$$

Durch Umformen folgt daraus

$$\ln\frac{^{II}a_3}{^{I}a_3} = \frac{^{I}\mu_3^{\circ} - {}^{II}\mu_3^{\circ}}{RT} = \text{const} \tag{87}$$

und

$$\frac{^{II}a_3}{^{I}a_3} = e^{\frac{^{I}\mu_3^{\circ} - ^{II}\mu_3^{\circ}}{RT}} = K. \tag{88}$$

Für genügend verdünnte Lösungen kann $a_3 = x_3$ gesetzt werden, so daß sich für das Verhältnis der Molenbrüche in den beiden flüssigen Phasen

$$\frac{^{II}x_3}{^{I}x_3} = K \tag{89}$$

ergibt. Gl. (89) besagt, daß das Konzentrationsverhältnis des gelösten Stoffes in den zwei flüssigen Phasen im Idealfall konstant ist. Dieses Grenzgesetz wird als *Nernstsches Verteilungsgesetz* bezeichnet und spielt bei der Trennung von Stoffgemischen mit Hilfe von Extraktions- und chromatographischen Methoden eine maßgebende Rolle. Besitzen nämlich die Gemischkomponenten unterschiedliche Verteilungskonstanten (K), so werden beim Verteilen unterschiedliche Mengen der Komponenten in einer Phase erhalten.

Sieht man hier vom Spezialfall der Destillationsmethode ab, so kann man zwischen Gleichgewichten mit je einer *stationären* (festen oder flüssigen) Phase und einer *mobilen* (flüssigen oder gasförmigen) Phase unterscheiden (Tabelle 17.8). Der ideale lineare Zusammenhang (89) gilt allerdings nur für mäßige Konzentrationen und auch nur für zwei flüssige Phasen (*Extraktion*). Drei typische Verteilungskurven (^{I}x, ^{II}x- oder ^{I}c, ^{II}c-Diagramme) zeigt Bild 17.9. Ähnlich wie bei der Trennung durch Destillation wird nicht einstufig, sondern mehrstufig bzw. kontinuierlich verfahren. Wie die *lokale Verteilung* eines Stoffes nach mehreren Stufen aussieht, soll am Beispiel des diskontinuierlichen *Craigprozesses* (*Gegenstromextraktion*) nahegebracht werden. Diese läßt sich dann auf andere chromatographische Verteilungen übertragen.

Bild 17.10 zeigt schematisch 5 Extraktionsgefäße einer Craigapparatur während 5 Extraktionsschritten. In allen 5 Gefäßen befindet sich anfänglich gleich viel reines Lösungsmittel II (dunkel gerastert = stationäre Phase) und im Prozeßschritt n = 0 wird Stoff mit der Verteilungskonstanten K = 1 im Lösungsmittel I (hell gerastert = mobile Phase) eingebracht und verteilt. Beträgt die Konzentration des Stoffes ursächlich 1000 mg/^{I}V, so

Tabelle 17.8: Trennmethoden, die auf Verteilungsgleichgewichten basieren

mobile Phase (I) \ stationäre Phase (II)	fest	flüssig
flüssig	Adsorptionschromatographie Dünnschichtchromatographie Ionenaustauschchromatographie	Gegenstromextraktion Papierchromatographie Verteilungschromatographie Dünnschichtchromatographie
gasförmig	Gaschromatographie	Fraktionierte Destillation Gas-Flüssigchromatographie

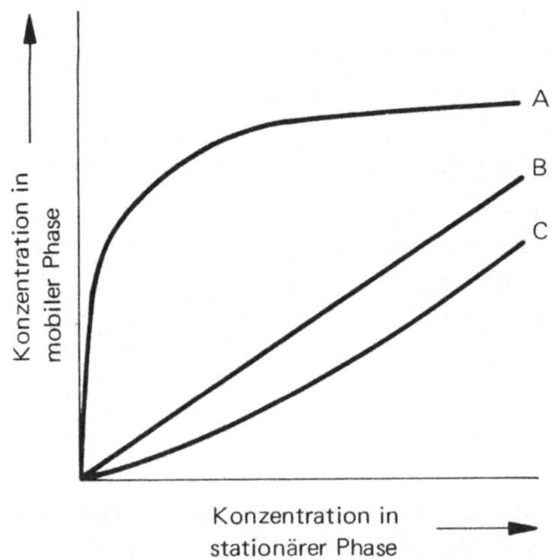

Bild 17.9
Typische Verteilungskurven (A Verteilung flüssig oder gasförmig auf fest, B Verteilung zwischen zwei unmischbaren Flüssigkeiten im Idealfall, C Verteilung mit einer Störung, z. B. durch Dissoziation in einer Phase)

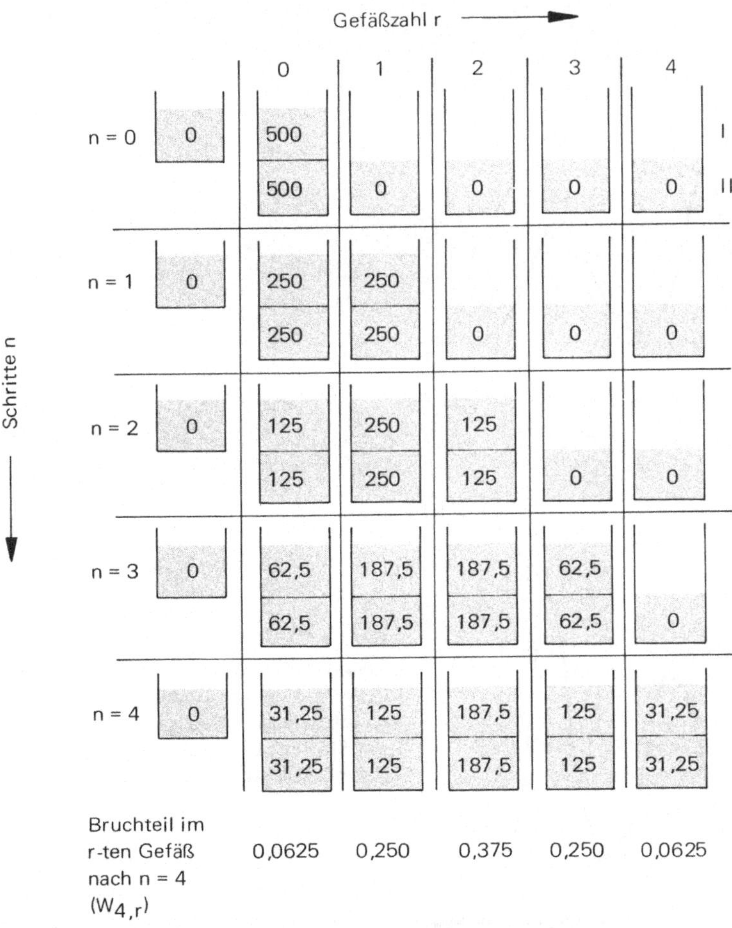

Bild 17.10 Skizze zur Ableitung der Craigverteilung $W_{n,r}$

sind nach dem Schritt n = 0 500 mg in die stationäre Phase übergegangen, wenn $^{I}V = {}^{II}V$. Beim nächsten Schritt n = 1 wird die Phase I mit 500 mg an das zweite Gefäß weitergegeben und in das erste „rückt" reines Lösungsmittel I in gleicher Menge nach. Danach wird geschüttelt d. h. verteilt. Die Situation nach dem Verteilen (n = 1) ist im Bild zu sehen. Bei allen weiteren Schritten wird analog vorgegangen. Nach fünfmaligem Schütteln (n = 4) wird die im Bild gezeigte lokale Verteilung erhalten. Craigverteilungen nach 25-, 50- und 100-maligem Schütteln zeigt Bild 17.11a. Zum Vergleich dazu in Bild 17.11b die Verteilungen dreier Stoffe (getrenntes Gemisch) mit verschiedenen K-Werten nach n = 50.

Um einen quantitativen Ausdruck für solche lokale Verteilungen zu erhalten, gehen wir vom Verteilungsgesetz eines Stoffes

$$K = \frac{{}^{II}c}{{}^{I}c} \tag{90}$$

aus und überlegen uns, wie groß die Wahrscheinlichkeit des Stoffes für sein Weiterrücken in der mobilen Phase I bzw. für sein Verharren in der stationären Phase II ist. Da das

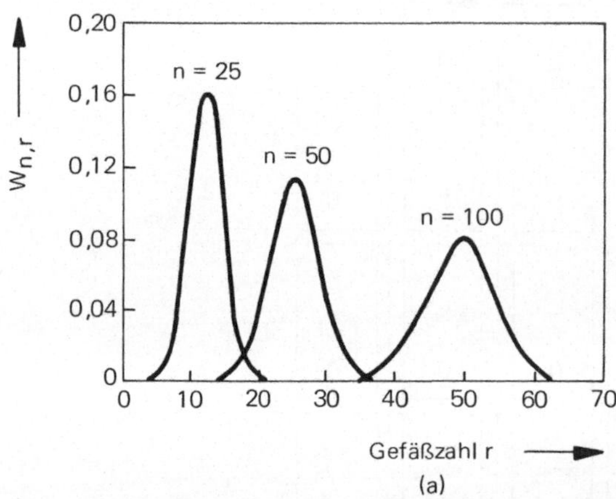

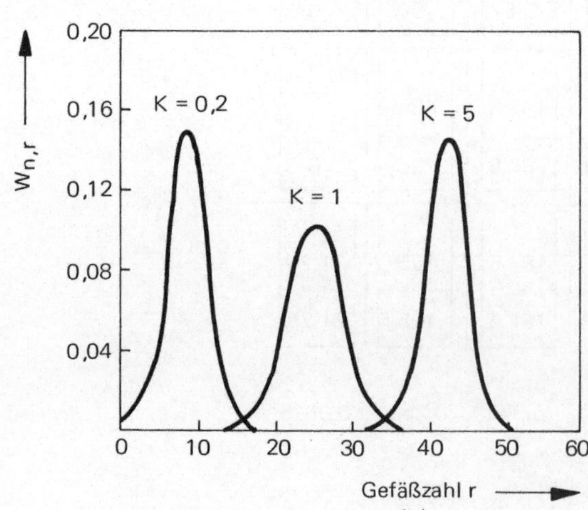

Bild 17.11

Craigverteilung $W_{n,r}$ als Funktion der Gefäßzahl r nach verschieden langer Ausschüttelung eines Stoffes mit K = 1 (a) und von Stoffen mit verschiedenen K-Werten nach gleich langer Ausschüttelung (n = 50) (b)

Gewicht des Stoffes (z. B. im r-ten Gefäß) in der Phase I $^I c^I V$, in der Phase II $^{II} c^{II} V$ und in beiden Phasen zusammen $^I c^I V + {}^{II} c^{II} V$ beträgt, definieren wir seine Wahrscheinlichkeit in der Phase I durch

$$^I W = \frac{^I c^I V}{^I c^I V + {}^{II} c^{II} V} = \frac{^I V}{^I V + \frac{^{II} c}{^I c}\, ^{II} V} = \frac{^I V}{^I V + K^{II} V} \tag{91}$$

und in der Phase II durch

$$^{II} W = 1 - {}^I W = \frac{K^{II} V}{^I V + K^{II} V}. \tag{92}$$

Die Wahrscheinlichkeiten (Verteilung) des Stoffes nach n = 3 lauten z. B.:

$$
\begin{aligned}
\text{Gefäß } 0 \ W_{3,0} &= (^{II} W)^3 \\
\text{Gefäß } 1 \ W_{3,1} &= 3\,(^{II} W)^2\, (^I W) \\
\text{Gefäß } 2 \ W_{3,2} &= 3\,(^I W)^2\, (^{II} W) \\
\text{Gefäß } 3 \ W_{3,3} &= (^I W)^3
\end{aligned}
\tag{93}
$$

Und allgemein nach n Schritten (Kombinatorik):

$$W_{n,r} = \frac{n!}{r!\,(n-r)!}\, (^I W)^r\, (^{II} W)^{n-r} \tag{94}$$

Gl. (94) repräsentiert eine *Binominalverteilung* und geht für große n und r in die *Gaußsche Verteilung* (Vgl. Anhang XX)

$$W_{n,r} = \frac{1}{\sqrt{2\pi n\, ^I W\, ^{II} W}}\, e^{-\frac{(r_{max}-r)^2}{2n\, ^I W\, ^{II} W}} \tag{95}$$

über.

Rechenbeispiele

1. Folgende Gefrierpunkterniedrigungen wäßriger Harnstofflösungen sind gegeben:

Molalität	0,3241	0,646	1,521	3,360
ΔT (K)	0,5953	1,170	2,673	5,490

Wie groß ist die Molmasse von Harnstoff, wenn die kryoskopische Konstante von Wasser 1,86 $kg\,K\,mol^{-1}$ beträgt? Wie groß ist die kryoskopische Konstante, wenn umgekehrt die Molmasse bekannt ist?

2. Eine Lösung von 9 g Naphthalin ($C_{10}H_8$) in 1000 g Benzol gefriert bei 5,07 °C. Der Siedepunkt und der Gefrierpunkt von reinem Benzol liegen bei 1 atm bei 80,0 bzw. 5,42 °C, seine Verdampfungswärme beträgt 30,76 $kJmol^{-1}$. Berechnen Sie den Dampfdruck der Lösung bei 80,0 °C, den Siedepunkt der Lösung und die Schmelzwärme von Benzol.

3. Der Siedepunkt von Benzol (80,0 °C bei 1 atm) steigt bei Zugabe von 13,76 g Diphenyl zu 100 g Benzol auf 82,4 °C an. Wie groß sind die ebullioskopische Konstante und die Verdampfungsenthalpie von Benzol?

4. Wie groß ist der Dampfdruck einer Rohrzuckerlösung aus 15,5 g Wasser und 1,68 g Rohrzucker bei 100 °C?

5. Zeichnen Sie für Chloroform (Siedepunkt 61,3 °C, Verdampfungsenthalpie 29,5 kJmol^{-1}) ein p, T-Diagramm und zeichnen Sie darin die Dampfdruckkurve einer Lösung von 0,1 mol Hexacloräthan in 1 mol Chloroform ein.

6. Die Lösungskeit von CO_2 in Wasser wurde bei 50 und 100 °C gemessen:

p_{CO_2} (atm)	25	50	75	100
Molalität von CO_2 in der Lösung bei 50 °C	0,44	0,77	1,0	1,15
Molalität von CO_2 in der Lösung bei 100 °C	0,24	0,45	0,64	0,79

Wird das Henrysche Gesetz durch diese Messungen bestätigt? Wenn nicht, warum nicht?

7. Bei Körpertemperatur beträgt der osmotische Druck von Blut durchschnittlich 7,7 atm. Wo liegen der Siede- und der Gefrierpunkt des Blutplasmas?

8. Durch welche NaCl-Lösung (Konzentration) läßt sich Blutplasma ersetzen?

9. Zeichnen Sie die integrale Lösungswärme (wie Bild 17.8) für NaCl und Na_2SO_4 in Abhängigkeit von der Verdünnung.

Kapitel 18
Elektrolyt- und Makromoleküllösungen

Viele chemische Probleme, mit denen sich Naturwissenschaftler beschäftigen, betreffen chemische Reaktionen mit gelösten Stoffen. Man denke beispielsweise an die Elektrochemie mit ihren Elektrolytlösungen oder an die Biochemie mit ihren Makromoleküllösungen. Wenn wir Elektrolytlösungen sagen, dann haben wir bereits eine molekulare Interpretation vorgenommen: Es handelt sich um geladene Ionen, die in polaren Lösungsmitteln eingebettet und der thermischen Bewegung ausgesetzt sind. Da Wasser auf unserer Erde das gegebene Lösungsmittel darstellt, interessieren uns besonders stark wäßrige Elektrolytlösungen. Ihre Strukturanalyse gründet sich hauptsächlich auf das Studium der elektrolytischen Leitfähigkeit, der Hydratation und des Aktivitätskoeffizienten und gipfelt in der theoretischen Herleitung dieser Eigenschaften.

Noch um 1900 hatte man eine große Zahl von mehr oder weniger befriedigenden Erklärungen zur Hand, weshalb Elektrolytlösungen überhaupt Strom leiten, und es bereitet heute Schwierigkeiten, die damaligen Verhältnisse im richtigen Licht zu sehen. Denn man wächst als Chemiker bereits mit der Vorstellung auf, daß starke Basen und Säuren sowie Salze in Wasser vollständig in geladene Ionen dissoziieren. Man hielt sehr lange an der Ansicht fest, daß so stark gebundene Moleküle wie z. B. HCl nur bei sehr hohen Temperaturen dissoziieren könnten. Wie wir aber heute wissen, ist die Ursache, warum stark polare Lösungsmittel wie Wasser so gute Lösungsmittel für Ionenkristalle sind, die Hydratation. Das ist die Fähigkeit der Ionen, Wassermoleküle unter Freiwerden von Energie zu binden, wodurch die Energie zum Aufbrechen der Kristallbindung (Gitterenergie) wettgemacht wird. So wie die Hydratation den atomaren Schlüssel zur Existenz der Elektrolytlösungen darstellt, kann man die Ladungsverteilung um ein gelöstes Ion oder kurz Ionenwolke als den Schlüssel zu einer atomistischen Erklärung des Aktivitätskoeffizienten und der Leitfähigkeit ansehen. Die Ionenwolke ist das zentrale Modell einer Elektrolytlösung in den Theorien von *Debye, Hückel* und *Onsager* zur Deutung dieser Eigenschaften. Aber so gut diese Theorien für verdünnte Lösungen sind, an einer geschlossenen Theorie für konzentrierte Lösungen mangelt es auch heute noch.

Eine zweite wichtige Gruppe umfaßt die Makromoleküllösungen. Charakteristisch für gelöste künstliche oder natürliche Makromoleküle ist ihre große, uneinheitliche Molmasse (Molmassenverteilung). Für die Untersuchung mit molekülspezifischen Methoden sind die oft schon optisch sichtbaren Großmoleküle einerseits zu groß, aber andererseits noch zu klein, um wie Kristalle als makroskopische Systeme aufgefaßt werden zu können. Ganz spezielle physikalisch-chemische Methoden sind deshalb erforderlich, um etwas über die Struktur solcher Lösungen zu erfahren. Wenn man mit diesen auch keine so eindeutigen Aussagen wie z. B. mit Röntgenbeugungsmethoden bekommt, so spielen sie doch eine große Rolle in der Biochemie und in der chemischen Technologie synthetischer Polymere. Es handelt sich hier um die Methoden der Sedimentation und Viskositätsmessung, die zu Aussagen über die Struktur bzw. Gestalt der Großmoleküle führen.

18.1 Elektrolytlösungen und ihre Leitfähigkeit

Die Leitfähigkeit von Elektrolytlösungen präsentiert nicht nur eines der stärksten Argumente, sondern zugleich einen konkreten Beweis dafür, daß sich Ionenkristalle (hier Elektrolyte genannt) in Wasser in ionogener Form auflösen. Bei der Auflösung in Wasser entstehen nämlich Ionen, die den elektrischen Strom leiten. Entstünden neutrale Moleküle, so gäbe es keine elektrolytische Leitfähigkeit. Die Ionen wandern in einem elektrischen Feld, das man mit Hilfe einer Spannung über die in die Lösung tauchende Elektroden erzeugen kann, und bedingen so einen Stromtransport. Da die Wassermoleküle selbst bis zu einem gewissen Grad in Protonen und Hydroxylionen dissoziieren, besitzt auch schon reinstes Wasser eine ionische Leitfähigkeit. Wäre diese Eigendissoziation nicht vorhanden, müßte sich Wasser wie ein elektrischer Isolator im Sinne des Bändermodells (Abschnitt 14.4) verhalten. Denn auch im Molekülkristall Eis gibt es keine elektronischen Ladungsträger.

Physikalisch ist die elektrische Leitfähigkeit durch den *reziproken Widerstand* einer Elektrolytlösung definiert (Abschnitt 14.8). Dieser wird zur Ausschaltung von Elektrolyseeffekten am besten mit einer Wheatstoneschen Widerstandsbrücke, und zwar unter Verwendung von Wechselstrom kleiner Spannungen, gemessen (Bild 18.1). Er ließe sich zwar auch mit Hilfe von Strom-Spannungsmessungen über das *Ohmsche Gesetz*

$$U = Ri \tag{1}$$

ermitteln, doch sind solche Messungen meist mit Elektrolyseerscheinungen verknüpft. Da der absolute Widerstand R von der Elektrodengröße A und dem Elektrodenabstand l abhängt, definiert man einen auf diese Größen normierten, *spezifischen Widerstand* (ρ),

$$\rho = \frac{A}{l}\,R, \tag{2}$$

und die *spezifische Leitfähigkeit* (σ) durch

$$\sigma = \frac{1}{\rho} \tag{3}$$

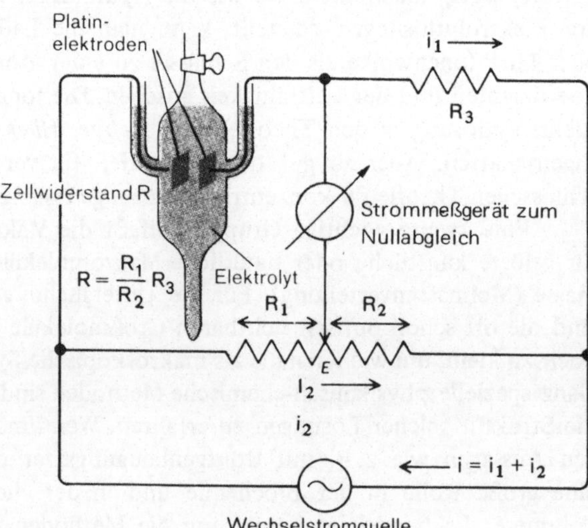

Bild 18.1
Schematische Darstellung einer Wechselstrombrücke (Wheatstonebrücke) zur Messung des Widerstandes bzw. der Leitfähigkeit von Elektrolytlösungen

(SI Einheit $\Omega^{-1}\,m^{-1}$). Wollen wir also die spezifische Leitfähigkeit einer Lösung bestimmen, so müssen wir die Abmessungen A und l kennen. Wegen Gl. (2) genügt dazu bereits die Kenntnis des Verhältnisses l/A oder A/l. Es wird am einfachsten durch eine Eichung der Meßzelle mit einer Lösung bekannter spezifischer Leitfähigkeit ermittelt:

$$\frac{A}{l} = \frac{1/R(\text{gemessen})}{\sigma\,(\text{bekannt})} \cdot \tag{4}$$

Zur Eichung könnten wir z. B. die in Tabelle 18.1 angeführten spezifischen Leitfähigkeitsdaten von verschieden konzentrierten KCl-Lösungen verwenden.

Tabelle 18.1 läßt auch erkennen, daß die spezifische Leitfähigkeit nicht nur von der Temperatur, sondern auch ausgesprochen stark von der Konzentration abhängt. Das ist jedoch kein Wunder, denn die Zahl der Ladungsträger (in diesem Fall die K^+- und die Cl^--Ionen) ist ja direkt proportional der Elektrolytkonzentration. Wegen dieser Konzentrationsabhängigkeit stellt also σ kein geeignetes Maß für Vergleiche zwischen verschiedenen Elektrolytlösungen dar. Wir führen deshalb die auf die Konzentration c = 1 genormte *Äquivalentleitfähigkeit* (λ) ein:

$$\lambda = \frac{1}{1000}\frac{\sigma}{c} \cdot \tag{5}$$

Tabelle 18.1: Spezifische Leitfähigkeit σ von verschieden konzentrierten KCl-Lösungen (*G. Kortüm, J. O. M. Bockris:* Textbook of Electrochemistry, 1 Elsevier Press, Inc., Amsterdam, 1951)

Konzentration c in val l^{-1}	σ in $\Omega^{-1}\,m^{-1}$		
	0 °C	18 °C	25 °C
1	6,543	9,820	11,173
0,1	0,7154	1,1192	1,2886
0,01	0,07751	0,12227	0,14114

Tabelle 18.2: Äquivalentleitfähigkeit λ in $\Omega^{-1}\,val^{-1}\,m^2$ von einigen wäßrigen Elektrolytlösungen bei 25 °C (*D. A. McInnes:* The Principles of Electrochemistry, Reinhold Publ. Co., N.Y., 1939)

c	NaCl	KCl	HCl	NaAc	$CuSO_4$	H_2SO_4	HAc	NH_4OH
0,000	0,012645	0,014986	0,042616	0,00910	0,04296	0,03907	0,03907	0,02714
0,0005	0,012450	0,014781	0,042274	0,00892		0,04131	0,00677	0,0047
0,001	0,012374	0,014695	0,042136	0,00885	0,01152	0,03995	0,00492	0,0034
0,010	0,011851	0,014127	0,041200	0,008376	0,00833	0,03364	0,00163	0,00113
0,100	0,010674	0,012896	0,039132	0,007280	0,00505	0,02508		0,00036
1,00		0,01119	0,03328	0,00491	0,00293			

Der Faktor 1000 resultiert aus der Umrechnung der Konzentrationseinheit val l^{-1} in SI Einheiten. c ist hier die Konzentration in val l^{-1} (*Normalität*). Sie unterscheidet sich von der gewöhnlich benutzten Angabe mol l^{-1} (Molarität) durch einen Faktor, der die Mehrwertigkeit der Ionen berücksichtigt:

$$\text{Normalität} = \text{Ladungszahl} \times \text{Molarität} \tag{6}$$

Die Größe λ läßt sich aus Gl. (5) berechnen, stellt also eine reine Rechengröße dar.

Bereits vor über einem Jahrhundert wurden von *Kohlrausch* und Mitarbeitern Leitfähigkeitsmessungen durchgeführt (Tabelle 18.2 und Bild 18.2) und die Ergebnisse in empirische Beziehungen wie

$$\lambda = \lambda^\circ - \text{const} \sqrt{c} \tag{7}$$

gekleidet (*Quadratwurzelgesetz*). Trotz der Normierung von λ bleibt also noch immer eine gewisse Konzentrationsabhängigkeit übrig! Doch nicht alle, sondern nur die *starken Elektrolyte* wie NaCl gehorchen der Beziehung (7); sie dissoziieren im Wasser vollständig in ihre Ionen. Elektrolyte hingegen, die nur unvollständig dissoziieren, wie z. B. Essigsäure, bezeichnet man allgemein als *schwache Elektrolyte;* bei ihnen sieht die Konzentrationsabhängigkeit viel komplizierter aus. Von *Kohlrausch* stammt auch die Erkenntnis, daß sich die *Grenzleitfähigkeit* λ° (λ bei c → 0) aus den Grenzleitfähigkeiten einzelner Ionen (*Ionenleitfähigkeiten*) additiv zusammensetzt. Mit anderen Worten: In *ideal verdünnten Lösungen* bewegen sich die Ionen voneinander unabhängig auf die Elektroden zu (Anionen zur Anode und Kationen zur Kathode):

$$\lambda^\circ = \lambda_+^\circ + \lambda_-^\circ . \tag{8}$$

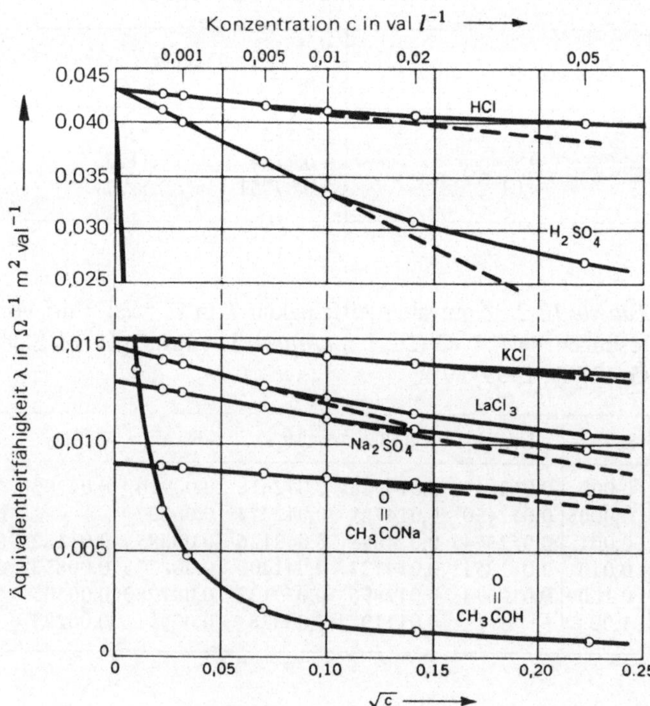

Bild 18.2

Die Äquivalentleitfähigkeit von Elektrolytlösungen in Abhängigkeit von $\sqrt{c}$ bei 25 °C

Die ideal verdünnte Lösung ist eigentlich ein Paradoxon, denn unendliche Verdünnung und endliche Leitfähigkeit schließen sich gegenseitig aus. Trotzdem wird mit diesem Begriff auch hier und nicht nur in der Thermodynamik (Kapitel 11) gearbeitet. Gl. (8) bedeutet nicht nur, daß man einzelne spezifische Ionenleitfähigkeiten tabelliert und mit ihnen rechnet, sondern liefert einen ersten Hinweis auf die Struktur verdünnter Lösungen: Die Ionen bewegen sich darin wie Gasmoleküle. Sie besitzen natürlich bei gleich großer thermischer Energie (gleiche Temperatur) keine so hohen Geschwindigkeiten (Beweglichkeiten) wie diese, weil sie in der Wassermatrix gebremst werden. Dazu kommen in konzentrierteren Lösungen noch die zwischenionischen Wechselwirkungen, die die Beweglichkeit weiter herabsetzen. In Tabelle 18.3 sind einige Ionenleitfähigkeiten und -beweglichkeiten zusammengestellt.

Mit dem Begriff Ionenleitfähigkeit ist soeben der Begriff *Ionenbeweglichkeit* gefallen. Die Beweglichkeit von Ionen (oder auch die von elektronischen Ladungsträgern in einem Festkörper) wurde in Abschnitt 14.8 eingeführt und lieferte folgenden Zusammenhang mit der spezifischen Leitfähigkeit:

$$\sigma = (Ze) \left(\frac{N}{V}\right) B. \tag{9}$$

Oder mit $(N/V)Z = N_A \, (n/V)Z = N_A \, 1000c$ und $N_A \, e = F$,

$$\sigma = F \, 1000 \, cB. \tag{10}$$

Vergleicht man Gl. (10) mit Gl. (5), so ergibt sich die Proportionalität:

$$\lambda = FB. \tag{11}$$

Proportionalitätskonstante ist die *Faradaykonstante F*, die Ladung von N_A Elementarladungen; sie hat die Größe 96487 C.

Da wir jedoch immer nur die gesamte Leitfähigkeit einer Lösung messen können, sie setzt sich additiv aus den Leitfähigkeiten der einzelnen Ionensorten zusammen (Gl. (8)),

$$\sigma = \sum_i \sigma_i, \tag{12}$$

Tabelle 18.3: Ionenleitfähigkeit λ° und Ionenbeweglichkeit B° von einigen Kationen und Anionen bei 25 °C (*D. A. McInnes:* The Principles of Electrochemistry, Reinhold Publ. Co., New York, 1939)

Ion	λ°_+ $\Omega^{-1} m^2 val^{-1}$	B°_+ $m^2 s^{-1} V^{-1}$	Ion	λ°_- $\Omega^{-1} m^2 val^{-1}$	B°_- $m^2 s^{-1} V^{-1}$
H^+	$34{,}98 \cdot 10^{-3}$	$36{,}3 \cdot 10^{-8}$	OH^-	$19{,}80 \cdot 10^{-3}$	$20{,}5 \cdot 10^{-8}$
Li^+	3,86	4,01	Cl^-	7,62	7,91
Na^+	5,01	5,19	J^-	7,68	7,95
K^+	7,35	7,61	CH_3COO^-	4,09	4,23
Ag^+	6,19	6,41	SO_4^{2-}	7,98	8,27
NH_4^+	7,34	7,60			
Ca^{++}	5,95	6,16			
La^{3+}	6,96	7,21			

müssen wir, um deren Ausmaß j_i an der gesamten Stromdichte j festzulegen, das bereits in Abschnitt 14.8 benutzte Konzept der *Überführungszahlen* (t_i) einführen:

$$ t_i = \frac{j_i}{j} = \frac{\sigma_i}{\sigma} = \frac{c_i B_i}{\sum\limits_i c_i B_i} . \tag{13} $$

Die Überführungszahl t_i ist der Bruchteil an Strom, den eine Ionensorte zum gesamten Strom beiträgt. Mit diesem Konzept lassen sich dann aus experimentellen Gesamtleit-fähigkeitsdaten auch einzelnen Ionensorten Äquivalentleitfähigkeiten (Ionenleitfähig-keiten) zuordnen:

$$ \lambda_+^\circ = t_+ \lambda^\circ \quad \text{bzw.} \quad \lambda_-^\circ = t_- \lambda^\circ . \tag{14} $$

Aus den so ermittelten Daten folgen auch unmittelbar Daten für die Ionenbeweg-lichkeiten, denn

$$ B_+^\circ = \frac{1}{F} \lambda_+^\circ \quad \text{bzw.} \quad B_-^\circ = \frac{1}{F} \lambda_-^\circ . \tag{15} $$

Eine Methode zur unabhängigen Messung der Überführungszahlen werden wir später noch kennenlernen. Es braucht nicht noch einmal betont zu werden, daß

$$ \sum_i t_i = 1 . \tag{16} $$

Nach Gl. (15) berechnete Ionenbeweglichkeiten sind in der Tabelle 18.3 zusammen-gestellt. Das Auffallende an ihnen sind die im Vergleich zu allen anderen Ionensorten hohen Werte der H^+- und OH^--Ionen, was an sich nicht plausibel ist. Das kann nur damit zusammenhängen, daß sich diese Ionen als die Dissoziationsprodukte des Wassers anders bewegen (anderer Bewegungsmechanismus). Erinnern wir uns an die tetraedrische Nah-ordnung von Wassermolekülen in Abschnitt 15.2, so könnten wir uns folgenden Mechanis-mus vorstellen (Bild 18.3): Ein Proton oder Hydroxylion legt einen scheinbar kürzeren Weg als ein beliebiges anderes Ion zurück, weil die Bewegung aus einem *kooperativen* Verrücken vieler Protonen besteht. In anderen Lösungsmitteln kann eine solche Bewegung nicht stattfinden; dort sind auch tatsächlich die H^+- und OH^--Beweglichkeiten von denen der anderen Ionen nicht wesentlich verschieden.

Ein Vergleich der mittleren Ionengeschwindigkeit in wäßrigen Lösungen mit der Geschwindigkeit von Gasmolekülen ist recht instruktiv: Bei einer elektrischen Feldstärke von $10\,000\ Vm^{-1}$ bewegen sich die Ionen mit einer Geschwindigkeit von etwa

$$ |v| = B\,|E| \cong 5 \cdot 10^{-8} \cdot 10\,000 \cong 5 \cdot 10^{-4}\ ms^{-1} . \tag{17} $$

Sie benötigen also ca. 2000 s oder 30 min, um eine Strecke von 1 m zurückzulegen. Bei derselben Temperatur legen hingegen Gasmoleküle dieselbe Strecke schon in 0,002 s zurück (mittlere quadratische Molekülgeschwindigkeit bei Zimmertemperatur 500 ms^{-1}). Der Weg der Ionen durch das Lösungsmittel mutet also recht beschwerlich an.

Zum Abschluß dieses Abschnittes noch ein Beispiel, das die praktische Anwendbar-keit der Leitfähigkeit illustrieren soll, und zwar an Hand der Bestimmung des *Dissoziations-gleichgewichts* von Wasser. Gesucht sind der *Dissoziationsgrad* und die *Dissoziations-*

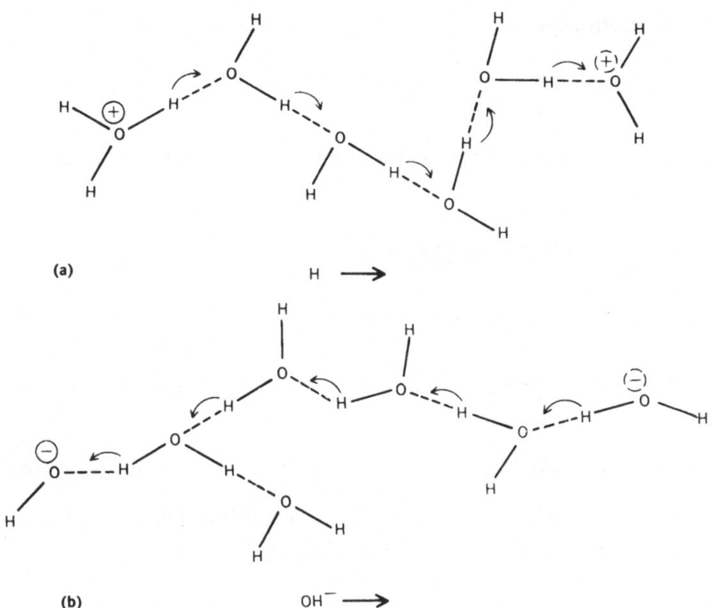

Bild 18.3 Anschauliche Darstellung des Protonenaustausches (Platzwechsel) zur Erklärung der hohen Protonen- (a) und Hydroxylionenbeweglichkeit (b) nach *Grotthus*

konstante des schwachen Elektrolyts H_2O, das nach folgender Reaktionsgleichung in H^+- und OH^--Ionen dissoziiert:

$$H_2O \rightleftharpoons H^+ + OH^-. \tag{18}$$

Gegeben ist die bei 25 °C gemessene spezifische Leitfähigkeit von reinstem Wasser (mehrfach destilliertes Wasser = *Leitfähigkeitswasser*) mit $5,8 \cdot 10^{-6}\ \Omega^{-1}\ m^{-1}$.

Da die Molarität von Wasser

$$c = \frac{d}{1000\,M} = \frac{997}{18} = 55,3 \text{ mol } l^{-1} \tag{19}$$

beträgt, bekommen wir für die Äquivalentleitfähigkeit nach Gl. (5)

$$\lambda = \frac{1}{1000}\frac{\sigma}{c} = \frac{5,8 \cdot 10^{-6}}{1000 \cdot 55,3} = 1,05 \cdot 10^{-10}\ \Omega^{-1}\ \text{val}^{-1}\ m^2. \tag{20}$$

Für vollständige Dissoziation, d. h. für einen Dissoziationsgrad (α) von

$$\alpha = \frac{\lambda}{\lambda^{\circ}} = 1 \tag{21}$$

berechnen wir aus den Ionenleitfähigkeiten der Tabelle 18.3 folgende Grenzleitfähigkeit der Lösung (= Wasser):

$$\lambda^{\circ} = \lambda^{\circ}_{H^+} + \lambda^{\circ}_{OH^-} = 0,0548\ \Omega^{-1}\text{val}^{-1}m^2, \tag{22}$$

und für den tatsächlichen Dissoziationsgrad

$$\alpha = \frac{\lambda}{\lambda^\circ} = \frac{1{,}05 \cdot 10^{-10}}{5{,}48 \cdot 10^{-2}} = 1{,}9 \cdot 10^{-9}. \tag{23}$$

Die im Wasser vorliegende Konzentration an Protonen und Hydroxylionen beträgt daher

$$c_{H^+} = c_{OH^-} = \alpha c = 1{,}05 \cdot 10^{-7}\,\text{mol}\,l^{-1}. \tag{24}$$

Da die *Gleichgewichtskonstante* K der Reaktion (18) durch

$$K = \frac{c_{H^+} \cdot c_{OH^-}}{c_{H_2O}} \tag{25}$$

definiert ist (Kapitel 20), ergibt sich schließlich für die *Dissoziationskonstante* K_w des Wassers:

$$K_w = c_{H_2O} K = c_{H^+} c_{OH^-} = 1{,}1 \cdot 10^{-14}. \tag{26}$$

Bei so niedrigen Konzentrationen verhält sich Wasser wie eine ideal verdünnte Lösung, so daß eine Anwendung der Leitfähigkeitsgesetze ($c \to 0$) berechtigt war.

18.2 Die Hydratation der Ionen

Alle in Abschnitt 18.1 mitgeteilten Beziehungen sind eigentlich Grenzgesetze und nur auf ideal verdünnte Lösungen anwendbar: Sie versagen, wenn es um die Beschreibung konzentrierterer Lösungen geht. Darunter auch das Konzept des Dissoziationsgrades bzw. des Dissoziationsgleichgewichts zur Beschreibung schwacher Elektrolyte. Die Dissoziationskonstanten sind dann keine echten Konstanten mehr, sondern konzentrationsabhängig. Diese Schwächen können mit Hilfe der Modelle der *Hydratation* und der *Ionenwolke* teilweise behoben werden.

Ohne auf spezielle Probleme einzugehen, wollen wir zunächst die Frage beantworten, warum stark polare Lösungsmittel wie Wasser so gute Lösungsmittel für Ionenkristalle sind. Die physikalische Ursache ist die Tendenz der Ionen, sich unter Energiegewinn mit einer Hydrathülle zu umgeben. Die dabei freiwerdende Energie ist etwa gleich groß wie die Gitterenergie, die zum Aufbrechen der Kristallbindungen erforderlich ist, und kompensiert diese vollauf.

Atomistisch gesehen besteht die Hydratation in einer Anlagerung von Wassermolekülen, also in einem Entstehen von Ion-Wasserbindungen. Es handelt sich dabei um elektrostatisch erklärbare *Ion-Dipolwechselwirkungen*, deren Energien fast so groß wie die Ion-Ionenergien sind. Denn H_2O-Moleküle haben ein starkes elektrisches Moment (Abschnitt 7.2) und wenn sich ein Wasserdipol mit seinem entgegengesetzt geladenen Ende an das Ion anlagert, so übertrifft die Coulombsche Anziehung bei weitem die Abstoßung mit dem anderen Dipolende. Hinzukommt, daß sich immer gleich mehrere Moleküle anlagern, was sich auf die Ion-Dipolenergie insgesamt sehr „positiv" auswirkt. Wieviele Moleküle sich anlagern, ist in erster Linie ein Platzproblem, aber auch eine Frage der Ionenladung. Mehrwertige Ionen haben immer eine größere Hydrathülle als einwertige. Die Koordinationszahl, hier *Hydratationszahl* genannt, beträgt im Durchschnitt sechs oder etwas weniger. In zweiter und dritter Schicht angelagerte Wassermoleküle sind natürlich schwächer gebunden, aber alle zusammen bilden eine größere Hydrathülle (vgl. Nahordnung in Abschnitt 15.1). Ein besonderes Beispiel bieten wieder einmal die Protonen, die, wie spektroskopische Untersuchungen ergaben, überwiegend als H_3O^+-Ionen (*Hydroniumionen*) vorliegen.

Um die Hydratationsenergie abzuschätzen, wollen wir hier nicht atomistisch vorgehen und über sämtliche Ion-Dipolwechselwirkungen summieren (so wie wir es bei der Gitterenergie gemacht haben), sondern ein *homogenes* Modell der Wassermatrix von *Born* verwenden. Wir fassen also die Elektrolytlösung als Ionen auf, die in ein homogenes Dielektrikum (Kontinuum) eingebettet sind. Wie sich herausstellen wird, ist die Hydratationsenergie allein eine Folge der hohen Dielektrizitätskonstanten (abgekürzt DK) des Wassers.

Wie bereits Kapitel 7 zeigte, ist die Coulombsche Energie zweier Ladungen $+\,e$ und $-\,e$ mit dem Abstand r in einem Dielektrikum mit der DK ϵ gegenüber der Energie im Vakuum um den Faktor $1/\epsilon$ herabgesetzt:

$$V = - \frac{e^2}{4\pi\epsilon_0\epsilon r}. \tag{27}$$

Auch das elektrische Feld **E**, das sich um eine einzelne Ladung $+\,e$ aufbaut, wird um denselben Faktor $1/\epsilon$ kleiner:

$$\mathbf{E} = \frac{e}{4\pi\epsilon_0\epsilon r^2}\,\frac{\mathbf{r}}{r}. \tag{28}$$

Nach *Born* ist nun die Hydratationsenergie gleich der Energiedifferenz, die man zum Aufbau eines elektrostatischen Feldes im Vakuum und im Dielektrikum braucht. Bringen wir gedanklich ein kugelförmiges Ion mit der Ladung $+\,e$ und dem Radius R aus dem Vakuum ins Wasser, so bricht das Feld **E** im Vakuum zusammen, und im Dielektrikum wird ein neues aufgebaut. Da die Energiedichte eines elektrischen Feldes $\epsilon_0\mathbf{E}^2/2$ beträgt (Anhang IV), benötigen wir zum Aufbau des kugelsymmetrischen Feldes im Vakuum die Energie

$$V_{\text{Vakuum}} = \frac{\epsilon_0}{2}\int\limits_{r=R}^{\infty}\mathbf{E}^2\,dV = \frac{\epsilon_0}{2}\int\limits_{r=R}^{\infty}\frac{e^2}{(4\pi\epsilon_0)^2 r^4}\,4\pi r^2\,dr = \frac{e^2}{4\pi\epsilon_0}\,\frac{1}{2R}. \tag{29}$$

Sie ist im Dielektrikum um den Faktor $1/\epsilon$ kleiner:

$$V_{\text{Dielektrium}} = \frac{e^2}{4\pi\epsilon_0\epsilon}\,\frac{1}{2R}. \tag{30}$$

Die Differenz beider Energien beträgt daher:

$$\Delta V = \frac{e^2}{4\pi\epsilon_0 2R}\left(1 - \frac{1}{\epsilon}\right). \tag{31}$$

Setzen wir darin für einen durchschnittlichen Ionenradius R = 1 Å, für die DK von Wasser $\epsilon = 80$ und für den Faktor $4\pi\epsilon_0 = 1{,}113\cdot10^{-10}$ Fm^{-1} und multiplizieren wir außerdem mit $2N_A = 2\cdot6{,}022\cdot10^{23}$ mol^{-1}, so erhalten wir für 1 mol Ionenpaare den Wert 1400 $kJ\,mol^{-1}$. Er ist zwar um etwas größer als das experimentelle Kriterium, die *Hydratationsenthalpie* (Kapitel 19), aber doch von derselben Größenordnung wie diese und auch wie die Gitterenergie (Tabelle 14.1).

Nun aber konkret zu den eingangs aufgezeigten Schwächen der Beschreibung von konzentrierteren Elektrolytlösungen. Es liegt auf der Hand, daß wir bei solchen Lösungen (starker Elektrolyte) zwischenionische Wechselwirkungen zu beachten haben. Denn wie wir bereits von den Ionenkristallen her wissen, reichen die Coulombschen Kräfte sehr weit (Abschnitt 14.1). Um die Größenordnung ihrer Reichweite abzuschätzen, müssen wir uns ein Bild davon machen, wie weit die Ionen einer Lösung überhaupt im Durchschnitt voneinander entfernt sind. Es ist logisch, daß der mittlere Ionenabstand von der Ionenkonzentration abhängt. Wir wollen uns deshalb auf eine 1 molare Lösung beschränken und folgendes *starres Gittermodell* für die Lösung machen: Die Na^+- und Cl^--Ionen einer wäßrigen 1 molaren NaCl-Lösung sollen ein aufgeweitetes Gitter mit dem mittleren Ionenabstand r als halbe Gitterkonstante bilden. Der aufgeweitete Kristall, in dem sich N_A NaCl-Paare befinden, hat ein Volumen von $1\,l = 1\,dm^3$, und die Seitenkante dieses „Molwürfels" beträgt 10 cm. $\sqrt[3]{2 \cdot 6 \cdot 10^{23}}$ Ionen besetzen deshalb eine Seitenkante, was einer halben Gitterkonstante von $r = 10^3 \sqrt[3]{12 \cdot 10^{23}}$ m $\cong 9$ Å entspricht. Resultat dieses Modells: In einer 1 molaren NaCl-Lösung sind die Ionen im Mittel 9 Å voneinander entfernt. Mit diesem Wert läßt sich nun die zwischenionische Energie abschätzen.

Die Coulombsche Anziehungsenergie zweier entgegengesetzt geladener Ionen im Abstand 9 Å in Wasser beträgt

$$V_{Dielektrium} = -\frac{e^2}{4\pi\epsilon_0\epsilon r} = -\frac{(1{,}602 \cdot 10^{-19})^2}{1{,}113 \cdot 10^{-10} \cdot 80 \cdot 9 \cdot 10^{-10}}$$

$$= -3{,}2 \cdot 10^{-21}\,J \cong -2\,kJ\,mol^{-1}. \tag{32}$$

Sie ist damit annähernd so groß wie die van der Waalssche Energie zwischen neutralen Flüssigkeitsmolekülen. Diesem Vergleich ist aber mit Vorsicht zu begegnen, denn die van der Waalssche Energie beim selben Abstand von 9 Å beträgt nur $0{,}0004\,kJ\,mol^{-1}$! Die zwischenionischen Wechselwirkungen übertreffen also bei weitem die van der Waalsschen Dipolenergien und dürfen daher bei konzentrierteren Lösungen nicht unterschlagen werden. Sie sind auch der Mittelpunkt einer quantitativen Theorie, die um 1920 von *Debye* und *Hückel* aufgestellt wurde. Modell ist die elektrostatische Wechselwirkung eines Ions mit seiner entgegengesetzt geladenen Ionenumgebung, die am einfachsten mit einer *Ionenwolke* vergleichbar ist. Genau genommen handelt es sich zwar um hydratisierte Ionen, doch spielt dabei die Hydrathülle nur eine untergeordnete Rolle. Wir wollen versuchen, im nächsten Abschnitt die Grundzüge dieser Theorie zu verstehen.

18.3 Die Ionenwolke und der Aktivitätskoeffizient

Die elektrostatische Anziehung zwischen einem Ion und seiner Umgebung erzeugt im Verein mit der thermischen Bewegung natürlich kein starres Ionengitter, wie wir es vorhin benutzt haben, sondern eine mehr oder weniger kugelsymmetrische Ionen- und damit Ladungsverteilung (Bild 18.4). Um die Energie dieser Ion-Wolkenwechselwirkung zu finden, muß zunächst das Potential der Ionenwolke in der Nähe des Zentralions bekannt sein bzw. berechnet werden. Im Gegensatz zur Dipolentwicklung in Abschnitt 7.2, wo das Potential eines Ladungshaufens in weiter Entfernung gesucht wurde, muß hier von der sogenannten *Poissongleichung* (Anhang XXI) ausgegangen werden:

$$\Delta\varphi(r) = -\frac{1}{\epsilon\epsilon_0}\,\rho(r) \qquad \left(\Delta = \frac{1}{r^2}\frac{d}{dr}\left(r^2\frac{d}{dr}\right)\right). \tag{33}$$

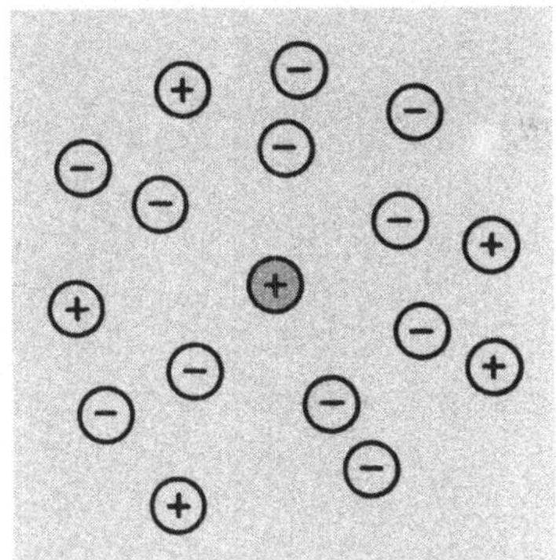

Bild 18.4
Anschauliche Darstellung der Ionenwolke um ein Zentralion

Sie gibt das Potential $\varphi(r)$ einer Ladungsverteilung mit der Dichte $\rho\,(r)$, wie sie die Ionenwolke einschließlich des Zentralions darstellt, im Abstand r vom Zentrum an. (Im Fall einer einzigen Punktladung $+$ e geht Gl. (33) in $\Delta\varphi = -\,e/\epsilon\epsilon_0$ über). Die Ladungsdichte $\rho\,(r)$ läßt sich mit Hilfe der bekannten Paarverteilungsfunktion g (r) (Abschnitt 15.2) formulieren. Schreibt man $Z_i e\varphi\,(r)$ für die Wechselwirkungsenergie des Zentralions mit einem anderen Ion am Ort r und summiert man über alle vorhandenen Ionensorten i mit der Dichte N_i/V, so wird $\rho\,(r)$ selbst eine Funktion von $\varphi\,(r)$:

$$\rho\,(r) = \sum_i Z_i e \left(\frac{N_i}{V}\right) g_i\,(r) = \sum_i Z_i e \left(\frac{N_i}{V}\right) e^{-\,Z_i e\varphi(r)/kT}. \tag{34}$$

Im Grenzfall $Z_i e\varphi \ll kT$, d.h. Wechselwirkungsenergie kleiner als thermische Energie, geht Gl. (34) mit Hilfe der Potenzreihenentwicklung $e^x = 1 + x + x^2/2 \ldots (x = -\,Z_i e\varphi/kT)$ über in

$$\rho\,(r) = \sum_i Z_i e \left(\frac{N_i}{V}\right) - \frac{e^2}{kT}\,\varphi(r)\sum_i Z_i^2 \left(\frac{N_i}{V}\right). \tag{35}$$

Führen wir darin $N_i/V = 1000\,c_i N_A$ und den neuen Begriff *Ionenstärke* $I = 1/2\,\sum_i c_i Z_i^2$ ein, so bekommen wir mit $\sum_i Z_i e = 0$ (Zentralion $+$ Ionenwolke sind insgesamt neutral)

$$\rho\,(r) = -\,\frac{2000\,N_A e^2 I}{kT}\,\varphi(r) \tag{36}$$

oder mit der Abkürzung

$$\beta = 2000\,N_A\,e^2\,I/kT\,\epsilon\epsilon_0: \tag{37}$$

$$\rho\,(r) = -\,\epsilon\epsilon_0\beta\varphi\,(r). \tag{38}$$

Die Poissongleichung, in dieser Form auch *Poisson-Boltzmanngleichung* genannt, lautet dann:

$$\Delta\varphi = \beta\varphi. \tag{39}$$

Sie liefert für verdünnte Lösungen (Anhang XXI) das Potential (Bild 18.5a)

$$\varphi\,(r) = \frac{Z_i e}{4\pi\epsilon_0\epsilon}\,\frac{e^{-\sqrt{\beta}r}}{r} \cong \frac{Z_i e}{4\pi\epsilon_0\epsilon r}\,(1 - \sqrt{\beta}r + \ldots), \tag{40}$$

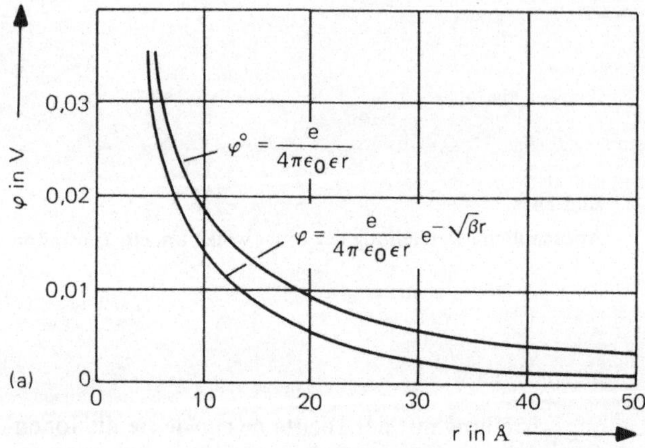

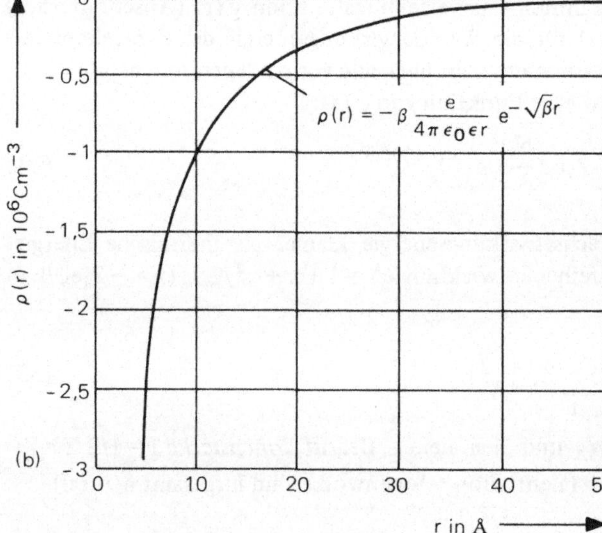

Bild 18.5
Die Potentiale φ und φ° (a) und die Ladungsdichte ρ (b) als Funktion des Abstandes r vom Zentralion nach der Debye-Hückeltheorie

das in zwei Anteile zerlegt werden kann. In einen Coulombschen Potentialteil φ°, der vom Zentralion herrührt

$$\varphi^\circ = \frac{Z_i e}{4\pi\epsilon_0\epsilon r}, \tag{41}$$

und in einen anderen, der von der Ionenwolke stammt:

$$\varphi' = -\frac{Z_i e}{4\pi\epsilon_0\epsilon}\sqrt{\beta}. \tag{42}$$

Der erste Term φ° entspricht dem Potential einer Punktladung $Z_i e$ im Abstand r in einem Dielektrikum, also dem eines Ions in einer idealen Lösung. Da zum Aufbau eines Feldes, das von einem Ion mit dem Radius R erzeugt wird, die Energie $V_{Dielektrium}$ (Gl. (30)) notwendig ist, entspricht das Potential φ° der Energie eines Ions in der *idealen* Lösung:

$$V^\circ \equiv \frac{Z_i e}{2}\, \varphi^\circ = \frac{(Z_i e)^2}{8\pi\epsilon_0\epsilon R}\,. \tag{43}$$

Der zweite Term φ' entspricht dann der Energie, die durch die Ionenwolke mit dem „Radius" $1/\sqrt{\beta}$ zusätzlich hinzukommt:

$$V' \equiv \frac{Z_i e}{2}\, \varphi' = -\frac{(Z_i e)^2 \sqrt{\beta}}{8\pi\epsilon_0\epsilon}\,. \tag{44}$$

Er entspricht dem Energiegewinn eines Ions, wenn dieses von einer ideal verdünnten Lösung in eine konzentriertere gebracht wird. Energiegewinn deshalb, weil die zusätzliche Energie V' negativ ist: Das Ion wird durch die Ionenwolke stabilisiert.

Da der Energieunterschied zwischen einer realen und einer idealen Lösung nach Abschnitt 17.1 (thermodynamisch) durch die Differenz von $\mu_i = \mu_i^\circ + RT \ln a_i$ und $\mu_i = \mu_i^\circ + RT \ln c_i$, d. h. durch

$$\Delta\mu_i = RT \ln\gamma_i \tag{45}$$

definiert ist, können wir Gl. (45) direkt mit Gl. (44) vergleichen:

$$-N_A\, \frac{(Z_i e)^2 \sqrt{\beta}}{8\pi\epsilon_0\epsilon} = RT \ln\gamma_i \tag{46}$$

bzw.

$$\ln\gamma_i = -\frac{(Z_i e)^2}{8\pi\epsilon_0\epsilon kT}\sqrt{\beta}\,. \tag{47}$$

Mit diesem Zusammenhang ergibt sich die Möglichkeit, den Aktivitätskoeffizienten atomistisch zu berechnen und mit diesem dann die molaren Konzentrationen zu korrigieren. Setzen wir in Gl. (47) für β die tatsächlichen Größen ein, so erkennen wir, daß der Koeffizient sowohl von der Temperatur als auch von der Ionenstärke (Konzentration) sehr stark abhängt:

$$\ln\gamma_i = -Z_i^2\, \frac{1}{2}\left(\frac{e^2}{4\pi\epsilon_0\epsilon kT}\right)^{3/2} \sqrt{8\pi\,1000\,N_A}\,\sqrt{I}\,. \tag{48}$$

Mit T = 298 K, $4\pi\epsilon_0 = 1{,}113 \cdot 10^{-10}$ Fm^{-1}, $N_A = 6{,}02 \cdot 10^{23}$ mol^{-1}, $\epsilon = 80$ und k = $1{,}38 \cdot 10^{-23}$ JK^{-1} sowie Umformen des natürlichen Logarithmus in den Zehnerlogarithmus erhalten wir schließlich das berühmte *Debye-Hückelsche Grenzgesetz:*

$$\lg\gamma_i = -0{,}509\, Z_i^2\, \sqrt{I}\,. \tag{49}$$

Es gilt allerdings nur für Konzentrationen bis zu etwa 0,01 mol l^{-1}. Bei höheren Konzentrationen muß man die Koeffizienten experimentell bestimmen.

Nach Gl. (49) bekäme man für Ionen *individuelle* Aktivitätskoeffizienten. Da diese aber auf thermodynamische Weise grundsätzlich nicht gemessen werden können (Ionen treten immer paarweise auf!), ist man gezwungen, *mittlere* Aktivitäten und *mittlere* Koeffizienten zu definieren. Bildet man das arithmetische Mittel von $\Delta\mu_+$ und $\Delta\mu_-$

bzw. von $R\mathrm{T}\ln\gamma_+$ und $R\mathrm{T}\ln\gamma_-$, so ergibt sich für das Koeffizientenmittel eines Elektrolyten mit der chemischen Formel $A_x B_y$:

$$\gamma_\pm = \sqrt[x+y]{\gamma_+^x\,\gamma_-^y}\,. \tag{50}$$

Setzen wir nach Logarithmieren dieses Ausdrucks die individuellen Koeffizienten γ_+ und γ_- ein, so bekommen wir nach einigen Umformungen:

$$\lg\gamma_\pm = 0{,}509\,Z_+ Z_-\,\sqrt{I}\,. \tag{51}$$

Das ist das Debye-Hückelsche Grenzgesetz in einer Formulierung, die es direkt auf praktische Probleme anwendbar macht.

Als Demonstrationsbeispiel soll hier der mittlere Aktivitätskoeffizient von $BaCl_2$ in Lösungen mit der Ionenstärke $I = 0{,}01$ berechnet werden:

$$\lg\gamma_\pm = 0{,}509\cdot 2\cdot(-1)\sqrt{0{,}01} = -0{,}108 \tag{52}$$

bzw.

$$\gamma_\pm = 0{,}792\,. \tag{53}$$

Als individuelle Koeffizienten hätten wir nach Gl. (49) die Werte $\gamma_+ = 0{,}626$ und $\gamma_- = 0{,}890$ gefunden. $\gamma_\pm$ beeinflußt auch das sogenannte *Löslichkeitsprodukt* oder *Aktivitätenprodukt*, definiert durch (Kapitel 20)

$$K_L = a_{A_x B_y}\quad K = a_A^x\,a_B^y\,, \tag{54}$$

wenn K die Gleichgewichtskonstante ist. Es ist im vorliegenden Fall des $BaCl_2$ durch

$$K_L = a_+ a_-^2 + \gamma_\pm^3\,c_+ c_-^2 = 0{,}497\,c_+ c_-^2 \tag{55}$$

gegeben.

Bei Konzentrationen über $0{,}01\ \mathrm{mol}\,l^{-1}$ beobachtet man Abweichungen der gemessenen Koeffizienten vom Grenzgesetz (51) (Bild 18.6a). Dies kann soweit gehen, daß der Koeffizient ein Minimum durchläuft und bei hohen Konzentrationen sogar über den Wert 1 ansteigt (Bild 18.6b). Im Bereich $0{,}01$ bis $0{,}1\ \mathrm{mol}\,l^{-1}$ verhält er sich noch unspezifisch, darüber jedoch für einzelne Ionensorten spezifisch. In beiden Bereichen werden die zwischenionischen Wechselwirkungen offensichtlich so groß, daß es zu richtigen *Assoziaten* (Ionenpaaren, Ionentripletts, usw.) kommt. Wir können dann natürlich nicht mehr von einer kugelsymmetrischen Ionenwolke sprechen und ein homogenes Dielektrikum als Modell des Lösungsmittels verwenden: Die Debye-Hückeltheorie versagt ihre Dienste. Aber alle neu hinzukommenden ionischen Wechselwirkungen, zwischen welchen Aggregaten auch immer, verringern den Koeffizienten und erklären nicht seinen Anstieg hinter dem Minimum.

Eine physikalische Ursache für den Anstieg ist die Hydratation. Wenn nämlich Ionen hydratisiert sind, so darf bei hohen Konzentrationen die Hydrathülle nicht mehr zum Lösungsmittel gezählt werden (vgl. van der Waalssche Eigenvolumenkorrektur bei realen Gasen). Je „dicker" eine Lösung ist, umso weniger darf die Masse der Hydrathülle gegen die Lösungsmittelmasse vernachlässigt werden. Die Koordinate der Konzentration in Bild 18.6b stimmt daher nicht mehr mit der „eingewogenen" Konzentration überein, sondern besitzt einen ganz anderen „effektiven" Wert.

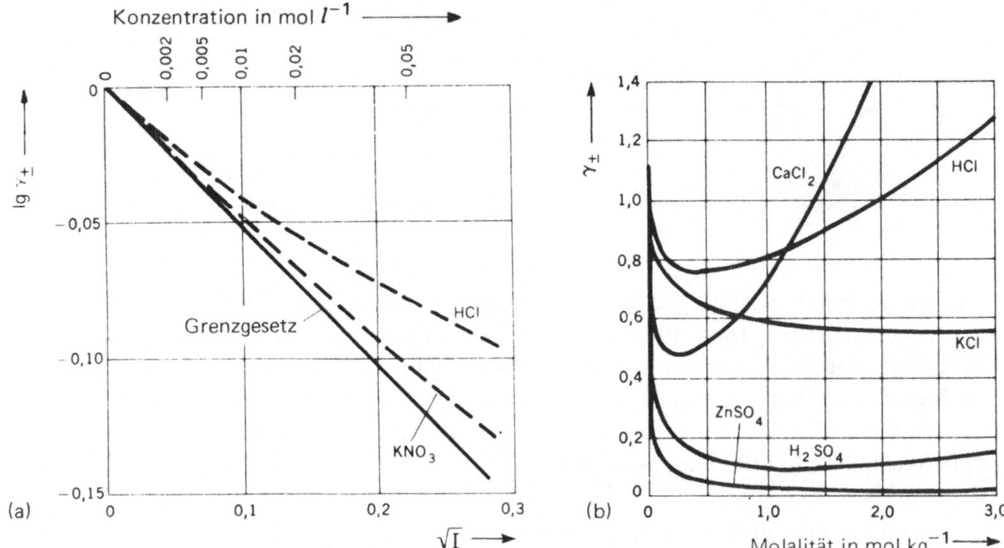

Bild 18.6 Gemessene und berechnete Aktivitätskoeffizienten von verdünnten Lösungen (a) und gemessene Koeffizienten von konzentrierten Lösungen (b) (*L. P. Hamett:* Introduction to the Study of Physical Chemistry, McGraw Hill Book Co., N.Y., 1952)

Das in diesem Abschnitt erläuterte Debye-Hückelsche Modell erklärt zwanglos den atomaren Aufbau von nicht zu konzentrierten Elektrolytlösungen, und zwar mit Hilfe der Wechselwirkung zwischen einem Ion und seiner Ionenwolke in einem homogenen Dielektrikum. Das experimentelle Kriterium ist der Aktivitätskoeffizient; ein Konzept, dem Chemiker auf Schritt und Tritt begegnen, denn Elektrolytlösungen sind in der Chemie sehr selten ideal verdünnt. Ja, eine solche Lösung würde geradezu ihrer Definition widersprechen. Mit Hilfe des Wolkenmodells läßt sich nach *Debye, Hückel* und *Onsager* auch das empirische Kohlrauschsche Quadratwurzelgesetz (7) physikalisch begründen. Zwei Effekte der Ionenwolke, der *elektrophoretische Effekt* und der *Relaxationseffekt* verursachen eine derartige Konzentrationsabhängigkeit der Äquivalentleitfähigkeit; beide bremsen bzw. behindern die Ionenbewegung in einer nichtidealen Lösung.

18.4 Theorie der elektrolytischen Leitfähigkeit

Die Theorie der Leitfähigkeit von *Debye, Hückel* und *Onsager* zur Erklärung des Kohlrauschschen Quadratwurzelgesetzes gründet sich auf zwei, die Ionenwanderung bremsende Effekte, den *elektrophoretischen Effekt* und den *Relaxationseffekt*. Ihre quantitative Behandlung schließt direkt an die Debye-Hückelsche Vorstellung an, daß selbst bei Vorhandensein der zufälligen thermischen Bewegung (Selbstdiffusion, Abschnitt 18.6) jedes Ion immer von einer kugelsymmetrischen, entgegengesetzt geladenen Ionenwolke umgeben ist (Bild 18.7a). Legt man nun, wie bei Leitfähigkeitsmessungen notwendig, ein äußeres elektrisches Feld an, so wird diese Ladungsverteilung gestört und unsymmetrisch (Bild 18.7b). Anders gesehen: Das Zentralion und die Ionenwolke wandern

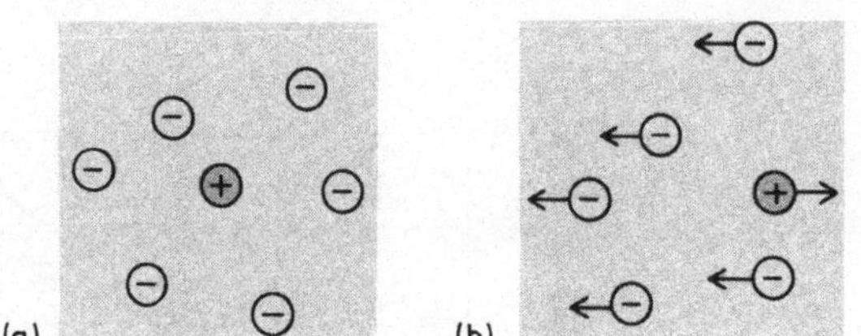

Bild 18.7

Anschauliche Darstellung eines Zentralions mit Ionenwolke ohne (a) und mit äußerem elektrischen Feld (b)

in entgegengesetzte Richtung, d. h. das Zentralion bewegt sich in einem ihm entgegenströmenden Elektrolyten. Diese Relativbewegung (elektrophoretischer Effekt) kann wie folgt vereinfacht behandelt werden und liefert als Ergebnis die eine bremsende Komponente der Ionenwanderungsgeschwindigkeit (vgl. Elektrophorese in Abschnitt 25.3).

Wie in Abschnitt 18.3 berechnet wurde, besitzt ein Zentralion der Ladung $Z_i e$ eine Ionenwolke mit der Ladungsdichte

$$\rho(r) = -\epsilon\epsilon_0\beta\varphi(r) = -\beta\epsilon\epsilon_0 \frac{Z_i e}{4\pi\epsilon_0\epsilon} \frac{e^{-\sqrt{\beta}r}}{r}. \tag{56}$$

In einem äußeren elektrischen Feld **E** wirkt auf ein Volumenelement dV der Ionenwolke die Kraft

$$d\mathbf{F} = \rho\,\mathbf{E}\,dV \tag{57}$$

und auf eine Kugelschale zwischen r und r + dr die Kraft

$$d\mathbf{F} = -\epsilon_0\epsilon\beta \frac{Z_i e}{4\pi\epsilon\epsilon_0} \frac{e^{-\sqrt{\beta}r}}{r} \mathbf{E}\,4\pi r^2\,dr. \tag{58}$$

Sie erteilt der eingeschlossenen Flüssigkeitskugel und dem darin befindlichen Zentralion den relativen Geschwindigkeitszuwachs

$$d v_{el} = B\,d\mathbf{F} = -\frac{1}{6\pi\eta r}\epsilon_0\epsilon\beta \frac{Z_i e}{4\pi\epsilon\epsilon_0} \frac{e^{-\sqrt{\beta}r}}{r} \mathbf{E}\,4\pi r^2\,dr. \tag{59}$$

Nach dem Stokeschen Gesetz ist $B = 1/6\,\pi\eta r$ (B mechanisch definiert), wenn r der Kugelradius ist. Die ganze, der Ionengeschwindigkeit v° (ohne Bremseffekte) entgegengerichtete Komponente v_{el} bekommt man dann durch Integration von $v = 0$ bis $v = v$ und von $r = 0$ bis $r = \infty$:

$$v_{el} = \int B\,d\mathbf{F} = \int B\,\rho\,\mathbf{E}\,dV = -\epsilon\epsilon_0\beta \int\limits_{r=0}^{\infty} \frac{1}{6\pi\eta r}\frac{Z_i e}{4\pi\epsilon_0\epsilon} \frac{e^{-\sqrt{\beta}r}}{r} \mathbf{E}\,4\pi r^2\,dr$$

$$= -\frac{Z_i e}{6\pi\eta} \sqrt{\beta}\,\mathbf{E}. \tag{60}$$

Der zweite, das Zentralion bremsende Effekt (Relaxationseffekt) beruht schließlich darauf, daß das Nachziehen bzw. der Neuaufbau der Ionenwolke nicht beliebig schnell erfolgt, sondern eine gewisse Mindestzeit (*Relaxationszeit*) beansprucht. Das bedeutet eine noch größere Herabsetzung der Wanderungsgeschwindigkeit v°. Denn je größer die Relaxationszeit ist, umso langsamer erfolgt das Nachziehen und umso kleiner ist die Wanderungsgeschwindigkeit. Zuerst zur quantitativen Definition der Relaxationszeit. Da zum Neuaufbau einer Ionenwolke Ionen über eine mittlere Entfernung von der Größe des Wolkenradius $1/\sqrt{\beta}$ herandiffundieren müssen, ist die Relaxationszeit (τ) durch die Diffusionszeit begrenzt und beträgt auf Grund des mittleren Verschiebungsquadrates $\overline{x^2} = 2\,Dt$ (Abschnitt 14.8 und 18.6)

$$\tau = \frac{\overline{x^2}}{2D} = \frac{1}{2\beta D} \tag{61}$$

bzw. nach Umformung mit der Einsteinrelation $D = BkT$:

$$\tau = \frac{1}{2\beta BkT} \cdot \tag{62}$$

Beträgt die Wanderungsgeschwindigkeit des Zentralions ohne Bremseffekt im äußeren Feld $\mathbf{E}$

$$v^\circ = Z_i e B\mathbf{E}, \tag{63}$$

so ist das Zentralion während der Relaxationszeit τ die Strecke

$$l = \tau v^\circ = \frac{Z_i e B}{2\beta BkT}\,|\mathbf{E}| = \frac{Z_i e|\mathbf{E}|}{2\beta kT} \tag{64}$$

gewandert. Der Schwerpunkt der Ionenwolke bleibt also während der Zeit τ um l hinter dem Zentralion zurück. Es resultiert eine Trennung beider Ladungsschwerpunkte, was eine rücktreibende „Relaxationskraft" verursacht. Sie ist der Strecke l proportional und hat ihren Maximalwert dann, wenn l so groß wie der Radius der Ionenwolke $1/\sqrt{\beta}$ ist, und verschwindet, wenn $l = 0$ ist. Der Maximalwert ist gerade so groß wie die Coulombsche Kraft

$$|\mathbf{F}| = \frac{(Z_i e)^2}{4\pi\epsilon_0\epsilon\frac{1}{\beta}}, \tag{65}$$

die entstünde, wenn die gesamte Ladung der Ionenwolke in ihrem Schwerpunkt vereinigt wäre. Ist aber das Zentralion nur den Streckenteil $l\sqrt{\beta}$ gewandert, so ist auch die Relaxationskraft um diesen Bruchteil geringer:

$$|\mathbf{F}| = \frac{(Z_i e)^2}{4\pi\epsilon_0\epsilon\frac{1}{\beta}}\, l\sqrt{\beta}. \tag{66}$$

Setzt man hierin für l den Ausdruck (64) ein, so folgt in vektorieller Notation

$$\mathbf{F} = -\frac{(Z_i e)^3}{4\pi\epsilon_0\epsilon\, 2kT}\,\sqrt{\beta}\,\mathbf{E} \tag{67}$$

und mit $v_{rel} = B\mathbf{F}$ für die relaxierende Komponente der Geschwindigkeit

$$v_{rel} = -\frac{(Z_i e)^3}{4\pi\epsilon_0\epsilon}\frac{B}{2kT}\,\sqrt{\beta}\,\mathbf{E}. \tag{68}$$

Ziehen wir von der Geschwindigkeit v° den elektrophoretischen und den relaxierenden Anteil ab und berücksichtigen wir $B_{mechanisch} = B^\circ_{elektrisch}/Z_i e$, so resultiert

$$v = v^\circ - \left[\frac{Z_i e}{6\pi\eta} + \frac{(Z_i e)^2 B^\circ}{8\pi\epsilon_0\,\epsilon kT}\right]\sqrt{\beta}\,\mathbf{E} \tag{69}$$

und nach Umformen mit

$$\lambda^\circ = F B^\circ = F\,\frac{v^\circ}{|\mathbf{E}|} \tag{70}$$

der gewünschte Ausdruck für die Äquivalentleitfähigkeit:

$$\lambda = \lambda^\circ - \left[\frac{F Z_i e}{6\pi\eta} + \frac{(Z_i e)^2 \lambda^\circ}{8\pi\epsilon_0\epsilon kT}\right]\sqrt{\beta}. \tag{71}$$

Da β proportional der Ionenstärke I und diese proportional der Konzentration c ist, geht auch die Äquivalentleitfähigkeit mit der Quadratwurzel aus der Konzentration:

$$\lambda = \lambda^\circ - \text{const}\,\sqrt{c}. \tag{72}$$

Dieses Ergebnis steht in voller Übereinstimmung mit dem empirischen Quadratwurzelgesetz (7). In Bild 18.2 wurden die nach dieser Theorie berechneten Leitfähigkeiten gestrichelt eingezeichnet. Die Übereinstimmung mit den experimentellen Daten bis zu Konzentrationen von etwa 0,01 moll^{-1} ist hervorragend. Konzentriertere Lösungen lassen sich damit allerdings nicht mehr beschreiben. Einige Gesichtspunkte müssen dann neu hinzugenommen werden, z. B. die Bildung von Ionenpaaren, Ionentripletts, usw. *Bjerrum* und *Fuoss* berechneten beispielsweise für einen 1 molaren Elektrolyten (Ionendurchmesser 1 Å), daß etwa 20 % aller Ionen als Ionenpaare vorliegen müßten. Anders herum: Im Zeitmittel stoßen etwa 20 % der Ionen mit Gegenionen zusammen und bilden kurzfristig Paare. Für die Leitfähigkeit bleibt es dann belanglos, ob größere oder kleinere Aggregate entstehen, denn sie tragen dann zur Leitfähigkeit kaum mehr bei. Damit ist das molekulare Bild der Elektrolytlösungen, wie es aus der Theorie des Aktivitätskoeffizienten und der Leitfähigkeit folgt, halbwegs quantitativ gezeichnet.

18.5 Makromolekulare Lösungen

Haben die Moleküle einer Lösung einen kleinen Durchmesser, dann können wir zwischen ihren molekularen und makroskopischen Eigenschaften noch sinnvoll unterscheiden. Dies wird bei Molekülen mit einem Durchmesser von 10000 Å und mehr problematisch. Sie entstehen in der Natur durch freiwillig und im Labor durch erzwungen ablaufende Polymerisationsreaktionen. Solche Reaktionen führen aber nie zu einheitlichen Kettenlängen und zu gleich schweren Molekülen. Da der Kettenabbruch durch Radikalkombination nicht regelmäßig nach Erreichen einer bestimmten Molekülgröße, sondern rein zufällig erfolgt, entsteht immer eine *Molmassenverteilung*. Diese Eigenschaft ist charakteristisch für Makromoleküllösungen und steht im Gegensatz zu den Elektrolytlösungen. Man kann deshalb nur von mittleren Molekülgrößen und -massen sprechen.

Sind in einer makromolekularen Lösung insgesamt N Makromoleküle vorhanden, wovon N_i die Molmasse M_i haben, so lautet der statistische Mittelwert der Molmasse (vgl. Abschnitt 1.2 und 10.2), auch *Zahlenmittel* genannt:

$$\overline{M} = \frac{1}{N} \sum_i^N N_i M_i = \sum_i^N x_i M_i \,. \tag{73}$$

Nach dieser Definition müßte das Zahlenmittel auf folgende Weise bestimmt werden: Die Makromoleküllösung mit M kg gelöstem Polymer ist auf geeignete Weise in n Fraktionen mit den Massen $M_1 \dots M_j \dots M_n$ zu zerlegen, dann ist von jeder nun (annähernd) einheitlichen Fraktion die jeweilige Molmasse $M_1 \dots M_j \dots M_n$ zu ermitteln und schließlich nach

$$\overline{M} = \frac{\sum_i^N N_i M_i}{\sum_i^N N_i} = \frac{\sum_j^N M_j}{\sum_j^n \frac{M_j}{M_j}} = \frac{M}{\sum_j^n \frac{M_j}{M_j}} \tag{74}$$

das Zahlenmittel zu berechnen. Eine solche Vorgangsweise wäre aber viel zu umständlich.

$\overline{M}$ läßt sich einfacher unter Ausnutzung einer kolligativen Eigenschaft X bestimmen, denn diese Eigenschaften sind ja der Konzentration bzw. Teilchenzahl direkt proportional (Kapitel 17):

$$X \sim N = N_A \frac{M}{M} \,. \tag{75}$$

Aus X ergäbe sich M, bestünde die Lösung aus einheitlich schweren Molekülen mit der Molekülmasse M/N_A. Es gilt nun zu beweisen, daß M aus Gl. (75) mit dem vorher definierten Zahlenmittel identisch ist. Da X der Teilchenzahl und nur dieser proportional ist, kann die gesamte Teilchenzahl der Lösung aus den Teilchenzahlen der einzelnen Fraktionen additiv zusammengesetzt werden:

$$X \sim N = \sum_j N_j = N_A \sum_j \frac{M_j}{M_j} \equiv N_A \frac{M}{\overline{M}} \tag{76}$$

Aus dem Vergleich von Gl. (75) mit (76) folgt unmittelbar $M = \overline{M}$.

Anders bei Molmassenbestimmungen aus Eigenschaften, die nicht nur der Teilchenzahl proportional sind. Die Sedimentation (Abschnitt 18.7) ist z. B. eine Eigenschaft, die sowohl von der Molekülmasse als auch von der Konzentration c abhängt und daher dem Produkt mc bzw. MM proportional ist. Analog zu Gl. (75) wird dann der Wert

$$X \sim M\overline{M} = \overline{M} \sum_i N_i M_i \tag{77}$$

(gemessen) und setzt sich analog zu Gl. (76) aus

$$X \sim \sum_j M_j M_j = \sum_j N_j M_j^2 \tag{78}$$

zusammen. Der Vergleich dieser beiden Gleichungen liefert dann:

$$\overline{M} = \frac{\sum\limits_{j} N_j M_j^2}{\sum\limits_{i} N_i M_i} . \tag{79}$$

Das Mittel (79) ist mit dem Zahlenmittel nicht mehr identisch und wird *Massenmittel* genannt.

Es hängt also von der zur Bestimmung benutzten Methode ab, welche mittlere Molmasse dem tatsächlichen Wert zu Grunde liegt. Bei allen Angaben von mittleren Molmassen ist dies zu beachten. Die Methode mit Hilfe des osmotischen Druckes (kolligative Eigenschaft) wurde bereits in Kapitel 17 besprochen. Grundsätzlich könnten zwar alle kolligativen Eigenschaften zur Molmassenbestimmung von Makromolekülen herangezogen werden, doch sind alle anderen viel zu unempfindlich. Unempfindlich deshalb, weil die Konzentrationen makromolekularer Lösungen auf Grund der hohen Molmasse sehr klein sind und folglich auch der Wert der Eigenschaft klein ist. Empfindlich genug reagiert nur der osmotische Druck; mit ihm können Molmassen bis zu $500\ \mathrm{kgmol^{-1}}$ gemessen werden. Nun zu einer Eigenschaft, die etwas über die Größe der Makromoleküle aussagt.

18.6 Diffusion und Brownsche Molekularbewegung

Grenzen zwei Lösungen mit verschiedener Konzentration (Dichte) des selben Polymers aneinander und wird das System sich selbst überlassen, so findet ein Konzentrationsausgleich statt. Die treibende Kraft für den Ausgleich ist der Gradient der freien Enthalpie bzw. des chemischen Potentials und damit der Konzentrationsunterschied. Die zum Ausgleich führende Diffusionsstromdichte ist proportional dem Konzentrationsgradienten

$$\mathbf{j} = - D\ \mathrm{grad}\ c \qquad \left(|\mathbf{j}| \equiv \frac{dn}{A\,dt} \right) \tag{80}$$

und die den Ausgleich beschreibende Diffusionsgleichung bei zeitlich veränderlichem Gradienten durch

$$\frac{\partial c}{\partial t} = D\,\Delta c \tag{81}$$

gegeben. Dies sind die wichtigsten Aussagen der in Abschnitt 14.8 mitgeteilten makroskopischen Diffusionstheorie, die sich natürlich auch auf diffundierende Makromoleküle in einer Lösung anwenden läßt. Es sei daran erinnert, daß es für die makroskopische Beschreibung völlig gleichgültig ist, wie die diffundierenden Teilchen und die umgebende Matrix aussehen. Lediglich die Größe des Diffusionskoeffizienten und der anderen makroskopischen Koeffizienten hängt davon ab und muß molekular interpretiert werden.

Ausgangspunkt für die molekulare Deutung ist hier die in Abschnitt 14.8 abgeleitete Einsteinsche Relation

$$D = BkT. \tag{82}$$

Faßt man die (verknäulten) Makromoleküle als starre Kugeln auf, so gilt für die Reibungskraft, die sie erfahren, das Stokessche Gesetz

$$R = 6\,\pi\eta\ Rv. \tag{83}$$

η ist die Viskosität des Lösungsmittels, R der Radius der Kugeln und v die Endgeschwindigkeit. Da bei der Herleitung der (mechanischen) Beweglichkeit B

$$R = \frac{1}{B} v \tag{84}$$

gesetzt wurde, kann B mit $1/6\,\pi\eta\,R$ identifiziert werden und es folgt:

$$D = \frac{1}{6\pi\eta R}\, kT. \tag{85}$$

In Worten lautet Gl. (85): Der Diffusionskoeffizient ist umso größer, je kleiner der Teilchenradius und die Viskosität des Lösungsmittels sind. Er ist außerdem direkt proportional der Temperatur, doch vom chemischen Aufbau nahezu unabhängig (Tabelle 18.4). Messen wir den Diffusionskoeffizienten bei gegebener Temperatur und gegebener Viskosität, so erhalten wir aus Gl. (85) den Molekülradius und damit einen ersten Anhaltspunkt für die Größe der Moleküle. Zwei Dinge sind dabei zu bedenken: Gl. (85) wurde für einheitlich große Moleküle ohne Massenverteilung abgeleitet und es wurde nicht berücksichtigt, daß diese solvatisiert sind und keine richtigen Kugeln darstellen. Der Radius R ist also nach diesem Modell nicht viel mehr als ein grober Durchschnittswert.

Nach den makroskopischen Diffusionsvorstellungen ist für einen Diffusionsstrom ein makroskopischer Konzentrationsunterschied notwendig. Läßt man den Unterschied gegen Null gehen, so hören die Moleküle auf, in die ausgezeichnete Richtung des Konzentrationsgefälles zu diffundieren. Sie bewegen sich jedoch auf Grund der lokalen thermischen Energieschwankungen trotzdem, und zwar in völlig unregelmäßiger Weise in alle Richtungen. Diese ungerichtete Diffusionsbewegung bezeichnet man als *Selbstdiffusion.* Bei großen, leichten Molekülen ist diese Bewegung auch makroskopisch sichtbar und wird dann als *Brownsche Molekularbewegung* bezeichnet. Ein herausgegriffenes Molekül legt dabei in einer gewissen Zeit t einen ganz bestimmten Weg von seinem ursprünglichen Ort aus zurück. Der von einem Molekül im Mittel zurückgelegte Weg ist identisch mit der Wurzel aus dem in Abschnitt 14.8 berechneten mittleren Verschiebungsquadrat:

$$\sqrt{\overline{r^2}} = \sqrt{6\,Dt}. \tag{86}$$

Tabelle 18.4: Spezifisches Volumen (bzw. reziproke Dichte) V_{eff}, Sedimentationskoeffizient s, Diffusionskoeffizient D und Molmasse M von einigen Polymeren in wäßriger Lösung bei 20 °C

Protein	V_{eff} $m^3 kg^{-1}$	s $rad^{-1}\,s$	D $m^2 s^{-1}$	M $kgmol^{-1}$
Insulin	$0{,}75 \cdot 10^{-3}$	$3{,}5 \cdot 10^{-13}$	$8{,}2 \cdot 10^{-11}$	41
Hämoglobin	0,75	4,5	6,5	67
Katalase	0,73	11,3	4,1	270
Urease	0,73	18,6	3,5	470
Tabak-Mosaikvirus	0,73	185	0,53	31 000

Dies läßt sich auf statistischem Weg wie folgt zeigen. Das Molekül führe (der Einfachheit halber) n gleich große Verschiebungen der Länge r in beliebige Richtungen durch (Bild 18.8). Nach n elementaren Verschiebungen, das ist nach der Zeit t = nτ, wenn τ die Zeit für eine elementare Verschiebung ist, hat es insgesamt den Weg

$$r = \sum_{i=1}^{n} r_i \tag{87}$$

zurückgelegt. Gemittelt über alle Moleküle (gleichbedeutend mit der Aussage, daß alle Richtungen gleich wahrscheinlich sind) ist allerdings

$$\overline{r} = \sum_{i=1}^{n} r_i = 0. \tag{88}$$

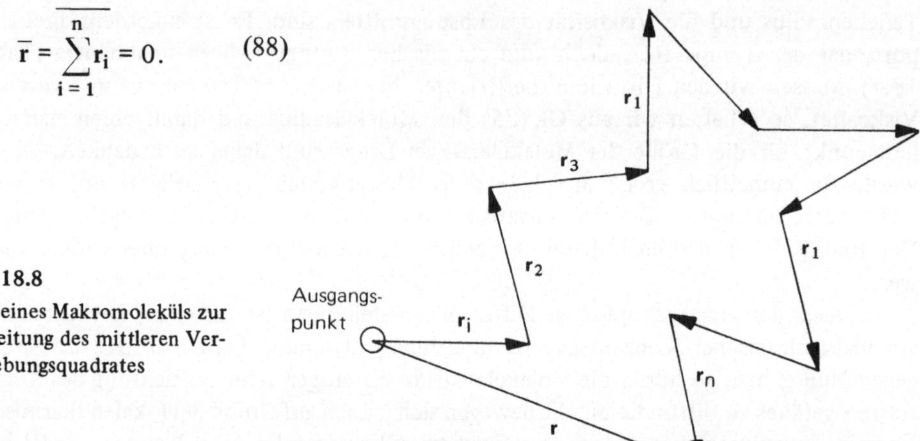

Bild 18.8
Weg eines Makromoleküls zur Herleitung des mittleren Verschiebungsquadrates

Nicht Null ist dagegen das mittlere Verschiebungsquadrat (vgl. Abschnitt 14.8)

$$\overline{r^2} = \left(\sum_{i=1}^{n} r_i \right)^2, \tag{89}$$

das in Matrixform angeschrieben lautet:

$$\overline{r^2} = \overline{r_1 r_1} + \overline{r_1 r_2} \dots + \overline{r_1 r_n}$$
$$\overline{r_2 r_1} + \overline{r_2 r_2} \dots + \overline{r_2 r_n}$$
$$\vdots$$
$$\overline{r_n r_1} + \overline{r_n r_2} \dots + \overline{r_n r_n} = \sum_j \sum_i r_i r_j . \tag{90}$$

Mit

$$\overline{r_i r_j} = r^2 \, \overline{\cos \alpha_{ij}} \tag{91}$$

für das Skalarprodukt (α_{ij} ist der Winkel zwischen r_i und r_j) ergibt sich weiter:

$$\overline{r^2} = nr^2 + 2 \sum_{i=j+1}^{n} \sum_{j=1}^{n-1} r^2 \, \overline{\cos \alpha_{ij}} . \tag{92}$$

Der erste Term gibt die Summe der Diagonalelemente (für diese ist $\overline{\cos\alpha_{ij}} = 1$) und der zweite die Nichtdiagonalelemente wieder. Da alle Winkel gleich wahrscheinlich sind (gleich oft beim Mitteln auftreten), ist

$$\overline{\cos\alpha_{ij}} = 0 \qquad (93)$$

und

$$\overline{r^2} = n r^2 . \qquad (94)$$

Gleiche Wahrscheinlichkeit heißt andererseits, daß nachfolgende Verschiebungen von vorhergegangenen *unabhängig* (nicht *korreliert*) sind. Setzt man in Gl. (94) $n = t/\tau$ und $r^2/\tau = 6 D$, so stimmt Gl. (94) mit dem makroskopischen Verschiebungsquadrat (86) überein. Dieses Resultat gilt auch, wenn das Molekül verschieden große, aber gleich wahrscheinliche Elementarverschiebungen durchführt. Dieses statistische Problem ist auch unter dem Namen *Irrflugproblem* bekannt geworden.

18.7 Sedimentation

Unterwirft man die Makromoleküle einer Lösung der Gravitationskraft $\mathbf{F}$, so werden sie beschleunigt und wandern in Richtung des Gravitationszentrums. Besitzen sie die Beweglichkeit B, so stellt sich nach einiger Zeit eine konstante Wanderungs- oder *Sedimentationsgeschwindigkeit*

$$\mathbf{v} = B\mathbf{F} \qquad (95)$$

und eine konstante *Sedimentationsstromdichte*

$$\mathbf{j} = c\mathbf{v} = cB\mathbf{F} \qquad (96)$$

ein (Abschnitt 14.8). Wird die Gravitation mit Hilfe einer *Ultrazentrifuge* (Bild 18.9) erzeugt, so entspricht jene der Zentrifugalkraft. Diese beträgt, wenn sie auf ein Molekül mit der Masse m wirkt:

$$\mathbf{F} = m\,(1 - d_{L\ddot{o}}/d)\,\mathbf{r}\,\omega^2 . \qquad (97)$$

In Gl. (97) wurde die Molekülmasse m schon um den Auftrieb $V d_{L\ddot{o}} = m d_{L\ddot{o}}/d$ reduziert. $|\mathbf{r}|$ ist der Abstand des Moleküls vom Rotationszentrum, V ist das Volumen des Makromoleküls, $d_{L\ddot{o}}$ ist die Dichte des Lösungsmittels, d ist die Dichte des Moleküls und ω ist die Winkelgeschwindigkeit der Zentrifuge.

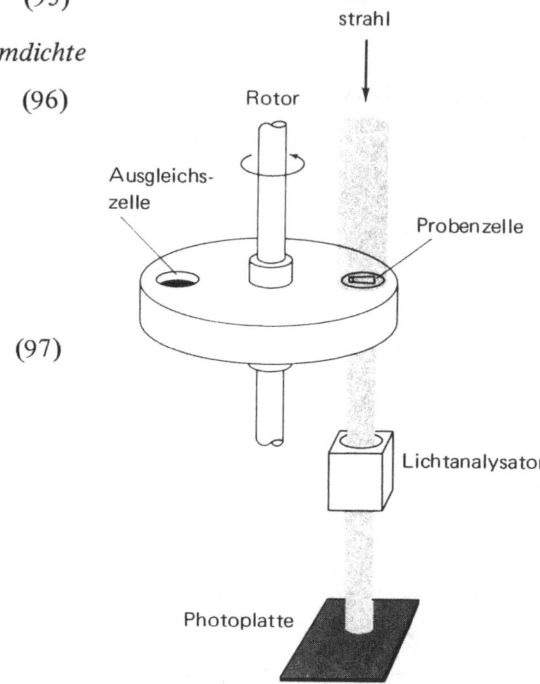

Bild 18.9 Schematische Anordnung einer Ultrazentrifuge mit Beobachtung durch Lichtabsorption nach *Svedberg*

Aus Gl. (95) und (97) folgt dann:

$$v = Bm\,(1 - d_{L\ddot{o}}/d)\,r\,\omega^2\,. \tag{98}$$

Die auf die Beschleunigung $r\omega^2$ bezogene Sedimentationsgeschwindigkeit wird als *Sedimentationskoeffizient* s (SI-Einheit $rad^{-1}s$) bezeichnet:

$$s \equiv \frac{v}{r\omega^2} = Bm\,(1 - d_{L\ddot{o}}/d). \tag{99}$$

Diese Normierung muß deshalb gemacht werden, damit man die Meßergebnisse bei unterschiedlichen Winkelgeschwindigkeiten miteinander vergleichen kann. Ersetzen wir noch die Beweglichkeit mit Hilfe von $D = BkT$ durch den Diffusionskoeffizienten und die Molekülmasse durch die Molmasse $M = N_A\,m$, so erhalten wir den Ausdruck:

$$s = \frac{MD}{N_A kT}\,(1 - d_{L\ddot{o}}/d). \tag{100}$$

Er kann zur Molmassenbestimmung dienen, wenn s und D gemessen werden (Tabelle 18.6).

Besitzen die Moleküle keine einheitliche Molmasse, sondern eine Molmassenverteilung, dann entsteht bei der Sedimentation eine *Geschwindigkeits-* bzw. *Konzentrationsverteilung:* Es kommt zu einer räumlichen Auftrennung der verschieden schweren Moleküle (Bild 18.10). Würde durch die Auftrennung nicht auch eine rücktreibende Diffusion einsetzen, müßte jene immer stärker werden. Die Diffusionsstromdichte ist der Sedimentationsstromdichte entgegengerichtet und wird mit zunehmender Konzentrationsänderung größer:

$$j = -D\,\mathrm{grad}\,c. \tag{101}$$

Werden beide Stromdichten gleich groß, kommen die Makromoleküle zur Ruhe und wandern nicht mehr weiter (abgesehen von Selbstdiffusion). Dieser stationäre Zustand wird *Sedimentationsgleichgewicht* genannt. In diesem gilt:

$$cv - D\,\frac{dc}{dr} = 0, \tag{102}$$

$$D\,\frac{dc}{dr} = Bm\,(1 - d_{L\ddot{o}}/d)\,r\,\omega^2\,c. \tag{103}$$

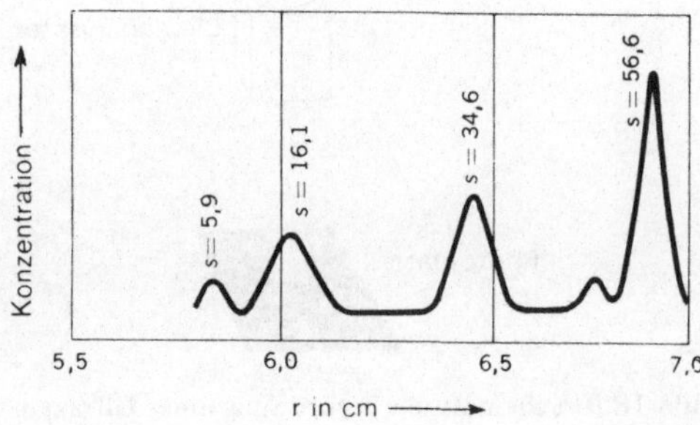

Bild 18.10
Konzentrationsverteilung eines Hämocyaninpräparates nach Einstellung des Sedimentationsgleichgewichtes bei 120000-facher Erdbeschleunigung (*T. Svedberg:* Proc. Roy. Soc. (London) B 127 (1939) 1)

Der stationäre Zustand hat eine ganz bestimmte Konzentrationsverteilung zur Folge, die sich durch eine Integration von Gl. (103) ermitteln läßt:

$$D \int_{c_1}^{c_2} \frac{dc}{c} = Bm\,(1 - d_{\text{Lö}}/d)\,\omega^2 \int_{r_1}^{r_2} r\,dr, \tag{104}$$

$$\ln \frac{c_2}{c_1} = \frac{B}{2D}\,m\,(1 - d_{\text{Lö}}/d)\,\omega^2\,(r_2^2 - r_1^2). \tag{105}$$

Als Integrationsgrenzen wurden c_1 am Ort r_1 und c_2 am Ort r_2 genommen ($c_2 > c_1$, $r_2 < r_1$). Ersetzen wir wiederum die Molekülmasse durch die Molmasse und B durch D, so resultiert nach Umformen folgende Beziehung:

$$M = \frac{2N_A kT \ln \frac{c_2}{c_1}}{(1 - d_{\text{Lö}}/d)\,\omega^2\,(r_2^2 - r_1^2)}. \tag{106}$$

Werden nach Einstellung des Sedimentationsgleichgewichtes auf irgendeine Weise die Konzentrationen c_1 und c_2 an den Orten r_1 und r_2 gemessen, so kann die Molmasse berechnet werden. Auf Gl. (105) beruht außerdem die rein präparative Möglichkeit zur Trennung in einzelne Fraktionen.

Zusammenfassend können wir feststellen: Die Molmasse läßt sich nach zwei Sedimentationsmethoden bestimmen, und zwar unter Ausnutzung der Sedimentationsgeschwindigkeit und des Sedimentationsgleichgewichtes. Liegt eine Massenverteilung vor, so wird das Massenmittel (79) gemessen.

18.8 Viskosität

Eine andere Eigenschaft von makromolekularen Lösungen, die ebenfalls von der Molmasse abhängt und daher zu ihrer Bestimmung dienen kann, ist die *Viskosität*. Der Zusammenhang zwischen ihr und der Molmasse ist allerdings nicht so eindeutig wie bei der Sedimentation und basiert nur auf empirischen Beziehungen. Ähnliches gilt für ihre Abhängigkeit von der Molekülgestalt. Der allgemeine empirische Befund lautet: Die Viskosität eines Lösungsmittels wird durch das Auflösen eines Polymers größer, die Lösung also zähflüssiger. Diese Viskositätszunahme der Lösung kann auf verschiedene Weise quantitativ erfaßt werden (Tabelle 18.5). Am aussagekräftigsten von den in dieser Tabelle definierten Viskositätsmaßen ist noch die auf unendliche Verdünnung bezogene, reduzierte spezifische Viskosität $[\eta]$. In ihr sind nämlich die Wechselwirkungen zwischen den Makromolekülen nicht mehr enthalten. Sie wird aus der experimentell bestimmten reduzierten Viskosität durch Extrapolation auf die Konzentration Null erhalten.

Nach *Einstein, Staudinger*, u.a. hängt die Viskositätserhöhung gegenüber dem Lösungsmittel mit der Gestalt bzw. der Form der Moleküle zusammen. Eine Korrelation läßt sich über das *effektive spezifische Volumen* V_{eff} (Volumen pro Masseneinheit oder reziproke Moleküldichte) herstellen. Die reduzierte spezifische Viskosität $[\eta]$ muß dem Volumen V_{eff} direkt proportional sein, denn je größer das Molekülvolumen ist, umso

Tabelle 18.5: Viskositätsmaße (η°: Viskosität des reinen Lösungsmittels, η: Viskosität der Lösung, c: Konzentration)

Relative Viskosität	$\dfrac{\eta}{\eta^\circ}$
Spezifische Viskosität	$\dfrac{\eta - \eta^\circ}{\eta^\circ}$
Reduzierte spezifische Viskosität	$\dfrac{1}{c}\dfrac{\eta - \eta^\circ}{\eta^\circ}$
Reduzierte spezifische Viskosität, bezogen auf unendliche Verdünnung	$[\eta] = \lim\limits_{c\to 0}\left(\dfrac{1}{c}\dfrac{\eta - \eta^\circ}{\eta^\circ}\right)$ $= \lim\limits_{c\to 0}\left[\dfrac{1}{c}\left(\dfrac{\eta}{\eta^\circ} - 1\right)\right]$

Tabelle 18.6: Die reduzierte (auf unendliche Verdünnung bezogene) spezifische Viskosität [η] von einigen biologisch wichtigen Makromolekülen

Gestalt	Protein	M in gmol^{-1}	[η] in mlg^{-1}
kugelförmig	Ribonuclease	13 680	3,4
	Serumalbumin	67 500	3,7
	Ribosom (*E. Coli*)	900 000	8,1
	Bushy stunt virus	10 700 000	3,4
spiralartig	Insulin	2 980	6,1
	Ribonuclease	13 680	16,0
	Serumalbumin	68 000	52
	Myosin	197 000	93
strangförmig	Fibrinogen	330 000	27
	Myosin	440 000	217
	Poly-α-benzyl-L-glutamat	340 000	720

stärker sind die „molekularen" Strömungshindernisse und umso größer ist die Viskositätszunahme:

$$[\eta] = \nu\, V_{\text{eff}}. \tag{107}$$

Die Proportionalitätskonstante ν ist ein Parameter, der von der Molekülgestalt abhängt. Bei gleichem Volumen V_{eff} kann sich nämlich ein Strömungshindernis verschieden stark auswirken. Berücksichtigt man außerdem, daß V_{eff} im festen und im gelösten Zustand unterschiedlich groß ist (im gelösten Zustand sind die Makromoleküle mehr oder weniger stark gequollen), so müßte eigentlich noch ein diesbezüglicher Korrekturfaktor eingeführt werden. Dieser ist allerdings bei den einzelnen Makromolekülklassen fast gleich groß, so daß man aus der gemessenen Viskosität umgekehrt etwas über die Molekülgestalt aussagen kann. Mit einiger Raffinesse wird so zwischen Molekülen mit Kugelform (z.B. Kugelproteine) und mit ellipsoidaler Form unterschieden. Wie aus Tabelle 18.6 hervorgeht, haben Kugelproteine kleine, spiralartige Proteine mittlere und faden- oder strangartige Moleküle große Viskositätswerte. Letztere stellen die größten Strömungshindernisse dar.

[η] läßt sich nicht nur mit dem spezifischen Volumen, sondern auch mit der Molmasse verknüpfen. Von *Staudinger* stammt folgender empirischer Ausdruck:

$$[\eta] = K\, M^{a} . \tag{108}$$

Die Konstanten K und a hängen wiederum vom Lösungsmittel, der Molekülgestalt und der Temperatur ab. Paßt man sie den Meßdaten an (fitting), so kann mit Hilfe von Gl. (108) die Molmasse ermittelt werden. Es hat auch nicht an Versuchen gefehlt, die Konstante a hinsichtlich der Molekülgestalt zu interpretieren. Je kugeliger und verknäuelter das Makromolekül, umso kleiner ist a: Die Moleküle können leichter aneinander vorbei gleiten (Tabelle 18.7).

Obwohl solche Aussagen über die Gestalt, sei es über den Parameter ν oder die Konstante a, physikalisch nicht eindeutig sind, haben sich entsprechende Meßmethoden eingebürgert. Erstens hat man keine schnelleren und einfacheren und zweitens bekommt man doch eine gewisse Vorstellung vom Grad der Verknäuelung eines Kettenmoleküls. Ähnlich verhält es sich mit der Molmassenauswertung.

Tabelle 18.7: Die Konstanten a und K der Staudingerschen Beziehung [η] = KM^{a} von einigen makromolekularen Lösungen (*P. J. Flory:* Principles of Polymer Chemistry, Cornell University Press, Ithaca, N.Y. 1953)

Polymer	Lösungsmittel	°C	M in g mol^{-1}	K	a
Polystyrol	Benzol	25	32 000 – 1 300 000	$1{,}03 \cdot 10^{-2}$	0,74
Polystyrol	Methyläthylketon	25	2 500 – 1 700 000	3,9	0,58
Polyisobutylen	Cyclohexan	30	6 000 – 3 150 000	2,6	0,70
Polyisobutylen	Benzol	24	1 000 – 3 150 000	8,3	0,50
Natürlicher Kautschuk	Toluol	25	40 000 – 1 500 000	5,0	0,67

Rechenbeispiele

1. Folgende Äquivalentleitfähigkeiten von NaJ in Aceton wurden bei 25 °C ermittelt:

c in mol l^{-1}	λ in Ω^{-1} val^{-1} m^{2}
0,0001	0,01736
0,0002	0,01717
0,0005	0,01646
0,001	0,01550
0,002	0,01432
0,005	0,01245
0,01	0,01097
0,02	0,00950
0,05	0,00761
0,1	0,00641

Wie würden Sie diese Messungen interpretieren?

2. Sind die folgenden Daten ein Beweis dafür, daß der Aktivitätskoeffizient von der Ionenstärke einer Lösung abhängt?

Löslichkeit von TlCl (mol l^{-1})	in K_2SO_4-Lösung (mol l^{-1})
0,01607	0,000
0,01779	0,010
0,01942	0,025
0,02137	0,050
0,02600	0,150
0,03417	0,500

Berechnen Sie außerdem den mittleren Aktivitätskoeffizienten und das Löslichkeitsprodukt von TlCl.

3. Folgende Löslichkeitsdaten von $TlJO_3$ in KCl-Lösungen bei 25 °C wurden bestimmt:

$TlJO_3$ (mol l^{-1})	0	0,01	0,02	0,05	0,10
KCl (mol l^{-1})	0,001844	0,002005	0,00217	0,002335	0,002625

Setzen Sie voraus, daß $TlJO_3$ ein starker Elektrolyt ist, und berechnen Sie für $TlJO_3$ den Aktivitätskoeffizienten in allen Lösungen. Vergleichen Sie in einem $\lg \gamma_\pm$,I-Diagramm die gemessenen Daten mit den Daten, die man mit Hilfe des Debye-Hückelschen Grenzgesetzes berechnet.

4. Die spezifische Leitfähigkeit einer 0,1 molaren KCl-Lösung beträgt bei 25 °C 1,289 $\Omega^{-1}m^{-1}$. Wie groß ist die Leitfähigkeit bzw. der Widerstand dieser Lösung in einer Zelle mit dem Elektrodenquerschnitt 2,037 cm^2 und mit dem Elektrodenabstand 0,532 cm?

5. Der Widerstand einer Leitfähigkeitszelle gefüllt mit einer 0,01 molaren KCl-Lösung beträgt bei 25 °C 8,3 Ω. Wie groß ist die Zellkonstante?

6. Eine Zelle mit 0,1 molarer KCl-Lösung hat den Widerstand 192,3 Ω. Wird sie mit einer 0,003186 molaren NaCl-Lösung gefüllt, so besitzt sie den Widerstand 6363 Ω. Wie groß ist die spezifische Leitfähigkeit und die Äquivalentfähigkeit der NaCl-Lösung?

7. Die Grenzleitfähigkeiten von NH_4Cl, NaOH und NaCl betragen bei 25 °C 0,01497, 0,02478 und 0,012645 $\Omega^{-1}m^2val^{-1}$. Berechnen Sie die Grenzleitfähigkeit von NH_4OH und vergleichen Sie sie mit der in Tabelle 18.2.

8. Die Grenzleitfähigkeit von NaOH beträgt 0,02478 $\Omega^{-1}m^2val^{-1}$ (25 °C). Berechnen Sie damit und mit den in Tabelle 18.2 angegebenen Daten die Grenzleitfähigkeit von Wasser.

9. Folgende Äquivalentleitfähigkeiten von Na-Propionatlösungen werden berichtet:

Molarität (mol l^{-1})	0,002178	0,00418	0,00787	0,01427	0,01597
λ ($\Omega^{-1}m^2val^{-1}$)	82,53	81,27	79,72	77,88	75,64

Wie groß sind die Grenzleitfähigkeiten von Na-Propionat und von Propionsäure (Tabelle 18.2)? Die Äquivalentfähigkeit einer 1 molaren Na-Propionatlösung beträgt 1,4 $\Omega^{-1}m^2val^{-1}$; wie groß sind der Dissoziationsgrad und die Dissoziationskonstante der Propionsäure?

10. Die spezifische Leitfähigkeit einer gesättigten $BaSO_4$-Lösung (25 °C) beträgt $3,59 \cdot 10^{-4}$ $\Omega^{-1}m^{-1}$. Das Wasser, aus dem die gesättigte Lösung hergestellt wurde, besitzt eine spezifische Leitfähigkeit von $0,618 \cdot 10^{-4}$ $\Omega^{-1}m^{-1}$. Wie lautet das Löslichkeitsprodukt von $BaSO_4$?

11. Berechnen Sie die Dissoziationsenergie von 1 mol NaCl in Acetonitril und Benzol (Dielektrizitätskonstanten 39 und 23). Vernachlässigen Sie entropische Änderungen sowie die Solvatation. Berechnen Sie mit Hilfe der MB-Verteilung, welcher Bruchteil von NaCl sich jeweils in Acetonitril, Benzol und Wasser löst.

Anhang XV

Stirlingsche Näherungsformel

Zur Umwandlung des Ausdruckes N! benutzt man meist die Stirlingsche Näherung:

$$N! = N^N e^{-N}. \tag{1}$$

Gl. (1) läßt sich wie folgt herleiten:

$$\ln N! = \ln N + \ln(N-1) + \ln(N-2) + \ldots \ln 2 + \ln 1 \tag{2}$$

$$= \sum_{i=1}^{N} \ln i.$$

Für große Zahlen N darf man nun die Summe durch ein Integral ersetzen (Anhang III)

$$\ln N! = \int_0^N \ln i \, di. \qquad (u' = 1, \, v = \ln i) \tag{3}$$

Durch partielle Integration erhält man weiter:

$$\ln N! = i \ln i \bigg|_0^N - \int_0^N i \frac{1}{i} di$$

$$= N \ln N - N \tag{4}$$

bzw.

$$N! = N^N e^{-N}.$$

Ein genaueres Verfahren liefert anstelle von Gl. (4) bzw. Gl. (1):

$$N! = N^N e^{-N} (2\pi N)^{\frac{1}{2}} \tag{5}$$

Anhang XVI

Lagrangesche Multiplikatoren

Eine Funktion $f(x_1, x_2, \ldots x_i, \ldots x_n)$ besitzt dann ein Extremum, wenn die Variation df bezüglich aller x_i Null ist:

$$df = \sum_{i=1}^{n} \frac{\partial f}{\partial x_i} dx_i = 0; \tag{1}$$

df ist aber nur dann Null, wenn alle partiellen Ableitungen gleichzeitig Null sind:

$$\frac{\partial f}{\partial x_1} = 0$$

$$\frac{\partial f}{\partial x_2} = 0$$

$$\vdots$$

$$\frac{\partial f}{\partial x_i} = 0$$

$$\vdots$$

$$\frac{\partial f}{\partial x_n} = 0. \tag{2}$$

Um das Extremum zu finden, muß man also alle partiellen Ableitungen Null setzen und das Gleichungssystem (2) nach den x_i auflösen. Wenn nun aber nicht alle x_i voneinander unabhängig sind, sondern Nebenbedingungen existieren, z. B.

$$g(x_1, x_2, \ldots x_i, \ldots x_n) = 0$$

und

$$h(x_1, x_2, \ldots x_i, \ldots x_n) = 0, \tag{3}$$

so muß man anders vorgehen. Zur Berücksichtigung dieser beiden Nebenbedingungen löst man das folgende System von n + 2 Gleichungen:

$$\frac{\partial f}{\partial x_1} + \alpha \frac{\partial g}{\partial x_1} + \beta \frac{\partial h}{\partial x_1} = 0, \text{ usw.}$$

$$g(x_1, x_2, \ldots x_i, \ldots x_n) = 0, \tag{4}$$
$$h(x_1, x_2, \ldots x_i, \ldots x_n) = 0.$$

α und β sind die sogenannten *Lagrangeschen Multiplikatoren*, d. h. unbestimmte konstante Faktoren. Durch ihr Einführen kann man sich die Funktion

$$F(x_1, \ldots x_n, \alpha, \beta) = f(x_1, \ldots x_n) - \alpha g(x_1, \ldots x_n) - \beta h(x_1, \ldots x_n) \tag{5}$$

aus den nun voneinander unabhängigen Variablen $x_1, \ldots x_n, \alpha, \beta$ gebildet denken und nun nach dem Extremum suchen. Man findet dann nach der eingangs angeführten Methode das Gleichungssystem (4). Durch die Bildung der Funktion $F(x_1, \ldots x_n, \alpha, \beta)$ hat man sich also von den Nebenbedingungen befreit und findet n + 2 Gleichungen für n + 2 Unbekannte. Ob an jenen Stellen, die man auf diese Weise findet, wirklich ein Extremum vorliegt, insbesondere ein Maximum oder Minimum, bedarf einer besonderen Untersuchung, falls diese Frage nicht durch die Anschauung beantwortet wird.

Anhang XVII

Ermittlung des Integrals $\dfrac{N_a}{N} = \displaystyle\int\limits_{E\,=\,E_a}^{\infty} f(E)\,dE$

Zur Ermittlung des Integrals (102) aus Abschnitt 10.6

$$\frac{N_a}{N} = \frac{2}{\sqrt{\pi}}\left(\frac{1}{kT}\right)^{\frac{3}{2}} \int\limits_{E\,=\,E_a}^{\infty} \sqrt{E}\; e^{-\frac{E}{kT}}\,dE \tag{1}$$

wird zunächst folgende Substitution vorgenommen:

$$\frac{E}{kT} = \xi^2 \qquad \text{bzw.} \quad \sqrt{E} = \sqrt{kT}\,\xi \tag{2}$$

und

$$dE = 2\,kT\xi\,d\xi. \tag{3}$$

Damit ergibt sich

$$\frac{N_a}{N} = \frac{4}{\sqrt{\pi}} \int\limits_{\xi\,=\,\sqrt{\frac{E_a}{kT}}}^{\infty} \xi^2 e^{-\xi^2}\,d\xi. \tag{4}$$

Durch *partielle Integration*

$$\int g F\,d\xi = GF - \int G f\,d\xi \tag{5}$$

mit

$$F = \int f\,d\xi \quad \text{und} \quad G = \int g\,d\xi \tag{6}$$

läßt sich das Integral in Gl. (4) in

$$\int \xi^2\, e^{-\xi^2}\,d\xi = -\frac{\xi}{2}\, e^{-\xi^2} + \frac{1}{2}\int e^{-\xi^2}\,d\xi \tag{7}$$

bzw.

$$\int \xi^2\, e^{-\xi^2}\,d\xi = -\frac{\xi}{2}\, e^{-\xi^2} + \frac{\sqrt{\pi}}{4}\,\mathrm{erf}\,(\xi) \tag{8}$$

überführen (siehe Anhang XX). Einsetzen der Grenzen liefert:

$$\frac{N_a}{N} = \frac{4}{\sqrt{\pi}} \left\{ \left| -\frac{\xi}{2} e^{-\xi^2} + \frac{\sqrt{\pi}}{4} \operatorname{erf}(\xi) \right|_{\xi = \frac{E_a}{kT}}^{\xi = \infty} \right\}$$

$$= \frac{4}{\sqrt{\pi}} \left\{ 0 + \sqrt{\frac{4E_a}{\pi kT}} \, e^{-\frac{E_a}{kT}} + \left| \frac{\sqrt{\pi}}{4} \operatorname{erf}(\xi) \right|_{\xi = 0}^{\xi = \infty} - \left| \frac{\sqrt{\pi}}{4} \operatorname{erf}(\xi) \right|_{\xi = 0}^{\xi = \sqrt{\frac{E_a}{kT}}} \right\}$$

$$= \sqrt{\frac{4E_a}{\pi kT}} \, e^{-\frac{E_a}{kT}} + 1 - \operatorname{erf}\left(\sqrt{\frac{E_a}{kT}} \right). \tag{9}$$

Im Grenzfall $E_a \gg kT$ wird $\operatorname{erf}\left(\frac{E_a}{kT} \right) \cong 1$, so daß sich dann näherungsweise

$$\frac{N_a}{N} \cong \sqrt{\frac{4E_a}{\pi kT}} \, e^{-\frac{E_a}{kT}} \tag{10}$$

ergibt.

Anhang XVIII

Kontinuitätsgleichung

Die Diffusionsgleichung (126) aus Abschnitt 14.8 basiert auf dem Gesetz der Erhaltung der Masse bzw. der Teilchen in einem System und geht durch eine Verknüpfung von

$$j = -D \operatorname{grad}\left(\frac{N}{V} \right) \tag{1}$$

mit der sogenannten *Kontinuitätsgleichung* hervor. Zur Ableitung der Kontinuitätsgleichung betrachtet man am einfachsten eine kompressible, strömende Flüssigkeit. Sie soll die Teilchendichte N/V und die Strömungsgeschwindigkeit v besitzen, so daß die Teilchenstromdichte $j = (N/V)\,v$ beträgt. Der in ein durch die Oberfläche dF abgegrenztes Volumenelement dV ein- oder austretende Strom muß wegen der Teilchenerhaltung gleich groß wie der durch eine Dichteänderung in dV erzeugte Strom sein. Da die gesamte Teilchenzahl in dV

$$N = \int_V \left(\frac{N}{V} \right) dV \tag{2}$$

beträgt, ist der Strom durch die Dichteänderung

$$i = -\frac{\partial N}{\partial t} = -\int_V \frac{\partial}{\partial t} \left(\frac{N}{V} \right) dV \tag{3}$$

gegeben. Der Strom durch dF beträgt andererseits

$$i = \oint_F \left(\frac{N}{V}\right) \mathbf{v} \, dF = \int_V \text{div}\left(\frac{N}{V}\right) \mathbf{v} \, dV \, . \tag{4}$$

Zur Umwandlung des Hüllenintegrals in ein Volumenintegral wurde dabei der Gaußsche Satz (Anhang XXI)

$$\oint_F \mathbf{j} \, dF = \int_V \text{div} \, \mathbf{j} \, dV \tag{5}$$

verwendet. Setzt man nun beide Teilchenströme gleich, so bekommt man unabhängig vom Integrationsbereich die gesuchte Kontinuitätsgleichung:

$$- \int_V \frac{\partial}{\partial t}\left(\frac{N}{V}\right) dV = \int_V \text{div}\left(\frac{N}{V}\right) \mathbf{v} \, dV, \tag{6}$$

$$\frac{\partial}{\partial t}\left(\frac{N}{V}\right) = \text{div} \, \mathbf{j}. \tag{7}$$

Sie hat die Form einer Teilchenbilanzgleichung: Die lokale Änderung auf der linken Seite ist gleich der Divergenz des Stromes auf der rechten Seite.

Anhang XIX

Londonsche Dispersionsenergie

An Hand von zwei H-Atomen läßt sich quantenmechanisch zeigen, wie die Londonsche Dispersionswechselwirkung zustandekommt. Bringt man zwei H-Atome genügend nahe zusammen, so vereinigen sie sich zum H_2-Molekül. Für die unnormierte Bahnfunktion des Moleküls kann man nach der VB-Methode von *Heitler, London* schreiben (Abschnitt 5.2):

$$\phi = [\varphi_A(1)\,\varphi_B(2) + \varphi_A(2)\,\varphi_B(1)]. \tag{1}$$

Kommen die Atome aber einander nicht so nahe, daß sie sich vereinigen und eine chemische Bindung eingehen, so bleiben die Elektronen bei ihren Protonen lokalisiert (kein Elektronenaustausch) und für die Bahnfunktion des Systems gilt:

$$\phi = \varphi_A(1)\,\varphi_B(2). \tag{2}$$

Die Wechselwirkungsenergie entspricht der Störenergie und beträgt nach der Störungs-rechnung 1. Ordnung (Abschnitt 3.6)

$$\epsilon' = \int\limits_{V_1} \int\limits_{V_2} \varphi_A^*(1)\,\varphi_B^*(2)\,\mathbf{H}'\,\varphi_A(1)\,\varphi_B(2)\,dV_1\,dV_2 \tag{3}$$

wobei der Störoperator $\mathbf{H}'$ durch

$$\mathbf{H}' = \frac{e^2}{4\pi\epsilon_0}\left[\frac{1}{r_{AB}} + \frac{1}{r_{12}} - \frac{1}{r_{2A}} - \frac{1}{r_{1B}}\right] \tag{4}$$

gegeben ist (Bild 5.2). Das H-H-System soll nun in einem Koordinatensystem so orientiert sein, daß die Verbindungsachse der beiden Atome A und B auf der z-Achse liegt. Bezieht man weiter die Koordinaten des Elektrons 1 $(x_1 y_1 z_1)$ auf die des Protons A und die des Elektrons 2 $(x_2 y_2 z_2)$ auf die des Protons B, so lassen sich die oben genannten Abstände wie folgt ausdrücken:

$$\begin{aligned}
r_{AB} &= r\,, \\
r_{12} &= \sqrt{(x_1 - x_2)^2 + (y_1 - y_2)^2 + (z_1 - z_2 - r)^2}\,, \\
r_{2A} &= \sqrt{x_2^2 + y_2^2 + (r + z_2)^2}\,, \\
r_{1B} &= \sqrt{x_1^2 + y_1^2 + (z_1 - r)^2}\,.
\end{aligned} \tag{5}$$

Da voraussetzungsgemäß die Atome noch relativ weit voneinander entfernt sind, gilt $r \gg x_1$, $r \gg x_2$ usw. Unter Zuhilfenahme der Taylorentwicklung (h klein gegen 1) (Anhang VIII)

$$\frac{1}{\sqrt{1+h}} = 1 - \frac{h}{2} + \frac{3}{8}h^2 + \dots \tag{6}$$

erhält man bei Abbruch der Reihe nach den zweiten Potenzen:

$$\frac{1}{r_{AB}} = \frac{1}{r}\,,$$

$$\frac{1}{r_{12}} = \frac{1}{r}\left[1 - \frac{(x_1 - x_2)^2 + (y_1 - y_2)^2 - 2(z_1 - z_2)^2 - 2r(z_1 - z_2)}{2r^2}\right],$$

$$\frac{1}{r_{2A}} = \frac{1}{r}\left[1 - \frac{x_2^2 + y_2^2 - 2z_2^2 + 2rz_2}{2r^2}\right], \tag{7}$$

$$\frac{1}{r_{1B}} = \frac{1}{r}\left[1 - \frac{x_1^2 + y_1^2 - 2z_1^2 - 2rz_1}{2r^2}\right].$$

Kombiniert man diese Ausdrücke zum Störoperator $\mathbf{H}'$, so ergibt sich für diesen:

$$\mathbf{H}' = \frac{e^2}{4\pi\epsilon_0 r^3}[x_1 x_2 + y_1 y_2 - 2z_1 z_2]. \tag{8}$$

Er entspricht der klassischen Dipol-Dipolenergie zweier Moleküle mit stationären Dipolmomenten (vgl. Abschnitt 7.2). Mit Gl. (8) als Störoperator liefert nun das Integral (3) bei Verwendung von 1s-Orbitalen der Wert Null. Denn $\mathbf{H}'$ ist eine ungerade und 1s-Orbitale sind gerade Funktionen in den Koordinaten, so daß die Integration über den gesamten Raum Null ergeben muß. Dieses Ergebnis stimmt mit der klassischen Vorstellung überein, weil ja H-Atome kein stationäres Dipolmoment haben.

Die Londonsche Wechselwirkung ist hingegen ein Effekt, der sich nur mit Hilfe der *Störungsrechnung 2. Ordnung* beschreiben läßt. Analog zur Störenergie 1. Ordnung läßt sich die Störenergie 2. Ordnung herleiten, wenn man auch quadratische Terme des Parameters λ einschließt (Abschnitt 3.6). Es ist dies allerdings etwas umständlich und deshalb auf die quantenchemische Literatur verwiesen (z. B. *Eyring, Walter, Kimball:* Quantum Chemistry, J. Wiley, Inc. New York, 1944):

$$\epsilon'' = \sum_{k \neq 0} \frac{H'_{0k} H'_{k0}}{\epsilon_0 - \epsilon_k} . \tag{9}$$

Die Summation läuft über alle Zustände der beiden H-Atome mit Ausnahme des Grundzustandes mit der Energie ϵ_0. H'_{0k} und H'_{k0} sind Störintegrale des Typs

$$\int \phi_0^* \, \mathbf{H}' \phi_k \, dV, \qquad \int \phi_k^* \, \mathbf{H}' \phi_0 \, dV. \tag{10}$$

Da die Energie eines H-Atoms im Zustand k mit der Hauptquantenzahl n in Einheiten des Bohrschen Radius $a = \left(\frac{4\pi\epsilon_0 h^2}{me^2} \right)$

$$\epsilon_n = - \frac{me^4}{32\pi^2 \epsilon_0^2 h^2} \frac{1}{n^2} = - \frac{e^2}{4\pi\epsilon_0 \, 2a} \frac{1}{n^2} \tag{11}$$

beträgt, kann man für die Differenzen $\epsilon_0 - \epsilon_k$ beider H-Atome schreiben:

$$\epsilon_0 - \epsilon_k = - \frac{e^2}{4\pi\epsilon_0 a} \left(1 - \frac{1}{n^2} \right). \tag{12}$$

Da n zwischen 2 und ∞ variiert, besitzt $\epsilon_0 - \epsilon_k$ nur Werte zwischen $- 3 e^2/4 \, (4\pi\epsilon_0)$ a und $- e^2/4 (4\pi\epsilon_0) a$. Setzt man für alle $(\epsilon_0 - \epsilon_k)$-Werte näherungsweise $- e^2/(4\pi\epsilon_0) a$ und dafür die doppelte Ionisierungsenergie des H-Atoms (I), so bekommt man für die Störenergie:

$$\epsilon'' = - \frac{1}{2I} \sum_{k \neq 0} H'_{0k} H'_{k0} \tag{13}$$

bzw.

$$\epsilon'' = - \frac{1}{2I} \sum_{k} [H'_{0k} H'_{k0} - H'_{00} H'_{00}]. \tag{14}$$

Da aber $H'_{00} = 0$ und

$$(H'^2)_{00} = \int \phi_0\, H'H'\, \phi_0\, dV = \int \phi_0^*\, H' \sum_k \phi_k \int \phi_k^*\, H'\, \phi_0\, dVdV$$

$$= \sum_k \phi_0^*\, H'\, \phi_k\, dV \int \phi_k^*\, H'\, \phi_0\, dV = \sum_k H'_{0k} H'_{k0}, \tag{15}$$

folgt mit Gl. (8):

$$\epsilon'' = -\frac{1}{2\,I}\,(H'^2)_{00}$$

$$= -\frac{1}{2\,I}\,\frac{e^4}{(4\pi\epsilon_0)^2 r^6} \int\limits_{x_1} \cdots \int\limits_{z_2} \phi_0^*\,\phi_0\,\left(x_1^2\,x_2^2 + y_1^2\,y_2^2 + 4\,z_1^2\,z_2^2\right)\,dx_1 \ldots dz_2$$

$$= -\frac{1}{2\,I}\,\frac{e^4}{(4\pi\epsilon_0)^2 r^6}\left(\overline{x_1^2 x_2^2} + \overline{y_1^2 y_2^2} + 4\,\overline{z_1^2 z_2^2}\right). \tag{16}$$

Da ϕ_0^* bzw. ϕ_0 aus 1s-Orbitalen besteht und diese Kugelsymmetrie besitzen, gelten folgende Beziehungen zwischen den Erwartungs- bzw. Mittelwerten:

$$\overline{x_1^2} = \overline{y_1^2} = \overline{z_1^2} = \frac{\overline{r_1^2}}{3}, \quad \text{usw.} \tag{17}$$

so daß

$$\epsilon'' = -\frac{1}{2\,I}\,\frac{2\,e^4\,\overline{r_1^2\,r_2^2}}{(4\pi\epsilon_0)^2\,3\,r^6}. \tag{18}$$

Darin kann noch $e^4\,\overline{r_1^2 r_2^2}$ durch den quantenmechanischen Ausdruck für die Polarisierbarkeit

$$\alpha = \frac{2\,e^2\,\overline{r^2}}{4\pi\epsilon_0\,3\,I} \tag{19}$$

ersetzt werden (Abschnitt 7.4):

$$\epsilon'' = -\frac{1}{2\,I}\,\frac{2\,\alpha^2\,(4\pi\epsilon_0)^2\,9\,I^2}{4\,(4\pi\epsilon_0)^2\,3\,r^6} = -\frac{3\,I\alpha^2}{4\,r^6}. \tag{20}$$

Damit lautet schließlich der gesuchte Ausdruck für die Londonsche Dispersionsenergie:

$$D_{\text{London}} = |\epsilon''| = \frac{3\,I\alpha^2}{4\,r^6}. \tag{21}$$

Anhang XX

Die Gaußsche Verteilung

Die *Gaußsche Verteilung* (oder *Normalverteilung*) wurde ursprünglich von *Gauß* im Zusammenhang mit der Theorie zufälliger Meßfehler eingeführt. Sie ist die wichtigste stetige Verteilung und besitzt einen symmetrischen Charakter (Glockenform). Sie beschreibt z. B. die positiven und negativen Abweichungen der Meßwerte von ihrem (arithmetischen) Mittelwert bei rein zufälligen Fehlerquellen. Ihre Wendepunkte stimmen mit der Wurzel aus der mittleren quadratischen Abweichung überein. Das Integral über die Verteilung wird als *Fehlerfunktion* bzw. *errorfunction* bezeichnet.

Zur Herleitung eines expliziten Ausdruckes für die Gaußsche Verteilung wollen wir von der in Abschnitt 17.7 abgeleiteten Craigverteilung

$$W_{n,r} = \binom{n}{r} I^r II^{n-r} = \frac{n!}{r!(n-r)!} I^r II^{n-r} \tag{1}$$

ausgehen. Zur Abkürzung wurde I und II statt $^I W$ und $^{II} W$ geschrieben. Die Craigverteilung ist eine *Binominalverteilung*, d. h. $W_{n,r}$ stellt das r-te Glied der Binominalentwicklung

$$(II + I)^n = II^r + \binom{n}{1} II^{n-1} + ... \binom{n}{r} II^{n-r} I^r + ... I^n \tag{2}$$

dar (vgl. Anhang VIII). Für große n und r geht $W_{n,r}$ in die Gaußverteilung

$$W(x) = \frac{1}{\sqrt{2\pi n I \, II}} e^{-\frac{x^2}{2 n I \, II}} \tag{3}$$

über. x ist hier die Abweichung vom Mittelwert bzw. Maximalwert: $x = r_{max} - r$. Der Beweis hierzu wurde von *B. Baule:* Die Mathematik des Naturforschers und Ingenieurs II, S. Hirzelverlag, Leipzig, 1956 übernommen und soll auszugsweise vorgestellt werden.

Die in Bild 17.11a dargestellte Craigverteilung besitzt ein Maximum an der Stelle $r = r_{max}$, die von n abhängt. In welcher Weise läßt sich durch eine Extremwertbildung herausfinden. Dazu wird $\ln W_{n,r}$ bei konstantem n nach r differenziert und die Ableitung Null gesetzt. Zur Umformung der Fakultäten benutzen wir die Stirlingsche Formel (Anhang XV)

$$N! = N^N e^{-N} : \tag{4}$$

$$\left(\frac{\partial \ln W_{n,r}}{\partial r}\right)_n = \frac{d}{dr} \ln \binom{n}{r} + r \ln I + (n - r) \ln II$$

$$= \ln \left(\frac{n-r}{r}\right) + \ln \left(\frac{I}{1-I}\right) = 0 \qquad (I + II = 1) \tag{5}$$

Entlogarithmieren liefert die Beziehung

$$r_{max} = nI. \tag{6}$$

Auch die exaktere Stirlingformel

$$N! = N^N e^{-N} \sqrt{2\pi N} \tag{7}$$

liefert für genügend große n- und r-Werte dasselbe Resultat. Zur nachfolgenden Umformung von $W_{n,r}$ in $W(x)$ messen wir r von r_{max} aus und bezeichnen die Abweichung $r_{max} - r$ mit x, so daß

$$r = nI + x \tag{8}$$

und

$$n - r = nI - x. \tag{9}$$

Durch diese Koordinatentransformation wird aus $W(r)$ die Verteilung $W(x)$.

Verwenden wir zur Umformung von $W_{n,r}$ Gl. (7), so entsteht:

$$W(r) = \frac{n!}{r!\,(n-r)!}\, I^r\, II^{n-r}$$

$$= \frac{n^n e^{-n}\sqrt{2\pi n}}{r^r e^{-r}\sqrt{2\pi r}\,(n-r)^{n-r} e^{-(n-r)}\sqrt{2\pi(n-r)}}\, I^r\, II^{n-r}$$

$$= \frac{n^n\, I^r\, II^{n-r}}{r^r\,(n-r)^{n-r}\,\sqrt{\frac{2\pi r}{n}\,(n-r)}}. \tag{10}$$

Mit den Gln. (8) und (9) wird daraus:

$$W(x) = \frac{n^r\,(nI)^r\,(nII)^{n-r}}{n^r n^{n-r}(nI+x)^r\,(nII-x)^{n-r}\,\sqrt{\frac{2\pi r}{n}\,(nI+x)\,(nII-x)}}$$

$$= \frac{1}{\left(1+\frac{x}{nI}\right)^r \left(1-\frac{x}{nII}\right)^{n-r}\sqrt{2\pi nI\, II\left(1+\frac{x}{nI}\right)\left(1-\frac{x}{nII}\right)}}$$

$$= \frac{1}{\sqrt{2\pi nI\, II\left(1+\frac{x}{nI}\right)\left(1-\frac{x}{nII}\right)}}\, e^{-r\ln\left(1+\frac{x}{nI}\right)-(n-r)\ln\left(1-\frac{x}{nII}\right)}. \tag{11}$$

Für x/nI bzw. $x/nII \ll 1$ dürfen diese Größen im Nenner gegen 1 vernachlässigt und die logarithmischen Terme im Exponenten in Exponentialreihen entwickelt werden:

$$W(x) = \frac{1}{\sqrt{2\pi nI\, II}}\, e^{-r\left[\frac{x}{nI}-\frac{x^2}{2(nI)^2}+\dots\right]-(n-r)\left[-\frac{x}{nII}-\frac{x^2}{2(nII)^2}+\dots\right]}. \tag{12}$$

Abbrechen nach den quadratischen Gliedern und Umformen liefert schließlich:

$$W(x) = \frac{1}{\sqrt{2\pi nI\, II}}\, e^{-\frac{x^2}{2nI\, II}\left[1-\frac{x(II-I)}{nI\, II}+\dots\right]} \tag{13}$$

bzw. die gesuchte Gaußsche Verteilung

$$W(x) = \frac{1}{\sqrt{2\pi nI\, II}}\, e^{-\frac{x^2}{2nI\, II}}. \tag{14}$$

Sie ist in dieser Form bereits auf 1 normiert, d. h.

$$\int_{x=-\infty}^{+\infty} W(x)\,dx = 1. \tag{15}$$

Der Faktor $\mathrm{n\,I\,II}$ hat den Charakter einer *mittleren quadratischen Abweichung*, denn

$$\overline{x^2} = \frac{\int x^2\,W(x)\,dx}{\int W(x)\,dx} = \mathrm{n\,I\,II}. \tag{16}$$

$\sqrt{\overline{x^2}}$ entspricht zugleich der Lage der Wendepunkte der Funktion (14), was man durch zweimaliges Differenzieren und Nullsetzen verifizieren kann. $\overline{x^2}$ wird auch als quadratische *Schwankung* oder *Varianz* bezeichnet. Mit Gl. (16) lautet dann die Verteilung:

$$W(x) = \frac{1}{\sqrt{2\pi\overline{x^2}}}\, e^{-\frac{x^2}{2\overline{x^2}}}. \tag{17}$$

Macht man die Substitution

$$\frac{x^2}{2\overline{x^2}} = \xi^2 \qquad \text{bzw.} \quad \frac{x}{\sqrt{2\overline{x^2}}} = \xi \tag{18}$$

und

$$dx = \sqrt{2\overline{x^2}}\,d\xi, \tag{19}$$

so gelangt man zur *Fehlerfunktion* (*errorfunction*, abgekürzt erf)

$$\mathrm{erf}(\xi) = \frac{1}{\sqrt{\pi}} \int_{\xi=-\frac{x}{\sqrt{2\overline{x^2}}}}^{\xi=\frac{x}{\sqrt{2\overline{x^2}}}} e^{-\xi^2}\,d\xi = \frac{2}{\sqrt{\pi}} \int_{\xi=0}^{\xi} e^{-\xi^2}\,d\xi, \tag{20}$$

wenn man über die Verteilung von $\xi = -x/\sqrt{2\overline{x^2}}$ bis $\xi = x/\sqrt{2\overline{x^2}}$ integriert. Werte für $\mathrm{erf}(\xi)$ sind in Tabellenwerken enthalten. Integriert man von $\xi = 0$ bis $\xi = \infty$, so liefert Gl. (20) den Wert 1. Die Funktion $e^{-\xi^2}$ ist auch unter dem Namen *Gaußsche Glockenkurve* bekannt.

Anhang XXI

Poissonsche Gleichung und Debye-Hückeltheorie

Um die Wechselwirkungsenergie zwischen einem Zentralion und seiner Ionenwolke berechnen zu können, muß das elektrische Potential der Ionenwolke am Ort des Zentralions bekannt sein. Dieses Potential erhält man durch Lösen der *Poissonschen Differentialgleichung*, die das Potential einer Ladungsverteilung, wie sie auch die Ionenwolke repräsentiert, angibt. Besteht die Ionenwolke aus sehr vielen geladenen Ionen, so kann man ihre Ladungsverteilung durch eine kontinuierliche, kugelsymmetrische Ladungsverteilung annähern. Die Poissonsche Gleichung für eine derartige kugelsymmetrische Ladungsverteilung soll hergeleitet werden.

Hat man eine Punktladung e in einem Medium mit der Dielektrizitätskonstanten ϵ, so gehen von ihr insgesamt $e/\epsilon_0\epsilon$ elektrische Feldlinien aus (Abschnitt 7.1). Im Abstand r von dieser Punktladung besitzt dann das Feld pro m^2 Kugeloberfläche

$$\frac{e}{\epsilon_0\epsilon} \cdot \frac{1}{4\pi r^2} = \frac{e}{4\pi\epsilon_0\epsilon r^2} \tag{1}$$

Feldlinien. Dies ist gleichzeitig die Definition der Feldstärke der elementaren Punktladung e im Abstand r:

$$E = \frac{1}{4\pi\epsilon_0\epsilon} \frac{e}{r^2}. \tag{2}$$

Betrachtet man allgemein anstelle der Kugeloberfläche irgendeine geschlossene Fläche F, so bezeichnet man das *Hüllenintegral*

$$\oint_F E\,dF = \frac{e}{\epsilon_0\epsilon} \tag{3}$$

als elektrischen *Kraftfluß* der Punktladung durch die geschlossene Fläche F (vektoriell dargestellt durch den zu ihr senkrechten Flächenvektor **F**).

Hat man nicht eine Punktladung, sondern eine beliebige kontinuierliche Ladungsverteilung innerhalb des von der geschlossenen Fläche F umfaßten Volumens V, so beträgt die darin befindliche Ladung

$$\int_V \rho\,dV. \tag{4}$$

ρ ist die *Dichte* der Ladungsverteilung. Der Kraftfluß durch die Fläche F beträgt dann

$$\oint_F E\,dF = \frac{1}{\epsilon_0\epsilon} \int_V \rho\,dV. \tag{5}$$

Da die Ladungen die Quellen eines elektrischen Feldes sind, ist das Hüllenintegral ein Maß für die *Ergiebigkeit* der umfaßten Quellen. Dividiert man das Integral durch das Volumen V, so bekommt man die *mittlere Ergiebigkeit*. Man kann aber auch die mittlere Ergiebigkeit pro Volumenelement ΔV oder differentiellem Volumenelement dV definieren, indem man das Integral durch ΔV dividiert und dann einen Grenzübergang $\Delta V \rightarrow 0$ macht. Man erhält dann die Ergiebigkeit der Quellen an einem bestimmten Punkt im Raum. Diese Ergiebigkeit wird als *Divergenz* des elektrischen Feldes E (div E $\equiv \nabla$E) bezeichnet (vgl. Anhang I):

$$\nabla \mathbf{E} = \lim_{\Delta V \rightarrow 0} \frac{1}{\Delta V} \oint_F \mathbf{E}\, d\mathbf{F} = \frac{1}{dV} \oint_F \mathbf{E}\, d\mathbf{F} \tag{6}$$

bzw.

$$\nabla \mathbf{E}\, dV = \oint_F \mathbf{E}\, d\mathbf{F}. \tag{7}$$

Integriert man ∇E dV über das durch die Hülle F abgegrenzte Volumen, so steht rechts das Hüllenintegral $\oint_F \mathbf{E}\, d\mathbf{F}$ und links das *Volumenintegral* $\int_V \nabla \mathbf{E}\, d\mathbf{V}$. Unter Berücksichtigung von Gl. (5) folgt schließlich:

$$\int_V \nabla \mathbf{E}\, dV = \frac{1}{\epsilon_0 \epsilon} \int_V \rho\, dV. \tag{8}$$

Das Hüllenintegral des elektrischen Feldvektors E über die Fläche F und das Raumintegral der Divergenz von E über das von F eingeschlossene Volumen V sind demnach gleich groß (*Gaußscher Satz*). Aus der Gleichheit der Integrale folgt aber auch die Gleichheit der Integranden, so daß

$$\text{div }\mathbf{E} \equiv \nabla \mathbf{E} = \frac{1}{\epsilon_0 \epsilon}. \tag{9}$$

Dies ist die gesuchte Poissonsche Gleichung, die mit der Beziehung

$$\mathbf{E} = -\text{grad}\,\varphi \equiv -\nabla\varphi \tag{10}$$

lautet:

$$\nabla\nabla\varphi \equiv \Delta\varphi = -\frac{1}{\epsilon_0 \epsilon}\rho. \tag{11}$$

Für eine kugelsymmetrische Ladungsverteilung, wie sie die Ionenwolke in bezug auf ein Zentralion darstellt, ergibt sich mit Δ in Kugelkoordinaten (Anhang V)

$$\Delta = \frac{1}{r^2}\frac{d}{dr}\left(r^2\frac{d}{dr}\right), \qquad (\vartheta = \text{const}, \varphi = \text{const}) \tag{12}$$

die *Poisson-Boltzmannsche Differentialgleichung*

$$\frac{1}{r^2}\frac{d}{dr}\left(r^2\frac{d\varphi}{dr}\right) = -\frac{1}{\epsilon_0 \epsilon}\rho. \tag{13}$$

Kennt man die Ladungsdichteverteilung $\rho\,(r)$, so erhält man durch Lösen dieser Gleichung das Potential φ in der Entfernung r vom Koordinatennullpunkt.

Für den in Abschnitt 18.3 diskutierten Spezialfall mit $\rho(r) = -\epsilon\epsilon_0\beta\,\varphi(r)$ geht Gl. (13) in die Differentialgleichung

$$\frac{1}{r^2}\frac{d}{dr}\left(r^2\frac{d\varphi}{dr}\right) = \beta\varphi \tag{14}$$

über. Mit $u = r\,\varphi$ entsteht daraus die Gleichung

$$\frac{d^2u}{dr^2} - \beta u = 0, \tag{15}$$

die die allgemeine Lösung

$$u = A\,e^{-\sqrt{\beta}r} + B\,e^{\sqrt{\beta}r} \tag{16}$$

besitzt, so daß

$$\varphi(r) = \frac{A}{r}e^{-\sqrt{\beta}r} + \frac{B}{r}e^{\sqrt{\beta}r}. \tag{17}$$

Da das Potential φ für $r \to \infty$ verschwindet, muß $B = 0$ sein:

$$\varphi(r) = \frac{A}{r}e^{-\sqrt{\beta}r}. \tag{18}$$

Der Koeffizient A folgt aus der Elektroneutralitätsbedingung, wonach die gesamte Ladung der Ionenwolke entgegengesetzt und gleich groß wie die des Zentralions (Radius R) sein muß:

$$\int_V \rho(r)\,dV = -\epsilon_0\epsilon\beta \int_{r=R}^{\infty} \frac{A}{r}e^{-\sqrt{\beta}r}\,4\pi r^2\,dr \equiv -Z_i e. \tag{19}$$

Partielle Integration (Anhang XVII) liefert:

$$A = \frac{Z_i e}{4\pi\epsilon_0\epsilon}\left[\frac{e^{\sqrt{\beta}R}}{1 + \sqrt{\beta}R}\right]. \tag{20}$$

Für verdünnte Lösungen mit $\sqrt{\beta}R \ll 1$ ergibt sich daraus

$$\begin{aligned}
A &= \frac{Z_i e}{4\pi\epsilon_0\epsilon}e^{\sqrt{\beta}R}\\[4pt]
&= \frac{Z_i e}{4\pi\epsilon_0\epsilon}\left(1 + \sqrt{\beta}R + \frac{\beta}{2}R^2 + ...\right)\\[4pt]
&= \frac{Z_i e}{4\pi\epsilon_0\epsilon}
\end{aligned} \tag{21}$$

und mit Gl. (18)

$$\varphi(r) = \frac{Z_i e}{4\pi\epsilon_0\epsilon}\frac{e^{-\sqrt{\beta}r}}{r}. \tag{22}$$

Tabellen

Basisgrößen und Basiseinheiten des SI-Systems

Basisgröße	Basiseinheit	Symbol
Länge	Meter	m
Masse	Kilogramm	kg
Zeit	Sekunde	s
elektr. Stromstärke	Ampere	A
Temperatur	Kelvin	K
Stoffmenge	Mol	mol

Dezimale Vielfache der Basiseinheiten

	Präfix	Symbol
10^{12}	Tera	T
10^{9}	Giga	G
10^{6}	Mega	M
10^{3}	Kilo	k
10^{-3}	Milli	m
10^{-6}	Mikro	μ
10^{-9}	Nano	n
10^{-12}	Piko	p

Definitionen der SI-Basiseinheiten

1 m ist das 1 650 763,73-fache der Wellenlänge der von ^{86}Kr-Atomen beim Übergang vom Zustand $5d_5$ zum Zustand $2p_{10}$ (Termnotation nach *C. E. Moore*, Atomic Energy Levels II, Circ. Natl. B. of Standards) ausgesandten, sich im Vakuum ausbreitenden Strahlung.

1 kg ist die Masse des internationalen Prototyps, eines Pt-Zylinders im Bureau International des Poids et Mesures in Sevres bei Paris.

1 s ist das 9 192 631 770-fache der Periode einer Strahlung, die dem Übergang zwischen den beiden Hyperfeinstrukturniveaus des Grundzustandes von ^{133}Cs entspricht.

1 A ist die Stärke eines konstanten elektrischen Stromes, der durch zwei im Vakuum parallel im Abstand 1 m voneinander angeordnete, geradlinige unendlich lange Leiter von vernachlässigbar kleinem kreisförmigem Querschnitt fließend, zwischen diesen Leitern je 1 m Länge elektrodynamisch eine Kraft von $2 \cdot 10^{-7}$ kgms^{-1} ($= 2 \cdot 10^{-7}$ N) hervorrufen würde.

1 K ist der 273,16-te Teil der thermodynamischen Temperatur des ersten Tripelpunktes des Wassers.

1 mol ist die Stoffmenge in einem System bestimmter Zusammensetzung, das aus ebensovielen Teilchen besteht, wie Atome in 0,012 000 kg ^{12}C enthalten sind.

Abgeleitete SI-Einheiten

Größe	Einheit (Symbol)	Beziehung zur Basiseinheit
Fläche		m^2
Volumen		m^3
Dichte		kgm^{-3}
Geschwindigkeit		ms^{-1}
Winkelgeschwindigkeit		$rad\,s^{-1}$
Beschleunigung		ms^{-2}
Kraft	Newton (N)	$kgms^{-2} = Jm^{-1}$
Druck	Pascal (Pa) = 10^{-5} bar	Nm^{-2}
Energie	Joule (J)	$kgm^2s^{-2} = Nm = VAs$
Leistung	Watt (W)	$kgm^2s^{-3} = Js^{-1} = VA$
elektr. Ladung	Coulomb (C)	As
elektr. Spannung	Volt (V)	$kgm^2s^{-3}A^{-1} = JA^{-1}s^{-1}$
elektr. Feldstärke	Vm^{-1}	$mkgA^{-1}s^{-3}$
elektr. Widerstand	Ohm (Ω)	$kgm^2s^{-3}A^{-2} = VA^{-1}$
elektr. Kapazität	Farad (F)	$A^2s^4kg^{-1}m^{-2} = AsV^{-1}$
elektr. Moment	Cm	Asm
elektr. Polarisation	Cm^{-2}	Asm^{-2}
elektr. Polarisierbarkeit	m^3	m^3
magnet. Feldstärke	Am^{-1}	Am^{-1}
magnet. Induktion	Tesla (T)	$kgA^{-1}s^{-2}$
magnet. Moment	Am^2	Am^2
Magnetisierung	Am^{-1}	Am^{-1}
Suszeptibilität	m^3	m^3
Molmasse	(M)	$kgmol^{-1}$
molare Konzentration	(c)	$molm^{-3}$ oder $moldm^{-3}$ bzw. $mol\,l^{-1}$ (in diesem Buch verwendet)

SI-fremde Einheiten

Größe	Einheit (Symbol)	Beziehung zur SI-Basiseinheit
Länge	Angstrom (Å)	10^{-10} m (in diesem Buch verwendet)
Volumen	Liter (l)	10^{-3} m^3 = 1 dm^{-3} (–"–)
Kraft	Dyn (dyn)	10^{-5} N
Druck	Atmosphäre (atm)	$1{,}013\,25 \cdot 10^5$ Nm^{-2} (–"–)
	Torr (mm Hg)	$1{,}333\,22 \cdot 10^2$ Nm^{-2} (–"–)
Energie	erg	10^{-7} J
	Kalorie (cal)	$4{,}1840$ J
	Elektron Volt (eV)	$1{,}6021 \cdot 10^{-19}$ J (– " –)
Viskosität	Poise (p)	10^{-1} kgm^{-1} s^{-1}
Dipolmoment	Debye (deb)	$3{,}338 \cdot 10^{-30}$ Cm
magnet. Induktion	Gauß (G)	10^4 T

Wichtige physikalische Konstanten in SI-Einheiten

Avogadrosche Zahl N_A	$6{,}0225 \cdot 10^{23}$ mol^{-1}
Boltzmannkonstante k	$1{,}3806 \cdot 10^{-23}$ JK^{-1}
Gaskonstante R	$8{,}3143$ JK^{-1} mol^{-1} ($8{,}2056 \cdot 10^{-5}$ atm m^3 K^{-1} mol^{-1})
Vakuumlichtgeschwindigkeit c	$2{,}9979 \cdot 10^8$ m s^{-1}
Plancksches Wirkungsquantum h	$6{,}6256 \cdot 10^{-34}$ J s^{-1}
Elektrische Elementarladung e	$1{,}6021 \cdot 10^{-19}$ C
Ruhemasse des Elektrons m$_e$	$9{,}1091 \cdot 10^{-31}$ kg
Ruhemasse des Protons m$_p$	$1{,}6725 \cdot 10^{-27}$ kg
Ruhemasse des Neutrons m$_n$	$1{,}6748 \cdot 10^{-27}$ kg
Faradaysche Konstante $F = N_A$ e	$9{,}6487 \cdot 10^4$ C mol^{-1}
Bohrsches Magneton μ_B	$9{,}2731 \cdot 10^{-24}$ A m^2
Kernmagneton μ_K	$5{,}0504 \cdot 10^{-27}$ A m^2
Dielektrizitätskonstante des Vakuums ϵ_0	$8{,}859 \cdot 10^{-12}$ F m^{-1}
$4\,\pi\epsilon_0$	$1{,}112 \cdot 10^{-10}$ F m^{-1}
magnetische Permeabilität des Vakuums μ_0	$1{,}256 \cdot 10^{-6}$ TA^{-1} m

Umrechnungsfaktoren von SI-fremden Energieeinheiten in SI-Einheiten

	J	kJ mol^{-1}	erg	kcal mol^{-1}	eV
1 J	1	$6{,}0225 \cdot 10^{20}$	10^7	$1{,}4395 \cdot 10^{20}$	$6{,}2420 \cdot 10^{18}$
1 kJ mol^{-1}	$1{,}6604 \cdot 10^{-21}$	1	$1{,}6604 \cdot 10^{-14}$	$2{,}3900 \cdot 10^{-1}$	$1{,}0363 \cdot 10^{-2}$
1 erg	10^{-7}	$6{,}0225 \cdot 10^{-13}$	1	$1{,}4395 \cdot 10^{13}$	$6{,}2420 \cdot 10^{11}$
1 kcal mol^{-1}	$6{,}9467 \cdot 10^{-21}$	$4{,}184$	$6{,}9467 \cdot 10^{-13}$	1	$4{,}3361 \cdot 10^{-2}$
1 eV	$1{,}6021 \cdot 10^{-19}$	$9{,}6490 \cdot 10$	$1{,}6021 \cdot 10^{-11}$	$2{,}3068 \cdot 10$	1

Konzentrationseinheiten

Bezeichnung	Symbol	Definition		Einheit
Molarität	c	mol gelöster Stoff in 1 l Lösung	$c_i = \dfrac{n_i}{1000\,V}$	$\text{mol}\,l^{-1}$
Molalität	m	mol gelöster Stoff in 1 kg Lösungsmittel	$m_i = \dfrac{n_i}{nM}$	$\text{mol}\,\text{kg}^{-1}$
Molenbruch	x	Molzahl einer Komponente bezogen auf die Molzahl aller Komponenten der Lösung	$x_i = \dfrac{n_i}{\sum\limits_i n_i}$	dimensionslos

n_i Molzahl gelöster Stoff, n Molzahl Lösungsmittel, V Volumen Lösung, d Dichte Lösung, M Molmasse Lösungsmittel, M_i Molmasse gelöster Stoff

Umrechnungsfaktoren von Konzentrationseinheiten

	c_i	m_i	x_i
c_i	1	$\dfrac{nMd}{1000\,\sum\limits_i n_i M_i}$	$\dfrac{d\,\sum\limits_i n_i}{1000\,\sum\limits_i n_i M_i}$
m_i	$\dfrac{1000\,\sum\limits_i n_i M_i}{nMd}$	1	$\dfrac{\sum\limits_i n_i}{nM}$
x_i	$\dfrac{1000\,\sum\limits_i n_i M_i}{d\,\sum\limits_i n_i}$	$\dfrac{nM}{\sum\limits_i n_i}$	1

Dichte d in kgm^{-3}
Molmasse M in kgmol^{-1}
Volumen V in m^3
Molzahl n in mol^{-1}

$(G° - E_0°)/T$- und $(H_{298}° - E_0°)$-Daten von einigen gasförmigen anorganischen und organischen Stoffen (Literatur: *K. S. Pitzer, L. Brewer:* Thermodynamics, McGraw Hill Book Co., New York, 1961)

	$-(G° - E_0°)/T$ in JK^{-1}					$H_{298}° - E_0°$ in kJ
	298 K	500 K	1000 K	1500 K	2000 K	
Br	154,1	164,9	179,3	187,8	194,0	6,20
Br_2	212,7	230,1	254,4	269,1	279,6	9,73
$Br_2(l)$	107					13,55
C	136,1	147,3	162,0	170,6	176,6	6,53
C (Gr)	2,22	4,85	11,6	17,5	22,5	1,050
Cl	144,0	155,0	170,2	179,2	185,5	6,27
Cl_2	192,2	208,6	231,9	246,2	256,6	9,180
F	136,8	148,1	163,4	172,2	178,4	6,520
F_2	173,1	188,7	211,0	224,8	235,0	8,828
H	93,8	104,5	119,0	127,4	133,4	6,196
H_2	102,2	116,9	137,0	149,0	157,6	8,468
J	159,9	170,6	185,0	193,5	199,5	6,196
J_2	226,7	244,6	269,4	284,3	295,0	8,987
$J_2(s)$	71,9					13,20
N	132,4	143,2	157,6	166,0	172,0	6,197
N_2	162,4	177,5	198,0	210,4	219,6	8,669
O	138,4	150,0	165,1	173,8	179,9	6,724
O_2	176,0	191,1	212,1	225,1	234,7	8,66
O_3	204,1	222,9	251,7	270,7	284,5	10,35
S	145,4	157,1	172,7	181,7	188,0	6,66
S (rh)	17,1	27,1				4,41
PCl_3	258,0	288,1	335,0			16,1
PCl_5	279,3	319,2	383,1			21,8
SF_6	235,2	270,6	337,0	385,0	422,1	16,74
B_2O_3	229,7	252,2	291,4	320,0	342,7	11,84
HO	154,0	169,4	189,9	202,1	210,9	8,81
H_2O	155,5	172,8	196,7	211,7	223,1	9,908
H_2O_2	196,4	216,4	247,5	268,9		10,84
NH_3	158,9	176,9	203,5	221,9	236,6	9,92
NO^3	179,8	195,6	217,0	229,9	239,5	9,18
N_2O	187,8	205,5	233,3	252,2		9,58
NO_2	205,8	224,3	252,0	270,2	284,0	10,31
SO	192,6	202,9	229,6	243,0	252,8	8,74
SO_2	212,6	231,7	260,6	279,6	293,7	10,54
SO_3	217,1	239,1	276,5	302,9	322,6	11,6
CO	168,4	183,5	204,0	216,6	225,9	8,673
CO_2	182,2	199,4	226,4	244,7	258,8	9,364
CS_2	202,0	221,9	253,2	273,8	289,1	10,7
CH_4	152,5	170,5	199,4	221,1	238,9	10,03
CH_3Cl	198,5	217,8	250,1	274,2		10,41
CH_2Cl_2	230,4	252,5	291,1	318,7		11,86

Fortsetzung

	$-(G°-E_0°)/T$ in JK^{-1}					$H_{298}°-E_0°$ in kJ
	298 K	500 K	1000 K	1500 K	2000 K	
$CHCl_3$	248,1	275,3	321,2	353,0		14,18
CCl_4	251,7	285,0	340,6	376,4		17,20
$COCl_2$	240,6	255,0	304,5	331,1	351,1	12,86
CH_3OH	201,4	222,3	257,6			11,42
CH_3SH	214,1	237,1	275,8			12,1
CH_2O	185,1	203,1	230,6	250,2	266,0	10,01
$HCOOH$	212,2	232,6	267,7	293,6	314,4	10,88
HCN	170,8	187,6	213,4	230,7	244,0	9,24
C_2H_2	167,3	186,2	217,6	239,4	256,6	10,01
C_2H_4	184,0	203,9	239,7	267,5	290,6	10,56
C_2H_6	189,4	212,4	255,7	290,6		11,95
C_2H_5OH	235,1	262,8	315,0	356,3		14,2
CH_3CHO	221,1	245,5	288,8			12,84
CH_3COOH	236,4	264,6	317,6	357,1		13,8
CH_3CN	203,1	225,9	266,0			12,04
CH_3NC	204,0	227,6				12,53
C_3H_6	221,5	248,2	299,4	340,7		13,54
C_3H_8	220,6	250,2	310,0	359,2		14,69
$(CH_3)_2CO$	240,4	272,1	331,4	378,8		16,27
$n\text{-}C_4H_{10}$	244,9	284,1	362,3	426,5		19,43
$i\text{-}C_4H_{10}$	234,6	271,7	348,9	412,7		17,89
$n\text{-}C_5H_{12}$	269,9	317,7	413,7	492,5		13,16
$i\text{-}C_5H_{12}$	269,3	315,0	409,9	488,6		12,08
$neo\text{-}C_5H_{12}$	235,8	280,5	376,1	455,7		10,77
C_6H_6	221,4	252,0	320,4	378,4		14,23
$cy\text{-}C_6H_{10}$	252,5	290,5	378,6	454,7		17,44
$cy\text{-}C_6H_{12}$	238,8	277,8	371,3	455,2		17,73

Atomgewichte (bezogen auf C^{12})

Die in Klammern gesetzten Werte beziehen sich auf die stabilsten Isotope, die übrigen auf die natürlich vorkommenden Isotopengemische.

Element	Symbol	Atomzahl	Atomgewicht	Element	Symbol	Atomzahl	Atomgewicht
Aktinium	Ac	89	(227)	Indium	In	49	114,82
Aluminium	Al	13	26,98	Iridium	Ir	77	192,2
Americium	Am	95	(243)				
Antimon	Sb	51	121,75	Jod	J	53	126,90
Argon	Ar	18	39,95				
Arsen	As	33	74,92	Kalium	K	19	39,10
Astatin	At	85	(210)	Kobalt	Co	27	58,93
				Kohlenstoff	C	6	12,011
Barium	Ba	56	137,34	Krypton	Kr	36	83,80
Berkelium	Bk	97	(249)	Kupfer	Cu	29	63,54
Beryllium	Be	4	9,012				
Blei	Pb	82	207,19	Lanthan	La	57	138,91
Bor	B	5	10,81	Lawrencium	Lw	103	(257)
Brom	Br	35	79,91	Lithium	Li	3	6,939
				Lutetium	Lu	71	174,97
Cadmium	Cd	48	112,40				
Caesium	Cs	55	132,91	Magnesium	Mg	12	24,31
Calcium	Ca	20	40,08	Mangan	Mn	25	54,94
Californium	Cf	98	(251)	Mendelcvium	Md	101	(256)
Cer	Ce	58	140,12	Molybdän	Mo	42	95,94
Chlor	Cl	17	35,45				
Chrom	Cr	24	52,00	Natrium	Na	11	22,990
Curium	Cm	96	(247)	Neodym	Nd	60	144,24
				Neon	Ne	10	20,18
Dysprosium	Dy	66	162,50	Neptunium	Np	93	(237)
				Nickel	Ni	28	58,71
Einsteinium	Es	99	(254)	Niob	Nb	41	92,91
Eisen	Fe	26	55,85	Nobelium	No	102	(253)
Erbium	Er	68	167,26				
Europium	Eu	63	151,96	Osmium	Os	76	190,2
Fermium	Fm	100	(253)	Palladium	Pd	46	106,4
Fluor	F	9	19,00	Phosphor	P	15	30,97
Francium	Fr	87	(223)	Platin	Pt	78	195,09
				Plutonium	Pu	94	(242)
Gadolinium	Gd	64	157,25	Polonium	Po	84	(210)
Gallium	Ga	31	69,72	Praseodym	Pr	59	140,91
Germanium	Ge	32	72,59	Promethium	Pm	61	(147)
Gold	Au	79	196,97	Protactinium	Pa	91	(231)
Hafnium	Hf	72	178,49	Quecksilber	Hg	80	200,59
Helium	He	2	4,003				
Holmium	Ho	67	164,93	Thallium	Tl	81	204,37

Fortsetzung

Element	Symbol	Atom-zahl	Atom-gewicht	Element	Symbol	Atom-zahl	Atom-gewicht
Radium	Ra	88	(226)	Thorium	Th	90	232,04
Radon	Rn	86	(222)	Thulium	Tl	69	168,93
Rhenium	Re	75	186,23	Titan	Ti	22	47,90
Rhodium	Rh	45	102,91				
Rubidium	Rb	37	85,47	Uran	U	92	238,03
Ruthenium	Ru	44	101,1				
				Vanadium	V	23	50,94
Samarium	Sm	62	150,35				
Sauerstoff	O	18	15,999	Wasserstoff	H	1	1,0080
Selen	Se	34	78,96	Wismuth	Bi	83	208,98
Scandium	Sc	21	44,96	Wolfram	W	74	183,85
Schwefel	S	16	32,06				
Silber	Ag	47	107,87	Xenon	Xe	54	131,30
Silizium	Si	14	28,09				
Stickstoff	N	7	14,007	Ytterbium	Yb	70	173,04
Strontium	Sr	38	87,62	Yttrium	Y	39	88,91
Tantal	Ta	73	180,95	Zink	Zn	30	65,37
Technetium	Tc	43	(99)	Zinn	Sn	50	118,69
Tellur	Te	52	127,60	Zirkon	Zr	40	91,22
Terbium	Tb	65	158,92				

Namen- und Sachwortverzeichnis

Inhaltsübersicht der Teile I und III

Teil I: Atome, Moleküle, Kerne

Teil III: Thermodynamische und kinetische Behandlung chemischer Reaktionen